Vergütungssysteme gestalten: agil, rechtssicher und
nicht-monetär

Britta Redmann

Vergütungssysteme gestalten: agil, rechtssicher und nicht-monetär

Unternehmen stärken und Mitarbeiter binden

1. Auflage

Haufe Group
Freiburg · München · Stuttgart

Bibliografische Information der Deutschen Nationalbibliothek

Die Deutsche Nationalbibliothek verzeichnet diese Publikation in der Deutschen Nationalbibliografie; detaillierte bibliografische Daten sind im Internet über http://dnb.dnb.de abrufbar.

Print:	ISBN 978-3-648-12434-5	Bestell-Nr. 17022-0001
ePub:	ISBN 978-3-648-12435-2	Bestell-Nr. 17022-0100
ePDF:	ISBN 978-3-648-12436-9	Bestell-Nr. 17022-0150

Britta Redmann
Vergütungssysteme gestalten: agil, rechtssicher und nicht-monetär
1. Auflage, Juni 2019

© 2019 Haufe-Lexware GmbH & Co. KG, Freiburg
www.haufe.de
info@haufe.de

Produktmanagement: Anne Rathgeber, Bernhard Landkammer
Lektorat: Peter Böke, Berlin

Für Klaus & Gisi Redmann
die Ihr mich mit Eurer Freude an der eigenen Arbeit immer
bei all meinem Tun inspiriert habt

Inhaltsverzeichnis

Vorwort

In meinen unterschiedlichen Rollen als Leiterin Unternehmensentwicklung & HR als auch als beratende Anwältin erlebe ich fast täglich, wie sich Unternehmen hart darum bemühen, neue Mitarbeiter zu sich an Bord zu holen. Mitarbeiter, mit denen gemeinsam die Herausforderungen einer globalen und digitalen Zukunft angegangen werden können. Damit geht es also nicht nur um »neue« Mitarbeiter, sondern vor allem um die »besten« Mitarbeiter. Und diese Besten sollen möglichst auch planbar lange im Unternehmen verbleiben. Um diese besten Mitarbeiter zu bekommen und zu halten, braucht ein Unternehmen auch ein innovatives Vergütungssystem. Solche Premiumunternehmen sind so agil, dass sie ihre Organisation und Strukturen immer wieder leicht anpassen können. Die Mitarbeiter solcher Unternehmen sind nicht nur Arbeitnehmer, sondern »Challengepartner« für das Unternehmen. Solche Mitarbeiter verdienen und wollen eine gute Bezahlung. Und: Eine Vergütung nur in Geld genügt nicht mehr. Vielmehr sind weitere »Währungen« gefragt, die notwendig sind, um Agilität und Selbstorganisation zu fördern als auch gleichzeitig verschiedene wertvolle Typen von Arbeitnehmern attraktiv zu bezahlen.

So habe ich mich auf die Reise begeben, verschiedene Arten von Vergütungsformen zu erkunden. Fokussiert habe ich mich hierbei auf nicht-monetäre Faktoren, die gleichermaßen auf die Bedürfnisse und Interessen von Mitarbeitern als auch von Unternehmen einzahlen, und wie diese rechtskonform umzusetzen sind. Denn jede noch so schöne Idee nützt nichts, wenn sie der betrieblichen – rechtlichen – Praxis nicht standhält.

An dieser Stelle gilt mein großer Dank an Claudia Grein, die mich bei den grafischen Darstellungen kreativ und ideenreich unterstützt hat. Und insbesondere danke ich allen meinen wunderbaren Interviewpartnern aus der Praxis, die sich mit mir zu diesem Thema in den letzten Monaten intensiv ausgetauscht und mir immer wieder andere, unterschiedliche Perspektiven ermöglicht haben. Vielen Dank an alle, die hier mit ihren »O-Tönen« zu diesem Buch beigetragen haben:

Prof. Dr. Sascha Armutat, Markus Beyer, Maren Böger Johannes Ceh, Julia Collard, Konstantin Diener, Daniela Gehring, Sonja Jacinto, Gregor Ilg, Tanja Friederichs, Nicolas Korte, Petra Lindemann, Anna Löw, Richard Schentke, Sven Schnitzler, Stefan Versinger, Prof. Dr. Peter Wald, Stephan Wilcken.

Köln, 1. März 2019

Britta Redmann

Teil 1: »Zukünftige« Vergütung – schon heute!

1 Neue Arbeit – neue Vergütungssysteme?

Jedes Unternehmen sucht die besten Mitarbeiter. Sie sollen fachlich und menschlich herausragend sein und eine innere Haltung besitzen, welche sie aus Sicht eines Unternehmens nicht nur als einen Mitarbeiter, sondern als einen Partner im internationalen Wettbewerb – **Challengepartner** – ausweist.

Um solche Mitarbeiter bzw. Partner zu finden, die auch über die Fähigkeit verfügen, mit den modernen **agilen** Arbeitsformen positiv motiviert umgehen zu können, sind die in den Unternehmen jeweils bestehenden Vergütungssysteme ein entscheidender Schlüsselfaktor. Es erweisen sich solche Vergütungssysteme als überlegen, welche in der Lage sind, sich gleichermaßen an den individuellen **Bedürfnissen** der Mitarbeiter und des Unternehmens auszurichten und diese Bedürfnisse zu erfüllen.

Mitarbeiter können nach verschiedenen Vergütungssystemen entlohnt werden. Welches Vergütungssystem dabei für ein Unternehmen das Beste ist, hängt auch davon ab, was für die Mitarbeiter attraktiv ist und welche Kultur in einem Unternehmen gelebt wird. Zudem verlangt unsere heutige Arbeit Kreativität, Innovation sowie den Umgang mit neuartigen und komplexen Problemstellungen. So sind Vergütungssysteme zunehmend strategische Instrumente, um Arbeitnehmer zu kreativen Mitgestaltern zu motivieren und sie – gerade in Zeiten des Fachkräftemangels – emotional an Unternehmen zu binden. Dabei passt nicht jedes System auch auf jedes Unternehmen. Ganze Beratungsfirmen haben sich auf Fragen rund um das Thema Vergütung, Compensation & Benefits oder Performance-Management spezialisiert.[1]

1.1 Monetäre Vergütungssysteme

In der Vergangenheit standen hier vor allem monetäre Vergütungssysteme, allen voran klassische tarifliche Systeme, im Vordergrund. Diese Vergütungssysteme ordnen sich vornehmlich nach drei Bestimmungsfaktoren:

- leistungsbezogene Faktoren
- soziale Umstände
- erfolgsabhängige Faktoren

---

[1]   Siehe https://www.compbenmagazin.de/wp-content/uploads/sites/7/2018/11/HR_Comp_Ben_Ausgabe6_
2018_Magazin.pdf;   https://www.handelsblatt.com/unternehmen/beruf-und-buero/buero-special/neue-verguetungsmodelle-firmen-stellen-gehaelter-auf-den-pruefstand/19755476.html?ticket=ST-2975869-Z2DOv96hEFzbvam7Jcgy-ap1; https://www.haufe.de/personal/hr-management/verguetung-2017-trends-und-neue-gesetze/verguetung-trend-anreizsysteme-mit-boni_80_395226.html

Die vom Mitarbeiter erbrachte individuelle Arbeitsleistung – quantitativ und qualitativ – ist in diesen Systemen Grundlage für eine leistungsbezogene Zahlung. Soziale Umstände sind z. B. Alter, Anzahl der Kinder oder Familienstand.[2] Bei einer erfolgsabhängigen Bezahlung steht häufig der Erfolg des gesamten Unternehmens und nicht nur der des Einzelnen im Vordergrund.[3] Beispiele sind hier Gewinnbeteiligungsmodelle oder Aktienoptionsprogramme.

In einer vom Bundesministerium für Arbeit und Soziales in Auftrag gegebenen Forschungsstudie über variable Vergütung zeigt sich, »dass Arbeitszufriedenheit und emotionale Bindung an den Betrieb steigen, wenn die variable Vergütung stärker am Erfolg des Gesamtunternehmens bemessen wird. Die Arbeitszufriedenheit und Kooperationsbereitschaft sinken dagegen, wenn ein höheres Gewicht auf die individuelle Leistung gelegt wird.«[4] Angesichts sich verändernder Arbeitsabläufe durch die Digitalisierung und neuer Ansprüche von Beschäftigten denken viele Unternehmen über grundlegende Veränderungen und auch Anpassungen von Vergütung nach.[5]

1.2   Nicht-monetäre Vergütungsbestandteile

So wie sich ein Wandel in unserer Arbeitswelt weg von stark repetitiven und wenig attraktiven Aufgaben hin zu einer kreativen und schöpferischen Mitgestaltung von Arbeitnehmern wandelt, verliert auch der Ansatz eines rein finanziell geprägten Vergütungssystems seine Wirkung. In einer neuen Arbeitswelt wird daher der Fokus auf den richtigen Rahmenbedingungen liegen müssen, der Mitarbeitern die beste Leistung als auch die beste Zusammenarbeit ermöglicht und diese fördert.

1.3   Die Kombination von monetären und nicht-monetären Modellen

Zukünftig brauchen wir in Unternehmen daher verstärkt Systeme, die einerseits die individuellen Bedürfnisse von Mitarbeitern erfüllen und zum anderen aber auch die betriebswirtschaftlichen Notwendigkeiten des Unternehmens sichern. Dies wird im

---

2   Ein klassisches Beispiel für eine entsprechende Berücksichtigung solcher Komponenten findet sich im öffentlichen Dienst.

3   https://www.personal-wissen.de/grundlagen-des-personalmanagements/bestimmungsfaktoren-des-entgelts/

4   BMAS, Bericht zum Forschungsmonitor »Variable Vergütung«, 2018 unter https://www.bmas.de/SharedDocs/Downloads/DE/PDF-Publikationen/Forschungsberichte/fb507-bericht-zum-forschungsmonitor-variable-verguetungssysteme.pdf?__blob=publicationFile&v=1

5   BMAS, Bericht zum Forschungsmonitor »Variable Vergütung«, 2018 unter https://www.bmas.de/SharedDocs/Downloads/DE/PDF-Publikationen/Forschungsberichte/fb507-bericht-zum-forschungsmonitor-variable-verguetungssysteme.pdf?__blob=publicationFile&v=1

Fazit der ifaa-Studie zu Anreiz- und Vergütungssystemen in der Metall- und Elektro-industrie[6] bestätigt:

>»Die vorgestellten Befragungsergebnisse machen deutlich, dass die Vergütung in der betrieblichen Praxis nicht ausschließlich auf ein (fixes) monatliches Entgelt abzielt, sondern weitaus komplexer ist. Neben dem Grund- und Leistungsentgelt, welches nach wie vor in seiner Quantität die zentrale Größe spielt, gewinnen beispielsweise erfolgsorientierte Sonderzahlungen, Nutzungsrechte (insbesondere Dienstwagen) sowie andere monetäre und nicht monetäre Zusatzleistungen, insbesondere im Bereich der Gesundheitsförderung, an Bedeutung. [...] Insgesamt wurden in Form von 118 unterschiedlichen Items Vergütungsbestandteile sowie nicht direkt quantifizierbare Zusatzleistungen, wie beispielsweise die flexible Arbeitsgestaltung, abgefragt. Auch wenn die Verbreitung über die einzelnen Leistungen sehr streut, so ist die große Bandbreite deutlich erkennbar und bestätigt, dass das monetäre Entgelt nicht mehr den einzigen möglichen Anreiz darstellt.«

So auch das Resultat einer jüngst von StepStone erhobenen Befragung von 30.000 Fach- und Führungskräften in Deutschland. Danach sind die wichtigsten Kriterien für die Entscheidung für einen Arbeitgeber – neben einem attraktiven Grundgehalt – ein sicherer Arbeitsplatz, flexible Arbeitsbedingungen als auch die Möglichkeit, sich weiterzuentwickeln, dicht gefolgt von teamorientierten Arbeiten.[7] Gleichwohl sagten in der gleichen Studie sieben von zehn Arbeitnehmern, dass für sie auch attraktive finanzielle Zusatzleistungen eine wichtige Rolle bei der Wahl des Arbeitsplatzes spielen. Hier wurde vor allem die betriebliche Altersvorsorge, kostenfreie Getränke, Kantinenessen, Mitarbeiterevents, Firmenwagen und Kinderbetreuung genannt.[8] Hierbei handelt es sich im Wesentlichen um geläufige Vergütungsbestandteile, die auch als Sachbezüge oder »geldwerte Vorteile« bezeichnet werden.[9]

Das alles eröffnet die Chance, nicht nur den Blick auf die »neuen Wünsche« der Beschäftigten zu erweitern, sondern hier insbesondere auch andere, vor allem nicht-monetäre Anreize stärker in den Fokus zu bringen, die diesen Wünschen gerecht werden können. Es bedarf daher der richtigen Mischung aus monetären und nicht-monetären Komponenten, die aktuelle Bedürfnisse und Notwendigkeiten treffen.

---

6   IFAA, Anreiz und Vergütungssysteme, 2017 in https://www.arbeitswissenschaft.net/fileadmin/Downloads/ Angebote_und_Produkte/Studien/Studie_Anreiz-_und_Vergu__tungssysteme_web.pdf
7   Siehe unter https://www.faz.net/aktuell/beruf-chance/finanzielle-zusatzleistungen-sind-fuer-mitarbeiter-am-attraktivsten-15866525.html
8   Siehe unter https://www.faz.net/aktuell/beruf-chance/finanzielle-zusatzleistungen-sind-fuer-mitarbeiter-am-attraktivsten-15866525.html
9   Siehe vertiefend auch Kapitel 3.2.

1.4   Organisationsgestaltung als neue »Vergütungsform«?

Was ist nun die richtige Mischung? Diese exakt zu finden wird wohl nicht mehr pauschal für jedes Unternehmen gleich zu beantworten sein, sondern vom Mitarbeitertypus und dessen Wünschen abhängen.

Für Unternehmen bedeutet dies, wesentlich flexibler zu werden, was ihre Vergütungssystematiken anbelangt. Dabei haben Faktoren, die vor allem keine direkten Gehaltsbestandteile sind, gegenwärtig einen enormen Einfluss auf die Entscheidung von Arbeitnehmern bei der Frage, zu welchem Arbeitgeber sie gehen bzw. bei welchem sie auch bleiben.

Insofern bieten sich hier für Unternehmen gerade jetzt neue Chancen, Mitarbeitern Vorteile zu gewähren – also eine Art Währung –, die auf die Organisationsgestaltung, bestimmte Arbeitsweisen und besondere Formen der Zusammenarbeit bzw. auch kulturelle Faktoren zurückzuführen sind. Das können agiles Arbeiten, mobiles Arbeiten, Innovationslabs, selbstorganisierte Teams, New Pay, flexible Arbeitszeiten, Arbeitszeitautonomie etc. sein. Es handelt sich also um Vorteile, die man sich mit Geld nicht kaufen kann, die aber dafür entscheidend sein können, ob sich ein Mitarbeiter im Unternehmen wohl fühlt.

Im Folgenden sollen daher insbesondere neue Möglichkeiten für Unternehmen im Vordergrund stehen, wie sie aktuellen Bedürfnissen von Beschäftigten entsprechen können, die eher als Handlungsrahmen und weniger als finanzielle Zusatzleistung verstanden werden.

2 Herausforderungen der modernen Arbeitswelt

Verschiedene starke Einflüsse wirken aktuell auf uns persönlich, unsere Gesellschaft und unsere Wirtschaft ein. Vieles ist hier im Wandel. Das betrifft gleichermaßen unsere Arbeitswelt.

2.1 Arbeit verändert sich

Ein wesentlicher Treiber hierfür ist der rasante Wandel der Technologie. Wir können sicher davon ausgehen, dass unsere Zukunft zunehmend durch Technik bestimmt wird. Und wir können ebenfalls davon ausgehen, dass wir – Unternehmen und Mitarbeiter – uns zukünftig immer schneller aufgrund dieses Fortschritts verändern werden und müssen. Die Digitalisierung ist (langsam) bei uns angekommen. Kaum ein Unternehmen, das dieses Thema nicht auf dem Schirm hat. Geschäftsprozesse werden digitalisiert. Das bedeutet, dass Waren und Services ihre physische Dimension verlieren. Schlüssel, Codes, Kreditkarten, Fotos, Tonträger etc. werden in einer Software oder App abgebildet, so dass sich bislang begrenzende Faktoren wie Zeit, Ort, Masse oder Gewicht auflösen.[1] Der Einsatz von Künstlicher Intelligenz (KI) ist keine Utopie mehr, sondern nimmt konkrete Gestalt an. Hier liefern Maschinen jetzt schon genauere und schnellere Ergebnisse als Menschen.[2] Politik, Wirtschaft und Gesellschaft bewegen sich insoweit in einem dynamischen Spannungsfeld, was unsere Nachrichten uns täglich beweisen. Langfristige Zielplanungen mit konkret terminierten Maßnahmen werden damit für Unternehmen immer schwerer vorhersehbar.

Neue Geschäftsmodelle werden zunehmend entstehen, tradierte Modelle lösen sich auf und verschwinden vom Markt, daneben wachsen unterschiedlichste Branchen zusammen und vernetzen sich.[3] Es können wohl zahlreiche menschliche, oft einfache aber auch komplexe Verrichtungen zukünftig ersetzt werden.[4]

---

1   https://www.t-systems-mms.com/expertise/archiv/karl-heinz-land-ueber-die-dematerialisierung.html; siehe auch Günther, Böglmüller, Arbeitsrecht 4.0 – Arbeitsrechtliche Herausforderungen in der vierten industriellen Revolution, NZA 2015, 102.
2   Land, Karl Heinz im Interview: https://www.welt.de/regionales/nrw/article183198920/Alles-was-sich-digitalisieren-laesst-wird-digitalisiert.html
3   Digitale Transformation 2018, Hemmnisse, Fortschritte, Perspektiven, Etventure – Studie 2018; Redlich, Moritz, Wulfsberg, Interdisziplinäre Perspektiven zur Zukunft der Wertschöpfung, Springer Gabler 2017.
4   Redmann, Britta, Agiles Arbeiten im Unternehmen – Rechtliche Rahmenbedingungen und gesetzliche Anforderungen, Haufe 2017.

Märkte und Preise werden immer transparenter und für den Konsumenten direkt vergleichbar. Neue Verkaufswege und Werbekonzepte rütteln jeden satten Markt auf. Der Gedanke der Vernetzung steht immer im Vordergrund. Diese Veränderungen werden einen zunehmenden Einfluss auf unsere Arbeit haben: auf alle Tätigkeiten, unsere Zusammenarbeit und die Unternehmenskulturen. Menschen werden lernen, agil in ihren Unternehmen zusammenzuarbeiten.

Der Prognos Deutschland Report 2025/2035/2045 führt in diesem Zusammenhang zur Digitalisierung aus:[5]

> »Die Digitalisierung verändert die Lebenswirklichkeit. In der Arbeitswelt verschwinden bestehende Berufe und Tätigkeiten, gleichzeitig entstehen neue Jobs. Von den Veränderungen sind nahezu alle Bereiche betroffen. In Zukunft werden die Beschäftigten weniger Routinearbeiten erledigen müssen. Dafür stehen zunehmend Daten und Algorithmen im Mittelpunkt der Arbeit. Das Zusammenspiel und die Arbeitsteilung zwischen Mensch und Maschine werden neu definiert. Um die Beschäftigungsfähigkeit zu erhalten, ist eine fortgesetzte Weiterbildung erforderlich, gerade auch in digitalisierungsnahen Themenfeldern wie Programmiersprachen, künstlicher Intelligenz, maschinelles Lernen. Ergänzend dazu sind angepasste Inhalte in Schule, Ausbildung und Studium erforderlich.
>
> Gleichzeitig erfordert die Digitalisierung neue Qualifikationen. Wichtiger werden Kommunikationsfähigkeit, soziale Kompetenz, Kreativität. [...] Die Digitalisierung nimmt auch Einfluss auf die Art und Zusammensetzung der Einkommen. An der Hauptquelle der Einkommenserzielung dürfte sich gleichwohl nicht viel ändern: Nichtselbstständige Arbeit bleibt auch in Zukunft die dominierende Einkommensquelle. Die Digitalisierung wird aber zu einer (weiteren) Diversifizierung beitragen. Wenn sich zunehmend Freelancer, Crowdworker und Solo-Selbstständige auf dem Arbeitsmarkt ausbreiten, werden Einkünfte unbeständiger. Sie unterliegen stärkeren Schwankungen und kommen häufig aus vielen verschiedenen Quellen.
>
> Für die Wirtschaft stellt die Digitalisierung eine entscheidende Voraussetzung für ein fortgesetztes Wachstum dar.[6] Die digitale Transformation eröffnet den Unternehmen ganz neue Möglichkeiten der Produktivitätssteigerungen oder

---

5   https://www.prognos-deutschlandreport.com/
6   https://www2.deloitte.com/content/dam/Deloitte/de/Documents/Mittelstand/Deloitte-Erfolgsfaktoren-Mittelstand-Arbeitswelten-2018.pdf

die Etablierung innovativer Produkte und Leistungen. Sie stellt jedoch auch traditionelle Geschäftsmodelle in Frage und erleichtert neuen Wettbewerbern den Markteinstieg. Einen Vorteil in diesem Transformationsprozess stellen die traditionellen Stärken der deutschen Industrie dar, qualitativ hochwertige Präzisionsmaschinen, Anlagen und Produkte herzustellen. In Kombination mit digitalen Features lassen sich Produktionsverfahren entscheidend verbessern (z. B. Vernetzung) oder revolutionieren (z. B. 3-D-Druck) und bekannten Produkten können völlig neue Eigenschaften verliehen werden.

Darüber hinaus lassen sich zuvor nicht realisierbare Geschäftsmodelle entwickeln. Durch die Verbindung der alten Welt der Mechanik und Elektronik mit der neuen Welt der Bits und Bytes bieten sich denjenigen Unternehmen Chancen, die in beiden Welten zu Hause sind. Oft wird es hierzu Kooperationen bedürfen, mit innovativen Start-ups oder auch mit einem der Internet-Giganten [...]«

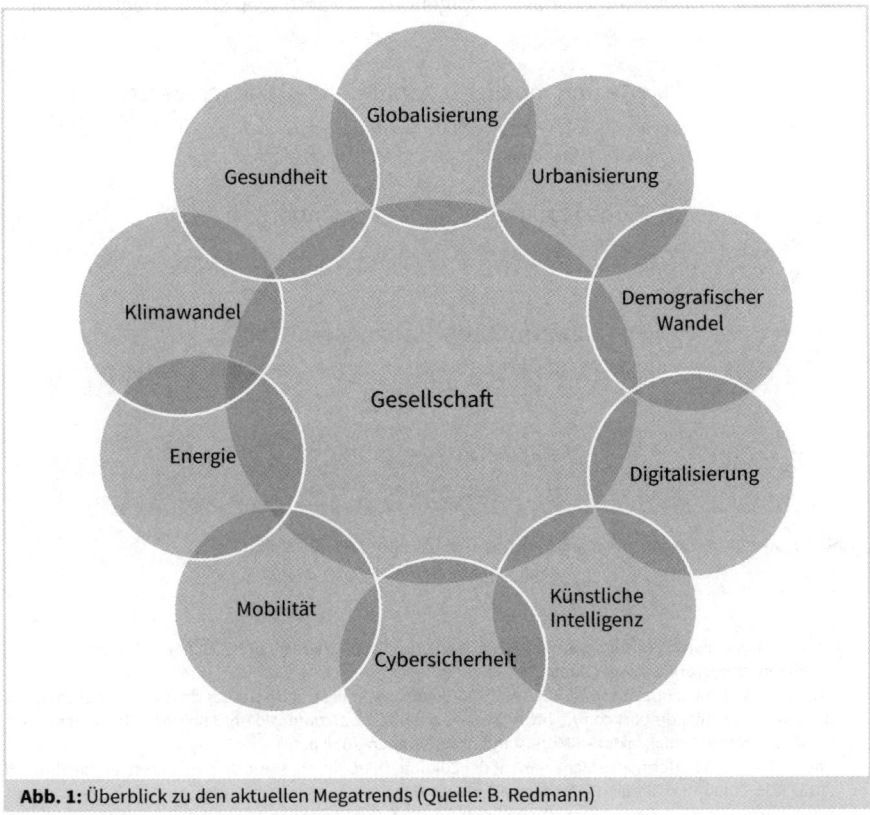

Abb. 1: Überblick zu den aktuellen Megatrends (Quelle: B. Redmann)

Diese Entwicklungen wirken auf verschiedene Ebenen unserer Gesellschaft und unserer Arbeitswelt ein. Wir können und müssen davon ausgehen, dass sie uns auch in Zukunft stark prägen werden.

Sind Entwicklungen langfristig, global und auch in Zukunft prägend, sprechen wir von Megatrends.[7] Die bedeutsamsten Megatrends, die uns derzeit beeinflussen sind in Abbildung 1 dargestellt.[8]

2.2   Anpassungsfähigkeit als notwendiger Wettbewerbsfaktor

Durch die Veränderungen in unserer Arbeitswelt wird sich auch unser Verständnis von Leistung verändern.[9] Unsere ganze Arbeitsgesellschaft befindet sich daher in einer Umgestaltung.[10] Unternehmen werden sich in Zukunft nicht nur allein an ihrem Output messen lassen können, sondern vor allem daran, ob es ihnen gelingt, sich immer wieder neu auszurichten und sich auf die gegenwärtigen und künftigen – teilweise noch nicht vorhersehbaren – Anforderungen schnell einzustellen. Sich gänzlich zukunftsfähig zu erhalten verlangt von Unternehmen, dass sie folgende Anforderungen erfüllen (vgl. Abb. 2):

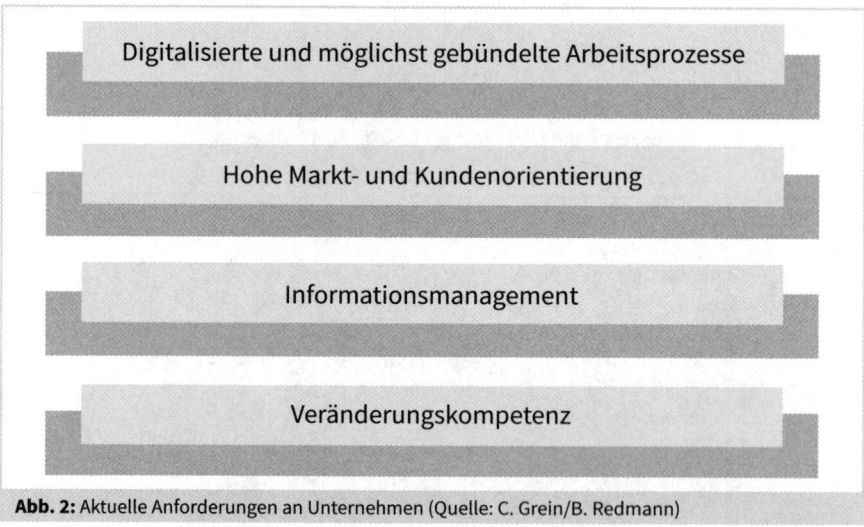

Digitalisierte und möglichst gebündelte Arbeitsprozesse

Hohe Markt- und Kundenorientierung

Informationsmanagement

Veränderungskompetenz

Abb. 2: Aktuelle Anforderungen an Unternehmen (Quelle: C. Grein/B. Redmann)

---

7   https://www.zukunftsinstitut.de/artikel/megatrends-und-ihre-wirkung/; siehe auch Hackl, Wagner, Attmer, Baumann, New Work, Springer Gabler, 2017.

8   https://de.statista.com/statistik/studie/id/40300/dokument/megatrends-statista-dossier/;   https://www.prognos-deutschlandreport.com/;   https://www2.deloitte.com/content/dam/Deloitte/de/Documents/Mittelstand/Deloitte-Erfolgsfaktoren-Mittelstand-Arbeitswelten-2018.pdf

9   Thesen zu einem Performance Management der Zukunft, DFPG, http://static.dgfp.de/assets/publikationen/2015/2015-10-30-PraxisPapierPerformanceManagement.pdf

10   https://www.bmas.de/SharedDocs/Downloads/DE/PDF-Publikationen-DinA4/gruenbuch-arbeiten-vier-null.pdf?__blob=publicationFile, S. 12 ff.

Arbeitsprozesse sollen möglichst intelligent gesteuert werden. Auf Veränderungen des Marktes soll umgehend eingegangen werden. Informationen sollen zusammengefügt, begriffen und richtig angewandt werden. Komplexität soll beherrscht werden und Produkte sollen so kundenspezifisch wie möglich entstehen. Denn passt sich ein Unternehmen den Markterfordernissen schneller an als seine Wettbewerber, verlieren die Wettbewerber mit gleicher Geschwindigkeit ihre Marktanteile. Waren es früher eher die größeren Firmen, welche die kleineren verdrängen, sind es heute eher die sich schnell verändernden Unternehmen, die die »langsamen« abhängen. Damit steigt insgesamt die Anforderung an die eigene Veränderungskompetenz des Einzelnen und die des Unternehmens: Die Anpassungsfähigkeit eines Unternehmens – und seiner Mitarbeiter – auf veränderte Rahmenbedingungen wird zum wohl entscheidenden Wettbewerbsfaktor.[11]

2.3   Leistung ist mehr als nur eine Kennzahl

Diese neuen Anforderungen an Arbeit wirken sich auf das Verständnis von Leistung aus. Selbstverantwortung sowie unternehmerisches Denken und Handeln bei Mitarbeitern zu stärken, generationenübergreifende Zusammenarbeit zu fördern oder Betriebe erfolgreich zu digitalisieren, gelingt nicht per Dekret. Dieses veränderte und erweiterte Verständnis von Leistung vor dem Hintergrund der oben beschriebenen Faktoren führt dazu, dass die klassischen Steuerungssysteme nicht mehr ausreichen: Weder traditionelle Zielvereinbarungen, Mitarbeiterjahresgespräche oder Beurteilungssysteme noch weitere heute existierende zahlengesteuerte Instrumente[12] werden hier greifen. Leistung ist heute viel mehr als nur das Erreichen von Kennzahlen: Es geht darum, den aktuellen Anforderungen zu entsprechen, sich zukunftsfähig aufzustellen und dabei den gewünschten Erfolg zu generieren. Und: Nicht nur Leistung alleine, sondern auch die Leistungsfähigkeit von Mitarbeitern tragen entscheidend zur Zukunftssicherung von Unternehmen bei. Das gilt für die körperliche Leistungskraft genauso wie die stetige Freude an Innovation und Veränderung. Ebenso wie eine Verbindlichkeit, die nicht allein vertraglich hergestellt, sondern die vornehmlich auf einem gleichen Werteverständnis und damit auf einer intrinsischen Motivation heraus beruht. Zukünftiges Performance-Management umfasst also nicht (mehr) nur das Managen von Leistung, sondern insbesondere die Anpassung an Veränderungen und damit die Fähigkeit, mit den Herausforderungen von heute und morgen erfolgreich umgehen zu können.

---

11   Siehe auch Redmann, Agiles Arbeiten im Unternehmen, Haufe, 2017; Stettes, Oliver, »Digitaler Wandel: keine Bedrohung für betriebliche Mitbestimmung«, IW Köln, 04.11.2016, http://www.iwkoeln.de/studien/iw-kurzberichte/beitrag/oliver-stettes-digitaler-wandel-keine-bedrohung-fuer-betriebliche-mitbestimmung-305366
12   Ähnlich Balance ScoreCard, SixSigma, Kaizen, TQM, etc.

2.4   Neue Führungs- und Mitarbeiterkompetenzen

Damit dieses erweiterte Leistungsverständnis funktioniert und gelebt werden kann, bedarf es bestimmter Kompetenzen und einer Bereitschaft sowohl bei Mitarbeitern als auch bei Führungskräften, sich immer wieder neu auszurichten und anzupassen.[13]

Fähigkeiten, wie z. B. Verantwortung zu übernehmen und Entscheidungen zu treffen, die bisher eher Führungskräften zugeschrieben wurden, werden immer mehr auch bei Mitarbeitern benötigt und müssen dementsprechend entwickelt werden. Unternehmen suchen und brauchen verstärkt Mitarbeiter, die bereit sind, Verantwortung mit zu tragen und vermehrt Entscheidungen selbst zu treffen. Dies im Sinne des Unternehmens, also von einem eigenverantwortlichen, wirtschaftlichen und nutzbringenden Denken und Handeln geprägt.[14] Hier ist ebenfalls eine hohe Reflexionsfähigkeit gefordert. In der neuen Arbeitswelt werden immer weniger Mitarbeiter kontinuierlich an einem festen Arbeitsplatz präsent sein. Deshalb bedarf es einer guten Selbststeuerung und einer hohen Kompetenz, auf unterschiedlichen Kanälen, mit Teams, Kunden und Kollegen zu kommunizieren und im Sinne des Unternehmens zu interagieren. Kommunikation als starkes Bindeglied erfordert Empathie, da im digitalen Austausch viele nonverbale Einflussfaktoren wie Stimme, Gestik, Mimik, Tonfall, tendenziell wegfallen. Das birgt ein zunehmendes Risiko für Missverständnisse. Der »neue« Mitarbeiter handelt wesentlich selbstbestimmter; das bedeutet auch, dass er sich stärker um sich und seinen eigenen Wissenserhalt kümmert. Er weiß selbst am besten, wie er sich »fit für morgen« halten kann und damit seinen Aufgaben im Unternehmen gerecht wird. Damit er dies auch erfolgreich umsetzen kann, benötigt er ein entsprechendes Umfeld, in dem er sich dieses Wissen aneignen kann oder die erforderlichen Ressourcen dafür zur Verfügung gestellt bekommt.

Mitarbeiter, die über andere und erweiterte Kompetenzen verfügen (müssen), bedürfen einer Führung, die sie in ihrer Entwicklung stärkt und ihnen den Raum zur Entfaltung ihrer Kompetenzen gibt.[15] Dabei wird es das eine einzige, richtige Führungsverhalten nicht geben.[16] Führung wird noch vielseitiger und die Kunst wird es sein, auf unterschiedliche Art und Weise zu führen, je nach Mitarbeiterbedürfnis und nach aktueller Situation. Im derzeitigen Umbruch der Arbeitswelt geht es bei Führung darum, weg vom Standard und herkömmlichen »Leitfäden« agieren zu können. Eine Führungskraft in einer solchen modernen Arbeitswelt zeichnet sich vielmehr

13   Siehe auch Hofert, das agile Mindset, Springer Gabler, 2018; Stettes, Oliver, »Digitaler Wandel: Keine Bedrohung für betriebliche Mitbestimmung«, IW Köln, 04.11.2016; http://www.iwkoeln.de/studien/iw-kurzberichte/beitrag/oliver-stettes-digitaler-wandel-keine-bedrohung-fuer-betriebliche-mitbestimmung-305366
14   Siehe auch Porth, Wilfried, Daimler nutzt die großen Potentiale auch in der Arbeitswelt 4.0, Chemie Digital Arbeitswelt 4.0.
15   Siehe auch Hofert, das agile Mindset, Springer Gabler, 2018.
16   Redmann, »Agiles Arbeiten im Unternehmen«, Haufe, 2017.

durch Kreativität und dem Teilen von Verantwortung aus. Sie gibt Entscheidungshoheit ab, weil sie ihren Mitarbeitern vertraut. Führungskräfte in einem komplexen
Umfeld, so wie es uns zukünftig verstärkt begegnen wird, haben den Mut, neue Möglichkeiten zu erschließen und sich und ihr Umfeld ebenfalls dazu zu ermutigen, den
eigenen Weg zu finden.[17] Als Beziehungsgestalter kennen Führungskräfte die Bedürfnisse ihrer Mitarbeiter und interessieren sich für diese. Gleichzeitig haben sie auch
die unternehmerischen Belange im Blick und sind in der Lage, diese ggf. unterschiedlichen Perspektiven deutlich zu machen und Verständnis für die jeweils
andere Seite zu entwickeln. Nur so können gemeinsame, tragfähige Win-win-Lösun-
gen gestaltet werden.

Führungskräfte und Mitarbeiter von morgen erkennen gemeinsam, welche Kompetenzen vorhanden sind, entwickelt werden sollten oder auch zu trainieren sind.
Damit hat die Führungskraft in der neuen Arbeitswelt – nach wie vor – keinen einfachen Job, denn es bedarf einer hohen Fähigkeit und auch Empathie mit unterschiedlichsten Mitarbeitern individuell zusammenarbeiten zu können. Wer eine solche Führungsaufgabe übernehmen möchte, sollte über eine starke intrinsische Motivation
verfügen und sich dafür begeistern, mit verschiedenartigsten Menschen etwas
gemeinsam zu gestalten. Zusammenarbeit wird auch nicht mehr allein durch den
persönlichen Face-to-Face-Kontakt – also Präsenz im herkömmlichen Sinne – zu
gewährleisten sein. Die Führungskraft von morgen schafft es vielmehr, Leistung und
Kontakt über verschiedene Arten, Kanäle und Medien herzustellen.[18] Sie bedarf auch
einer hohen Konflikt- bzw. Mediationskompetenz, muss sie doch unterschiedliche
Mitarbeitergenerationen, Typen und Bedürfnisse leistungsstärkend zusammenbrin-
gen. Und nicht zu vergessen: Letztendlich ist es die Führungskraft, die entscheidend
dazu beiträgt, Mitarbeiter zu mehr Verantwortungsübernahme einzuladen und in
kontinuierlicher Qualifizierung zu unterstützen bzw. das notwendige Umfeld dafür
zu schaffen.[19]

Das alles sind keine »neuen« Weisheiten – jedoch ist der für eine Führungskraft 4.0
erforderliche Reifegrad, um diese Anforderungen erfolgreich zu bewältigen, wesentlich gestiegen. Will man neues Arbeiten mit Führung fördern und unterstützen, sind
diese Kompetenzen wichtiger denn je (vgl. Tab. 1).

---

17 Siehe auch http://assets.kienbaum.com/downloads/Ergebnisbericht_All-Agile-IT.pdf?mtime=20171212145956
18 Siehe auch Arbeitswelt 4.0 im Mittelstand, aus der Studienreihe »Erfolgsfaktoren im Mittelstand«, 02/2018
    https://www2.deloitte.com/content/dam/Deloitte/de/Documents/Mittelstand/Deloitte-Erfolgsfaktoren-
    Mittelstand-Arbeitswelten-2018.pdf
19 Siehe auch: Dr. Fischer, Thomas, Chemie digital – Wie ändert sich die Führung, in Chemie Digital Arbeitswelt
    4.0, 2016; Sattelberger, Thomas, Mehr Mut, mehr Kapital, Mehr Pioniergeist in Chemie Digital – Arbeitswelt 4.0.

Führungskompetenzen 4.0	Mitarbeiterkompetenzen 4.0
Beziehungen gestalten, persönlich und digital	hohe Kommunikationsfähigkeit, Empathie
Transformationskompetenz	Anpassungsfähigkeit
Mediationskompetenz	kooperationsbereit und lösungsorientiert
schafft und fördert Kreativität	innovativ
vertraut Mitarbeitern und teilt Verantwortung	verantwortungsbereit, denkt und handelt unternehmerisch
vernetzt Wissen	sorgt für eigene Wissenserweiterung – Employability
hält die Balance zwischen Spielraum und Erfolgskontrolle	Veränderungsbereitschaft
reflektiert	reflektiert
Kollaborationskompetenz	Kollaborationskompetenz

Tab. 1: Anforderungen an neue Führungs- und Mitarbeiterkompetenzen (Quelle: B. Redmann, Agiles Arbeiten im Unternehmen, Haufe, 2017)

2.5   Neue Formen der Zusammenarbeit

Eine hohe Wandlungs- und Anpassungsfähigkeit sorgt für eine stabile Marktbehauptung des Unternehmens. So erklärt es sich, dass plötzlich Start-ups zum Vorbild oder zum attraktiven Kooperationspartner von Konzernen werden. Ferner, dass eine ausgeprägte permanente Veränderungshaltung – und Kultur – als unternehmerische Lebensart angestrebt werden. In diesem Zusammenhang gestalten Unternehmen ihre Organisationsformen, ihr Wissensmanagement und entwickeln auch bestimmte Werte in ihrer Unternehmenskultur.

Viele Unternehmen verändern daher derzeit ihre Arbeitsweise oder stellen sie um. New Work, Arbeiten 4.0 oder auch Industrie 4.0. sind hier Begrifflichkeiten, die in diesem Zusammenhang genannt werden.[20]

2.5.1   New Work

Das Konzept von New Work und der Begriff wurden schon in den 80er-Jahren des 20. Jahrhunderts von einem amerikanischen Philosophen namens Frithjof Bergmann entwickelt.[21] Der Kernpunkt seiner Forschung drehte sich immer um die Frage: Wie

---

20   Siehe auch Hackl, Wagner, Attmer, Baumann, New Work, Springer Gabler, 2017.
21   https://de.wikipedia.org/wiki/New_Work

kann der Mensch Freiheit erlangen? Erst in der Anwendung seiner Forschung auf die Arbeitswelt ist sein Konzept »New Work« entstanden. Danach steht auch hier der Freiheitsgedanke in dem Sinne im Mittelpunkt, dass jeder Arbeitnehmer Arbeit für sich möglichst selbst definieren und bestimmen kann. Der Job wird dabei als mehr gesehen, als eine Tätigkeit zum reinen Erwerb. Im Vordergrund steht die Selbstverwirklichung.[22] Eine klare anerkannte Definition zu New Work gibt es bislang nicht. Jedoch finden sich auch in Deutschland seit einigen Jahren immer mehr Menschen, die eine Neugestaltung der Arbeitswelt im Sinne von mehr eigenverantwortlichem Gestaltungsraum einfordern.[23] Es geht also um Sinnhaftigkeit.

2.5.2   Arbeit 4.0

Der Begriff Arbeiten 4.0 ist weit gefasst. Er geht über die Betrachtung der industriellen Revolution hinaus. Es geht um mehr, als nur den eigenen Gestaltungsraum von Arbeit. Im Grünbuch des BMAS ist formuliert:

> »Vielmehr zeigt Arbeiten 4.0 neue Perspektiven und Gestaltungschancen in der Zukunft auf. Der Titel »Arbeiten 4.0« knüpft damit an die aktuelle Diskussion über die vierte industrielle Revolution (Industrie 4.0) an, rückt aber die Arbeitsformen und Arbeitsverhältnisse ins Zentrum – nicht nur im industriellen Sektor, sondern in der gesamten Arbeitswelt.«[24]

Arbeit 4.0 ist also das, was wir meinen, wenn wir von unseren veränderten Arbeitsbedingungen und Arbeitsplätzen von morgen und auch übermorgen sprechen.[25] Es geht also um die zukünftige Gestaltung von Arbeit.

2.5.3   Industrie 4.0

Im Grünbuch »Arbeiten 4.0« des BMAS wird Industrie 4.0 definiert als »eine hochautomatisierte und vernetzte industrielle Produktions- und Logistikkette. Dabei verschmelzen virtuelle und reale Prozesse auf der Basis sogenannter cyberphysischer Systeme. Dies ermöglicht eine hocheffiziente und hochflexible Produktion, die Kun-

---

22   Bergmann, Frithjof, Neue Arbeit, Neue Kultur, Freiburg, 2005.
23   http://cmueller.de/was-ist-new-work_560__a.html; siehe auch Laloux, Frederic, Reinventing Organizations – Ein Leitfaden zur Gestaltung sinnstiftender Formen der Zusammenarbeit.
24   https://www.bmas.de/SharedDocs/Downloads/DE/PDF-Publikationen-DinA4/gruenbuch-arbeiten-vier-null.pdf?__blob=publicationFile, S. 32
25   Siehe auch hierzu: ARBEIT 4.0: Megatrends digitaler Arbeit der Zukunft – 25 Thesen, Ergebnisse eines Projekts von Shareground und der Universität St. Gallen August 2015, https://www.telekom.com/static/-/285820/1/150902-Studie-St.-Gallen-si

denwünsche in Echtzeit integriert und eine Vielzahl von Produktvarianten ermöglicht.«[26] Es geht also um die Vernetzung von Mensch und Technik.

2.5.4 Definition Agilität

Agil miteinander zu arbeiten bietet für viele Unternehmen eine Lösung, den Ansprüchen der modernen Arbeitswelt gerecht zu werden.[27]

> **! Definition Zum Begriff »Agilität«**
>
> »Agilität ist die Fähigkeit eines Unternehmens bzw. einer Organisation, Veränderungen in der (Unternehmens-)Umwelt wahrzunehmen, sich schnell und flexibel auf diese Veränderungen einzustellen, Chancen, Potenziale und auch Risiken zu erkennen und eigene Handlungen immer wieder daran auszurichten. Dabei ist ein wesentlicher Aspekt, ständig aus den eigenen Erfahrungen zu lernen und zukunftsorientiert zu handeln.«[28]

Die Leistung eines Mitarbeiters resultiert hier vorrangig aus seinem Commitment mit den im Unternehmen vorherrschenden Zielen und Werten.

Dazu passen auch die Ergebnisse einer vom Institut für Personalforschung an der Hochschule in Pforzheim durchgeführten qualitativen Studie,[29] die sich unter anderem mit dem Verständnis von Agilität in der Praxis beschäftigt hat. Aus einer direkten Befragung bei Unternehmen ergaben sich vier wesentliche Kernfaktoren, die Agilität zugeschrieben werden:

- Geschwindigkeit
- Anpassungsfähigkeit
- Kundenzentriertheit
- Agile Haltung

Als ein Extrakt kristallisierten sich insbesondere Schnelligkeit und Anpassungsfähigkeit als wichtigste Grundlagen (Bausteine) für Agilität heraus.[30]

Durch Agilität werden eingefahrene und feststehende Organisationsformen, insbesondere ein Arbeiten in streng hierarchisch angelegten Berichtsketten und einer star-

---

26 https://www.bmas.de/SharedDocs/Downloads/DE/PDF-Publikationen-DinA4/gruenbuch-arbeiten-vier-null.pdf?__blob=publicationFile, S. 15.
27 Siehe auch Redmann, Agiles Arbeiten in Unternehmen, Haufe, 2017.
28 Siehe auch Redmann, Agiles Arbeiten im Unternehmen, Haufe, 2017.
29 Fischer, Weber, Zimmermann, Was ist Agilität und welche Vorteile bringt eine agile Organisation?, Personalmagazin 4/2017.
30 Fischer, Weber, Zimmermann, Was ist Agilität und welche Vorteile bringt eine agile Organisation?, Personalmagazin 4/2017.

ren Struktur vermieden. Durch eine flexible und durchlässige Organisationsform – insbesondere unter Anwendung digitaler Vernetzung – wird Wissen, Qualifikation, Erfahrung transparent und eine schnelle und direkte Kommunikation gefördert.

Zusätzlich bedarf es besonderer Kompetenzen von Mitarbeitern, wie technischer, organisatorischer und sozialer Fähigkeiten, und vor allem auch einer »agilen« Haltung, um sich wertvoll in einer agilen Organisation einbringen zu können.[31]

2.6   Unternehmenskultur als Leistungsgenerator

Das Miteinander – also insbesondere Führung und Zusammenarbeit – stehen in einer starken Wechselwirkung mit der Kultur eines Unternehmens.[32] Ändert sich mit einem neuen Verständnis von Arbeit der Anspruch an Leistung und auch an Zusammenarbeit im Unternehmen, so wird dies auch die Kultur verändern. Ein gemeinsames Verständnis von Zusammenarbeit bei Mitarbeitern, Führungskräften und Unternehmensführung trägt somit wesentlich zur Kulturbildung und Festigung bei. Neue Formen der Arbeit sind vor allem durch ein »Miteinander« und Vernetzung geprägt. Die Basis hierfür ist Vertrauen. In Unternehmen könnte daher ein Kulturwandel in Richtung starker Vertrauenskultur erforderlich sein. Dies bedeutet, dass der Faktor Unternehmenskultur bei der Erfüllung der veränderten Bedürfnisse an Arbeit noch mehr an Bedeutung gewinnt. Meistens kommt hier Führungskräften und Unternehmensleitung eine herausragende Rolle und Vorbildfunktion zu. Will man eine Unternehmenskultur bewusst kreieren oder verändern, dann braucht es neue Impulse. Eine veränderte Arbeitswelt macht demnach auch eine andere – ggf. auch neue – Unternehmenskultur notwendig. Sofern sich Unternehmen den Ansprüchen von neuen Arbeitsformen öffnen wollen, werden sie sich ebenfalls mit ihrer Kultur auseinandersetzen müssen.[33]

---

31   Hofert, Das agile Mindset, Springer Gabler, 2018; EY Studie Black Box Mittelstand, 2018.
32   Rump, Weitreichender Kulturwandel, AIB 16, 35 ff.
33   Siehe auch Hackl, Wagner, Attmer, Baumann, New Work, Springer Gabler, 2017.

3 (Mehr) Geld als Lösung?

Attraktive Arbeitsbedingungen sind heute mehr denn je wesentlich für Innovationskraft und Anpassungsfähigkeit und bilden die Grundlage für Unternehmen, um überhaupt die richtigen Mitarbeiter zu finden. Doch sie sind keine Garantie, dass genau die Mitarbeiter, auf die Unternehmen entscheidend angewiesen sind, gewonnen werden können und dann auch im Unternehmen bleiben. Der zukünftige Arbeitsmarkt gibt es her, dass sich gefragte Mitarbeiter ihren Arbeitgeber werden aussuchen können.

Was macht daher Arbeit in Unternehmen wirklich attraktiv?

3.1 Arbeit gibt uns Sinn

Arbeit ist ein großer Teil unseres Lebens. Sie ist so bedeutsam, dass sie als Freiheitsrecht in unserem Grundgesetz mit einem eigenen Artikel verankert ist.

> **Art 12 Grundgesetz**   **!**
>
> (1) Alle Deutschen haben das Recht, Beruf, Arbeitsplatz und Ausbildungsstätte frei zu wählen. Die Berufsausübung kann durch Gesetz oder aufgrund eines Gesetzes geregelt werden.
> (2) Niemand darf zu einer bestimmten Arbeit gezwungen werden, außer im Rahmen einer herkömmlichen allgemeinen, für alle gleichen öffentlichen Dienstleistungspflicht.
> (3) Zwangsarbeit ist nur bei einer gerichtlich angeordneten Freiheitsentziehung zulässig.

In diesem Zusammenhang ist aber auch eine Entscheidung des Bundesverfassungsgerichts erwähnenswert, die explizit die Freiheit des Arbeitgebers formuliert, Vergütung mit Mitarbeitern ebenfalls frei aushandeln zu können:

> »Die Freiheit, den Inhalt der Vergütungsvereinbarung mit Arbeitnehmern und Subunternehmern frei aushandeln zu können, ist ein wesentlicher Bestandteil der Berufsausübung, weil diese Vertragsbedingungen in besonderem Maße den wirtschaftlichen Erfolg der Unternehmen bestimmen und damit für die durch Art. 12 Abs. 1 GG geschützte, der Schaffung und Aufrechterhaltung einer Lebensgrundlage dienende Tätigkeit kennzeichnend sind.«[1]

Unsere Arbeitswelt ist ein wesentlicher Teil unserer Gesellschaft. So hat Arbeit eine direkte Auswirkung auf unseren Erwerb, unsere Persönlichkeit und unsere Möglichkeiten, unser Leben zu gestalten. Unsere Arbeit entscheidet ganz erheblich über unsere

---

1   BVerfG 11.07.2006, 1 Bvl 4/00.

Zufriedenheit im Leben.[2] Sie hat damit einen großen Einfluss darauf, ob wir glücklich sind. Sie steht nicht nur für ein Grundrecht, sondern ist auch ein menschliches Grundbedürfnis, verbunden mit Herausforderung, Selbstwertgefühl, Anerkennung, Resonanz. Arbeit gibt uns Identität und trägt nicht zuletzt zur Sicherung unseres Lebensunterhaltes bei.

Sie bietet uns damit ein starkes Fundament, sowohl äußere (Versorgung) wie innere Bedürfnisse (Selbstverwirklichung) erfüllt zu bekommen. Der Grad der Erfüllung hängt dabei stark davon ab, was wir als Gegenwert für unsere Arbeitsleistung bekommen.[3] Werden Menschen danach befragt, was Arbeit für sie bedeutsam macht, ist Geld nicht die erste Antwort.[4] Vielmehr spielt die Sinnfrage hier eine zentrale Rolle.[5]

In der bisherigen Forschung wird Arbeit daher als eine elementare Grundlage angesehen, die Sinn stiften kann.[6] Ergebnisse aus einer Studie im Rahmen des Fehlzeitenreports weisen darauf hin, dass dabei nicht nur »Eigenschaften der arbeitenden Person, sondern auch die gelebten Werte des Unternehmens entscheidend dafür sind, dass Sinnerleben am Arbeitsplatz stattfinden kann. Zusätzlich tragen auch Merkmale der Arbeitsaufgabe und die Passung von Person und Tätigkeit zum Sinnerleben bei.«[7] Ob also eine Arbeit als sinnvoll empfunden wird hängt davon ab, wie bedeutsam die Tätigkeit für andere ist, wie stark eine Zugehörigkeit zum Unternehmen empfunden wird, welches Werteverständnis in der Organisation gelebt wird und wie gut der Mitarbeiter hinsichtlich seiner Fähigkeiten und Persönlichkeit auf die geforderte Aufgabe passt.

Auch wenn Sinn jeweils subjektiv erlebt wird, entscheiden diese Faktoren bei einer großen Anzahl an Menschen darüber, ob sie ihren Beruf als sinnvoll oder eben sinnlos wahrnehmen.[8]

---

2   Siehe auch Badura, Ducki, Schröder, Klose, Meyer, Fehlzeiten-Report 2018, Springer.
3   Siehe auch Badura, Ducki, Schröder, Klose, Meyer, Fehlzeiten-Report 2018, Springer.
4   BMAF Wertewelten Arbeiten 4,0; EY Jobstudie 2017; EY Studentenstudie 2018.
5   Siehe auch Badura, Ducki, Schröder, Klose, Meyer, Kapitel 2, Fehlzeiten-Report 2018, Springer.
6   Siehe auch Badura, Ducki, Schröder, Klose, Meyer, Kapitel 2, Fehlzeiten-Report 2018, Springer; Höge, Schnell, Kein Arbeitsengagement ohne Sinnerfüllung, Wirtschaftspsychologie, 1, 91 ff.
7   https://www.sinnforschung.org/gesellschaftsrelevant/sinn-im-beruf-2; siehe auch Badura, Ducki, Schröder, Klose, Meyer, Kapitel 2, Fehlzeiten-Report 2018, Springer.
8   Badura, Ducki, Schröder, Klose, Meyer, Kapitel 2, Fehlzeiten-Report 2018, Springer.

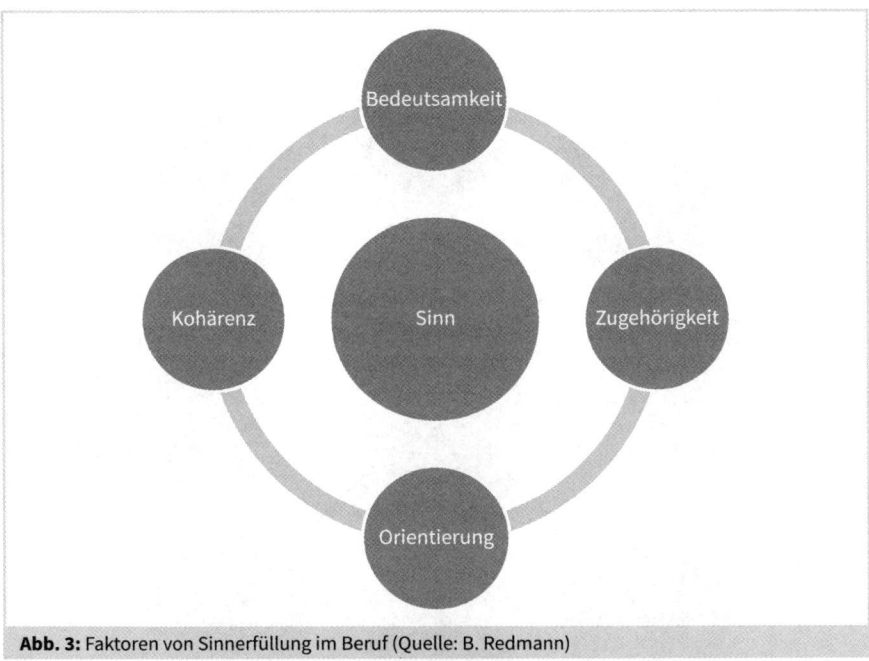

Abb. 3: Faktoren von Sinnerfüllung im Beruf (Quelle: B. Redmann)

3.2 Arbeit bringt uns Geld

Doch auch wenn Arbeit uns einen Sinn gibt, steht sie immer auch in Verbindung zu Geld. Besonders wenn der Begriff »Vergütung« ins Spiel kommt. Hier ist Geld genau das, was wir mit Vergütung meist als Erstes assoziieren.

So ist die übliche Gegenleistung, die wir zur Erfüllung unserer arbeitsvertraglichen Leistungspflicht bekommen, ein bestimmtes Entgelt.[9]

Herkömmlicherweise entspricht die Vergütung einem bestimmten Entgelt, welches sich in Form eines Gehaltes auf dem Konto des Mitarbeiters wiederfindet. Angereichert wird dieses je nach vertraglicher Konstellation noch um die Gewährung von z. B. betrieblicher Altersvorsorge, der Übernahme der Essenskosten, Betreuungskosten für Kinder, von Mitgliedschaften, Telefon- oder Internetrechnungen, Dienstwagen, Einräumung von Personalrabatten oder auch die Beteiligung an Aktien.[10]

---

9   https://wirtschaftslexikon.gabler.de/definition/arbeitsentgelt-31379
10   BeckOK ArbR/Joussen BGB § 611a Rn. 186-197; https://karrierebibel.de/gehaltsbestandteile/

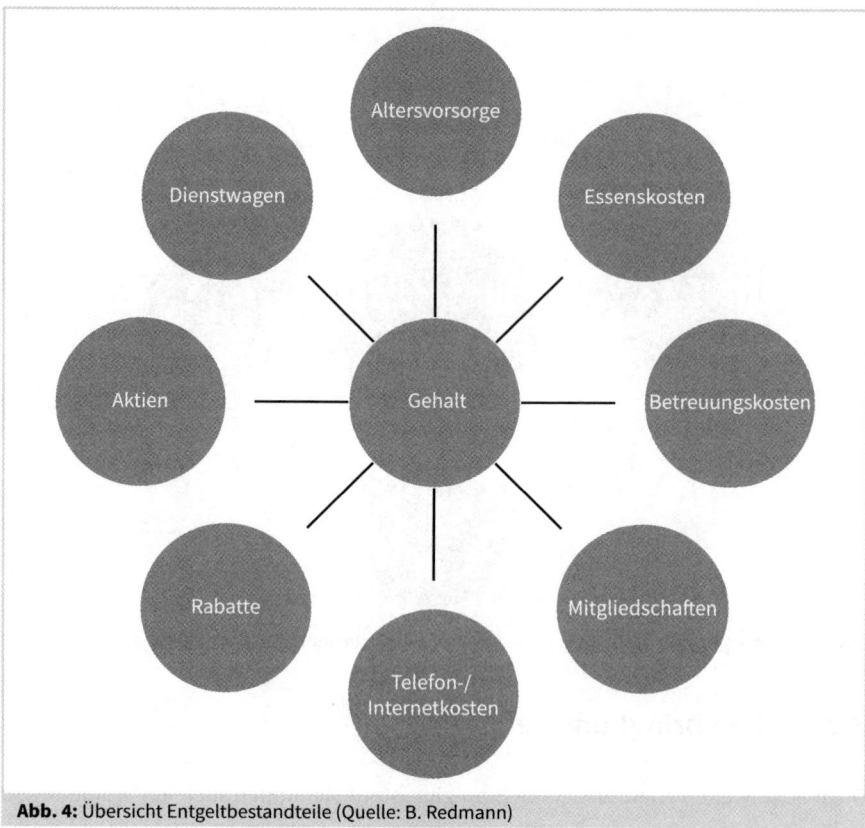

Abb. 4: Übersicht Entgeltbestandteile (Quelle: B. Redmann)

Vergütung ist in der Regel also dass, was wir unter den finanziellen Gegenleistungen verstehen, die ein Mitarbeiter von seinem Arbeitgeber für seine erbrachte Leistung erhält. Das alles entspricht gesetzlichen und vertraglichen Regelungen:

Arbeitnehmer sind nach § 611a BGB in Verbindung mit dem Arbeitsvertrag zur Erbringung der im Vertrag versprochenen Dienste verpflichtet. Für diese Leistung schuldet der Arbeitgeber nach § 611a Abs. 2 BGB die Zahlung der vereinbarten Vergütung – das sogenannte Arbeitsentgelt. Sowohl die Arbeitsleistung durch den Arbeitnehmer als die Bezahlung durch den Arbeitgeber sind wesentliche Hauptleistungspflichten im Arbeitsverhältnis und stehen in einem gegenseitigen Austauschverhältnis (Synallagma).[11] Die Grundlage für die Zahlungsverpflichtung des Arbeitgebers findet sich also genauso wie die Leistungsverpflichtung des Mitarbeiters im gemeinsam geschlossenen Arbeitsvertrag bzw. – sofern vorhanden und eine beidseitige Tarifbindung vorliegt – in einem geltenden Tarifvertrag.[12]

---

11   BeckOK ArbR/Joussen BGB § 611a Rn. 185.
12   BeckOK ArbR/Joussen BGB § 611a Rn. 185.

3.3   Engagement entsteht im Herzen

Entsteht nun Engagement automatisch mit der Vergütung? In der Praxis lässt sich beobachten, dass Mitarbeiter, die das gleiche Gehalt oder auch die gleichen Gehaltsbestandteile beziehen, nicht zwingend mit dem gleichen Enthusiasmus an ihre Arbeitsleistung herangehen. Es gibt ganz unterschiedliche Ausprägungen: Die einen haben richtig Spaß an dem, was sie tun, und empfinden vielleicht noch nicht einmal Höchstleistung als Anstrengung. Anderen wiederum fällt es schon schwer, ihr normales Tagespensum zu erfüllen und sie sind froh um jede freie Minute ohne »Arbeit«. Das Engagement und die Leistungskraft von Mitarbeitern sind ganz unterschiedlich. Was für den einen Lust und Leidenschaft ist, geschieht beim anderen aus reiner Pflichterfüllung – unabhängig vom Entgelt.

So auch das Ergebnis der Gallup-Studie, die den sogenannten Engagement Index von Mitarbeitern ermittelt: Durch eine weitflächige Befragung wird erhoben, inwieweit Arbeitnehmer eine ausgeprägte Arbeitsbereitschaft haben oder sich hochgradig mit ihrem Arbeitgeber verbunden fühlen.[13] Die Studie unterscheidet zwischen drei Kategorien von Mitarbeitern. Mitarbeiter mit einer:
- hohen emotionalen Bindung
- geringen emotionalen Bindung
- nicht vorhandenen emotionalen Bindung

Diese Befragung wird seit 18 Jahren durchgeführt und ist im Ergebnis über die Jahre hinweg fast durchweg unverändert:
- Mitarbeiter mit hoher emotionaler Bindung: 12-16 %
- Mitarbeiter mit keiner emotionalen Bindung: 12-16 %
- Mitarbeiter mit geringer emotionaler Bindung: 70 %

Nach der aktuellen Gallup-Studie[14] liegt der Anteil von Mitarbeitern, die gar keine emotionale Bindung an ihren Arbeitgeber haben, bei 14 % und ist damit auf dem niedrigsten Wert überhaupt seit Erhebung der Studie. Trotzdem ist dies kein Grund für Erleichterung, denn nach wie vor zeigt der überwiegende Anteil von Mitarbeitern unverändert eine geringe emotionale Bindung zum eigenen Unternehmen. Damit liegt der Schluss nahe, dass wahrscheinlich bei den meisten Mitarbeitern eine eher geringe Neigung vorliegt, unbedingt in »ihrem« Unternehmen bleiben zu wollen. Entsprechend fehlt es dann auch an einer hohen Bereitschaft, sich besonders für das »eigene« Unternehmen engagieren zu wollen.

---

13   Nink, Engagement Index, Redline, 2018.
14   Nink, Engagement Index, Redline, 2018.

Was macht also den Unterschied aus, dass sich Menschen mit ihrem Herzen, mit Hingabe, mit Begeisterung oder auch Freude engagieren und dabei sogar Höchstleistungen erbringen?[15] Oder anders gefragt:

Wann engagieren sich Menschen sogar gerne für ihre Arbeit?

Von Arbeitsengagement sprechen wir, wenn es darum geht »wie« eine Leistung erbracht wird. Es ist »das Bestreben, persönliche Ressourcen aktiv einzubringen, um die anstehenden Arbeitsaufgaben zu lösen und dabei gute Leistungen zu erzielen. Drei Aspekte sind dabei besonders wichtig:«[16]

- das Engagement für die direkte Tätigkeit
- die eingebrachten Ressourcen bezogen auf (körperliche) Kraftanstrengung, Gefühle und Gedanken
- die motivationale Stimmungslage

Engagement erfolgt nicht nur »selbstlos« oder »nur für andere«. Es hat ganz stark damit zu tun, dass wir »positive gute Gefühle« empfinden. Immer dann, wenn wir unser Wohlbefinden nähren und wir uns in einem guten emotionalen Zustand von Vitalität und Hingabe fühlen, gehen wir eher in einer Tätigkeit auf. Das kann bis zu einem Glücksempfinden führen.[17] Die positiven Gefühle, die wir dabei wahrnehmen und mit denen wir uns besser fühlen, sind damit der eigentliche Anreiz für jegliches Engagement und Begeisterung für etwas.[18]

Je intensiver wir »gute Gefühle« verspüren, wie z. B. Freude, Optimismus, Mut, Vergnügen, Zufriedenheit, Entspannung, etc. umso eher werden wir gerne und mit Freude etwas tun, was uns diese Bedürfniserfüllung verschafft. Die emotionale Qualität unseres Tuns wird eine andere. Wenn wir gerne etwas tun, wirkt sich das unter Umständen auch auf unsere Leistungsfähigkeit und unsere Leistungskraft aus. Denn je öfter wir etwas tun, desto mehr Erfahrungen können wir in unseren Handlungen sammeln und dadurch wahrscheinlich besser werden. Im Prinzip der Effekt, den wir durch regelmäßiges Training erzielen. Und je eifriger und einsatzfreudiger Menschen einer Tätigkeit

---

15 Haen/Zimmermann »The Real Impact of Talent« Globale WFPMA-Studie, 2016; https://www.wfpma.org/sites/default/files/GETABSTRACT-2016 %20Employee%20Job%20Satisfaction%20and%20Engagement.pdf; siehe auch Redmann, Erfolgreich führen im Ehrenamt, 3. Aufl. 2017 Springer Gabler.

16 https://www.wirtschaftspsychologie-aktuell.de/lernen/lernen-20110324-lernen-von-michael-christian-arbeitsengagement.html; Gorgievski, Bakker, Schaufeli, Arbeit und Arbeitssucht: Vergleich der Selbständigen und Angestellten, 2010, The Journal of Positive Psychologie, 5: 1, 83-96, DOI: 10.1080 / 17439760903509606; T. Höge, T. Schnell Arbeitsmanagement und Sinnerfüllung Wirtschaftspsychologie Heft 1-2012 91.

17 https://www.aerzteblatt.de/archiv/56380/Positive-Psychotherapie-Positive-Emotionen-Engagement-und-Lebenssinn

18 Siehe auch Fredrickson, Die Macht der guten Gefühle, 2011, Campus.

nachgehen, umso weniger innere Energie kostet sie dieses Tun. Im besten Falle, füllen sich die emotionalen Ressourcen sogar auf.[19]

3.4   Verbundenheit bedarf einer neuen Währung

Natürlich spricht überhaupt nichts dagegen, Mitarbeiter entsprechend hoch zu vergüten. Doch wenn die hohe Vergütung ihr einziger Grund ist in einem Unternehmen zu sein und zu bleiben, dann ist ihre Verbundenheit ausschließlich auf finanzielle Motive ausgerichtet. Was nichts anderes bedeutet, als dass der Mitarbeiter, sobald ein anderer Arbeitgeber einen höheren Preis zahlt, zum anderen Anbieter wechselt. In letzter Konsequenz ist »das Finanzielle« also keine wirklich verlässliche Grundlage für eine starke Beziehung und Verbundenheit zum Unternehmen.

Schon aus diesen Gründen, aber auch weil sich unsere bisher eher tradierten Arbeitgeber-Arbeitnehmer-Beziehungen aufgrund veränderter Rollen entwickeln und zugleich vermehrt unterschiedliche individuelle Wünsche und Forderungen bedient werden, bedarf es weiterer vielfältigerer Lösungen für das Thema Vergütung.

Neue Arbeit fordert dies konsequenterweise ein.

Wir können nicht über Augenhöhe, Auflösung von Arbeitsorten, flexible Arbeitszeiten, anspruchsvolle Arbeitsaufgaben sprechen und dabei das Vergütungssystem so lassen, wie es ist. Auch Vergütung muss im Sinne von New Work »agil« werden und den bisher schon verfügbaren rechtlichen Handlungsspielraum ausschöpfen.

Wollen Unternehmen also zukunftsfähig werden oder bleiben, setzt dies eine genaue Kenntnis der Wünsche und Ansprüche der Mitarbeiter voraus, um diese für sich zu überzeugen und nachhaltig zu gewinnen. Und nicht nur das: Die Pluralität der Bedürfnisse nimmt auf beiden Seiten zu und geht weit über »nur« eine unterschiedliche Interessenlage zwischen Arbeitgebern und Arbeitnehmern hinaus.

Es wird daher nicht (mehr) »die eine richtige Lösung« geben, sondern vielmehr bedarf es diverser Vergütungsangebote, die hier den vielfältigen unterschiedlichen Begehren und Ansprüchen gerecht werden.

Und damit reicht Geld alleine als Vergütung nicht aus: Neue Arbeit braucht vielfältige Formen der Vergütung.

---

19   Siehe auch Badura, Ducki, Schröder, Klose, Meyer, Fehlzeiten-Report 2018, Springer.

4 Folgen für Unternehmen

Die Veränderungen in der Arbeitswelt, wie sie in den vorangegangenen Kapiteln beschrieben wurden, sind aus Sicht der Unternehmen, im Interesse der Unternehmen und deren Inhabern, Aktionären bzw. Gesellschaftern aufzugreifen und bei der strategischen Unternehmensentwicklung zu berücksichtigen.

O-Ton: Sonja Jacinto
Sonja Jacinto arbeitet im Team Tinka der cosee GmbH.

Britta Redmann: Welche Interessen für Unternehmen und Mitarbeiter werden zukünftig immer wichtiger werden?

Sonja Jacinto: Genau wie die Märkte für Dienstleistungen und Produkte ist auch der Personalmarkt immer stärker postindustriell geprägt. Den Kunden, (potenziellen) Mitarbeitern, steht eine unüberschaubare Vielfalt an Möglichkeiten offen. Dies gilt vor allem für heftig umworbene IT-Fachkräfte. Im Interesse der Unternehmen liegt es, in diesem unendlichen Angebot als attraktiver Arbeitgeber wahrgenommen zu werden – sozusagen »aus der Menge herauszustechen«. Postindustrielle Märkte sind zudem durch eine hohe Änderungsgeschwindigkeit geprägt. Immer häufiger handelt es sich bei diesen Änderungen um disruptive Innovationen, die ganze Geschäftsmodelle oder Branchen quasi über Nacht umstürzen. Um auf diesen Märkten zu bestehen, suchen die Arbeitgeber von heute immer stärker nach Mitarbeitern, die selbstständig und schnell handeln können, kontinuierlich lernen und sich an neue Situationen möglichst problemlos anpassen.

Die Generationen von Mitarbeiterinnen und Mitarbeitern, die langsam die Babyboomer in den Betrieben ablösen, haben ein Interesse daran, einer sinnstiftenden Arbeit nachzugehen, die ihre Talente zur Entfaltung bringt. Sie möchten als Menschen mit Expertise auf Augenhöhe behandelt werden und sind immer seltener bereit, Rahmenbedingungen zu akzeptieren, die sie in der sinnvollen Ausführung ihrer Arbeit behindern (schlechte Arbeitsplätze, überbordende Prozesse, lange Entscheidungswege, …). Ihnen ist bewusst, dass sie sich im Gegensatz zu vorangegangenen Generationen ihren Arbeitgeber und die damit verbundenen Arbeitsbedingen aussuchen können.

Durch das Internet und kürzere Kommunikationswege haben sich die Konkurrenz und die Möglichkeiten, Kunden anzusprechen, vervielfältigt. Unternehmen benötigen daher Mitarbeiter, die flexibel sind und all diese Informationen verarbeiten können. Sie müssen positiv auf Veränderungen reagieren und davor keine Angst haben. Unternehmen und somit auch die Mitarbeiter müssen sich in den Kunden hineinversetzen können, verstehen was, warum und wann etwas benötigt wird.

Empathie steht hierbei im Vordergrund. Denn nur so kann das Unternehmen einen Vorsprung haben, wenn es erkennt, was der Kunde denkt, fühlt und sich wünscht. Hierzu müssen immer wieder Hypothesen aufgestellt und überprüft werden. Also benötige ich nicht nur den Mitarbeiter, der das Produkt entwickelt oder der die Idee hat. Nein, er muss sich genau wie das Produkt ständig weiterentwickeln und mitdenken. Er muss erkennen, wann Fehler passieren und diese schnellstmöglich beheben. Er muss Fehler zugeben können und sich nicht stundenlang auf die Suche nach einem Schuldigen begeben. Wichtiger ist es, lösungsorientiert zu denken.

Für Mitarbeiter bedeutet es, dass sie mehr Verantwortung übernehmen müssen. Sie sollen mitdenken und mitentscheiden. Denn vor allem lange Kommunikationswege und starre Prozesse sind kontraproduktiv für Schnelligkeit, Flexibilität und Kreativität. Sie hemmen die Bereitwilligkeit Verantwortung zu tragen. Auf der anderen Seite gibt es nichts Schöneres, als wenn man auf etwas stolz sein kann, was man mitgestaltet hat.

Für den Mitarbeiter steht im Vordergrund, dass die Arbeit Spaß macht und man gut davon leben kann. Mitgestalten und Verantwortung tragen kann auch schnell zum Burn-out führen. Daher muss der Mitarbeiter Verantwortung für seine eigene Work-Life-Balance übernehmen und diese bewusst bei Unternehmen einfordern. Aber was ist eine Work-Life-Balance? Eine gesunde Balance zwischen Freizeit und Arbeit. Also genug Zeit, dass junge Menschen feiern gehen können, dass man Zeit mit seinen Kindern verbringen kann und sie aufwachsen sieht, dass man ein Sabbatical machen kann und sich dabei die Welt anschaut oder dass man einem Hobby nachgeht. Fortbildung ist ein weiterer Punkt, der dem Mitarbeiter zustehen muss. Denn nur ein gut informierter Mitarbeiter kann kreativ arbeiten und lösungsorientierte Entscheidungen treffen, welche für den Erfolg des Unternehmens wichtig sind. Der Erfolg des Unternehmens ist in gewissem Maße auch sein Erfolg, an dem er aktiv mitgewirkt hat. Er ist Teil des Teams. Teamarbeit wird in der Zukunft die Art sein zusammenzuarbeiten. Informationssilos werden aufgebrochen. Es wird nicht mehr *den* Mitarbeiter geben, der Wissen alleine bunkert. Wissen wird geteilt, diskutiert und überprüft. Ein Team, welches den Kundenwunsch erfüllt, wird aus vielen heterogenen Menschen bestehen. Die unterschiedlichsten Fachkompetenzen müssen zusammenarbeiten, damit etwas entsteht, was genau zu dem Kunden passt. Teamgeist bedeutet, die Meinung der Kollegen anzuhören und ggf. zu akzeptieren. Es bedeutet respektvoll, ehrlich und fair miteinander umzugehen. Jede Meinung hat seine Wertigkeit und sollte gehört werden. Damit ein Team gut funktioniert, sollten Regeln vom Team selbst aufgestellt werden, um eine gemeinsame Arbeitsgrundlage zu haben. Und Regeln, welche man selbst gemeinsam aufstellt, werden eher beachtet und respektiert, als Regeln, die man vorgegeben bekommt.

Also zusammengefasst: Das Unternehmen möchte, um am Markt attraktiv zu sein, schnell denkende, immer bereitstehende Mitarbeiter, die dazu noch teamfähig, empathisch und kreativ sind. Und der Mitarbeiter möchte Spaß bei der Arbeit haben, selbst entscheiden können, seine Work-Life-Balance leben, sich regelmäßig weiterbilden und genug Geld zur Verfügung haben, um angenehm zu leben und für seine Zukunft sorgen zu können.

4.1 Was wollen Unternehmen?

Das grundlegende Interesse jedes Unternehmens ist es, sich in seinem Markt zu behaupten und dabei so viel zu erwirtschaften, dass für die Eigentümer und die Arbeitnehmer attraktive Ausschüttungen bzw. Gehälter möglich sind. Gleichermaßen sollen aber auch die finanziellen Mittel für Investitionen in neue Produkte vorhanden sein. Alle diese Ziele müssen erreicht werden, um die Existenz eines Unternehmens nachhaltig zu sichern. Dieser Unternehmenszweck muss sich permanent verwirklichen und das Geschäftsmodell daher jeden Tag erneut erfolgreich umgesetzt werden.[1]

4.1.1 Existenz, Erfolg, Zukunftsfähigkeit

Alleine eine gegenwärtig gesicherte finanzielle Lage reicht jedoch für ein längerfristiges oder zukünftiges Bestehen am Markt nicht aus. Vielmehr müssen sich Unternehmen mit ihren Geschäftsmodellen immer wieder neu gegen ihre Konkurrenz durchsetzen, um immer wieder neu auf ihren Märkten ihre Existenz zu sichern.[2] Dies heißt zwangsläufig, immer wieder für Kunden und Käufer der Produkte bzw. Dienstleistungen attraktiv zu sein.

Der rasante Wandel, der sich aktuell in unserer globalisierten Wirtschaft vollzieht, verlangt von Unternehmen auch eine immer größere Reaktionsgeschwindigkeit. Damit einher gehen eine hohe Kundenorientierung und der Anspruch, Kundenwünsche schneller und immer besser als die Konkurrenten zu erfüllen.[3]

Gab es vor einigen Jahren beispielsweise in vielen Branchen noch fest geregelte und auch begrenzte »Erreichbarkeitszeiten«, so gibt es heute »Rundum-Services«, die dem Kunden möglichst eine »All-time-Versorgung« bieten. Denn wenn es nicht das eigene

---

1 Siehe auch: EY Studie Black Box Mittelstand, 2018; https://www.wiwo.de/erfolg/management/motivation-und-antrieb-unternehmer-sollten-sich-ihren-gott-gut-aussuchen/22989630.html
2 https://newmanagement.haufe.de/strategie/customer-experience-und-new-work
3 Siehe auch: https://www.wiwo.de/erfolg/management/motivation-und-antrieb-unternehmer-sollten-sich-ihren-gott-gut-aussuchen/22989630.html

Unternehmen anbietet, dann findet der Kunde das gewünschte Angebot eben beim Konkurrenten. Der Druck, diesen Ansprüchen zu genügen, ist für die Unternehmen – insbesondere den Mittelstand – hoch.[4]

Zu diesem Ergebnis kommt auch die Studie »Black Box Mittelstand« von Ernst & Young[5] und führt hierzu aus:

> »Flexibilität und Kundennähe sind aus Sicht von Inhabern und Geschäftsführern die entscheidenden Erfolgsfaktoren mittelgroßer Unternehmen. Die Grundlage dafür bilden eine direkte Kommunikation im Unternehmen mit wenig Hierarchien sowie die Fähigkeit, auch schnelle Entscheidungen treffen und umsetzen zu können.«[6]

O-Ton: Tanja Friederichs
Tanja Friederichs ist Vice President Human Resources der PULS GmbH.

Britta Redmann: Welche Interessen werden für Arbeitgeber zukünftig immer wichtiger werden?

Tanja Friederichs: Durch die technischen Möglichkeiten der Digitalisierung verändert sich die Arbeitswelt in eine vernetzte Organisation. Dies hat enorme Auswirkungen auf die Art und Weise unserer Zusammenarbeit. Wir gehen weg von hierarchisch geprägten Organisationen hin zu agilen Strukturen. Gerade wenn wir an die Möglichkeit denken, sich z. B. über Social Collaboration Tools auszutauschen und zu vernetzten, entstehen so über Hierarchien hinweg neue Teams und auch Themenstellungen. Dies entwickelt sich aufgrund einer selbstbestimmten Organisation und verbindet Know-how-Träger.

Wenn man diese Entwicklungen im Rahmen der digitalen Transformation betrachtet, dann sind die wichtigsten Herausforderungen für den Arbeitgeber, das Unternehmen in Richtung Kooperation zu entwickeln und daraufhin die Führungskultur anzupassen. Ein weiterer Schwerpunkt ist die Flexibilisierung neuer Arbeitszeit- und Vergütungsmodelle sowie durch neue Vernetzungsformen die Veränderungsbereitschaft der Organisation zu stärken.

---

4   Arbeitswelt 4.0 im Mittelstand, aus der Studienreihe »Erfolgsfaktoren im Mittelstand«, 02/2018 https://www2.deloitte.com/content/dam/Deloitte/de/Documents/Mittelstand/Deloitte-Erfolgsfaktoren-Mittelstand-Arbeitswelten-2018.pdf
5   EY (Ernst & Young) ist eine der vier weltweiten umsatzstärksten Wirtschaftsprüfungsgesellschaften.
6   EY Studie Black Box Mittelstand, 2018.

4.1.2   Innovation und Weiterentwicklung

Dadurch werden Unternehmen gezwungen, sich schnell veränderten Bedingungen des Marktes und damit auch der Kunden anzupassen. Veränderungen müssen rechtzeitig antizipiert, erkannt und dann auch aktiv angegangen werden.[7] Im gleichen Maße müssen sich auch die Unternehmen immer wieder verändern.

Jedes Unternehmen hat also ein natürliches Interesse daran, zukunftsfähig zu sein, wenn es nicht nur als ein Projekt auf Zeit definiert ist. Unternehmen, die sich am Markt stabil behaupten wollen, haben daher in der Regel die Notwendigkeit, sich immer wieder schnell auf neue Umstände einstellen und auch anpassen zu können. Hier gewinnt der Faktor Innovation eine entscheidende Rolle.[8] In einer Studie des ZEW[9] heißt es:

> »Für die Auswirkungen von Innovationen auf die Performance und Wettbewerbsposition der innovierenden Unternehmen ist der Neuheitsgrad der Innovationen entscheidend. Innovationen, die eine wesentliche Neuerung gegenüber dem existierenden Produktangebot bzw. der bisher eingesetzten Technologie darstellen, versprechen wesentliche Wettbewerbsvorteile und damit höhere Wachstums- und Gewinnaussichten. Gleichzeitig ist die Entwicklung und Einführung solcher Innovationen i. d. R. mit einem höheren technologischen und Marktrisiko verbunden.«

Für Unternehmen wird es vor allem darauf ankommen, sich sowohl in der Phase der Veränderung selbst als auch in der Zeit »danach« immer wieder auf dem – dann auch unter Umständen veränderten – Markt zu behaupten, und das möglichst erfolgreich.[10] Sich besser als vorher durchzusetzen und, ja, sogar zu den Marktführern zu gehören. Jede Innovation, Veränderung oder Transformation muss sich daran messen lassen, ob es durch sie – bzw. in der Zeit nach ihr – für das Unternehmen wirtschaftlich besser läuft als vorher.

4.1.3   Einen gesellschaftlichen Beitrag leisten

Neben den legitimen rein wirtschaftlichen Interessen wollen viele Unternehmen – ggf. schon als Teil ihres Geschäftsmodells oder durch die Wirkung ihrer Produkte – Verantwortung für ein nachhaltiges Wirtschaften, die soziale Gemeinschaft und Gesellschaft

---

7   Hackl, Wagner, Attmer, Baumann, New Work, Springer Gabler, 2017.
8   https://www.e-fi.de/fileadmin/Innovationsstudien_2016/StuDIS_10_2016.pdf
9   ZEW, Zentrum für Europäische Wirtschaftsförderung GmbH, Die Rolle von KMU für Forschung und Innovation in Deutschland, Studien zum deutschen Innovationssystem Nr. 10/2016.
10   Siehe auch https://www.horizont.net/marketing/nachrichten/alles-hinterfragen-wie-verena-bahlsen-das-keks-business-umkrempelt-171464?xing_share=news

und auch die Umwelt übernehmen.[11] Der Wertewandel, der sich gesellschaftlich vollzieht, wirkt sich insoweit eben auch in den Unternehmen aus. Viele Firmen verfolgen
nicht mehr reine Gewinnerzielungsabsichten, sondern genauso das Ziel, die Welt und
das Umfeld in dem wir leben, möglichst nachhaltig besser zu machen.[12]

O-Ton: Gregor Ilg

Gregor Ilg ist Head of Product der Etventure GmbH.

Britta Redmann: Sie kommen mit vielen Unternehmen in Kontakt. Wie wichtig
ist es heute für Unternehmen, auch einen gesellschaftlichen – und nicht nur einen
wirtschaftlichen – Beitrag zu leisten?
Gregor Ilg: Traditionell wird der Erfolg eines Unternehmens an wirtschaftlichen
Kennzahlen bemessen. Aber es gibt mittlerweile verschiedene internationale Ini-
tiativen, die sich mit der Frage beschäftigen, was ein Unternehmen auch aus
gesellschaftlicher Sicht erfolgreich macht. Ein sehr vielversprechendes Projekt ist
das 2014 in den USA gegründete B Lab. Unter dem Slogan »Using Business as a
Force for Good« misst das B Lab den Erfolg einer Organisation nicht am Sharehol-
der Value, sondern am Stakeholder Value. Die zentrale Frage ist dabei: Welchen
Mehrwert schafft ein Unternehmen für alle Interessenvertreter – Eigentümer, Mitarbeiter, Management und direktes Umfeld. Anhand konkreter Kriterien wird dieser Mehrwert gemessen. Nur wenn die Mindestpunktzahl erreicht wird, erhält ein
Unternehmen das B Corp Zertifikat.
2018 gab es bereits 2.600 Unternehmen mit B Corp-Zertifizierung. Die bekanntesten sind Patagonia, Ben & Jerrys und die deutsche Crowdfunding Plattform Start-
Next.

Britta Redmann: Was ist daran für Sie persönlich spannend?
Gregor Ilg: Wenn es darum geht zu bewerten, ob sich ein Unternehmen eher auf
den wirtschaftlichen Erfolg konzentriert oder auf den gesellschaftlichen Mehrwert, wird häufig argumentiert, dass man das nicht so schwarz-weiß betrachten
sollte. Ein Unternehmen kann ja wirtschaftlich erfolgreich sein und trotzdem
gesellschaftlichen Mehrwert schaffen. Das ist natürlich richtig. Aber daraus lässt
sich keine echte Haltung ableiten. Die wenigsten Unternehmer würden sagen:
»Ja klar wollen wir Geld verdienen, aber bitte auf keinen Fall gesellschaftlichen
Nutzen schaffen.« Wenn man ohne wirtschaftliche Einschränkungen gesell-

---

11 Zum Beispiel VAUDE, siehe auch von Dewitz/Schilling, »Wir geben Sinn«, Personalführung 09/2018; siehe
    auch Interview mit Miriam Schilling in Redmann, Agiles Arbeiten im Unternehmen; Haufe, 2017; https://
    www.fastcompany.com/90273496/patagonia-is-giving-its-10-million-tax-cut-back-to-the-planet
12 Siehe auch Bertelsmann-Stiftung, Verantwortungsvolles Unternehmertum, 2016; https://www.wirtschaft.
    bfh.ch/uploads/tx_frppublikationen/Nachhaltige_Unternehmensfuehrung_im_Mittelstand_2012_1_.pdf

schaftlichen Nutzen erzeugen kann, dann nimmt man das dankend in Kauf. Aber das wahre Gesicht einer Organisation zeigt sich nur im Falle eines Konfliktes. Die entscheidende Frage ist also: Wie agiert das Unternehmen, wenn es sich zwischen einem lukrativen Auftrag und dem Nutzen für die Gesellschaft entscheiden muss? Erst an dieser Stelle wird die Trennlinie sichtbar. Natürlich muss man als Unternehmen am Markt erfolgreich sein, sonst wird man nicht lange überleben. Aber im Vordergrund sollte die Frage stehen, ob die eigenen Aktivitäten einen spürbaren Mehrwert für alle Interessenvertreter schaffen oder lediglich für die Unternehmenseigentümer? Wenn Letzteres der Fall ist, dann wird sich auch die Motivation der Mitarbeiter auf die rein finanziellen Aspekte beschränken.

Britta Redmann: Was könnten Gründe sein, warum sich Unternehmen hier engagieren?
Gregor Ilg: Laut einer Studie der American Psychological Association[13] sind altruistische Menschen erfolgreicher. Hilfsbereitschaft ist eine Eigenschaft, die auf Dauer dazu führt, dass Menschen mehr Kontakte knüpfen, eine positivere Ausstrahlung haben und öfter zu Kooperationen eingeladen werden. Das wirkt sich auch auf den persönlichen Erfolg aus.
Zahlreiche Ehrenämter und engagierte Menschen, die sich für ein bestimmtes Ziel engagieren, ohne dafür bezahlt zu werden, zeigen, dass die Motivation für ein Engagement nicht immer finanzieller Natur sein muss. Viele Menschen möchten eine positive Wirkung erzeugen. Sie möchten anderen helfen. Dafür erhalten sie Wertschätzung, Anerkennung und ein Gefühl von Stolz. Das kann mitunter ein sehr viel größerer Antrieb sein als Geld. Warum sonst schlägt sich ein erfolgreicher Manager nach seinem hochbezahlten Arbeitstag noch die Nacht um die Ohren, um die Taktik für das nächste Heimspiel seiner C-Jugend Fußballmannschaft auszuarbeiten.

4.2   Was brauchen Unternehmen?

Jedes Unternehmen will und braucht die besten Mitarbeiter. Nur mit den besten Mitarbeitern können Unternehmen die Herausforderungen einer globalen und digitalen Zukunft bewältigen, ihre Kunden zufriedenstellen und ihrerseits auch zu einer dauerhaften Herausforderung für ihre Konkurrenten werden.

---

13   http://psycnet.apa.org/record/2018-47966-001?doi=1

4.2.1   Mit erwerbsfähigen Mitarbeitern ein »demografiefestes« Unternehmen sichern

Neben der Digitalisierung beeinflusst auch der demografische Wandel unseren Arbeitsmarkt. Bevor über »die besten Mitarbeiter« nachgedacht werden kann, gilt als Voraussetzung, dass überhaupt ausreichend erwerbsfähige Mitarbeiter vorhanden sind.

Derzeit gehen wir davon aus, dass innerhalb unserer Bevölkerung die Anzahl der über 60-Jährigen zunehmen und der unter 20-Jährigen abnehmen wird.[14] Zwar wird die deutsche Bevölkerung insgesamt weniger schrumpfen, als dies noch vor einigen Jahren angenommen wurde, jedoch wird sich die Altersstruktur massiv verschieben. Nach dem Prognos-Deutschlandreport wird die Zahl »der Personen im Erwerbsalter bereits bis 2025 um knapp zwei Millionen, bis 2045 um mehr als sieben Millionen zurückgehen. Gleichzeitig leben in Deutschland immer mehr Menschen im Rentenalter. Ihre Zahl steigt bis 2045 auf 23,3 Millionen, ein Drittel mehr als 2016. Bis 2025 beträgt der Zuwachs gegenüber 2016 bereits über zwei Millionen oder 13 %. Der Altenquotient (die Zahl der 65-Jährigen und Älteren in Relation zu den 20- bis 64-Jährigen) erhöht sich dadurch von rund 35 % langfristig auf 55 %. Das hat Konsequenzen für den Arbeitsmarkt, die Einkommensverteilung und das Steuer-Transfer-System. [...] Deutliche Bevölkerungsverschiebungen zeichnen sich auch innerhalb der Grenzen Deutschlands ab. Lediglich die Stadtstaaten Berlin und Hamburg wachsen, während alle anderen Bundesländer dem allgemeinen Trend folgend Bevölkerung verlieren werden. Dabei sind allerdings die ostdeutschen Bundesländer und das Saarland von erheblichen Schrumpfungen um bis zu 20 % betroffen. In der Folge wird dort die Alterung überdurchschnittlich stark voranschreiten. So steigt der Altenquotient in Brandenburg beispielsweise auf über 70 %. Die wirtschaftliche Dynamik in den deutschen Regionen wird spürbar durch diese demografischen Rahmenbedingungen geprägt.«

In seiner 13. Bevölkerungsvorausberechnung führt auch das Statistische Bundesamt zu den Auswirkungen auf die Altersstruktur und Erwerbstätigkeit an:[15]

»Die Bevölkerung im Erwerbsalter wird von Schrumpfung und Alterung stark betroffen sein. Als Erwerbsalter wird hier die Spanne von 20 bis 64 Jahren betrachtet. Im Jahr 2013 gehörten 49,2 Millionen Menschen dieser Altersgruppe an. Ihre Zahl wird nach 2020 deutlich zurückgehen und 2030 etwa 44 bis 45 Millionen betragen. 2060 werden dann etwa 38 Millionen Menschen im Erwerbs-

---

14   https://www.prognos-deutschlandreport.com/
15   Statistisches Bundesamt, Bevölkerung Deutschland bis 2060, 13. Koordinierte Bevölkerungsvorausberechnung 2015.

alter sein (- 23 %), falls der Wanderungssaldo von rund 500.000 im Jahr 2014 stufenweise bis 2021 auf 200.000 sinkt und danach konstant bleibt (Variante 2 »Kontinuität bei stärkerer Zuwanderung«). Geht die Zuwanderung bis 2021 auf 100.000 Personen zurück und bleibt anschließend konstant (Variante 1 »Kontinuität bei schwächerer Zuwanderung«), gibt es 2060 ein noch kleineres Erwerbspersonenpotenzial: 34 Millionen oder30 % weniger gegenüber 2013. Die Höhe der Zuwanderung beeinflusst damit das Ausmaß der Schrumpfung bereits ab 2030 spürbar. Jedoch kann auch ein jährlicher Wanderungssaldo von 300.000 Personen die Schrumpfung der Bevölkerung im Erwerbsalter nicht aufhalten. Ein Anstieg der Geburtenrate auf 1,6 Kinder je Frau würde sich auf die Bevölkerungszahl im Erwerbsalter erst gegen Ende der Vorausberechnungsperiode auswirken: Im Jahr 2060 würde diese in beiden Varianten um 1,7 Millionen – überwiegend junger Menschen – höher sein. Aktuell wird die Bevölkerung im Erwerbsalter durch die starken Altersjahrgänge zwischen 40 und 60 Jahren dominiert. In den kommenden zwei Jahrzehnten wird diese Altersgruppe aus dem Erwerbsalter weitgehend ausscheiden. Ihr folgen dann die deutlich geringer besetzten 1970er und 1980er Jahrgänge nach. Im Jahr 2035 wird die Altersstruktur deshalb bereits geringere Disproportionen zwischen den Jüngeren und den Älteren innerhalb des Erwerbsalters aufweisen als heute. Bis zum Jahr 2060 werden sich diese Disproportionen zum großen Teil ausgleichen und das Medianalter der Erwerbsbevölkerung wird statt aktuell 44 nur noch 43 Jahre betragen.«

Es ist eine wahre Herausforderung für Betriebe, eine gut durchmischte Altersstruktur in einem Unternehmen zu haben bzw. altersbedingte Abgänge automatisch mit jungem Nachwuchs besetzen zu können und dadurch den Auswirkungen des demografischen Wandels standzuhalten.

	Traditionalisten (bis 1950)	Babyboomer (1951–1965)	Generation X (1966–1980)	Generation Y (1981–1995)	Generation Z (1996–2010)
Prägende Erfahrungen	2. Weltkrieg, Wiederaufbau, Entbehrungen, harte, körperliche Arbeit	Wirtschaftswunder, 68er-Revolution, Frauenbewegung	»Generation Golf«, Fernsehzeitalter, Mauerfall, Ende des Kalten Krieges	»Millennials«, digitale Revolution, weltweiter Terror	»Generation YouTube«, Globalisierung, Erderwärmung, Wikileaks

	Traditionalisten (bis 1950)	Babyboomer (1951–1965)	Generation X (1966–1980)	Generation Y (1981–1995)	Generation Z (1996–2010)
Bedeutung Arbeit & Beruf	Arbeit notwendig zur Sicherstellung des Lebensunterhalts	Arbeit hat einen hohen Stellenwert, Prägung des Begriffs »Workaholic«	Berufliches Weiterkommen so wichtig wie ausgewogene Work-Life-Balance	Spaßfaktor des Jobs wichtiger als Karriere, keine starre Trennung von Berufs- und Privatleben	Feste Arbeitsstrukturen sind wichtig, klare Trennung von Berufs- und Privatleben
Lebenseinstellung	Respekt vor Regeln und Autoritäten, Konformität, Gehorsam	Durchsetzungsvermögen, Teamgeist, Idealismus, Protest	Unabhängigkeit, Individualismus, Freiheitsdrang, Sinnsuche	Streben nach Selbstverwirklichung, Freiheitsliebe, Leben im Hier und Jetzt	Selbstverwirklichung im privaten und sozialen Umfeld, Authentizität, Ehrlichkeit
Kommunikation	Face-to-Face	Face-to-Face, Telefon	SMS, E-Mail, Messenger	Social Media Messenger	FaceTime, Messenger
Technologienutzung	Wenig oder gar kein Bezug zu neuer Technik	Nutzung neuer Technik vor allem im Arbeitsumfeld	Technikaffin und -versiert	Digital Natives, »24 Stunden online«	»Technoholics«, Virtual Reality, Cloud, Musicstream
Bevorzugte Medien	Klassische Medien (Print, Radio, TV)	E-Mail, Tageszeitung Radio, TV Facebook	E-Mail, Facebook, TV, Online-Nachrichten	Twitter, Facebook, Instagram, TV mit zweitem Bildschirm parallel	Snapchat, Spotify, Whisper, YouTube, Tumblr

Tab. 2: Die Generationen – populäre Zuschreibungen (Quelle: Die Mediation, I/2019, S. 26)

4.2.2   Mitarbeiter, die es können

Vom Alter und Generationenmix einmal abgesehen ist es genauso wichtig für Unternehmen, diejenigen Mitarbeiter überhaupt zu finden, die sie suchen bzw. brauchen.[16] Recruiting ist überall ein großes Thema, und es ist für die meisten Firmen zunehmend schwerer, dies schnell und erfolgreich zu bewerkstelligen. Diese Erfahrung spiegelt

---

16   Siehe auch EY Studie Black Box Mittelstand, 2018; ICR Recruiting Trends 2018.

sich auch in der Engpassstudie der Bundesagentur für Arbeit wider, die über alle Berufe und Branchen hinweg immer wieder aktuell erhoben wird. Diese »lebende« Studie ist vor dem Hintergrund entstanden, dass es eine »allumfassende Kennzahl zur Messung von Mängeln bzw. Engpässen nicht gibt.« Politik, Wirtschaft und Gesellschaft bedürfen jedoch einer objektiven Einschätzung, wie sich die Fachkräftesituation fachlich, branchenspezifisch und regional darstellt. Die alle sechs Monate erhobene Engpassanalyse schafft hierzu eine stetige aktuelle Transparenz, in welchen Berufen Besetzungsschwierigkeiten auftreten und wie sich die Situation in den (einzelnen) Bundesländern darstellt.[17]

Die Studie belegt, dass die durchschnittliche Vakanzzeit in 2018 um weitere sieben Kalendertage angestiegen ist.[18] Mittels der Vakanzzeit können Unternehmen direkt die Kosten ermitteln, die ihnen entstehen, wenn die Stelle nicht besetzt wird. Dies wirkt sich direkt auf die für Unternehmen anfallenden Kosten aus.

Unterschieden wird in vier Qualifikationskriterien von Mitarbeitern, die sich durch die Komplexität der auszuübenden Tätigkeiten voneinander unterscheiden:

Helfer	– Ausbildung, anlernbar
Fachkraft	+ Ausbildung, fachlich ausgerichtet
Spezialist	+ Ausbildung, komplexe Tätigkeiten
Experte	+ Ausbildung, hochkomplexe Tätigkeiten

Tab. 3: Vier Qualifikationskriterien von Mitarbeitern

Erhoben werden in der Engpassanalyse ausschließlich die Qualifikationen »Fachkräfte, Spezialisten und Experten«. Rückblickend auf die letzten zehn Jahre hat sich für diese drei Gruppen die Zeit, die Unternehmen benötigen, eine offene Stelle überhaupt zu besetzten, fast verdoppelt. Und die Tendenz ist weiter steigend. Doch auch bei einer immer weiter zurückgehenden Quote der Arbeitslosigkeit über alle Qualifikationsgruppen und weiter angestiegener Vakanzzeiten »kann von einem umfassenden Fachkräftemangel in Deutschland nach wie vor nicht ausgegangen werden«.[19] Aller-

---

17   https://statistik.arbeitsagentur.de/Navigation/Footer/Top-Produkte/Fachkraefteengpassanalyse-Nav.html
18   Bundesagentur für Arbeit, Statistik/Arbeitsmarktberichterstattung,
      Berichte: Blickpunkt Arbeitsmarkt – Fachkräfteengpassanalyse, Nürnberg, Juni 2018.
19   Bundesagentur für Arbeit, Statistik/Arbeitsmarktberichterstattung,
      Berichte: Blickpunkt Arbeitsmarkt – Fachkräfteengpassanalyse, Nürnberg, Juni 2018, S. 6; Definition Fachkräftemangel siehe auch: https://www.onpulson.de/lexikon/fachkraeftemangel/; http://www.bpb.de/politik/innenpolitik/arbeitsmarktpolitik/178757/fachkraeftemangel?p=all

dings ist es für Betriebe – und dies wird sich aller Voraussicht nach weiterhin verschär-
fen – beständig schwieriger, ihre Stellen zu besetzen.

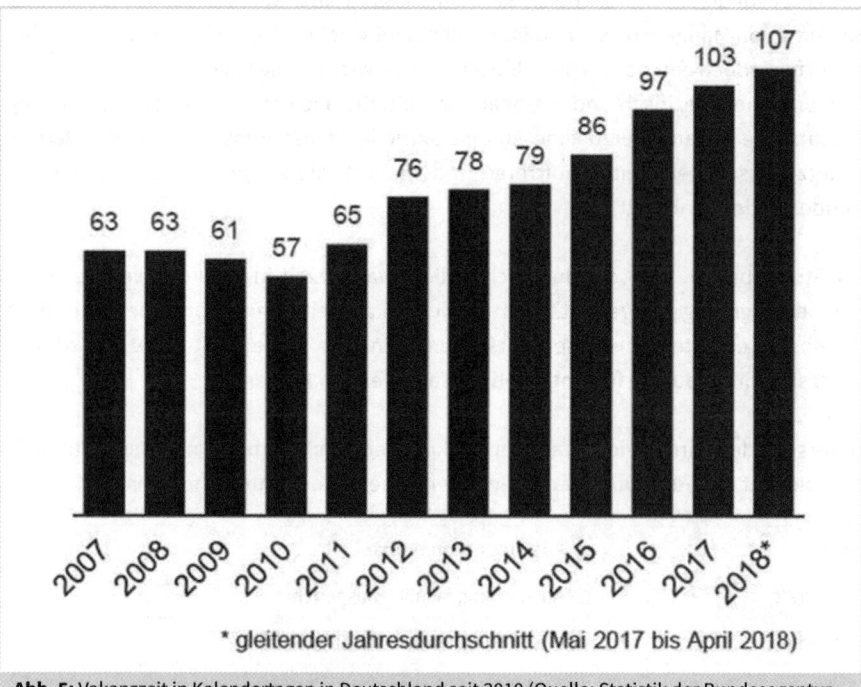

Abb. 5: Vakanzzeit in Kalendertagen in Deutschland seit 2010 (Quelle: Statistik der Bundesagentur für Arbeit, https://statistik.arbeitsagentur.de/)

Die Studie zeigt weiter auf, dass »Stellen für Spezialisten am längsten vakant sind,
gefolgt von Fachkräften.« Experten weisen innerhalb des Rahmens noch die kürzeste
Vakanzzeit auf.[20]

Die Ergebnisse zu der Situation auf dem Arbeitsmarkt und die durch den Verlauf der
Studie sich offenbarenden Veränderungen sind für Unternehmen ernüchternd. So
ergab die Analyse im Vergleich zu vergangenen Erhebungen nicht nur einen weiteren
Anstieg der Vakanzzeit, sondern neben einer verschärften Engpasssituation auch die
Aufnahme weitere Fachkräfte auf die Engpassliste. Fachkräfte in der Fahrzeugtechnik,
Elektrotechnik sowie Experten in der Konstruktion und im Gerätebau wurden ganz
neu in die Liste aufgenommen. Zusätzlich wurden Fachkräfte in der Ver- und Entsor-
gung, Spezialisten in der Softwareentwicklung, Steuerfachwirte und Sprachtherapeu-

---

20   Bundesagentur für Arbeit, Statistik/Arbeitsmarktberichterstattung,
     Berichte: Blickpunkt Arbeitsmarkt – Fachkräfteengpassanalyse, Nürnberg, Juni 2018.

ten als Mangelberufe[21] eingestuft. Ein Mangel an Experten zeigt sich weiterhin in den technisch-akademischen Berufen, beispielsweise in der Fahrzeugtechnik, der IT-Anwenderberatung, der Softwareentwicklung sowie der Programmierung. Die Vakanzzeit liegt hier mit 159 Kalendertagen weit über dem Durchschnitt.

Diese Entwicklung in Berufen aus dem Softwarebereich und dem IT-nahen Umfeld ist umso bemerkenswerter, da hier durch die Digitalisierung der Bedarf bei Unternehmen an entsprechenden fachlich versierten Mitarbeitern steigen wird. Diese Mangelsituation betrifft also nicht nur reine Softwareunternehmen, sondern wirkt sich über fast alle Branchen hinweg aus.

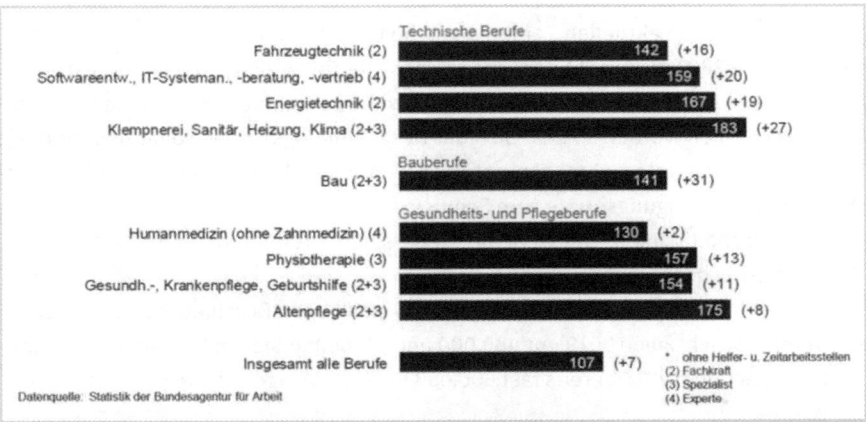

Abb. 6: Durchschnittliche Vakanzzeit bei sozialversicherungspflichtigen Arbeitsstellen, Veränderung zum Vorjahr: Mai 2017 bis April 2018 (Quelle: Statistik der Bundesagentur für Arbeit, https://statistik. arbeitsagentur.de/)

Bereits heute ist ein Mangel an Fachkräften und Experten im IT-Bereich schon in allen Bundesländern gegeben. Lediglich Berlin ist eine Ausnahme: Dort sprechen z. B. die kurze Vakanzzeit und der hohe Bestand an arbeitslosen Softwareentwicklern und Anwendungsberatern gegen einen Engpass in der Bundeshauptstadt.

Die Vakanzzeit ist für Unternehmen nicht nur eine hilfreiche Kennzahl, um die Arbeitsmarktsituation einschätzen zu können, sondern kann ihnen gleichzeitig dienen, den Verlust zu ermitteln, der für die Dauer der Nichtbesetzung einer unbesetzten Stelle entstehen kann. Denn jeder Mitarbeiter trägt zum Umsatz und der Wertschöpfung

---

21   In der Studie wird ein Mangel wie folgt definiert:
- Die durchschnittliche abgeschlossene Vakanzzeit im betrachteten Beruf liegt bei 30–40 % über dem Durchschnitt aller Berufe.
- Auf 100 offene Stellen kommen bei Fachkräften und Spezialisten weniger als 200 Arbeitslose – bei Experten weniger als 400.
- Die berufsspezifische Arbeitslosenquote (bezogen auf alle Erwerbstätigen und Arbeitslosen) liegt nicht höher als 3 %.

eines Unternehmens bei und seine Funktion und Stelle hat einen bezifferbaren Wert. Das dürfte das geplante Gehalt und der mit der Stelle verbundenen und angestrebten Mindestumsatzzahl entsprechen.

Summiert man hier noch im Rahmen des Recruiting-Prozesses weitere indirekte Kosten hinzu, die in Unternehmen z. B. durch den personellen Aufwand entstehen, an den Vorstellungsgesprächen teilzunehmen, oder für Einarbeitungszeiten des neuen Kollegen, addiert sich der Betrag schnell in die Höhe und entspricht unter Umständen einem Jahresgehalt. Die Nichtbesetzung einer Stelle produziert also Mehrkosten für Unternehmen bzw. einen Umsatzverlust.[22]

Schließlich sind die aktuellen Zahlen am Arbeitsmarkt geradezu einzigartig. So sind seit dem Jahr 2007 die Anzahl der Arbeitsplätze kontinuierlich gestiegen. Nach einem Bericht der FAZ[23] sind allein im Jahr 2018 in Großunternehmen mehr Stellen geschaffen als gestrichen worden so dass sich der Beschäftigungsaufbau sogar beschleunigt hat. Und auch die Unternehmensberatung EY kommt in ihrer aktuellen Arbeitsmarktstudie zur Beschäftigungsquote zum Schluss:[24]

- »Die Beschäftigung in Deutschland steigt seit Jahren kontinuierlich – trotz zwischenzeitlicher Finanzkrise und Eurokrise.
- Für 2019 wird ein neuer Rekordwert von 45,3 Millionen Beschäftigten erwartet.
- Unterm Strich sollen 2019 gut 400.000 neue Arbeitsplätze in Deutschland entstehen – nachdem 2018 bereits fast 600.000 Stellen hinzugekommen sind.«

Damit hat die Beschäftigung in Deutschland einen Höchststand erreicht.

4.2.3   Mitarbeiter als »Challengepartner«

Die Passung von Mitarbeitern und der Kultur des jeweiligen Unternehmens wird noch wichtiger als bisher werden.[25]

Die fortschreitende Digitalisierung macht es einerseits (technisch) möglich, dass Zusammenarbeit nicht zwingend durch Arbeit an ein und demselben Ort geprägt ist.[26]

---

22   Siehe auch zur sogenannten »time to hire«: https://insights.dice.com/employer-resource-center/calculating-the-cost-of-vacant-tech-positions/
23   FAZ 31.12.2018 unter https://www.faz.net/aktuell/wirtschaft/wie-entwickelt-sich-der-arbeitsmarkt-2019-in-deutschland-15965837.html
24   Zur Beschäftigungsentwicklung in Deutschland und der Eurozone siehe unter https://www.ey.com/Publication/vwLUAssets/ey-beschaeftigungsentwicklung-in-deutschland-und-der-eurozone-2018/$FILE/ey-beschaeftigungsentwicklung-in-deutschland-und-der-eurozone-2018.pdf
25   Siehe auch T. Höge, T. Schnell, Arbeitsmanagement und Sinnerfüllung, Wirtschaftspsychologie Heft 1-2012 91.
26   Siehe auch https://www.msn.com/de-de/lifestyle/edgy/digitale-nomaden-wie-du-es-schaffst-%C3%BCberall-auf-der-welt-zu-arbeiten/ar-AAvvBqQ; https://t3n.de/news/remote-jobs-digitale-nomaden-715766/

Dies gilt zumindest für die sogenannten »Wissensarbeiter«. Mittels Mobile Devices ist es möglich, von »überall« aus zu arbeiten, sich »dazuzuschalten« und sich mittels Kamera auch zu sehen, sofern es ein Netz gibt. In Arbeitsumfeldern, in denen es eher um die geistigen Fähigkeiten geht, weichen starre Präsenzzeiten einer zunehmenden Flexibilität, was den Ort und auch die Arbeitszeit anbelangt. Damit heben sich die typischen »Bindungsmitteln« wie Arbeitszeit und Anwesenheit in Unternehmen auf.

Körperliche und manuelle Fähigkeiten werden gleichzeitig tendenziell an Bedeutung verlieren und soziale und emotionale Fähigkeiten werden wichtiger werden.[27]

Da der Mitarbeiter in der neuen Arbeitswelt wahrscheinlich nicht stetig an einem festen Arbeitsplatz präsent ist, bedarf es einer guten Selbststeuerung und einer hohen Kompetenz, auf unterschiedlichen Kanälen, mit Teams, Kunden und Kollegen zu kommunizieren.

Kommunikation als starkes Bindeglied erfordert Empathie, da im digitalen Austausch viele nonverbale Einflussfaktoren wie Stimme, Gestik, Mimik, Tonfall wegfallen können. Der Mitarbeiter, der Unternehmen in der Zukunft nach vorne bringt, handelt wesentlich selbstbestimmter; das bedeutet auch, dass er sich stärker um sich und seinen eigenen Wissenserhalt kümmert. Er weiß selbst am besten, wie er sich »fit für morgen« halten kann und damit seinen Aufgaben im Unternehmen gerecht wird.[28]

Eine flexiblere bzw. eine agile Arbeitsorganisation bringt auch einen anderen Anforderungsbedarf für Unternehmen mit sich.[29]

Um überhaupt als Unternehmen gut durch den marktbedingten Wandel zu kommen, sich schnell auf neue Techniken, Ideen, Methoden etc. einstellen zu können, braucht es Mitarbeiter, die über besondere Einstellungen, Eigenschaften und Kompetenzen verfügen. Beispielhaft zu nennen sind Agilitätskompetenz, Veränderungsbereitschaft, Verantwortung, Empathie, die Fähigkeit mutig neue Wege zu gehen.[30]

Um sich wirklich erfolgreich zukunftsfähig aufzustellen, benötigen Unternehmen einen bestimmten Typus von Mitarbeiter, dem es sowohl gelingt, sich immer wieder den aktuellen Bedürfnissen anzupassen, der auch immer wieder »gewinnen« will und besser sein will als der Durchschnitt. Er denkt und handelt nicht nur wie ein Unternehmer, sondern hat bei seinen Entscheidungen immer (!) das Unternehmen als Ganzes

---

27   Gramß, Graf in Kompetenzen der Zukunft – Arbeit 2013, Haufe 2018; https://www.mckinsey.com/~/media/McKinsey/Featured%20Insights/Future%20of%20Organizations/Skill%20shift%20Automation%20and%20the%20future%20of%20the%20workforce/MGI-Skill-Shift-Automation-and-future-of-the-workforce-May-2018.ashx
28   Redmann, Agiles Arbeiten im Unternehmen, Haufe 2017.
29   Wohlstand in der digitalen Welt, Erster IW-Strukturbericht, S. 131 ff., 2016.
30   Siehe auch EY Studie Black Box Mittelstand, 2018.

im Blick. Und er ist bereit, den Markt für das Unternehmen immer wieder neu zu erobern um »in der obersten Liga mitzuspielen«.

Solche »Challengepartner« geben Unternehmen die Power – und zwar von innen heraus –, die sie zukünftig benötigen, um nicht nur die Herausforderungen des Marktes und des Wettbewerbs zu meistern, sondern als Unternehmen auch zu den Besten im jeweiligen Markt zu zählen. Ein Challengepartner ist gleichzeitig treu und loyal dem Unternehmen verbunden. Er übernimmt die Verantwortung, sich immer wieder neuen Herausforderungen zu stellen, und zwar mit dem Willen, genau »sein« Unternehmen erfolgreich zu machen.

Unternehmen brauchen also nicht nur Mitarbeiter, die über das richtige Fachwissen und Können verfügen, sondern die auch bereit sind, Verantwortung mit zu tragen und vermehrt Entscheidungen selbst zu treffen. Dies im Sinne des Unternehmens, also von einem eigenverantwortlichen, wirtschaftlichen und nutzbringenden Denken und Handeln geprägt.[31]

Die Haltung eines Mitarbeiters, der sich als Challengepartner versteht, zeichnet sich durch Persönlichkeitsmerkmale wie Loyalität, Unternehmenstreue, Verantwortungsbereitschaft und die Bereitschaft zu stetiger Veränderung und Erfolg aus, auf die Arbeitgeber in Zukunft entscheidend angewiesen sind.[32]

Abb. 7: Mindset eines Mitarbeiters als Challengepartner (Quelle: C. Grein/B. Redmann)

---

31   Siehe auch Porth, Wilfried, Daimler nutzt die großen Potentiale auch in der Arbeitswelt 4.0, Chemie Digital Arbeitswelt 4.0; vgl. auch Beitrag Prof. Fischer.
32   Siehe auch Hofert, Das agile Mindset, Springer Gabler, 2018.

O-Ton: Johannes Ceh

Johannes Ceh ist LEAD Kolumnist und Keynote Speaker.

Britta Redmann: Als Experte für Customer Experience sehen Sie das Zusammenspiel von Unternehmern/Unternehmen zu Mitarbeitern wichtiger als die reine Anwendung von Tools. Doch welche Mitarbeiter braucht es heutzutage für Unternehmen?

Johannes Ceh: Es gibt einen Begriff, den Mathias Schrader geprägt hat: er spricht von Experten 2. Grades. Was er damit meint, ist, dass z. B. derjenige nicht nur der **eine** Programmierer für das **eine** Programm ist oder nur **der** Texter für bestimmte Texte, sondern Mitarbeiter vielfältige Aufgaben tätigen können. Früher hätte man sie vielleicht als Generalisten bezeichnet. Es geht hier also um Mitarbeiter, die abstrahieren können, die aber auch mehrere Interessen haben, Menschen, die Querverbindungen auch sehen. Durch die Denkweise dieser Mitarbeiter ist es möglich, über Silos hinaus zu agieren und quer miteinander zu arbeiten.

Durch dieses Querarbeiten oder Vernetzen wachsen die Teams viel stärker zusammen. Dadurch lernen die Mitarbeiter untereinander auch neue Kompetenzen voneinander.

Dazu gehört auch, dass das ganze Datenthema oder auch künstliche Intelligenz helfen kann, zu verdichten. Denn auch Daten helfen, um den anderen besser zu verstehen, im Sinne der Frage, wie der klassische Vertriebler oder der klassische Programmierer tickt.

4.2.4   »Superhelden«, die bleiben

Es wird zukünftig für Unternehmen vor allem darum gehen, die Mitarbeiter, auf die sie angewiesen sind, zu Unternehmenstreue, Verantwortungsbereitschaft und Veränderungsaffinität zu motivieren. Doch Haltungen eines Mitarbeiters wie Loyalität, Treue, Verantwortung und vor allem den immer wieder sich allen Herausforderungen stellenden Willen zum Erfolg genau für dieses Unternehmen –, solche Einstellungen lassen sich in keiner vertraglichen Vereinbarung regeln. Sobald es bei der Arbeitsleistung eines Mitarbeiters um mehr gehen soll als nur die reine Durchführung einer Tätigkeit oder die Übernahme einer Aufgabe, hilft der Arbeitsvertrag nicht weiter. Und auch das Bundesarbeitsgericht sagt über die vertragliche Verpflichtung eines Mitarbeiters: »Der Arbeitnehmer muss tun, was er soll, und zwar so gut, wie er kann«.[33] Ein objektiver Maßstab ist nicht anzusetzen – der Arbeitnehmer schuldet das »Wirken«, nicht das »Werk«. Die Leistungspflicht orientiert sich an der subjektiven Leistungsfähigkeit des Arbeitnehmers. In der Konsequenz ist daher die Haltung eines Mitarbeiters, die über

---

[33]   BAG 17.01.2008, 2 AZR 536/06.

das reine Tun weit hinausreichen und wirken kann, nicht wirklich ein regelbarer Gegenstand des vertraglichen Austauschverhältnisses zwischen Arbeitgeber und Arbeitnehmer, sie ist kaum justiziabel.

Ist Arbeitgebern daher die Einstellung eines Mitarbeiters wichtig und auch, dass diese in der zukünftigen Zusammenarbeit fortbesteht, können sich Unternehmen eine innerliche Verbundenheit wünschen – sie können sie jedoch weder erzwingen noch einklagen. Das Recht oder Gesetze helfen hier nicht weiter: Eine innere und damit emotionale Verbundenheit ist nicht wirklich verhandel- oder regelbar – sie ergibt sich in der Praxis aus der Passung zwischen Mitarbeiter und Unternehmen.

5 Wann »stimmt« die Bezahlung?

»Die Bezahlung muss stimmen« – sonst funktioniert der synallagmatische Austausch zwischen Leistung und Entlohnung im Arbeitsverhältnis nicht. Doch wann »stimmt die Bezahlung«?

Das schönste Vergütungssystem nützt nichts, wenn es am Empfänger und damit am Mitarbeiter vorbeigeht. Wenn Unternehmen also gefragt sind, über neue oder andere Vergütungssysteme nachzudenken, und zugleich, um zukunftsfähig zu bleiben, auf die »richtigen« Mitarbeiter angewiesen sind, dann lautet die zentrale Frage, was Mitarbeiter überhaupt wollen.

5.1 Was brauchen Mitarbeiter?

Es gibt eine Vielzahl bedeutender Theorien, z. B. die Bedürfnispyramide von Abraham Maslow[1] oder die Zwei-Faktoren-Theorie von Frederick Herzberg,[2] die sich mit der Arbeitsmotivation von Mitarbeitern befassen.[3] Letztendlich ist jedoch allen Theorien und Modellen gemeinsam, dass es unterschiedliche Bedürfnisse in unterschiedlichen Ausprägungen gibt, die bei jedem Einzelnen individuell vorliegen.[4] Alle Bedürfnisse sind dabei immer personenspezifisch. Dies bedeutet, dass jeder Einzelne über anders geartete persönliche Bedürfnisse verfügt und diese bei jedem einen unterschiedlichen Stellenwert haben. Es gibt daher auch kein »einheitliches« Bedürfnis, das alle Mitarbeiter in gleicher Weise verspüren.

Ebenso individuell wie wir Menschen sind konsequenterweise auch die menschlichen Bestrebungen und Wünsche. Und nicht nur das: Je stärker ein Bedürfnis ausgeprägt ist, desto eher und intensiver setzen sich Menschen für dessen Befriedigung ein. Je intensiver wir mit einer bestimmten Handlungsweise Bedürfnisse erfüllen können, umso eher werden wir zu diesem Tun bereit sein und es gerne tun wollen.[5]

---

1   Maslow, Motivation und Persönlichkeit, 1974, Walter Verlag.
2   Herzberg, Mausner, Snyderman, Bloch: The Motivation to Work, 2011, Transaction Publishers, 2011, Transaction Publishers.
3   Vgl. Correll, Menschen durchschauen und richtig behandeln, mvg Verlag; McGregor, The Human Side of Enterprise, 2006, McGraw Hill Professional; Schuler, in Handbuch der Arbeits- und Organisationspsychologie, Bd. 6, 2007, Hogrefe Verlag; Steven Reiss, Wer bin ich und was will ich wirklich?, 2016 3. Aufl. Redline; Siehe auch https://karrierebibel.de/motivation/
4   Siehe auch https://karrierebibel.de/motivation/
5   Siehe auch Redmann, Erfolgreich führen im Ehrenamt, 3. Aufl. 2017 Springer Gabler.

Doch das, was den einen Menschen motiviert, kann für einen anderen völlig reizlos sein. Es gibt weder eine gemeinsame Motiv-Schablone noch eine verbindliche »Bedienungsanleitung«.

Auf den Arbeitskontext übertragen, kann es für Unternehmen daher sehr bedeutsam sein, die Beweggründe und den »inneren« Stellenwert der unterschiedlichen Bedürfnisse von Mitarbeitern zu kennen.

5.2   Studien zur Zukunft der Arbeit

Arbeit kann viele menschliche Bedürfnisse erfüllen.[6] Dabei sind Bedürfnisse so bunt und unterschiedlich wie wir Menschen selbst es sind.[7] Es gibt keine »guten oder schlechten« Beweggründe: Alle Motive sind absolut wertfrei.

In die nachfolgende Darstellung sind Ergebnisse aus unterschiedlichen Studien und Erhebungen eingeflossen, die sich alle mit den Wünschen von Arbeitnehmern und Absolventen an unsere zukünftige Arbeitswelt beschäftigen.

5.2.1   BMAS-Studie »Wertewelten Arbeiten 4.0«

Das Bundesministerium für Arbeit und Soziales hat 1.200 Personen »auf Basis des Mikrozensus von 2013 über ihre Vorstellung zum Thema »Arbeit in Deutschland« befragt.«[8] Diese Untersuchung gibt ein realistisches Gesamtbild der Arbeitswelt mit den dazugehörigen unterschiedlichen, klar voneinander abgrenzbaren »Wertewelten« wieder, die derzeit existieren:[9]

> »Die Studie erfasst nicht nur freie Antworten und Assoziationen, sondern macht dank ihrer innovativen Methode zugleich tieferliegende Wertvorstellungen sichtbar. Das Idealbild von Arbeit, Wünschen und Hoffnungen der Befragten werden ebenso deutlich, wie Befürchtungen und Ablehnung. Die Studie beleuchtet dabei das Zusammenspiel von verschiedenen Aspekten: Welche Stärken und welche Schwächen hat unsere gegenwärtige Arbeitswelt aus

---

6   Siehe auch https://www.humanresourcesmanager.de/news/die-qual-der-freien-entscheidung.html?xing_
    share=news;
7   Siehe auch https://de.statista.com/statistik/daten/studie/187502/umfrage/beduerfnisse-von-mitarbeitern-
    in-deutschen-unternehmen/
8   BMAS Wertewelten Arbeiten 4.0, 2016: »Für die Datenerhebung wurde ein von der nextpractice GmbH entwi-
    ckeltes Befragungs- und Analyseverfahren verwendet. Das Verfahren verbindet die qualitative Aussagekraft
    frei geführter Interviews mit der quantitativen Auswertbarkeit standardisierter Fragebögen.«
9   BMAS Wertewelten Arbeiten 4.0, 2016.

Sicht der Erwerbstätigen? Welche Weichenstellungen der Vergangenheit werden heute als richtig oder als falsch wahrgenommen? Wo sehen die Befragten positive Entwicklungen, die gefördert werden sollten? Welchen Veränderungen stehen sie skeptisch gegenüber? Die Studie umfasst auch die intuitiven Bewertungen der Befragten und kann so Auskunft über die generellen Werte- und Kulturmuster der Erwerbstätigen in Deutschland geben.

Eines macht die Studie vor allem deutlich: die Ansprüche an Arbeit pluralisieren sich stark und das über soziodemografische Trennlinien wie Einkommen oder Ausbildung hinweg. Was für die einen wünschenswerte Zukunft ist, stellt für die anderen ein eher bedrohliches Szenario dar.

Nur die wenigsten Erwerbstätigen in Deutschland empfinden ihre aktuelle Arbeitssituation als ideal. Lediglich ein Fünftel der Befragten fühlt sich dem persönlichen Idealbild von Arbeit bereits nah. Knapp die Hälfte der Befragten sieht die eigene Arbeitssituation heute weit vom persönlichen Idealbild von Arbeit entfernt.

Der Blick auf die Zukunft ist dagegen optimistischer: Fast die Hälfte der Befragten erwartet, dass die eigene Arbeitssituation im Jahr 2030 nah an ihrem Idealbild liegen wird. Vor allem was Mitgestaltungs- und Entfaltungsmöglichkeiten anbelangt, haben die Erwerbstätigen in Deutschland durchaus positive Erwartungen an die Arbeitswelt von morgen.

Weiterhin zeigt die Studie deutlich auf, wie stark sich die Wahrnehmung und Bewertung der Arbeitswelt in der Vergangenheit, der Gegenwart und der Zukunft von Person zu Person unterscheiden. Die Studie »Wertewelten Arbeiten 4.0« identifiziert sieben klar unterscheidbare Wertewelten. Diese entsprechen jeweils einer bestimmten, in sich konsistenten und für sich beschreibbaren Sichtweise auf das Thema Arbeit. Bezüglich ihrer handlungsleitenden Einstellungen und Haltungen stehen sich diese sieben Wertewelten zum Teil diametral gegenüber: Während in der Wertewelt »DEN WOHLSTAND HART ERARBEITEN« das Gefühl vorherrscht, trotz starker individueller Anstrengung nicht immer die entsprechende Anerkennung zu erleben, ist in der Wertewelt »ENGAGIERT HÖCHSTLEISTUNGEN ERZIELEN« die Überzeugung ungebrochen, dass persönliche Erfolge das Ergebnis besonderer individueller Anstrengungen sind. Während in der Wertewelt »SICH IN DER ARBEIT SELBST VERWIRKLICHEN« eine zunehmende Individualisierung der Arbeitswelt begrüßt wird, vermisst man in der Wertewelt »IN EINER STARKEN SOLIDARGEMEINSCHAFT ARBEITEN« den Zusammenhalt unter solidarischen Kollegen.«[10]

---

10   BMAS Wertewelten Arbeiten 4.0, 2016; https://www.arbeitenviernull.de/fileadmin/Downloads/BMAS_Halbzeitkonferenzl.pdf

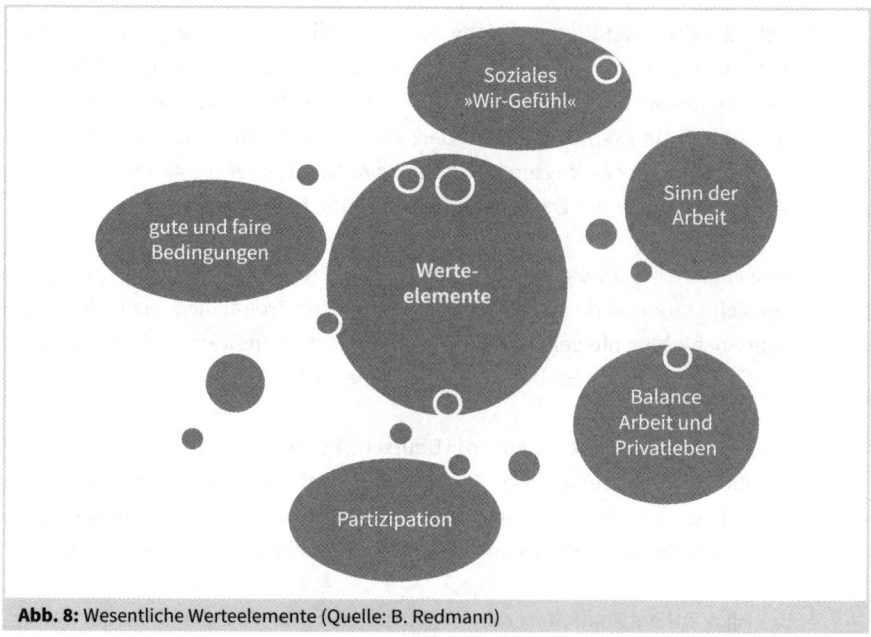

Abb. 8: Wesentliche Werteelemente (Quelle: B. Redmann)

In ihrer Zusammenfassung kommt die Studie zu folgendem Fazit:[11]

> »Dass Erwerbstätige differenzierte Lebensrealitäten und Ansprüche haben, ist keine neue Erkenntnis. Die Wertewelten-Studie zeigt jedoch, dass wir es inzwischen mit sehr unterschiedlichen Arbeitskulturen und Bedürfnissen zu tun haben, die sich nur ungern »über einen Kamm scheren« lassen. Einige setzen auf individuelle Leistungsorientierung. Sie sind grundsätzlich für Arbeitnehmerrechte und den Sozialstaat, aber persönlich vertrauen sie vor allem sich selbst und ihren Fähigkeiten. Andere erwarten sehr ausdrücklich von der Politik, den Gewerkschaften aber auch den Unternehmen, dass sie für gute Arbeitsbedingungen und sozialen Zusammenhalt sorgen. Ein weiteres klar erkennbares Bedürfnis ist das nach einem Sinn in der Arbeit und einer individuell auszugestaltenden Balance zwischen Arbeit und Privatleben. Zwischen diesen drei Polen bewegen sich die sieben identifizierten Wertewelten. Was alle eint, ist die Ablehnung von unfairen Arbeitsbedingungen und die Überzeugung, dass Leistung auch angemessen honoriert werden sollte. Ein starker Anspruch auf »Teilhabe« – gerade auch in einer sich ändernden, digitalisierten Arbeitswelt – ist auch in dieser Studie erkennbar. Dennoch sprechen die Wertewelten unterschiedliche Sprachen: Der Begriff »Flexibilität« bedeutet für die einen

---

11   BMAS Wertewelten Arbeiten 4.0, 2016; https://www.arbeitenviernull.de/fileadmin/Downloads/BMAS_Halbzeitkonferenzl.pdf

»mehr Druck«, für die anderen »mehr Freiheit«. Die Digitalisierung ist für die einen Verheißung, für die anderen neben der Globalisierung eher bedrohlich.

Als Chancen der heutigen Arbeitsgesellschaft sehen die Befragten vor allem die Möglichkeiten, die technische Innovationen gut ausgebildeten Personen bieten. Diese Möglichkeiten beziehen sich nicht nur auf finanzielle Aspekte und den Erwerb von Status. Potenziale ergeben sich auch in Bezug auf Selbstverwirklichung und Teilhabe an der Gestaltung der eigenen Arbeitswelt. Homeoffice, flexible Arbeitszeiten und ein individuell gestaltetes und damit förderliches Arbeitsumfeld bieten ihnen bessere Chancen auf eine Work-Life-Balance als bisher. Für die Zukunft erwarten die Befragten, dass Sachzwänge und bürokratische Hemmnisse diese Gruppe immer weniger in ihren Entfaltungsmöglichkeiten einschränken. Das gesellschaftliche Klima »von Druck in der Arbeitswelt« wird auch von denjenigen beschrieben, deren eigene Arbeitssituation nicht durch dieses Klima geprägt ist und die persönlich zufrieden sind. Im Umkehrschluss bedeutet das, dass Wettbewerb und der Fokus auf materielle Werte nur noch für eine Minderheit ein positives Leitmotiv sind. Verantwortlich für die Verschlechterung der Bedingungen seit den 90er Jahren werden Aspekte wie zunehmender Renditefokus, Zahlenorientierung statt Menschlichkeit, prekäre Arbeitsverhältnisse, erhöhte Arbeitsbelastung und sinkende Reallöhne gemacht.

Zwar gibt es in vielen dieser Wertewelten Appelle an Gemeinsinn und sozialen Zusammenhalt, die Ausprägungen unterscheiden sich aber teilweise deutlich. Das von vielen gewünschte und schmerzlich vermisste gesamtgesellschaftliche »Wir-Gefühl« ließe sich möglicherweise dahingehend definieren, dass Konsens herrscht, niemanden aus der Gesellschaft herausfallen zu lassen. Niemand soll unter einem Druck arbeiten, der es unmöglich macht, beruflich oder privat die eigenen Interessen und Werte zu verfolgen. Was diese Werte allerdings sind, umfasst die ganze Breite einer pluralistischen Gesellschaft. Eine weitere wichtige Erkenntnis ist die Bewertung der Arbeit in der historischen Dimension. Die Arbeitswelt der 1960er und 1970er Jahre ist für die einen die »gute alte Zeit«, für die anderen sollte es keinen Weg zurück in die Vergangenheit geben. Ebenso wird die Arbeitswelt heute sehr unterschiedlich bewertet. Es besteht aber auch die Chance auf eine Annäherung in der Zukunft. Es scheint die Hoffnung zu geben, dass in den kommenden Jahrzehnten eine neue Synthese entstehen könnte: Die soziale Absicherung von sehr individuellen Ansprüchen und bessere Arbeitsbedingungen – nicht trotz globaler Konkurrenz, sondern weil wir so eben auch innovativer sind.

Vor allem die »Flexibilität der Arbeitswelt« bleibt ein Konfliktpunkt. Es geht hier nicht nur um unterschiedliche Interessen zwischen Arbeitgebern und Arbeitnehmern. Auch zwischen Arbeitnehmergruppen gibt es unterschiedliche Präferenzen, Sorgen und Bedürfnisse. Die Arbeitszeitgestaltung ist hier von besonderer Bedeutung. Einige wollen eine sehr strikte Trennung von Arbeit und Privatleben, also das gesicherte Recht, dass zu einem definierten Zeitpunkt »Schluss mit Arbeit« ist. Andere wollen persönlich entscheiden, wann und wo sie arbeiten, und sie haben auch kein Problem damit, das mit ihrem Arbeitgeber situativ zu klären. Aber was tun? Die einen erwarten einen starken Staat, welcher unfaire Arbeitsbedingungen verhindert. Die anderen wollen keinen staatlichen Paternalismus, der ihnen vorschreibt, wann und wie sie arbeiten wollen. Gesellschaftlich bedarf es somit nicht der einen Lösung, sondern pluraler Angebote, die den vielfältigen Bedürfnissen und Ansprüchen gerecht werden.«

5.2.2 IAB-Studie über Arbeitszeiten zwischen Wunsch und Wirklichkeit

In dieser Studie[12] wurden insbesondere die unterschiedlichen Bedürfnisse von Männern und Frauen untersucht. Dabei hat sich ergeben, dass

»Arbeitszeitwünsche und tatsächliche Arbeitszeiten der Beschäftigten in Deutschland oft nicht übereinstimmen, zum Beispiel aufgrund familiärer und berufsbezogener Rahmenbedingungen. [...] Die Ergebnisse deuten darauf hin, dass eine Unterbeschäftigung von Frauen – wenn ihre gewünschte Arbeitszeit um mehr als 2,5 Wochenstunden höher ist als die tatsächliche – stark mit Familienarbeit verbunden ist, die die Auflösung der Diskrepanz verhindert. Im Unterschied dazu ist die Entstehung weiblicher Überbeschäftigung – wenn also die gewünschte Arbeitszeit um mehr als 2,5 Wochenstunden unter der tatsächlichen liegt – mit höheren Bildungsabschlüssen und größerer beruflicher Autonomie verknüpft. In solchen beruflichen Positionen ist die Überbeschäftigung auch persistent. Arbeitszeitdiskrepanzen von Männern können auf ähnliche Weise mit beruflichen Positionen erklärt werden. Familienarbeit hat dagegen einen weniger starken Einfluss als bei Frauen. Eine bessere Vereinbarkeit von Familie und Beruf sowie flexiblere Arbeitszeiten können die Entstehung von Diskrepanzen verhindern oder zu ihrer Auflösung beitragen.«

---

12 Institut für Arbeitsmarkt- und Berufsforschung, IAB 13/2018.

5.2.3   Arbeitsplatz-Studie des Instituts für angewandte Sozialwissenschaften

In einer von der ZEIT in Auftrag gegebenen Studie wurden quer durch alle Berufsgruppen 1.000 Menschen im Alter zwischen 18 und 34 Jahre, die erwerbstätig sind, dazu befragt, »was sie sich von ihrem Arbeitsplatz wünschen und wie zufrieden sie sind.«[13]

Die Ergebnisse ergaben folgendes Bild:[14]
- »Das Wohlfühlen am Arbeitsplatz, die Arbeitsplatzsicherheit und die Zukunftsfähigkeit ihres Berufs sind erwerbstätigen Deutschen besonders wichtig.
- Möglichkeiten zur Weiterbildung, die Unterstützung durch Vorgesetzte und die Einarbeitung in moderne Technik sind wichtige Anliegen, mit denen man im Vergleich weniger zufrieden ist.
- Neue Ideen für die Arbeitswelt sind für Erwerbstätige derzeit nicht sehr wichtig, so die Option, berufliche und private Dinge zu verbinden. Vielmehr wollen sie in ihrer Freizeit nicht mit beruflichen Angelegenheiten behelligt werden.
- Sabbaticals, Sportangebote, ein gesundes Kantinenangebot sind (noch) wenig relevant. Bei den jungen Erwerbstätigen zeigen sich hier allerdings erste Veränderungen.
- Auch wenn die Unterstützung von Vorgesetzten bei der Weiterentwicklung bemängelt wird, sind die Erwerbstätigen mit der zwischenmenschlichen Beziehung zueinander weitgehend zufrieden.«

Dabei kristallisierte sich eine unterschiedliche Gewichtung, je nach Teilgruppe:
- »Bei den jungen Erwerbstätigen zwischen 25 und 34 Jahren, die ihre Berufskarriere starten, steht die Sicherheit und Zukunftsfähigkeit an erster Stelle. Daneben erwarten sie Anerkennung, Unterstützung und Weiterbildungsmöglichkeiten.
- Erwerbstätige zwischen 35 und 44 Jahren sorgen sich um ihr Fortkommen. Sie wollen sich weiterbilden, in moderne Technik eingearbeitet werden und erwarten dabei die Unterstützung durch Vorsetzte.
- Leitende Angestellte wünschen sich die Einarbeitung in moderne Technik, die Unterstützung von Vorgesetzten und eine bessere Verteilung der Arbeit. Sie haben auch die Altersabsicherung im Blick. Die Zukunftssicherheit ihres Berufs sehen sie positiv.
- Erwerbstätige in Großunternehmen (mehr als 2.000 Mitarbeiter) sehen die Unterstützung von Vorgesetzten bei der Weiterentwicklung als Defizit. Zudem erwarten sie sich eine bessere Verteilung der Arbeit und mehr selbstbestimmte Arbeitsinhalte.«

---

13   https://www.zeit.de/2018/50/arbeitnehmer-berufsleben-erwerbstaetigkeit-zufriedenheit-themen-2019-umfrage; siehe auch managerSeminare, 2019, Heft 1, S. 15.
14   https://www.zeit.de/2018/50/fragen-zur-arbeitswelt-studie.pdf

5.2.4   Befragung der IG METALL: »Arbeitszeit sicher, gerecht und selbstbestimmt«

Eine weitere aktuelle und sehr umfangreiche Befragung erfolgte seitens der IG Metall zu den Erwartungen ihrer Mitglieder an eine berufliche Zukunft.[15]

Im Mittelpunkt der Befragung stand dabei die Arbeitszeit. Dieser Schwerpunkt wurde bewusst gewählt, da bereits eine umfassende Befragung aus dem Jahr 2013 gezeigt hatte, das Arbeitszeit ein ganz zentrales Thema für Mitarbeiter ist, wenn es um die Gestaltung ihrer Arbeit geht.[16] Darüber hinaus ist nach Aussage der IG Metall-Studie Arbeitszeit auch ein »zentrales Maß für gute Arbeit«, denn

> »der Arbeitszeitstandard einer Gesellschaft entscheidet darüber, wer am Arbeitsmarkt zu welchen Bedingungen mitmachen kann und darf – und wer von vornherein z. B. durch Lage und Dauer der Arbeitszeit ausgeschlossen wird. Der Standard der letzten Jahrzehnte war das auf den Hauptverdiener ausgerichtete Normalarbeitsmodell: Vollzeit plus Überstunden bzw. zunehmend kurzfristige Anpassungen an die Auftragslage. Was ist der Standard der Zukunft? Der Arbeitszeitstandard entscheidet auch darüber, ob das vorhandene Arbeitsvolumen gerecht verteilt wird – oder ob einige viel bis unerträglich viel arbeiten und andere für den Lebensunterhalt zu wenig oder gar keine Arbeit finden. […] Kurzum: Die Arbeitszeit entscheidet über gute Arbeit und ein gutes Leben. Dabei ist es egal, ob man am Band steht oder am Schreibtisch sitzt. Die Befragung hat dies eindrucksvoll bestätigt.«

Bereits die seitens der IG Metall im Jahr 2013 durchgeführte Beschäftigtenbefragung zum Thema Arbeit hatte einen Rücklauf von über einer halben Million Menschen. Dieses Ergebnis wurde durch die Teilnehmenden in der aktuellen Studie noch einmal deutlich um 20 % übertroffen. Nach Aussage der IG Metall ist dies eine Bestätigung dafür, dass das Thema Arbeitszeit die Menschen stark berührt. Nicht nur Mitglieder, sondern ebenso Nichtmitglieder haben sich engagiert an der Befragung beteiligt:

> »38,1 % der Antworten kommen von Nichtmitgliedern. Die Tätigkeitsstruktur der Beschäftigten, die an der Befragung teilnahmen, ist repräsentativ für die Industrie: 61,5 % arbeiten in der Produktion oder in produktionsnahen Berei-

---

15   IG METALL »Arbeitszeit sicher, gerecht und selbstbestimmt« Befragung 2017; https://www.igmetall.de/docs_20170529_2017_05_29_befragung_ansicht_komp_489719b89f16daca573614475c6ecfb706a78c9f.pdf

16   IG METALL »Arbeitszeit sicher, gerecht und selbstbestimmt« Befragung 2017; https://www.igmetall.de/docs_20170529_2017_05_29_befragung_ansicht_komp_489719b89f16daca573614475c6ecfb706a78c9f.pdf

chen, 38,5 % in anderen Arbeitsbereichen. Dabei haben sich an der Befragung aus jedem der typischen Arbeitsbereiche eines Betriebes – vom Einkauf über die IT bis zur Produktion – jeweils so viele Beschäftigte beteiligt, dass wir die dort spezifischen Arbeitsbedingungen und Arbeitszeitarrangements näher betrachten können. Dies gilt auch für die Rückmeldung aus den Branchen und für die Betriebsgröße. Hier ist zwar der Fahrzeugbau mit seinen großen Betrieben überrepräsentiert, was den Anteil der beteiligten Beschäftigten angeht. Doch erlaubt die Erhebung aufgrund der großen Teilnehmerzahl, die Besonderheiten jeder einzelnen Branche und Betriebsgröße herauszufiltern. 93,4 % der Beteiligten arbeiten in tarifgebundenen Betrieben. In der Mehrzahl handelt es sich um Betriebe mit Flächentarifvertrag. […] Zusammengefasst ist mit 681.241 Rückmeldungen die IG Metall Beschäftigtenbefragung 2017 die größte Vollerhebung, die je in einem Wirtschaftsbereich durchgeführt wurde. Es ist *die* Erhebung der Industrie in Deutschland zu zentralen Fragen der Arbeitsgesellschaft von morgen. «[17]

Als Kernergebnis der Studie lassen sich folgende Aussagen zusammenfassen:
- Die vertragliche Arbeitszeit entspricht nicht der tatsächlichen Arbeitszeit. (»Arbeitszeit auf dem Papier und nicht in der Wirklichkeit«)
- Zwei von drei Beschäftigten möchten ihre tatsächliche Arbeitszeit gerne verkürzen (»Wunsch nach weniger Arbeitszeit«)
- Der Wunsch nach kürzeren Arbeitszeiten ist unabhängig vom Alter, Geschlecht, der Familiensituation …
- Wunsch nach reduzierter Vollzeit (keine klassische Teilzeit)
- Anpassung von Arbeitszeiten an Lebensphasen
- Kaum der Wunsch nach Verlängerung der Arbeitszeit
- 35-Stunden-Woche wird von 50 % der Befragten als optimal angesehen[18]
- Planbarkeit der Arbeitszeit
- selbstbestimmte Handhabung der Arbeitszeit (»Planbarkeit des Alltags«)

---

17   IG METALL »Arbeitszeit sicher, gerecht und selbstbestimmt« Befragung 2017; https://www.igmetall.de/docs_20170529_2017_05_29_befragung_ansicht_komp_489719b89f16daca573614475c6ecfb706a78c9f.pdf

18   IG METALL »Arbeitszeit sicher, gerecht und selbstbestimmt« Befragung 2017, Anmerkung aus der Studie: »2013 hatten 50,5 Prozent der Beschäftigten vertraglich die 35-Stunden-Woche. 8,6 Prozent eine kürzere Arbeitszeit, 40,9 Prozent eine längere Arbeitszeit. 2017 haben nur noch 47,8 Prozent einen Arbeitsvertrag mit 35 Stunden, 7,1 Prozent eine kürzere Arbeitszeit, 45,1 Prozent eine längere Arbeitszeit vereinbart. Fazit: Arbeitsverträge über 35 Stunden haben in den letzten Jahren nochmals um 5 Prozentpunkte zugenommen. Seit 2013 haben sich die tatsächlichen Arbeitszeiten nochmals erhöht. So arbeiteten 2013 49,4 Prozent der Beschäftigten mit einer Arbeitszeit zwischen 36 und 40 und 23,9 Prozent mit einer Arbeitszeit über 40 Stunden. 2017 arbeiten dagegen schon 53,1 Prozent der Beschäftigten mit einer Arbeitszeit zwischen 36 und 40 Stunden und 24,4 Prozent mit einer Arbeitszeit über 40 Stunden.«

In diesem Zusammenhang wurden auch Faktoren für Unzufriedenheit benannt.[19] Diese sind:

- zu lange Arbeitszeiten
- regelmäßige Wochenendarbeiten
- fehlende Planbarkeit
- ständiger Leistungsdruck

Planbare Wunscharbeitszeiten sowie Spielräume für eigene Bedürfnisse ist also insgesamt ein starker und verbreiteter Wunsch bei Arbeitnehmern – unabhängig davon, ob sie in der Produktion, der IT, dem Einkauf oder in Forschung oder Entwicklung eingesetzt sind.

5.2.5   BMAS Monitor Mobiles und entgrenztes Arbeiten

In Deutschland wünschen sich zunehmend Beschäftigte die Möglichkeit, ihre Arbeit im Homeoffice machen zu können. Dies nahm das Bundesministerium für Arbeit und Soziales in Kooperation mit der Universität zu Köln und dem Zentrum für Europäische Wirtschaftsforschung (ZEW) zum Anlass, 7.109 Beschäftigte und 771 Personalverantwortliche zu mobilem und entgrenztem Arbeiten zu befragen.[20] Eine der zentralen Forschungsfragen war auch hier die Frage nach dem Wunsch zu stärkerem flexibleren Arbeiten bezogen auf den Arbeitsraum.

Hinsichtlich des Empfindens der Mitarbeiter bezogen auf räumlich flexibles Arbeiten lassen sich folgende Punkte wiedergeben:[21]

- »Beschäftigte, die räumlich und/oder zeitlich entgrenzt arbeiten, fühlen sich mit ihrem Betrieb enger verbunden.
- Beschäftigte, die (teilweise) während der Arbeitszeit im Homeoffice arbeiten, bewerten verschiedene Aspekte ihrer Arbeitsqualität wie Zufriedenheit und die Fairness des Vorgesetzten eher positiv.
- Beschäftigte, die außerhalb ihrer Arbeitszeit – also in ihrer Freizeit – von zu Hause arbeiten, empfinden häufiger Rollenkonflikte zwischen Arbeits- und Privatleben.

---

19   https://www.igmetall.de/docs_20170529_2017_05_29_befragung_ansicht_komp_489719b89f16da-ca573614475c6ecfb706a78c9f.pdf

20   BMAS Monitor Mobiles und entgrenztes Arbeiten, 2015: »Der Monitor basiert auf der Studie »Arbeitsqualität und wirtschaftlicher Erfolg«, die vom Bundesministerium für Arbeit und Soziales und vom Institut für Arbeitsmarkt- und Berufsforschung (IAB) getragen und vom IAB, vom Seminar für Allgemeine Betriebswirtschaftslehre (ABWL) und Personalwirtschaftslehre der Universität zu Köln und vom Zentrum für Europäische Wirtschaftsforschung (ZEW) durchgeführt wird.«; https://www.bmas.de/SharedDocs/Downloads/DE/PDFPublikationen/a873.pdf?__blob=publicationFile&v=2

21   BMAS Monitor Mobiles und entgrenztes Arbeiten, 2015; https://www.bmas.de/SharedDocs/Downloads/DE/PDF-Publikationen/a873.pdf?__blob=publicationFile&v=2

- Ein Drittel der Angestellten, die nie von zu Hause arbeiten, würde dies gerne gelegentlich oder regelmäßig tun.
- Beschäftigte, die nicht von zu Hause arbeiten, das aber gerne tun würden, bewerten Aspekte ihrer Arbeitsqualität wie Zufriedenheit und Verbundenheit mit dem Betrieb eher schlechter.«

Die in den letzten Jahren erhobenen Untersuchungen zum Thema »mobiles Arbeiten« bestätigen die Situation, dass zwar ein Wunsch bei Mitarbeitern vorhanden ist, einen freieren Gestaltungsrahmen hinsichtlich ihres Arbeitsortes zu haben, dies jedoch in den Betrieben tatsächlich nicht gelebt wird.[22]

5.2.6   EY Jobstudie »Motivation und Arbeitszufriedenheit«

Bereits im Jahr 2015 hat die Beratungsgesellschaft Ernst & Young[23] eine Studie zur Motivation und Arbeitszufriedenheit von Mitarbeitern durchgeführt. Diese Studie wurde im Jahre 2017 nochmals wiederholt.[24] In diesem Rahmen wurden 1.400 Arbeitnehmerinnen und Arbeitnehmer dazu befragt, woraus sie ihre größte Motivation ziehen. Folgende Kernaussagen und ein Fazit ergaben sich aus dieser Erhebung:[25]
- »Mehr als zwei von drei Beschäftigten sind uneingeschränkt zufrieden – 42 % sind hochmotiviert
- Frauen sind motivierter und zufriedener als Männer – gutes Verhältnis zu Kollegen für beide Geschlechter am wichtigsten
- Zufriedenheit und Motivation in der freien Wirtschaft höher als im öffentlichen Dienst
- Besserverdiener sind zwar motiviert – aber am wenigsten zufrieden.«

> »Inzwischen sind 42 % der Beschäftigten nach eigener Aussage hochmotiviert, vor zwei Jahren lag der Anteil noch bei 34 %.
>
> Arbeitgeber können offenbar vor allem auf hochmotivierte und zufriedene Frauen zählen: Unter ihnen beträgt der Anteil der uneingeschränkt Zufriedenen 70 %, der Anteil der Männer liegt mit 66 % leicht darunter. Frauen bezeichnen sich auch überdurchschnittlich oft als hochmotiviert: 44 % schätzen sich so ein, bei den Männern sind es nur 39 %.

---

22 Siehe   https://www.bertelsmannstiftung.de/fileadmin/files/BSt/Publikationen/GrauePublikationen/D21_Index2017_2018.pdf; https://www.iao.fraunhofer.de/lang-de/presse-und-medien/1859-mobile-arbeit-das-sagen-die-beschaeftigten.html; https://www.funkschau.de/mobile-solutions/artikel/151255/
23 EY (Ernst & Young) ist eine der vier weltweit umsatzstärksten Wirtschaftsprüfungsgesellschaften.
24 EY Jobstudie Motivation und Arbeitszufriedenheit, 2017.
25 https://www.ey.com/de/de/newsroom/news-releases/ey-20170609-deutsche-arbeitnehmer-immer-motivierter-und-zufriedener, EY Jobstudie 2017, Motivation und Arbeitszufriedenheit.

Die größte Motivation ziehen sowohl Frauen als auch Männer aus einem guten Verhältnis zu Kollegen, auch wenn Frauen dieser Punkt deutlich wichtiger ist: 62 % der weiblichen Arbeitnehmer werden nach eigener Aussage durch ein gutes Verhältnis zu Kollegen motiviert – bei den männlichen Arbeitnehmern sagen dies 53 %. Einig sind sich die Geschlechter, dass eine spannende Tätigkeit motivierend wirkt – das sehen jeweils 42 % so. [...]

»Viele junge Menschen erfahren längst nicht mehr ihre Bestätigung nur aus dem Job, sondern ebenso aus ihrem Privatleben. Sie wollen flexible Arbeitszeiten und die Möglichkeit, zu Hause zu arbeiten, um Arbeit und Familie besser miteinander verbinden zu können. Im Betrieb erwarten sie flache Hierarchien und eine insgesamt angenehme Arbeitsatmosphäre. [...]

Motivation und Zufriedenheit gehen aber offenbar nicht immer Hand in Hand: So sind ausgerechnet die Besserverdiener mit einem Jahresbruttogehalt von mehr als 80.000 Euro zwar mit einem Anteil von 48 % – gleichauf mit der Verdienstgruppe zwischen 61.000 und 80.000 Euro – die motiviertesten. Gleichzeitig ist es aber auch die unzufriedenste Gruppe der Arbeitnehmer. Nur 57 % bezeichnen sich als zufrieden. Am zufriedensten sind hingegen die Arbeitnehmer mit einem Verdienst von 61.000 Euro bis 80.000 Euro (74 %). Am unmotiviertesten sind die Geringverdiener mit einem Jahresgehalt zwischen 21.000 und 40.000 Euro. [...]

Gerade Männer legen deutlich mehr Wert auf ein hohes Gehalt, das für 37 % von ihnen motivierend wirkt, aber nur für 29 % der Frauen. Auf dem Weg zum Spitzenverdiener bleiben dagegen häufig Familie und Freizeit auf der Strecke – und die Gefahr des Burn-outs wächst. Dagegen finden 30 % der Frauen flexible Arbeitszeitmodelle motivierend, während dies für Männer mit einem Anteil von 23 % deutlich weniger wichtig ist.«[26]

5.2.7   EY Jobstudie »In welche Branchen zieht es Studenten in Deutschland?«

Eine weitere Studie von Ernst & Young hat sich mit den Karrierewünschen von Studenten beschäftigt. Es wurden dazu in 27 Universitätsstädten 2.000 Studentinnen und Studenten befragt. Eine Quintessenz war, dass »der berufliche Aufstieg nur noch für

26   https://www.ey.com/de/de/newsroom/news-releases/ey-20170609-deutsche-arbeitnehmer-immer-moti-vierter-und-zufriedener, EY Jobstudie 2017, Motivation und Arbeitszufriedenheit.

41 % der Studenten wichtig ist – Familie hat mit 70 % weit höhere Bedeutung«. [27] Weitere Ergebnisse, die in der Studie aufbereitet sind:

> »Statt auf die Karriere bei ihrem zukünftigen Arbeitgeber konzentrieren sich die Studenten dagegen lieber auf ihr privates Umfeld: Für 70 % hat die Familie eine sehr hohe Bedeutung, für 66 % die Freunde und für 50 % die Freizeit.
>
> Der entspannte Blick auf die eigene Karriere hängt vor allem mit der positiven wirtschaftlichen Entwicklung in Deutschland zusammen. So sagen insgesamt 41 % der Studenten, dass sich ihre Aussichten, schnell einen Job zu finden, angesichts der wirtschaftlichen Lage in den letzten Monaten, verbessert haben. Nach Einschätzung jedes Neunten haben sich die Aussichten sogar deutlich verbessert. Insgesamt 92 % der Studenten gehen davon aus, im Anschluss an ihr Studium schnell einen Job zu finden. [...]

Persönliches Interesse wichtigstes Motiv bei Studienfachwahl

> Entsprechend haben viele ihr Studienfach eher nach persönlichen Interessen als nach guten Jobchancen ausgewählt: Für 63 % war ihr persönliches Interesse ein sehr wichtiges Motiv bei der Studienplatzwahl (2016: 61 %), gute Berufsaussichten nur noch für 49 % (59 %) der Befragten. [...]

Privates bei Männern und Frauen an erster Stelle – Männer erwarten höheres Einstiegsgehalt

> Privates steht inzwischen bei den Männern deutlich an erster Stelle. Für jeweils 62 % haben Familie und Freunde eine hohe Bedeutung, für 50 % die Freizeit. Nur noch für 45 % ist beruflicher Aufstieg wichtig, der vor zwei Jahren noch von 62 % der Männer gleichauf mit der Familie genannt wurde. Damit nähern sie sich den Studentinnen an, denen – wie auch in der vorhergehenden Befragung – Familie (77 %), Freunde (70 %) und die Freizeit (50 %) am wichtigsten sind. Beruflicher Aufstieg hat dagegen nur für 38 % der Studentinnen eine hohe Bedeutung. [...]

---

27   EY Studentenstudie 2018.

Geisteswissenschaftler studieren am ehesten aus Interesse

Deutliche Unterschiede bei der Studienfachwahl und den Jobaussichten gibt es allerdings weiterhin zwischen den verschiedenen Fachrichtungen: Insbesondere Geisteswissenschaftler wählen mit einem Anteil von 84 % ihr Fach vor allem nach persönlichem Interesse aus. Ähnlich hoch ist das persönliche Interesse bei Sprach-, Sozial- und Kulturwissenschaftlern mit 76 %, 72 % beziehungsweise 71 %. […]

Jobsicherheit ist wichtigstes Kriterium bei der Wahl des Arbeitgebers

Obwohl die Jobaussichten aus Sicht der Studenten kaum besser sein könnten, ist für über die Hälfte (57 %) immer noch die Jobsicherheit wichtigstes Kriterium bei der Wahl ihres künftigen Arbeitgebers. Gehalt (44 %) und flache Hierarchien im Betrieb (41 %) folgen auf den Plätzen [danach]. Aufstiegschancen beziehungsweise Karrieremöglichkeiten waren vor zwei Jahren noch zweitwichtigstes Kriterium, sind derzeit allerdings nur 39 % bei der Wahl ihres Arbeitgebers wichtig. Weiter an Bedeutung gewonnen hat dagegen die Vereinbarkeit von Familie und Beruf, die für 40 % ein wichtiges Kriterium ist.«[28]

O-Ton: Prof. Dr. Peter M. Wald

Dr. Peter M. Wald ist Professor an der Hochschule für Technik, Wirtschaft und Kultur, Leipzig University of Applied Sciences, Fakultät Wirtschaftswissenschaft und Wirtschaftsingenieurwesen.

Britta Redmann: Sie haben tagtäglich mit Studenten zu tun. Was erleben Sie hier in Ihrem Hochschultag, was sich junge Absolventen von ihrem Arbeitgeber wünschen?

Prof. Dr. Peter M. Wald: Hier gibt es ein weitgehend klares Bild. Jungen Absolventen geht es zum einen um flexible Arbeitsbedingungen mit einem Schwerpunkt bei der Gestaltung von Arbeitszeit und Arbeitsort, eine angemessene Vergütung, aber auch um Sicherheit und Beständigkeit ihrer Anstellung. Diese Kernerwartungen werden ergänzt durch Wünsche hinsichtlich der Arbeitsatmosphäre, wie »nette Kollegen«, aber auch Themen wie »kollegiale Führung« und vielseitige Arbeitsaufgaben sind erkennbar. Werden die Ergebnisse von Befragungen der letzten Jahre verglichen, wird deutlich, dass der Wunsch nach Identifika-

---

28 https://www.ey.com/de/de/newsroom/news-releases/ey-20180812-familie-geht-vor-karriere-und-geld-werden-fuer-studenten-immer-unwichtiger; EY Studentenstudie 2018.

tion mit den Werten des Arbeitgebers zunimmt. Hinzu kommt eine sinkende Attraktivität von Führungspositionen.

Britta Redmann: Ist Neues Arbeiten/New Work bei Absolventen ein wichtiges Thema?

Prof. Dr. Peter M. Wald: Jenseits des oft diskutierten Themas »Homeoffice« ist dies leider bei vielen Studierenden derzeit noch kein wichtiges Thema. Dies liegt meines Ermessens daran, dass die Sicht auf das Thema »Arbeit« in erster Linie durch das Elternhaus und die privaten Netzwerke geprägt sind. Da es noch wenig Erfahrungen mit diesen Konzepten gibt, haben die meisten Studierenden noch kein ausgeprägtes Meinungsbild. Bei der Vorstellung neuer Arbeitsweisen in den Lehrveranstaltungen führt dies stellenweise zu Unverständnis. Deshalb geht es vor allem darum, die neuen Arbeitsweisen durch Teamarbeit und besondere Projekte zu erleben. Hinzu kommt regelmäßiger Input von Praxisvertretern, die »New Work« und andere Formen neuer Zusammenarbeit praktizieren.

5.3 Persönliche Bedürfnisse von Mitarbeitern

Abbildung 9 stellt die wesentlichen heutigen Bedürfnisse von Mitarbeitern im Überblick dar. Die Ergebnisse aus den verschiedenen Studien, die in Kapitel 5.2 vorgestellt wurden, sind in dieser Darstellung mit eingeflossen.[29]

Abb. 9: Persönliche Bedürfnisse von Mitarbeitern (Quelle: C. Grein/B. Redmann)

---

29   Ein Anspruch auf Vollständigkeit wird nicht erhoben.

5.3.1   Existenzsicherung

Die gefühlte Sicherung unserer Existenz verschafft in der Regel weniger Glücksgefühle, ist aber die Voraussetzung dafür, dass sich Menschen überhaupt mit persönlichen Bedürfnisse beschäftigen wollen bzw. können, die über diese Grundsicherung hinaus-streben.

Ein ganz grundlegendes und damit auch pragmatisches Motiv, warum Menschen über-haupt arbeiten gehen, ist, dass Arbeit ihren Lebensunterhalt und damit eben auch ihre Existenz sichert.[30] Dabei geht es primär um ein Einkommen, das z. B. für die Bezah-lung der Miete oder Eigentumsraten, Essen, Altersversorgung, Krankenversicherung eingesetzt werden kann.

5.3.2   Geld, Vermögen, Reichtum

Über die Existenzsicherung und die Befriedung des Notwendigen hinaus ist Geld für Menschen immer noch ein anderer wichtiger Antreiber.[31]

> »Mit steigender Einkommensklasse steigt tendenziell auch der Anteil der Hochmotivierten – von 38 % bei Beschäftigten mit einem Bruttojahreseinkom-men zwischen 21.000 und 40.000 Euro auf 48 % bei Beschäftigten mit Einkom-men von mehr als 60.000 Euro. Allerdings liegt in den beiden obersten unter-suchten Einkommensklassen der Anteil der Hochmotivierten jeweils gleich hoch. Und: Befragte in der niedrigsten Einkommensklasse sind motivierter als Befragte in der nächst höheren Einkommensklasse.«[32]

Mehr Geld auf dem Konto schafft mehr Beruhigung. Schon Sigmund Freud befand, dass »Geld das Mittel zum Selbsterhalt« ist.[33] Und viele Bürger suchen immer noch Sicherheit im Sparen und Anlegen.

Zum anderen kann Geld Konsum ermöglichen, der einfach nur Spaß und gute Gefühle auslöst. So gibt es diejenigen, die einfach Freude daran haben, dass ihnen Dinge oder

---

30   Siehe auch https://www.personalwirtschaft.de/fuehrung/fuehrungsinstrumente/artikel/darum-sind-ext-rinsische-belohnungen-kein-auslaufmodell.html

31   Breier, Geld Macht Gefühle, Springer, 2017; https://www.manpowergroup.de/fileadmin/manpowergroup. de/170518_Studie_Jobzufriedenheit_2017.pdf

32   EY Jobstudie Motivation und Arbeitszufriedenheit, 2017; Haen/Zimmermann »The Real Impact of Talent« Globale WFPMA-Studie, 2016; https://www.wfpma.org/sites/default/files/GETABSTRACT-2016 %20Emp-loyee%20Job%20Satisfaction%20and%20Engagement.pdf

33   Freud, 1913c, 464; http://www.psyalpha.net/themen/behandlungstechnik/freud-technische-schriften/sig-mund-freud-1913c-einleitung-behandlung

Wohneigentum gehören. Andere wiederum umgeben sich gerne mit schönen Sachen, reisen oder gehen Essen. Geld ermöglicht, das genießen zu können, woran man Spaß hat.[34]

5.3.3   Handlungsrahmen und Freiheitsspielraum

Vielen Menschen ist die Art ihrer Tätigkeit und die Ausgestaltung ihres eigenen Aufgabenbereiches sehr wichtig. Aufgaben alleine reichen nicht zur Bedürfniserfüllung. Hier kommt es eher darauf an, welchen Rahmen Aufgaben bieten und ob und in welchem Ausmaß ein vorhandener Freiraum oder feste Vorgaben dem Einzelnen entsprechen.

5.3.3.1   Selbstbestimmung und Entscheidungsfreiraum

Den einen tut es gut, Themen und Dinge selber vorantreiben zu können. Je mehr selbst entschieden und gestaltet werden kann, desto höher der »Energielevel«. Das eigene Handeln selbst bestimmen zu können und Entscheidungen treffen zu dürfen, macht Menschen mit einem starken Bedürfnis nach Entscheidungsfreiheit und »Machen können« glücklich.[35] Hier spielt durchaus das Thema »Einflussnahme« oder »Macht« eine Rolle. Beides ist im Arbeitskontext meistens negativ besetzt und wird sofort mit unguter Dominanz gleichgesetzt. Das ist hier nicht gemeint (zumal ja alle Motive wertfrei sind). Es geht vielmehr um die Vorliebe, etwas umzusetzen und zu bewegen. Menschen, die dies gerne tun, übernehmen oft aus diesem Motiv heraus gerne die Steuerung und »sagen, wo es langgeht«. Sie mögen es daher auch, Entscheidungen zu treffen. Das heißt nicht, dass sie im Umkehrschluss unsympathisch sind: Es beflügelt diese Menschen einfach, etwas zu »machen« und auch Verantwortung dafür zu übernehmen. Sie lieben einen großen Gestaltungsraum und auch eine Struktur, in der sie Verantwortung übernehmen und ausleben können.

5.3.3.2   Freie Gestaltung

Wiederum andere arbeiten am liebsten ohne festen Rahmen und festen Regeln: also möglichst kreativ, nur ihren eigenen Richtwerten unterworfen. Es erfüllt sie, neue Dinge zu entwickeln oder neue Wege zu erschließen. Sie brauchen in ihren Aufgaben Freiraum für Neu-Gestaltungen. Sie probieren und denken gerne Neues. Routine lähmt sie und Abwechslung inspiriert sie.

---

34   Breier, Geld Macht Gefühle, Springer, 2017.
35   Petry, »Wir entscheiden«, Personalmagazin Schwerpunkt New Work, 2018.

5.3.3.3 Klare Vorgaben

Anderen wiederum ist es lieber, Aufgaben nach klaren Vorgaben genau auszuführen und nicht selbst entscheiden zu müssen. Überschaubare, festgelegte Verrichtungen, die im Ablauf und in der Erwartung klar geregelt sind, tun ihnen gut. Sie fühlen sich wohl in einer festen Struktur mit einem ihnen vorgegebenen möglichst überschaubaren Plan.

5.3.3.4 Risikofreude

Davon zu unterscheiden ist das Bedürfnis nach »Abenteuern«, gewagten Unternehmen oder Risiken. Es gibt Menschen, die lassen sich durch besonders hoch gesteckte Ziele und Herausforderungen gerade erst richtig anspornen. Mitarbeiter mit dem Bedürfnis nach einer solchen Herausforderung suchen (und brauchen) den Kick. Sie fühlen sich in der Rolle eines »Troubleshooters« sehr wohl. Sie behalten auch in Krisensituationen die Nerven, weil sie genau dann in ihrem Element sind. Vergleichbar ist diese Lust auf Herausforderung vielleicht mit der Lust eines Fußballspielers, einen Elfmeter zu schießen. Es ist einfach eine besondere, außergewöhnlich schwierige Situation, deren erfolgreiche Bewältigung das Bedürfnis nach einer besonderen Spannung verlangt.

5.3.4 Zeitsouveränität

Viele Menschen haben das Bedürfnis nach freier Zeit. Durch die digitale Technik wird es immer leichter, Arbeit von bestimmten, festgelegten Orten und Zeiten zu entkoppeln. Damit steigt das Bedürfnis bei Mitarbeitern, mehr Zeit für ihre privaten Belange zu haben und deren Lage zu bestimmen.[36] Zeitsouveränität wird angestrebt.

5.3.5 Umgang miteinander

Neben der Art und Weise, wie und in welchem Rahmen Aufgaben Erfüllung bieten, gibt es bei Mitarbeitern auch bestimmte Bedürfnisse im Umgang miteinander. Hier geht es um Themen wie Wertschätzung, Loyalität, Teilhabe und Zusammenhalt in einer Gemeinschaft.[37]

---

36 https://www.officevibe.com/state-employee-engagement Siehe auch Redmann, Agiles Arbeiten im Unternehmen, Haufe, 2017.
37 Haen/Zimmermann »The Real Impact of Talent«, Globale WFPMA-Studie, 2016; https://www.wfpma.org/sites/default/files/GETABSTRACT-2016 %20Employee%20Job%20Satisfaction%20and%20Engagement.pdf

5.3.5.1 Wertschätzung

Ein Bedürfnis, das sehr viele verspüren, ist das Bedürfnis nach Wertschätzung oder Anerkennung.

Hinter diesem Motiv verbirgt sich der Wunsch, für die eigene Person oder für das, was sie tut, eine positive Resonanz von außen zu erhalten. Entscheidend ist somit die Wirkung bei anderen Menschen in Verbindung mit einer geäußerten positiven Wahrnehmung.

Menschen, die ein ausgeprägtes Bedürfnis nach Anerkennung haben, ist es wichtig, dass ihnen diese explizit entgegengebracht wird. Besondere Wertschätzung ihrer Person oder ihres Tuns stärken sie. Im Vordergrund steht der Ausdruck eines wirklich bejahenden Zuspruchs. Das gibt ihnen das ein Gefühl, »in Ordnung zu sein« und alles »richtig« zu machen. Menschen mit einem ausgeprägten Bedürfnis nach Anerkennung haben eher den Wunsch, möglichst alles gut und richtig zu machen, und neigen dazu, perfekt zu sein. Keine guten Gefühle, sondern eher Frustration empfinden sie beim Äußern von Kritik oder auch wenn sie Fehler machen. Demotivierend ist auch, keinerlei Feedback oder Achtung zu erhalten. Das gilt für sie als Person oder auch bezogen auf ihre Leistung. Menschen, bei denen dieses Motiv ausgeprägt ist, geht es daher besser, je häufiger sie sich wohlwollend beachtet finden. Das bedeutet nicht, dass sie ständig gelobt werden wollen. Dies kann genauso in kleineren und alltäglichen Anlässen mit positiven Bemerkungen und Gesten geschehen. Der Fokus liegt also eher in einem kontinuierlichen Interesse an ihrer Person oder ihrer Leistung. Wie mit Menschen kommuniziert wird, denen Wertschätzung besonders wichtig ist, spielt dabei eine ganz entscheidende Rolle. Eine ehrliche, authentische Rückmeldung kann hier ganz erhebliche (positive) Auswirkungen haben,[38] ebenso wie die richtige Ausdrucksweise, der Kreis, in dem kommuniziert wird als auch der Zeitpunkt.

5.3.5.2 Augenhöhe und Partizipation

Das Bedürfnis nach Augenhöhe hat etwas damit zu tun, wie ein Mitarbeiter »behandelt« werden will. Hier geht es um das Bedürfnis nach Partnerschaft, nach Gleichberechtigung und auch nach Partizipation am Unternehmen und am unternehmerischen Tun.

---

38   Siehe auch: Redmann, Erfolgreich führen im Ehrenamt, 3. Aufl. 2017 Springer Gabler.

5.3.5.3   Beziehungen

Zusammen mit anderen zu arbeiten ist für viele ein großer Motivationsfaktor.[39] So lautet z. B. die Antwort auf die Frage in einem Vorstellungsgespräch, was denn dem Kandidaten oder der Kandidatin wichtig sei, sehr häufig: »ein gutes Team«. Die Beziehungen im Team bzw. überhaupt die Möglichkeit, durch Arbeit in Beziehung zu anderen treten zu können, ist für viele ein wichtiges Bedürfnis.[40] Menschen mit dem Motiv »persönliche Beziehung« möchten mit anderen in Kontakt sein. Ihnen ist die Gemeinschaft mit anderen Menschen besonders wichtig. Dieses Bedürfnis kann in unterschiedlichen Ausprägungen vorliegen. Bei den einen ist es von einer besonderen Nähe und Verbundenheit zu einer Gruppe geprägt. Hier geht es insbesondere um das Bedürfnis der Zugehörigkeit. Bei anderen wiederum ist es ausreichend, dass sie überhaupt mit anderen, z. B. Kollegen, Kunden, Lieferanten, etc. in einen Austausch treten können.

Nicht von ungefähr finden auch etliche Paare den Weg über einen beruflichen Kontakt in eine Liebesbeziehung oder entstehen viele Freundschaften aufgrund von Zusammenarbeit.[41]

O-Ton: Richard Schentke
Richard Schentke ist CEO der iCombine.

Britta Redmann: Sie sind Gründer eines Start-ups, das sich zum Ziel gesetzt hat, die richtigen Personen für bestimmte Formen der Zusammenarbeit wie z. B. Projektarbeit miteinander zu verbinden. Warum ist es für Unternehmen wichtig, Teams mit der richtigen Passung zu finden?

Richard Schentke: Wir Menschen sind unterschiedliche Persönlichkeiten. Und als solche harmonieren wir mehr oder weniger miteinander. Wenn es einem Unternehmer gelingt, Persönlichkeiten auszuwählen, die miteinander zusammenarbeiten können, dann schafft er dadurch eine gute Arbeitskultur. Menschen, die sich sympathisch sind, die sich schätzen und auch verstehen, dass sie sich gegenseitig bereichern können, ergeben ein stärkeres Team. Es entsteht eine positive Arbeitsmoral – anders dagegen, wenn nur Individuen miteinander arbeiten, die sich eigentlich nicht mögen.

---

39   Siehe auch: https://www.manpower.de/neuigkeiten/presse/weiterleitung-zu-mpg/pressemitteilungen/studie-zur-arbeitsmotivation-das-spornt-die-deutschen-an/

40   https://www.aerzteblatt.de/archiv/197704/Studie-zur-Arbeitgeberattraktivitaet-Gutes-Teamklima-und-gegenseitige-Wertschaetzung-sind-das-A-und-O

41   https://meedia.de/2017/12/20/studie-zur-liebe-am-arbeitsplatz-flirts-und-affaeren-ja-partnerschaft-nein/; http://www.manager-magazin.de/unternehmen/karriere/liebe-am-arbeitsplatz-chancen-und-risiken-a-1091385.html

Darüber hinaus sind komplementäre Kompetenzen sehr wichtig, damit in einem Unternehmen verschiedene Stärken aufgrund von Wissen oder methodischen Ansätzen kombiniert werden können, um komplexe Aufgaben zu lösen. So können Menschen wieder voneinander lernen. Wenn sie sich sympathisch sind und gegenseitig anerkennen, dass sie sich gegenseitig bereichern können, dann gelingt es viel leichter, komplexere Fragestellungen einer besseren und schnelleren Lösung zuzuführen.

Britta Redmann: Warum ist es für Mitarbeiter wichtig, gut zusammenarbeiten zu können?

Richard Schentke: Ich denke eines der wichtigsten Motive ist, dass der Mitarbeiter sich im Unternehmen wertgeschätzt fühlt, vor allem von seinen Kollegen und dass die Kollegen aufgrund der Persönlichkeit und der persönlichen Eigenschaften aber auch der Kompetenzen es sehr wertvoll finden, dass jemand zum Unternehmen gehört und zum Team. Wenn jemand morgens in ein Unternehmen kommt, in dem er diese Wertschätzung erfährt, ist er viel motivierter, Leistung zu zeigen, sein Wissen zu teilen und auch zu vermehren. Und dadurch sich auch durch den Job kontinuierlich weiterzuentwickeln.

5.3.6   Karriere, Status, Privilegien

Auch die persönliche Laufbahn, die Karriere, kann ein Grund sein, warum sich Menschen im Beruf engagieren. Hier geht es um die Entwicklung der beruflichen Persönlichkeit. Dabei gibt es nicht »die eine« Karriere, sondern hinter dem Begriff verbirgt sich ein jeweils individuelles Verständnis, was für den Einzelnen eine persönliche Laufbahn beinhaltet.[42]

5.3.6.1   Aufstiegsposition und Führung

So kann das Bedürfnis nach einem ganz »klassischen« Aufstieg bestehen, von einer hierarchisch niedrigeren Position in eine hierarchisch höhere Position aufzusteigen. Die drei gängigsten Aufstiegsmodelle sind die Fach-, Führungs- oder Projektlaufbahn.[43]

Damit geht es zum einen um die Position in der Organisation an sich. Meistens geht dies jedoch auch einher mit einem anderen, breiteren oder verantwortungsvolleren

---

[42]   https://www.officevibe.com/state-employee-engagement
[43]   https://www.rdm.iao.fraunhofer.de/content/dam/iao/rdm/de/documents/IAO-Studie-Karrieresysteme_pfd-Version.pdf

Aufgabenbereich, was dann wieder die bereits oben beim Motiv »Handlungsrahmen« erwähnten Bedürfnisse ansprechen kann.

Darüber hinaus wird ein Aufstieg auch gerne mit der Bekleidung einer Führungsposition in Verbindung gebracht. Dahinter steckt das Bedürfnis von Menschen, andere zu führen oder/und gerne eine tragende Rolle in einer Gruppe einzunehmen. Dies kann sowohl in dem Bedürfnis liegen, eine »Richtung vorzugeben« als auch in dem Wunsch nach Übernahme von Verantwortung. Genauso passt hier das Bedürfnis danach, mit dem eigenen Tun eine mittel- oder unmittelbare positive Wirkung für andere zu erreichen. Entscheidend ist hier, dass durch das eigene Handeln eine Verbesserung für eine konkrete Gruppe (Team) oder einfach optimierte Zustände für das gesamte Unternehmen bewirkt werden können.

5.3.6.2   Titel

Zum anderen kann es jedoch auch um bestimmte Statussymbole gehen, die meist mit einer Karriere verbunden werden. Das kann ganz einfach ein Titel sein, der nach außen eine bestimmte Wirkung entfaltet, wie CEO, Geschäftsführer, Director, Abteilungsleiter, Head of … Diese Titel vermitteln eine Besonderheit oder ggf. auch Wichtigkeit, was bei einem hohen Statusmotiv durchaus ein starker Anreiz ist.

5.3.6.3   Funktion und Ansehen

Unabhängig vom Titel – wenn auch meist mit diesem im Zusammenhang stehend – ist für viele auch das Ausfüllen einer besonderen Funktion sehr wichtig. Hier geht es um eine besondere, privilegierte Rolle in einem Unternehmen. Dies kann sich sowohl auf Aspekte des eigenen Wissens oder auf die eigene Kompetenz beziehen als auch auf eine bestimmte Handlungsbefugnis, wie z. B. eine Prokura oder eine Generalvollmacht.

5.3.6.4   Statussymbole

Mit dem Bedürfnis nach einer Karriere werden auch oft Statussymbole in Verbindung gebracht, deren Erhalt Mitarbeitern wichtig sein kann und zu ihrer größeren Zufriedenheit beiträgt. Dies können ganz unterschiedliche Anreize sein. War es früher eher der Dienstwagen, sind es heute Mobilitätspakete (Stichwort »Leihen statt Besitzen«).[44] Doch letztendlich kommt es auch hier auf die persönlichen Vorlieben an, was

---

44   https://www.humanresourcesmanager.de/news/das-ende-vom-dienstwagen.html

gefällt und was auch verlockt. Die Anzahl der Möglichkeiten ist dabei lang. Hier nur eine kurze beispielshafte Aufzählung:

- Carsharing, E-Bikes, Bahnkarten, …
- Büromöbel, Bürogestaltung, Kaffeemaschinen …
- Smartphones, Mobile Devices, Bildschirme …

5.3.7   Bedürfnis nach sinnvoller Arbeit

Das Bedürfnis nach einem »Sinn der Arbeit« antwortet auf die für jeden Einzelnen persönliche Frage nach dem »Warum« seiner Tätigkeit und seiner Aufgaben.[45]

Die Möglichkeiten, wann und für wen etwas als »sinnvoll« angesehen wird, sind so vielfältig, wie es Individuen gibt.[46] Der Sinn kann darin liegen, dazu beizutragen, zum Wohle anderer zu agieren und sich entsprechend eines bestimmten Wertesystems zu verhalten. Es kann auch bedeuten, etwas zu tun, was Einzelne persönlich für korrekt oder fair empfinden.

5.3.8   Familie

Der Grund, warum und in welchem Umfang jemand arbeitet, kann in dem Bedürfnis liegen, eine Familie zu versorgen. Unsere Motive prägen uns unabhängig von einem beruflichen oder privaten Kontext. Sie unterscheiden hier nicht. Daher kann auch das Motiv »Familie« für Menschen ein Anreiz sein, arbeiten zu gehen, je nachdem, was und wie sie damit ihren Wunsch nach Versorgung oder nach Zeit für die Familie oder auch nach Pflege verwirklichen können.

5.3.9   Wohlbefinden und Gesundheit

Gesund und in einer als ausgeglichen empfundenen Balance zu sein ist ein wichtiges Bedürfnis unserer heutigen Zeit. Kaum jemand möchte sich noch in seinem Job auf Kosten der Gesundheit verausgaben. Das gilt sowohl für die körperliche als auch für die geistige Gesundheit. Es wird vermehrt darauf geachtet, dass körperliches und seelisches Wohlbefinden im Gleichklang sind. Fitness, gesunde Ernährung und ein guter Umgang mit emotionalen Anforderungen ist für viele Mitarbeiter wichtig.[47]

---

45   Badura in Fehlzeiten-Report 2018, Springer, 2018.
46   Weckmüller, »Was ist der Sinn dahinter?«, Personalmagazin, Schwerpunkt New Work, 2018.
47   https://www.officevibe.com/state-employee-engagement; Siehe auch Faltermaier in Fehlzeiten-Report 2018, Springer, 2018

5.3.10   Lernen

Lebenslang zu lernen oder neue Themen zu erforschen ist auch ein Motiv, das Mitarbeiter in sich tragen.[48] Im Vordergrund steht für sie das Anreichern des persönlichen Wissensschatzes. Neue Sachen zu entdecken macht hier Spaß und es besteht eine große Lust am Lernen.

5.3.11   Erfolg und Wettbewerb

Es gibt Menschen, die motiviert es, wenn sie sich mit anderen messen können. Hinter diesem Bedürfnis steckt auch die Lust daran, Ziele zu erreichen oder sogar zu übertreffen. »Mehr als neun von zehn Befragten (94 %) sehen in ihrer Arbeit einen wichtigen Beitrag zum Firmenerfolg – das sind noch einmal mehr als vor zwei Jahren, als der Anteil bei 89 % lag.«[49] Dahinter steckt auch die Freude am Gewinnen und am Erfolg. Besser zu sein als der Durchschnitt oder das gesteckte Ziel ist für diese Mitarbeiter ein Anreiz. Sie ergreifen gerne Gelegenheiten um zu zeigen, dass sie der »Beste« sind.[50]

5.3.12   Sicherheit als Querschnittsbedürfnis

Unabhängig von der existenziellen Sicherheit gibt es das Bedürfnis nach einem sicheren Arbeitsplatz. Dies kann auf das eigene Arbeitsverhältnis bezogen sein, indem z. B. ein unbefristeter Vertrag abgeschlossen wird. Es kann sich jedoch auch darin zeigen, sich einen Arbeitgeber auszuwählen, der an sich wenigen Unsicherheiten ausgesetzt ist und eher für Kontinuität, Stabilität und vielleicht auch eine gewisse Vorhersehbarkeit steht.

Sicherheit ist hier im Sinne eines »Querschnittbedürfnisses« zu sehen: Dieses Anliegen wirkt sich auf die anderen Motive und Bedürfnisse sowie ihre Ausprägungen aus.

---

48   BMAS Wertewelten Arbeiten 4.0, 2016.
49   EY Jobstudie 2017.
50   BMAS Wertewelten Arbeiten 4.0, 2016; Siehe auch https://www.handelsblatt.com/unternehmen/beruf-und-buero/the_shift/fuehrungsstil-praxisbeispiel-der-kaempfer/20647510-2.html

Abb. 10: Sicherheit als Querschnittsbedürfnis (Quelle: C. Grein/B. Redmann)

5.4 Einfluss von Geld auf Bedürfnisse

Für den Einfluss und die Bedeutung der Vergütung bedeuten die vorangegangenen Überlegungen, dass soweit Mitarbeiter ihren Lebensunterhalt durch Arbeit finanzieren müssen und sie auf Gehalt zwingend angewiesen sind.

Darüber hinaus ist monetäre Vergütung dann für Mitarbeiter ein starker Anreiz, wenn sie mit Geld ihre Bedürfnisse realisieren können. Entweder weil es gute Gefühle auslöst, es zu haben, oder weil damit Dinge getan oder Produkte oder Dienstleistungen gekauft werden können, die Bedürfnisse befriedigen und so gute Gefühle verschaffen.[51]

Soweit es jedoch um Bedürfnisse geht, die darüber hinausgehen, trägt ein höheres Gehalt per se nicht zu einem emotionalen besseren Wohlbefinden bei. Viele Motive werden durch eine reine Gehaltszahlung gar nicht angesprochen.[52] So erfüllt sie z. B. nicht den Wunsch nach Selbstbestimmung, Entscheidungsfreiheit, Gesundheit oder Familie.

---

51 https://www.personalwirtschaft.de/fuehrung/fuehrungsinstrumente/artikel/darum-sind-extrinsische-belohnungen-kein-auslaufmodell.html
52 Siehe auch https://www.die-fuehrungskraefte.de/aktuell/perspektiven-fachzeitschrift/inhaltsverzeichnis-07-082018/ist-hohes-gehalt-eine-nachhaltige-motivation/

5.5   Nicht-monetäre Vergütungssysteme – Gute Gestaltung benötigt Wissen

Reine finanzielle Entlohnung reicht zukünftig nicht mehr aus, um die im Eingangsteil genannten Bedürfnisse und Notwendigkeiten sowohl von Mitarbeitern als auch Unternehmen abzudecken. Es bedarf neuer Arbeitsbedingungen bzw. Entlohnungsarten, um die gewünschte Leistung zu bezahlen und den vom Unternehmen benötigten Mitarbeiter zu bekommen und mit ihm in einer verlässlichen Beziehung zu bleiben.

Unsere Arbeitswelt ist durch Arbeitsverhältnisse geprägt, deren Rahmen gesetzlich geregelt sind. Wir bewegen uns in Deutschland also nicht in einem völlig freien Rechtsraum, sondern unterliegen rechtlichen Bestimmungen, die in einem Arbeitsverhältnis gelten. Gesetze, tarifvertragliche und betriebliche Regelungen bilden einen rechtlich verbindlichen Rahmen, der dann durch den Arbeitsvertrag konkretisiert oder ergänzt werden kann.

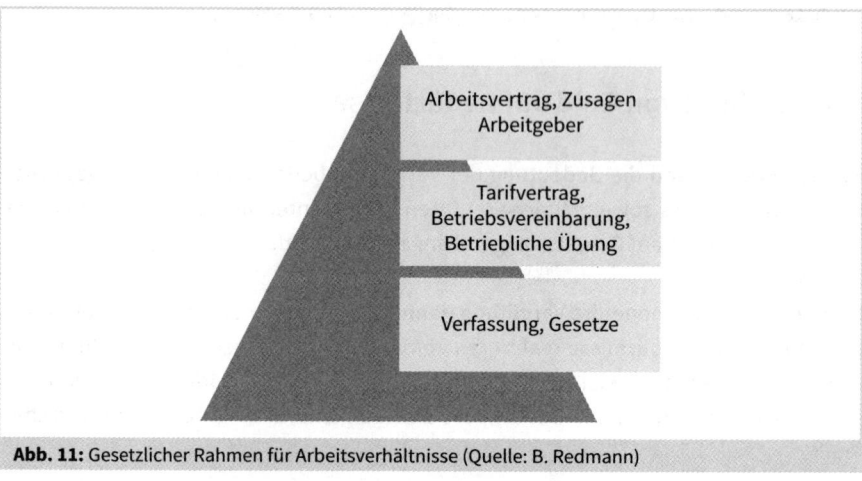

Arbeitsvertrag, Zusagen
Arbeitgeber

Tarifvertrag,
Betriebsvereinbarung,
Betriebliche Übung

Verfassung, Gesetze

Abb. 11: Gesetzlicher Rahmen für Arbeitsverhältnisse (Quelle: B. Redmann)

Dieser rechtliche Rahmen gilt genauso für nicht-monetäre Vergütungssysteme. Es bedarf einer rechtskonformen Gestaltung sofern sie verlässlich und auch rechtssicher wirken sollen.

Damit Unternehmen die bei ihnen bestehenden Arbeitsverhältnisse in ihrem Sinne gestalten und in der Praxis auch umsetzen können, ist neben dem Mut zu neuen Lösungen, Pioniergeist und Kreativität auch die Kenntnis der rechtlichen Rahmenbedingungen erforderlich. Ist der rechtliche Rahmen bekannt, können sich Arbeitgeber in diesem Feld schöpferisch bewegen und rechtssicher gestalten.[53]

---

53   Siehe auch Redmann, Agiles Arbeiten im Unternehmen, S. 41, Haufe, 2017.

Für Vergütungssysteme – seien es monetäre oder auch nicht-monetäre Modelle –
bedeutet dies, dass sie konform sein müssen mit:

- gesetzlichen Bestimmungen
- tariflichen Regelungen
- Grundsätzen der Mitbestimmung
- vertraglichen Grundlagen

An diesen rechtlichen Maßstäben sind letztendlich alle Vergütungsmodelle und auch
neue »Währungen« zu messen.

Teil 2: Vergütungsformen antworten auf menschliche Bedürfnisse

1 Agiles Arbeiten als Währung

Als Antwort auf die aktuellen Herausforderungen in der Arbeitswelt experimentieren viele Unternehmen derzeit mit neuen Formen der Zusammenarbeit und Organisationsgestaltung. Sie werden agil. Sie stellen sich als agile Netzwerke auf. Sie bündeln und digitalisieren ihre Arbeitsprozesse. Teils werfen sie auch bisherige Hierarchiestufen über Bord. Pauschallösungen gibt es dabei keine; die neue Arbeitswelt verlangt danach, individuelle und unternehmensspezifisch passende Spielräume zu erschließen. Agilität kann daher für Unternehmen eine mögliche Lösung für eine auch zukünftig leistungsstarke Kultur- und Unternehmensentwicklung sein.[1]

Wenn davon gesprochen wird, dass Unternehmen agil arbeiten, betrifft das größtenteils die Aspekte Arbeitsort, Arbeitsräume, Arbeitszeit,[2] die Zusammenarbeit sowie damit verbunden ein agiles Performance-Management als auch die Strukturen der Organisationen.[3]

Abb. 12: Aspekte von agilem Arbeiten im Unternehmen (Quelle: B. Redmann)

Wie können sich nun die einzelnen Aspekte von gelebter Agilität in Unternehmen als eine Art nicht-monetärer Währung auswirken?

---

1   Fischer, Weber, Zimmermann, Was ist Agilität und welche Vorteile bringt eine agile Organisation?, Personalmagazin 4/2017; IG Metall (Hrsg.), digital DL, Agiles Arbeiten gestalten, 2018; http://www.kienbaum.de/Portaldata/1/Resources/downloads/brochures/Kienbaum_Change-Management-Studie_20142015.pdf, Redmann, Agiles Arbeiten im Unternehmen, Haufe, 2017.
2   Zum Komplex Arbeitszeit siehe Teil 2, Kapitel 3.
3   Siehe auch Redmann, Agiles Arbeiten im Unternehmen, Haufe, 2017.

1.1   Mobiles Arbeiten

Unternehmen sprechen von neuem Arbeiten, wenn sie feste Arbeitsorte »auflösen«. Agiles und mobiles Arbeiten wird oft miteinander in einen Zusammenhang gebracht.

1.1.1   Arbeiten von überall

Um zu arbeiten, ist ein Büro nicht mehr unbedingt nötig. Seit vielen Jahren bereits gibt es die Möglichkeit, bestimmte Tätigkeiten auch im Homeoffice erledigen zu können. Rechtlich spricht man hier auch von Telearbeit. Im Homeoffice oder auch »remote« zu arbeiten ist in vielen Firmen zumindest sporadisch etabliert.[4] Meist erfolgt dies nicht unbedingt als aktives Programm seitens des Unternehmens, sondern eher, weil Mitarbeiter verstärkt derartige Arbeitsformen einfordern.[5] Zudem wird es durch die Technik immer einfacher, dass mobil gearbeitet werden kann, ob auf Dienstreisen in der Bahn oder im Flugzeug oder im selbstgewählten Umfeld wie z. B. im Café oder im Co-Working-Space. Sowohl für Firmen als auch für Mitarbeiter kann das ein Plus an Gestaltungsfreiheit und Flexibilität bedeuten. In einer Studie von Deloitte zu »Arbeitswelten 4.0« bezogen auf den Mittelstand wurde hinsichtlich des Aspekts mobiles Arbeiten ermittelt: »[...] Unternehmen, die derartige Arbeitsformen freiwillig anbieten und vertraglich regeln, sind erfolgreicher als andere.«

Um zu arbeiten, benötigen Mitarbeiter noch nicht einmal mehr einen bestimmten Arbeitsplatz, sondern können dies auch einfach durch ihr Tablet oder ihr Smartphone von unterwegs tun. Co-Working-Spaces, die einen Arbeitsplatz auf Zeit ermöglichen, sind auf dem Vormarsch.[6] So bieten sie Raum fürs Arbeiten und gleichzeitig auch die Gelegenheit zum Netzwerken und zum Austausch mit all denen, die sich dort ebenfalls zum Arbeiten eingemietet haben.

Durch diese mobilen Arbeitsformen gehen zukünftig wohl herkömmliche Bindungsweisen von Mitarbeitern zu ihren Betrieben verloren, zugunsten einer neu entstehenden psychologisch schwächeren Bindung in Arbeitsverhältnissen.[7]

---

4   Mobiles und entgrenztes Arbeiten: Aktuelle Ergebnisse einer Betriebs- und Beschäftigtenbefragung, http://www.bmas.de/SharedDocs/Downloads/DE/PDF-Publikationen/a873.pdf?__blob=publicationFile&v=2, S. 7.
5   Arbeitswelt 4.0 im Mittelstand, aus der Studienreihe »Erfolgsfaktoren im Mittelstand«, 02/2018 https://www2.deloitte.com/content/dam/Deloitte/de/Documents/Mittelstand/Deloitte-Erfolgsfaktoren-Mittelstand-Arbeitswelten-2018.pdf
6   http://www.deskmag.com/de/coworking-spaces-in-deutschland-2018-marktreport-studie-erhebung-993; https://www.dropbox.com/s/7hwr8hltc0txxc2/Cowork2018%20SLIDES.pdf?dl=0
7   https://www.bmas.de/SharedDocs/Downloads/DE/PDF-Publikationen-DinA4/gruenbuch-arbeiten-vier-null.pdf?__blob=publicationFile, S: 65; Mobiles und entgrenztes Arbeiten: Aktuelle Ergebnisse einer Betriebs- und Beschäftigtenbefragung, http://www.bmas.de/SharedDocs/Downloads/DE/PDF-Publikationen/a873.pdf?__blob=publicationFile&v=2

1.1.2 Optimierung von Privat- und Berufsleben

Durch die oben genannten Trends der Erweiterung des außerbetrieblichen Arbeitens kann somit in Unternehmen eine höhere Flexibilität erreicht werden.

Für den Mitarbeiter kann es einfacher sein, seine privaten Belange und seine Arbeitsanforderungen miteinander zu verbinden. Das muss gar nicht immer die Kinderbetreuung oder Pflege von Angehörigen betreffen: Erleichterung kann schon dadurch eintreten, dass sich ggf. lange An- und Abfahrtswege zur Arbeitsstätte erübrigen und der Mitarbeiter dadurch einen direkt spürbaren Zeitgewinn erzielt. Dies kann sich positiv auf alle Aktivitäten außerhalb des Jobs auswirken, wie z. B. Freundeskontakte, Hobbys oder ehrenamtliches Engagement. Arbeiten von zuhause oder anderen Orten kann daher die Verbindung von Arbeit und privaten Bedürfnissen ermöglichen bzw. optimieren.

Wenn der Arbeitnehmer zwar nicht im Unternehmen »vor Ort« ist, so ist er ggf. flexibler einsatzfähig, da er in seinem »privaten« Umfeld »immer« erreichbar ist und daher auch »mal schnell« zwischen Arbeit und Privatleben wechseln kann. Gerade im Kundenkontakt, wo es um schnelles Reagieren und möglichst allzeitige Erreichbarkeit geht, kann dies für Arbeitgeber als auch Arbeitnehmer von Vorteil sein.

1.1.3 Arbeiten, »von wo ich will«

Zudem kann der Mitarbeiter im Rahmen einer solchen agilen Organisation selbst entscheiden, wo und wann er arbeitet. So fördern Homeoffice und mobiles Arbeiten eine höhere Selbststeuerung und Selbstbestimmung bei Mitarbeitern. Über alle Generationen hinweg sind dies Faktoren, die sich Mitarbeiter schon seit geraumer Zeit wünschen.[8] Ebenso wie Mitsprache- und Mitgestaltungsmöglichkeiten sind dies für viele Menschen hohe Motivatoren.

Auch wenn das paradox klingen mag: freiheitliches Arbeiten kann somit stärkeren Zusammenhalt schaffen – zumindest dann, wenn der Mitarbeiter diesen eigenen Freiheitsspielraum haben möchte.

---

8   Mobiles und entgrenztes Arbeiten. Aktuelle Ergebnisse einer Betriebs- und Beschäftigtenbefragung, http://www.bmas.de/SharedDocs/Downloads/DE/PDF-Publikationen/a873.pdf?__blob=publicationFile&v=2, S. 7; Vergleiche hier auch: http://www.huffingtonpost.de/marco-de-micheli/diese-12-punkte-sind-es-was-mitarbeitern-an-jobs-wirklich-wichtig-ist_b_5141700.html; https://www.impulse.de/management/neue-studie-was-mitarbeiter-sich-wuenschen/2059219.html; http://www.stepstone.de/b2b/stellenanbieter/jobboerse-stepstone/upload/studie_glueck_am_arbeitsplatz.pdf

O-Ton: Anna Löw

Anna Löw ist Head of people operations in der Giant Swarm GmbH.

Britta Redmann: Sie sind in einem Unternehmen tätig, in dem jeder Mitarbeiter von einem anderen Ort aus tätig ist. Und das weltweit. Welche Chancen und welche Herausforderungen ergeben sich aus Ihrer Sicht, wenn in einem Unternehmen ausschließlich remote gearbeitet wird?

Anna Löw: Die größte Chance ist sicherlich, dass man als Unternehmen für sehr viel mehr Menschen als Arbeitgeber attraktiv sein kann. Die Welt als Talentpool quasi. Für die Kollegen entfallen Pendelwege, stressige Großraumbüros und niemand streitet sich, wer die Spülmaschine ausräumt. Jeder Mitarbeiter kann sich die Umgebung schaffen, die ihm persönlich guttut. Einige arbeiten zu Hause, andere gehen in Co-Working-Spaces. Ich persönlich bin ein Hybrid und entscheide nach Terminlage. Einzig das Klischee des »am Strand arbeitenden digital Nomads« kenne zumindest ich nicht. Arbeit bleibt Arbeit – und da muss man sich konzentrieren, ob remote oder nicht. Zweifelsohne ergeben sich aus diesem Modell auch Herausforderungen. Aber definitiv keine, denen man nicht begegnen kann. Abhängig ist dies natürlich immer vom Geschäftsmodell. Ein Krankenhaus funktioniert remote (noch) nicht besonders gut.

Eine wichtige Voraussetzung um erfolgreich remote zu arbeiten, ist sicherlich das Team selbst. Es braucht Teammitglieder, die ein kleines bisschen »überkommunizieren« und Spaß daran haben, Smalltalk auch in Videokonferenzen oder Chats zu führen. Interessanterweise fühlen sich viele introvertierte Menschen hier angesprochen. Darüber hinaus ist es einfacher, wenn nicht alle Mitarbeiter super »juniorig« sind, sondern mit der Freiheit auch gut umgehen können und »Zusammenarbeit« als solches nicht mehr lernen müssen. Dass gute Technik für Videokonferenzen etc. immer verfügbar ist und man nicht jeden Video-Call mit »ähm, Du sorry, mein Skype geht nicht« beginnen kann, versteht sich von selbst. Auch im Bereich visueller Tools (Whiteboards etc.) gibt es inzwischen gute Anbieter. Hier muss man investieren. Darüber hinaus muss das Thema »asynchrones Arbeiten« ebenfalls in guten Tools und Prozessen abgefedert sein. Eine Herausforderung, die noch niemand abschließend gelöst hat, ist das Thema Zeitzone, wenn man wissensbasiert und im agilen Teamverbund arbeitet. Hier haben auch wir gesagt, dass wir es langsam angehen wollen, und uns erst mal auf UTC +/- 2 [koordinierte Weltzeit, Coordinated Universal Time] geeinigt. Und eine Nebenbemerkung noch – remote Arbeit, wenn sie ernst genommen wird, ist für das Unternehmen kein Modell, um Geld zu sparen. Das, was wir an Miete einsparen, geben wir für Onsites (zweimal im Jahr treffen sich alle), Coworking Spaces der Kollegen und andere Veranstaltungen doppelt und dreifach wieder aus.

Britta Redmann: Was ist für Unternehmen in der HR-Arbeit anders, wenn alle remote arbeiten?

Anna Löw: Diese Frage höre ich oft und ich bin der Auffassung, dass sie ganz essenziell davon abhängt, welche Rolle HR grundsätzlich im Unternehmen hat. In den klassischen HR-Disziplinen gibt es weniger Unterschiede. Administration und Rechtsthemen werden komplexer je internationaler ein Unternehmen wird, bedürfen aber keine besonderen »remote« Bearbeitung. Sie müssen halt gemacht werden. Hier darf man sich nicht scheuen, relativ schnell Hilfe von Profis in Anspruch zu nehmen. Niemand sollte sich Bestimmungen verschiedener Länder zusammengoogeln. Im Recruiting und Personalmarketing ergeben sich, meiner Meinung nach, wenig Unterschiede und wenn nur sehr positive. So ist es z. B. möglich, viel mehr Menschen in den Prozess mit einzubeziehen, ohne dass der Kandidat das Gefühl hat, einem »Tribunal« gegenüber zu stehen. In den Bereichen Entwicklung und Coaching gibt es sicherlich einige Herausforderungen, auf die man sich einlassen muss. HR muss sich viel aktiver promoten und trotzdem »sichere Räume« generieren. Hiermit meine ich, dass man halt niemanden »zufällig« in der Kaffeeküche abfangen kann, sondern eben direkt auf die Leute zugehen muss. Zudem ist »zwischen den Zeilen lesen« insbesondere in vermehrt schriftlicher Kommunikation, die nicht in der Muttersprache geführt wird, tricky, aber letztendlich auch Gewöhnungssache. Ich bleibe dabei: HR-Arbeit wird durch das vorherrschende Menschenbild bestimmt, nicht davon, wo der Schreibtisch steht. Werden Vertrauen und Transparenz gelebt, sind dies gute Voraussetzungen.

1.1.4   Mobile Arbeit trifft auf Arbeitsrecht

Wie sieht es nun rechtlich aus, die entsprechende örtliche Flexibilität Variabilität in einem Unternehmen umzusetzen? Geht das einfach so oder ist dabei etwas zu beachten?

1.1.4.1   Direktionsrecht des Arbeitgebers

Kraft seines Weisungsrechts ist der Arbeitgeber berechtigt, den Arbeitsort festzulegen.[9] Das ergibt sich unmittelbar schon aus dem Gesetz (§ 106 Gewerbeordnung (GewO)), das den Arbeitgeber befugt, Inhalt, Ort und Zeit der Arbeitsleistung nach billigem Ermessen näher zu bestimmen, soweit hier keine Einschränkungen durch Einzelvertrag oder kollektivrechtliche Vorschriften bestehen.[10] Danach hat der Arbeitgeber grundsätzlich das Recht, Mitarbeitern Arbeitsorte – auch wechselnde Arbeitsstätten – zuzuweisen.

---

9   BAG 22.09.2016 – 2 AZR 509/15; ErfK/Preis, 19. Aufl. 2019, GewO § 106 Rn. 1-4.
10   ErfK/Preis, 19. Aufl. 2019, GewO § 106 Rn. 5-16.

Beim Direktionsrecht muss man zwischen dem Recht und der Ausübung des Rechts unterscheiden. Die Ausübung muss nach »billigem Ermessen« erfolgen.[11] Das BAG verlangt für die Ausübung von billigem Ermessen

> »eine Abwägung der wechselseitigen Interessen nach verfassungsrechtlichen und gesetzlichen Wertentscheidungen, den allgemeinen Wertungsgrundsätzen der Verhältnismäßigkeit und Angemessenheit sowie der Verkehrssitte und Zumutbarkeit. In die Abwägung sind alle Umstände des Einzelfalles einzubeziehen. Hierzu gehören die Vorteile aus einer Regelung, die Risikoverteilung zwischen den Vertragsparteien, die beiderseitigen Bedürfnisse, die außervertragliche Vor- und Nachteile, Vermögens- und Einkommensverhältnisse sowie soziale Lebensverhältnisse wie familiäre Pflichten und Unterhaltsverpflichtungen des Arbeitnehmers.«[12]

Es kommt also letztlich stets auf die Verhältnisse im Einzelfall an, ob eine Arbeitsortregelung rechtmäßig ist oder nicht.

1.1.4.2 Arbeitsvertragliche Festlegung

Darüber hinaus gilt: Ist im Arbeitsvertrag ein fester Arbeitsplatz vereinbart, dann ist der Arbeitgeber in seinem Direktionsrecht eingeschränkt.[13] Er kann im Arbeitsvertrag aber auch von vornherein »örtliche – agile – Versetzungsvorbehalte« aufnehmen, um einseitig Veränderungen des Arbeitsortes anordnen zu können. Das könnte beispielsweise dort von Belang sein, wo sich ein Unternehmen wünscht, dass Mitarbeiter zeitweilig in anderen Niederlassungen arbeiten, um die dortige Klientel besser kennenzulernen. Wichtig ist: Solche Klauseln unterliegen der AGB-Kontrolle (Allgemeine Geschäftsbedingungen), um den Mitarbeiter vor unangemessener Benachteiligung zu schützen. Sie dürfen daher nicht etwa versteckt im Vertrag niedergelegt sein, sondern müssen transparent und klar formuliert sein.

a) Verschiedene Arbeitsorte
Sofern ein fester Arbeitsort im Arbeitsvertrag bezeichnet wird, ist dieser Bestandteil des Arbeitsverhältnisses.[14] Ob der vertraglich festgelegte Betriebsort ausreicht, um darauf den Arbeitsort zu beschränken, wird unterschiedlich gesehen.[15] Das BAG hat

---

11 ErfK/Preis, 19. Aufl. 2019, GewO § 106 Rn. 5-16.
12 BAG 10.12.2014 – 10 AZR 63/14; st. Rspr. BAG 23.08.2013 – 10 AZR 569/12.
13 ErfK/Preis, 19. Aufl. 2019, GewO § 106 Rn. 5-16.
14 ErfK/Preis, 19. Aufl. 2019, GewO § 106 Rn. 5-16.
15 LAG Rheinland-Pfalz v. 18.01.2007 – 6 Sa 702/06; a.M: BAG 29.10.1997 – 5 AZR 573/96, NZA 1998, 329, 330f.; LAG Niedersachsen v. 21.08.2009 – 10 TaBV 121/08.

hierzu ausgeführt, dass, wenn klare Anhaltspunkte auf eine »räumliche Beschränkung der Arbeitsverpflichtung« fehlen, das Weisungsrecht des Arbeitgebers dann uneingeschränkt örtlich und sogar deutschlandweit zum Tragen kommt.[16] Besteht dagegen eine räumliche Festlegung, so kann der Arbeitgeber den Arbeitsort nicht mehr einseitig an einen anderen Ort verlegen.

Um möglichst einen großen Spielraum oder unmissverständliche Klarstellung für den Einsatz an verschiedenen Arbeitsorten zu haben, gibt es in Arbeitsverträgen häufig die sogenannten »örtlichen Versetzungsvorbehalte«.[17] Diese Klauseln erlauben es dem Arbeitgeber dann ausdrücklich, einseitige Veränderungen des Arbeitsortes vorzunehmen. Das BAG hat zum räumlichen Versetzungsrecht bereits Stellung genommen und in einer Entscheidung ausgeführt:[18]

> »Es macht keinen Unterschied, ob im Arbeitsvertrag auf eine Festlegung des Orts der Arbeitsleistung verzichtet und diese dem Arbeitgeber im Rahmen von § 106 GewO vorbehalten bleibt oder ob der Ort der Arbeitsleistung bestimmt, aber die Möglichkeit der Zuweisung eines anderen Orts vereinbart wird. In diesem Fall wird lediglich klargestellt, dass § 106 Satz 1 GewO gelten und eine Versetzungsbefugnis an andere Arbeitsorte bestehen soll.«

Vor diesem Hintergrund können sich Arbeitgeber die Frage stellen, ob sie dann für eine weit gefasste räumliche Einsatzmöglichkeit überhaupt Versetzungsklauseln benötigen. Man kann aber auch eine solche Klausel vertraglich präzise formulieren und gestalten. Da es sich hier dann um vorformulierte, für eine Vielzahl bestimmter Fälle bezogene Regelungen handelt, unterliegen diese Klauseln der AGB-Kontrolle nach §§ 305 ff. BGB. Der Mitarbeiter soll durch diesen Kontrollmaßstab vor einer unangemessenen Benachteiligung geschützt werden. Örtliche Versetzungsklauseln sind nur hinsichtlich der Transparenz überprüfbar (§ 307 Abs. 3 BGB).[19] Sie dürfen nicht überraschend oder versteckt im Vertrag niedergelegt sein.[20]

Ob der Arbeitgeber also vertraglich in seinem Direktionsrecht eingeschränkt ist, was die Bestimmung des Arbeitsortes anbelangt, wird von den vertraglichen Regelungen abhängen, die die Arbeitsparteien treffen. Besteht dagegen noch nicht einmal eine vertragliche Einschränkung bezüglich des Arbeitsortes, so kann der Arbeitgeber einen Mitarbeiter grundsätzlich uneingeschränkt örtlich versetzen und ist hierbei nicht auf einen Betrieb beschränkt.[21]

---

16 BAG 18.10.2012 – 6 AZR 86/11.
17 BAG 13.03.2007 – 9 AZR 433/06, DB 07, 1985.
18 BAG 19.01.2011 NZA 2011, 631.
19 ErfK/Preis, 19. Aufl. 2019, GewO § 106 Rn. 17, 18.
20 BAG 19.11.2011, NZA 2011, 631.
21 ErfK/Preis, 19. Aufl. 2019, GewO § 106 Rn. 17, 18.

b) Homeoffice

Eine Legaldefinition, wann von Homeoffice gesprochen werden kann, findet sich in der Arbeitsstättenverordnung.[22] Danach ist von einem Homeoffice auszugehen, wenn ein

- vom Arbeitgeber fest eingerichteter Bildschirmarbeitsplatz
- im Privatbereich der Beschäftigten,
- für die der Arbeitgeber eine mit dem Beschäftigten vereinbarte wöchentliche Arbeitszeit und die Dauer der Einrichtung festgelegt hat,

eingerichtet ist.

Der Homeoffice-Arbeitsplatz ist erst dann eingerichtet, wenn
- der Arbeitgeber und der Beschäftige die Bedingungen hierüber arbeitsvertraglich oder im Rahmen einer Vereinbarung festgelegt haben,
- die benötigte Ausstattung des Telearbeitsplatzes mit Mobiliar, Arbeitsmitteln einschließlich der Kommunikationseinrichtungen durch den Arbeitgeber oder eine von ihm beauftragte Person
- im Privatbereich des Beschäftigten bereitgestellt und installiert ist.

Das bedeutet, dass Homeoffice-Arbeitsplätze nicht einseitig vom Arbeitgeber angeordnet werden können und eine vertragliche oder rechtliche Vereinbarung vorliegen muss. Hier empfehlen sich daher klare vertragliche Regelungen zur Begründung, Umfang, Beendigung und Ausgestaltung des Homeoffice zu treffen. Das gilt für neu abzuschließende Arbeitsverträge genauso wie für nachvertragliche Ergänzungen bestehender Arbeitsverträge.

In der Praxis kommt es häufig vor, dass sich Mitarbeiter die Möglichkeit, von Zuhause arbeiten zu können, wünschen. Für die Umsetzung bedürfen diese Begehren einer vertraglichen Anspruchsgrundlage. Ein Arbeitgeber ist nach dem Gesetz aber nicht verpflichtet, ein Homeoffice anzubieten oder dem Wunsch eines Arbeitnehmers zu entsprechen.

In der Praxis kann es vorkommen, dass der Arbeitgeber einen Mitarbeiter aus einer Homeoffice-Vereinbarung wieder an den Betriebsort »zurückruft«. Solche Entscheidungen des Arbeitgebers unterliegen dann gleichermaßen den oben beschriebenen Erfordernissen des billigen Ermessens.

Ein erwähnenswerter Punkt sind noch die Kosten eines mobilen Arbeitsortes oder eines Homeoffice. Sofern es keine vertraglichen Regelungen hierüber gibt, hat der

---

22   § 2 Abs. 7 ArbStättV vom 03.12.2016.

Mitarbeiter einen Anspruch auf Aufwandsentschädigung gegenüber seinem Arbeitgeber, sofern er Aufwendungen für die Erbringung der Arbeitspflicht hat (§ 670 BGB). Das Gleiche gilt für benötigte Arbeitsmaterialien wie z. B. Laptop, Tablet, Büromaterial.

1.1.4.3 Arbeitsschutz

Laut Arbeitsstättenverordnung § 3 ist der Arbeitgeber auch für die Planung, Gestaltung und Organisation der Sicherheit und des Gesundheitsschutzes verantwortlich. Für Homeoffice-Arbeitsplätze sind seine Pflichten genau geregelt, wenngleich die Novellierung der Arbeitsstättenverordnung von 2016 hier für Klarheit gesorgt hat: Ist beispielsweise zwischen dem Arbeitsplatz im Betrieb und dem Homeoffice-Arbeitsplatz eine »wesentliche« Vergleichbarkeit gegeben, dann ist eine gesonderte Beurteilung und Unterweisung in Bezug auf den Homeoffice-Arbeitsplatz entbehrlich.[23]

Gelegentliches mobiles Arbeiten ist in der Arbeitsstättenverordnung dagegen ausdrücklich nicht erfasst. Für den Fall des dauerhaften mobilen Arbeitens gelten die Arbeitsschutzbedingungen unverändert.[24]

1.1.4.4 Datenschutz

Neben Gesundheitsanforderungen muss das Unternehmen auch sicherstellen, dass im Homeoffice der Datenschutz eingehalten wird. Das heißt: Der Mitarbeiter ist – unabhängig vom Arbeitsort – verpflichtet, im Sinne der Datensicherheit betriebliche und personenbezogene Daten geheim zu halten und vor Fremdeingriff zu schützen. Hierfür sind Vorkehrungen wie Einschränkungen des Zugangs zu Geräten und/oder Unterlagen zu treffen. In der Regel geht es dabei um abschließbare Schränke oder Bürozimmer und passwortgeschützte Zugriffe – Umstände, deren Vorliegen der Arbeitnehmer nachzuweisen hat.

Tipp	!
In Teil 3, Kapitel 2 finden Sie ein Muster für einen Remote-Arbeitsvertrag (Telearbeit/ Homeoffice).	

---

23 § 1 Abs. 3 ArbStättV.
24 https://www.baua.de/DE/Aufgaben/Geschaeftsfuehrung-von-Ausschuessen/ASTA/pdf/Mobile-Arbeit-Telearbeit.pdf?__blob=publicationFile&v=5

1.1.4.5   Rechte des Betriebsrates

Besteht in einem Unternehmen ein Betriebsrat,[25] so hat dieser unter Umständen Beteiligungs- oder Mitbestimmungsrechte bei der Veränderung des Arbeitsortes und damit auch der Einführung von mobilen Arbeiten.

Mit der Auflösung von festen Arbeitsorten könnten folgende Beteiligungs- und Mitbestimmungsrechte des Betriebsrates berührt werden:

- Versetzung von Mitarbeitern (§ 99 BetrVG)
- Mitbestimmung technische Einrichtung (§ 87 Abs. 1 Nr. 6 BetrVG)
- Mitbestimmung Gesundheitsschutz (§ 87 Abs. 1 Nr. 7 BetrVG)
- Betriebsänderung gem. §§ 111, 112 BetrVG

a) Versetzung an »agile« Arbeitsorte
Nach der Legaldefinition in § 95 Abs. 3 Satz 1 BetrVG ist die Versetzung »die Zuweisung eines anderen Arbeitsbereichs, die voraussichtlich die Dauer von einem Monat überschreitet oder die mit einer erheblichen Änderung der Umstände verbunden ist, unter denen die Arbeit zu leisten ist«.[26] Bei einer Versetzung ist die Zustimmung des Betriebsrates zwingend; ansonsten ist die Maßnahme nicht wirksam.[27] Ob die Zuweisung eines anderen Arbeitsortes im Sinne des Betriebsverfassungsgesetzes (BetrVG) als Versetzung anzusehen ist, hängt somit zum einen davon ab, ob die Dauer von vier Wochen überschritten ist bzw. zum anderen, ob der Ortswechsel gleichzeitig einen anderen Arbeitsbereich darstellt. Als Arbeitsbereich versteht die Rechtsprechung »den konkreten Arbeitsplatz und seine Beziehung zur betrieblichen Umgebung in räumlicher, technischer und organisatorischer Hinsicht.«[28] Der Begriff ist demnach räumlich und funktional zu verstehen. Er umfasst neben dem Ort der Arbeitsleistung auch die Art der Tätigkeit und den gegebenen Platz in der betrieblichen Organisation. Die Zuweisung eines anderen Arbeitsbereichs liegt vor, wenn sich das Gesamtbild der bisherigen Tätigkeit des Arbeitnehmers so verändert hat, dass die neue Tätigkeit vom Standpunkt eines mit den betrieblichen Verhältnissen vertrauten Beobachters als eine »andere« anzusehen« ist.«[29] Insofern wird es auch hier auf die Umstände des jeweiligen Sachverhaltes ankommen, inwieweit der Ortswechsel das Gesamtbild der Tätigkeit entscheidend ändert.

Allgemein anerkannt ist, dass keine mitbestimmungspflichtige Versetzung gem. § 95 Abs. 3 Satz 2 BetrVG vorliegt, wenn mit dem Arbeitnehmer vertraglich eine soge-

---

25   Gleichermaßen gilt dies auch für andere Mitbestimmungsgremien, z. B. Mitarbeitervertretung in Tendenzbetrieben.
26   Richardi BetrVG/Thüsing, 16. Aufl. 2018, BetrVG § 99 Rn. 108-113.
27   Richardi BetrVG/Thüsing, 16. Aufl. 2018, BetrVG § 99 Rn. 108-113.
28   BAG 19.02.1991 – 1 ABR 33/90.
29   BAG 17.06.2008 – 1 ABR 38/07; BAG 11.12.2007 – 1 ABR 73/06.

nannte wechselnde Einsatztätigkeit vereinbart ist und der ständige Wechsel des Arbeitsplatzes für das Arbeitsverhältnis daher typisch ist.[30] Ein ständiger Wechsel muss dafür in der Tätigkeit selbst immanent sein. Eine reine vertragliche Vereinbarung reicht nicht aus, um das Mitbestimmungsrecht auszuschließen.[31] Entscheidend wird es also darauf ankommen, inwieweit der unterschiedliche Einsatz an verschiedenen Arbeitsorten die Tätigkeit des jeweiligen Mitarbeiters prägt.

Soweit die Zuweisung eines anderen Arbeitsortes dann den Tatbestand einer Versetzung erfüllt, hat der Betriebsrat dieser zuzustimmen.

b) Mitbestimmung technische Einrichtung
Arbeiten im Homeoffice und vor allem mobile Arbeit erfordert den Einsatz technischer – mobiler – Geräte. Will der Arbeitgeber mobile Geräte einführen – um beispielsweise mobile Arbeit überhaupt zu ermöglichen –, so können hier Mitbestimmungsrechte aus § 87 Abs. 1 Nr. 6 BetrVG für den Betriebsrat gelten. Schlüsselbegriff dieser Vorschrift ist die Überwachung durch technische Einrichtungen.[32] Vom Geltungsbereich des Abs. 1 Nr. 6 erfasst sind nur solche Überwachungsmaßnahmen, die mithilfe technischer Einrichtungen durchgeführt werden können. Durch den Einsatz der technischen Überwachungseinrichtung müssen Daten erhoben werden, die Rückschlüsse auf das Verhalten bzw. die Leistung der Arbeitnehmer zulassen.[33] Auf den Wirkungsbereich oder die Absicht, Kontrolle auszuüben, kommt es nicht an.[34] Alleine die Möglichkeit, dass eine Leistungsüberwachung mittels der Technik durchgeführt werden könnte, reicht für das Entstehen des Mitbestimmungsrechts aus.[35]

Bezogen auf technische mobile Geräte wie z. B. Laptops, Tablets, Smartphones etc. besteht bei Nutzung jedenfalls potenziell die Möglichkeit, das Verhalten oder die Leistung der Beschäftigten zu kontrollieren. Insofern hat der Betriebsrat bei der Einführung und Verwendung von mobilen Geräten je nach Ausgestaltung ein zu beachtendes Mitbestimmungsrecht.

c) Mitbestimmung Gesundheitsschutz
Die Möglichkeit für Arbeitnehmer, im Homeoffice oder mobil zu arbeiten, kann sich ggf. auf ihre Gesundheit auswirken. Hierdurch könnten auch Mitspracherechte des Betriebsrates aus § 87 Abs. 1 Nr. 7 BetrVG entstehen. Danach hat der Betriebsrat bei betrieblichen Regelungen über den Gesundheitsschutz mitzubestimmen, die der

---

30   BAG, 18.02.1986 – 1 ABR 27/84.
31   ErfK/Kania, 19. Aufl. 2019, BetrVG § 99 Rn. 13-18.
32   Richardi BetrVG/Richardi/Maschmann, 16. Aufl. 2018, BetrVG § 87 Rn. 496-499.
33   Richardi BetrVG/Richardi/Maschmann, 16. Aufl. 2018, BetrVG § 87 Rn. 505-512.
34   Richardi BetrVG/Richardi/Maschmann, 16. Aufl. 2018, BetrVG § 87 Rn. 505-512; ErfK/Kania, 19. Aufl. 2019, BetrVG § 87 Rn. 58-60.
35   ErfK/Kania, 19. Aufl. 2019, BetrVG § 87 Rn. 58-60.

Arbeitgeber aufgrund von gesetzlichen Vorschriften zu beachten hat.[36] Der Begriff des Gesundheitsschutzes ist umfassend und betrifft neben der Verhütung von Arbeitsunfällen und Berufskrankheiten alle Maßnahmen, die der Erhaltung der physischen und psychischen Integrität der Arbeitnehmer gegenüber Schädigungen durch medizinisch feststellbare arbeitsbedingte Verletzungen, Erkrankungen oder sonstige gesundheitliche Beeinträchtigungen dienen. Auch vorbeugende Maßnahmen sind hiervon erfasst.[37] Zum Mitbestimmungsrecht selbst hat das BAG ausgeführt, dass es sich

> »auf Maßnahmen des Arbeitgebers zur Verhütung von Gesundheitsschäden bezieht, die Rahmenvorschriften konkretisieren. Hierdurch soll im Interesse der betroffenen Arbeitnehmer eine möglichst effiziente Umsetzung des gesetzlichen Arbeitsschutzes erreicht werden. Das Mitbestimmungsrecht setzt ein, wenn eine gesetzliche Handlungspflicht objektiv besteht und wegen Fehlens einer zwingenden Vorgabe betriebliche Regelungen verlangt, um das vom Gesetz vorgegebene Ziel des Arbeits- und Gesundheitsschutzes zu erreichen.«[38]

Es kann insoweit nur von einem Mitbestimmungsrecht ausgegangen werden, soweit der Arbeitgeber hier Handlungsspielräume nutzt.[39] Dies ist z. B. der Fall, wenn eine Gefährdungsbeurteilung gem. § 5 ArbSchG durchgeführt wird.[40] Soweit aber gesetzliche Vorschriften oder Unfallverhütungsvorschriften gar keinen Regelungsspielraum zulassen, findet auch ein Mitbestimmungsrecht keine Anwendung.[41] Hinsichtlich der Betrachtung von entkoppelten Arbeitsplätzen kann der Betriebsrat ggf. Mitbestimmungsrechte beim Homeoffice-Arbeitsplatz haben, da hier nach der Arbeitsstättenverordnung (ArbStättV) noch weiterer Regelungsbedarf besteht.[42]

Mitbestimmungsrechte des Betriebsrates nach § 87 BetrVG sind zwingend. Kommt eine Einigung hier nicht zustande, so ist die Einigungsstelle einzuberufen, die dann letztendlich eine für beide Seiten bindende Entscheidung fällen soll (§ 87 Abs. 2 BetrVG). Die Durchführung eines solchen Verfahrens kann in der Regel nicht zeitlich genau kalkuliert werden. Sämtliche Kosten die hierbei entstehen, hat der Arbeitgeber zu tragen.[43]

---

36   BAG 15.01.02 – 1 ABR 13/01; Richardi BetrVG/Richardi, 16. Aufl. 2018, BetrVG § 87 Rn. 554-555; ErfK/Wank, 19. Aufl. 2019, ArbSchG § 3 Rn. 1-5.
37   BVerwG, 14.02.2013 – 6 PB 1/13.
38   BAG 30.09.2014 – 1 ABR 106/12; BAG 11. 02.2014 – 1 ABR 72/12.
39   BeckOK ArbR/Werner, 50. Ed. 01.12.2018, BetrVG § 87 Rn. 107-113.
40   BAG 11.02.2014 – 1 ABR 72/12.
41   BAG 18.08.2009 – 1 ABR 43/08.
42   § 3 ArbStättV.
43   Küttner, Einigungsstelle, Rn. 1 ff.

d) Betriebsänderung

Eine weitere Beteiligung des Betriebsrates kann sich dann ergeben, sofern die Veränderung des Arbeitsortes einen Teil einer Betriebsänderung im Sinne der §§ 111, 112 BetrVG darstellt. Relevant werden diese Bestimmungen aber auch nur für Unternehmen, die mehr als 20 Mitarbeiter beschäftigen und über einen Betriebsrat verfügen.[44] Es gibt keine abschließende gesetzliche Definition einer Betriebsänderung.[45] Umstritten ist, ob die in Satz 3 aufgeführten Tatbestände als »abschließend« zu werten sind. Das BAG hat dies bislang offengelassen.[46] Nach dem Wortlaut des § 111 Satz 1 BetrVG setzt eine Betriebsänderung voraus, dass erhebliche Teile der Belegschaft von Veränderungen betroffen sind.[47] Nach der ständigen Rechtsprechung[48] ist dies allerdings dann bedeutungslos, soweit eine Betriebsänderung im Sinne des § 111 Satz 3 vorliegt. Die in Satz 3 Nr. 1–5 aufgeführten Tatbestände konkretisieren die Fälle, in denen von wesentlichen Nachteilen ausgegangen werden kann. Aus dem Wortlaut der Vorschrift ergibt sich, dass bei Vorliegen eines solchen Falles der Eintritt der Nachteile fingiert wird. Ob die gegebene Betriebsänderung dann tatsächlich Nachteile zur Folge hat oder haben kann, kann dahingestellt bleiben: Es gilt die unwiderlegliche Vermutung, dass die im Katalog genannten Fälle wesentliche Nachteile für die Belegschaft mit sich bringen.

Was als »erhebliche Teile der Belegschaft« angesehen wird, orientiert sich grundsätzlich an § 17 KSchG, dessen Staffelung hier als Maßstab genommen wird:[49]

Anzahl Mitarbeiter im Unternehmen	Betroffene Mitarbeiter
Mehr als 20 und weniger als 60	Mehr als 5
Mindestens 60 und weniger als 500	10 % oder mehr als 25
Mindestens 500	Mindestens 30
600 und mehr	Mindestens 5 %

Tab. 4: Zum Begriff »erhebliche Teile der Belegschaft« nach § 17 KSchG

Ein »agiler Arbeitsortwechsel« von Mitarbeitern könnte sich möglicherweise als Änderung auf die Betriebsorganisation auswirken. Dann kann § 111 Satz 3 Nr. 4 BetrVG zur Anwendung kommen. Das BAG hat zur Änderung der Betriebsorganisation aktuell aus-

---

44 ErfK/Kania, 19. Aufl. 2019, BetrVG § 111 Rn. 5, 6; Anmerkung: Zu den Arbeitnehmern zählen auch Leiharbeitnehmer, die länger als drei Monate im Betrieb eingesetzt sind; bei Gemeinschaftsbetrieben sind alle Arbeitnehmer aller beteiligten Unternehmen zusammen zu addieren.
45 Richardi BetrVG/Annuß, 16. Aufl. 2018, BetrVG § 111 Rn. 41-44.
46 BAG 06.12.1988 – 1 ABR 47/87.
47 Richardi BetrVG/Annuß, 16. Aufl. 2018, BetrVG § 111 Rn. 45-51.
48 BAG 17.08.1982 – 1 ABR 40/80.
49 ErfK/Kania, 19. Aufl. 2019, BetrVG § 111 Rn. 10.

geführt, dass es sich um eine solche handelt, »wenn der Betriebsaufbau, insbesondere hinsichtlich Zuständigkeiten und Verantwortung, umgewandelt wird. Grundlegend ist die Änderung, wenn sie sich auf den Betriebsablauf in erheblicher Weise auswirkt. Maßgeblich dafür ist der Grad der Veränderung. Es kommt entscheidend darauf an, ob die Änderung einschneidende Auswirkungen auf den Betriebsablauf, die Arbeitsweise oder die Arbeitsbedingungen der Arbeitnehmer hat. Die Änderung muss in ihrer Gesamtschau von erheblicher Bedeutung für den gesamten Betriebsablauf sein.«[50]

Hier ist also immer der Einzelfall anzuschauen, besonders inwieweit durch die örtliche Veränderung gleichzeitig erhebliche Änderungen im Betriebsablauf entstehen. Dies könnte z. B. dadurch gegeben sein, weil Arbeitsprozesse durch die örtliche Veränderung anders aufgestellt werden müssen oder sich ggf. auch Bearbeitungswege ändern. Nur wenn der Betriebsablauf »erheblich« betroffen ist, kann eine Betriebsänderung angenommen werden.

Wird im Einzelfall festgestellt, dass keine Änderung der Betriebsorganisation von erheblicher Bedeutung vorliegt und geht man davon aus, dass der § 111 Satz 3 BetrVG keine abschließende Aufzählung enthält, müsste eine Betriebsänderung zumindest eine solche sein, die wesentliche Nachteile für die Belegschaft oder erhebliche Teile der Belegschaft mit sich bringt.[51] In einem solchen Fall müsste »die räumliche Veränderung« mit nicht ganz unerheblichen Erschwernissen für die Mitarbeiter verbunden sein.[52] Dies ist oft der Fall, wenn der neue Arbeitsort weitere Anfahrtswege oder Erreichbarkeiten mit sich bringt.[53] Ebenso sollen auch immaterielle Nachteile wie z. B. Leistungsverdichtung, Qualifikationsverlust oder psychische Belastung dazu zählen.[54]

Werden entsprechend viele Arbeitsplätze an einen anderen oder »mobilen« Ort oder ins Homeoffice verlagert und wird damit die Zahlengrenze des § 17 KSchG erreicht, wäre das Vorliegen einer Betriebsänderung demnach zu prüfen. Hier käme es dann im Wesentlichen auch darauf an, inwieweit der jeweilige »neue Ort« als nachteilig angesehen werden könnte. Die Frage wird sein, ob und wie ggf. die oben benannten immateriellen Nachteile vorliegen und zu beurteilen sind. Die Beantwortung dieser Frage wird von der jeweiligen Situation und den konkreten Auswirkungen auf die jeweiligen Mitarbeiter abhängen.

Das Gesetz sieht in § 112 Abs. 1 BetrVG vor, dass bei Vorliegen einer Betriebsänderung, Arbeitgeber und Betriebsrat den Abschluss eines Interessenausgleichs versuchen.[55]

---

50   BAG 22.03.2016 – 1 ABR 12/14.
51   BAG 06.12.1988 – 1 ABR 47/87.
52   ErfK/Kania, 19. Aufl. 2019, BetrVG § 111 Rn. 8, 9.
53   BAG 17.08.1982, DB 83, 344; LAG Frankfurt 28.10.1986, AiB 87, 292.
54   ErfK/Kania, 19. Aufl. 2019, BetrVG § 111 Rn. 8, 9.
55   ErfK/Kania, 19. Aufl. 2019, BetrVG §§ 112, 112a Rn. 4.

Ziel ist hierbei immer, Einigkeit über das »Ob, Wann und Wie« der Maßnahme zu erreichen.[56] Die Interessen des Arbeitgebers sollen mit denen der Arbeitnehmer an der Erhaltung ihrer Arbeitsplätze und Arbeitsbedingungen mit dem ernsten Willen der Verständigung überein gebracht werden. Ferner hat vor jeder Betriebsänderung der Arbeitgeber mit dem Betriebsrat eine Einigung – einen sogenannten Sozialplan – über den Ausgleich von befürchteten oder durch die Betriebsänderung entstehenden Nachteilen bei den Mitarbeitern zu erzielen. Ein Sozialplan regelt also die wirtschaftlichen Folgen der Betriebsänderung. Ist der Arbeitgeber beim Interessenausgleich nur verpflichtet auf eine Einigung hinzuwirken, so ist ein Sozialplan für ihn verpflichtend und kann auch seitens des Betriebsrates erzwungen werden.[57] Unterlässt es der Arbeitgeber, den Betriebsrat bei einer Betriebsänderung ordnungsgemäß zu beteiligen oder mit ihm einen Interessensausgleich zu versuchen oder verstößt er gegen Vereinbarungen im Interessensausgleich selbst, so sieht § 113 BetrVG hier finanzielle Sanktionen gegen den Arbeitgeber vor.[58] Hierbei kommt es auf ein Verschulden des Arbeitgebers nicht an – auch eine fahrlässige Unterlassung begründet eine Verpflichtung aus § 113 BetrVG.[59]

1.1.5 #Legal Check: »mobiles Arbeiten«

- Hinsichtlich der Festlegung von Arbeitsorten und damit auch für mobiles Arbeiten besitzt der Arbeitgeber grundsätzlich ein Weisungsrecht.
- Mobiles Arbeiten kann arbeitsvertraglich ermöglicht werden.
- Für die Einrichtung von Homeoffice- bzw. Remote-Arbeitsplätzen bedarf es einer vertraglichen Grundlage.
- Feste Homeoffice-Arbeitsplätze bedürfen einer vertraglichen Grundlage (Begründung, Umfang, Beendigung und Ausgestaltung).
- Nur »gelegentliches« mobiles Arbeiten unterliegt nicht der arbeitsschutzrechtlichen Gefährdungsbeurteilung.
- Die Einhaltung des Datenschutzes ist sicherzustellen.
- Soweit die Festlegung eines mobilen Arbeitsplatzes eine Versetzung darstellt, hat der Betriebsrat zuzustimmen.
- Bei der Einführung und Nutzung von mobilen technischen Arbeitsgeräten bestehen Mitbestimmungsrechte des Betriebsrates.

---

56 ErfK/Kania, 19. Aufl. 2019, BetrVG §§ 112, 112a Rn. 4.
57 ErfK/Kania, 19. Aufl. 2019, BetrVG §§ 112, 112a Rn. 14-18.
58 ErfK/Kania, 19. Aufl. 2019, BetrVG § 113 Rn. 1-3.
59 ErfK/Kania, 19. Aufl. 2019, BetrVG § 113 Rn. 1-3.

- Bei Vorliegen gesetzlicher Vorschriften über den Gesundheitsschutz kann der Betriebsrat ein zwingendes Mitbestimmungsrecht haben.
- Liegt eine Betriebsänderung vor, ist der Betriebsrat rechtzeitig einzubeziehen; ein Interessenausgleich und Sozialplan sind zu verhandeln.

1.1.6   #Bedürfnischeck: »mobiles Arbeiten«

Die folgende Tabelle zeigt, welche Bedürfnisse und Interessen durch die Einführung von mobiler Arbeit (z. B. Homeoffice oder Remote-Office) sowohl aufseiten der Mitarbeiter als auch des Unternehmens angesprochen werden.

Bedürfnisse/Interessen von Mitarbeitern	Bedürfnisse/Interessen von Unternehmen
<ul><li>Entscheidungsraum</li><li>Selbstbestimmung</li><li>Freiheit</li><li>Flexibilität</li><li>gesundheitliche Aspekte (weniger Stress durch Fahrten zum Arbeitsort)</li><li>Vereinbarkeit von Beruf und Privatleben</li><li>Privilegien</li><li>persönliche Weiterentwicklung</li></ul>	<ul><li>Mitarbeiter halten</li><li>Mitarbeiter gewinnen</li><li>Attraktivität als Arbeitgeber</li><li>Image</li><li>Motivation</li><li>Flexibilität</li><li>gesunde Mitarbeiter – reduzierte Fehlzeiten</li><li>längere Lebensarbeitszeit durch Anpassung an Lebensphasen</li><li>höhere Leistungsfähigkeit</li><li>Demografiefestigkeit</li><li>Flexibilität in der Raumgestaltung</li><li>Kundennähe</li><li>fördert Selbstorganisation und Selbstbestimmung bei Mitarbeitern</li><li>fördert Agilität im Unternehmen</li></ul>

Tab. 5: Bedürfnischeck: »mobiles Arbeiten«

1.2   Schöne Arbeitswelten zum Wohlfühlen

Unternehmen, die agil arbeiten, entwickeln oft auch eine neue Gestaltung von Arbeitsräumen und Arbeitsplätzen, um damit neue Arbeitsformen besonders zu unterstützen.[60] Die Grenzen zwischen privaten und beruflichen Kontakten vermischen sich vermehrt. Diese Entwicklung wirkt sich auf die Einrichtung von Arbeitsorten aus. So

---

60   Siehe auch: https://www.wiwo.de/erfolg/trends/grossraumbuero-selbst-mittelstaendler-richten-sich-ein-wie-google/22619280.html;   http://www.axelspringer-neubau.de/das-konzept/;   http://www.pulspower.com/de/unternehmen/news-und-storys/storys/neue-arbeitswelt/;   http://news.microsoft.com/de-de/presskits/zuknftige-deutschland-zentrale-microsoft-realisiert-in-mnchen-schwabing-die-neue-welt-des-arbeitens/#sm.0011o91cs12mjcqzzt215lja4ke59#8cGMf2JTZLuYBOMt.97

werden Arbeitsorte insbesondere bei Wissensarbeitern nicht mehr nur als Ort der reinen »Leistungserbringung«, sondern auch des Wohlfühlens und der Beziehungsgestaltung gesehen. Zudem soll der Ort, an dem viele einen großen Teil ihres Tages verbringen, zum Verweilen einladen und möglichst gemütlich und vertraut sein.[61]

1.2.1   Räume als Begegnungsstätten

Wie genau der Arbeitsplatz der Zukunft aussieht, ist schwerlich zu sagen.[62] In einer aktuellen Studie des Fraunhofer Instituts für Arbeitswirtschaft und Organisation wurden verschiedene Szenarien für den Produktions-, den Fach- und Wissensbereich sowie den Bürobereich aufgezeigt, wie sich Arbeitsplätze in der Zukunft entwickeln könnten.[63] Bei allen stehen die Förderung einer vernetzten, flexiblen Zusammenarbeit, der sozialen Kontakte und die Interaktion miteinander im Vordergrund. Und das sowohl für Bürolandschaften als auch für die Produktion.[64]

Schon heute weichen feste Arbeitsplätze und Büroräume in agilen Unternehmen z. B. einer offenen Raumstruktur mit flexiblen Arbeitsbereichen oder »Open Space Offices«.[65] Manchmal ist hiermit verbunden, dass sich fest zugeordnete Arbeitsplätze auflösen. Teilweise gibt es Konzepte, bei denen sich sowohl Mitarbeiter als auch ihre Chefs morgens zunächst einen freien Platz suchen und sich dort »einloggen.« Auf die Möglichkeit, auch mal in Ruhe und ganz alleine nachdenken und arbeiten zu können, soll trotzdem nicht verzichtet werden. So gibt es oftmals kleine Think-Tank-Bereiche, Telefon- oder Kommunikationsecken oder auch Entspannungsräume.[66]

O-Ton: Tanja Friederichs

Tanja Friederichs ist Vice President Human Resources der PULS GmbH.

Britta Redmann: Sie haben mit Ihrem Unternehmen viele Awards für eine agile und innovative Arbeitsumgebung gewonnen. Inwieweit kann die Gestaltung des Arbeitsumfeldes ein starker Anreiz für einen Mitarbeiter sein, in einem Unternehmen zu arbeiten?

---

61 Hackl, Wagner, Attmer, Baumann, NewWork: Auf dem Weg zur neuen Arbeitswelt, Springer Gabler, 2017.
62 https://www.fraunhofer.de/content/dam/zv/de/publikationen/Magazin/2018/weitervorn_1_18_arbeits-welt-2025.pdf; https://www.shz.de/deutschland-welt/Arbeit-4-0-So-sieht-ihr-Arbeitsplatz-der-Zukunft-aus-id20409762.html
63 https://www.fraunhofer.de/de/forschung/aktuelles-aus-der-forschung/zukunft-der-arbeit.html
64 Siehe https://www.fraunhofer.de/de/forschung/aktuelles-aus-der-forschung/zukunft-der-arbeit.html
65 https://www2.deloitte.com/content/dam/Deloitte/de/Documents/Mittelstand/Deloitte-Erfolgsfaktoren-Mittelstand-Arbeitswelten-2018.pdf; Siehe auch Bürkert / Seibold, Blinder Fleck »Lean Office«, Informationsdienst IMU Institut 04/2015.
66 Vgl. http://t3n.de/news/arbeitsplatz-zweiten-zuhause/

Tanja Friederichs: Die Gestaltung eines zukunftsweisenden Arbeitsumfeldes ist ein Key Faktor, um Mitarbeiter auf die Reise in eine neue Arbeitswelt mitzunehmen oder auch um neue Kollegen zu gewinnen. Es ist ein Ausdruck eines Unternehmens, welche Rolle der Mitarbeiter in einer vernetzten Arbeitswelt einnimmt. Dabei ist es wichtig, die Arbeitsmethoden von langjährigen, erfahrenen Mitarbeitern mit denen der jungen Mitarbeiter, die bereits in einer digitalen Welt aufgewachsen sind, zu verbinden und gemeinsam die Zukunft zu gestalten.

Britta Redmann: Wie machen Sie es in Ihrem Unternehmen?

Tanja Friederichs: Dies gelingt uns bei PULS in einem ausgewogenen Maße. Wir haben analoge und digitale Arbeitswelten verknüpft und für uns das richtige Maß gefunden. So behält z. B. der Mitarbeiter seinen eigenen Arbeitsplatz und fühlt sich einer Gruppe zugehörig, kann aber je nach Situation selbst entscheiden, wann und wie er mit wem an welchem Ort arbeiten möchte.

In unserem Theater, ein Arbeitsplatz, wo eine gezielte Kommunikation im Dialog stattfinden kann, hat sich der Austausch deutlich verbessert und bricht Abteilungsdenkweisen auf. Mitarbeiter können sich mit ihren Gedanken ins Unternehmen einbringen und auch mitentscheiden.

Ein schönes Beispiel ist hier, dass wir in diesem Jahr eine Spendenaktion für Hilfsbedürftige mit einem Volumen von 50.000 EUR, die der Inhaber zur Verfügung gestellt hat, zur Diskussion gestellt haben. Die Mitarbeiter sollten entscheiden, wo das Geld am besten angelegt ist. Es wurden dazu in einem Kommunikations-Spot 14 Institutionen vorgestellt und die Beteiligung der Mitarbeiter war groß. Es zeigte uns auch, wie viele Mitarbeiter sich heute schon privat sozial engagieren – egal ob älter oder jünger – und wie uns dies verbindet. Weitere Informationen haben wir auch in unserer Social-Collaboration-Plattform zur Verfügung gestellt, worüber auch standortübergreifend in ganz Deutschland über die Spendenverteilung mitbestimmt werden kann.

Dieses Arbeitsumfeld zeichnet sich durch eine neue Arbeitsumgebung, moderne technische Möglichkeiten und die systematische Einbindung von Mitarbeitern in Entscheidungsprozesse aus. Es ist ein moderner Weg einer selbstbestimmten Organisation, in der die einzelne Stimme wichtig ist, und dient als Anreiz für Mitarbeiter, Teil einer solchen Gemeinschaft zu sein, bei welcher der Sinn und Zweck im Vordergrund steht.

Britta Redmann: Wie gelingt es einem Unternehmen, einen Rahmen vorzugeben bzw. Standards zu setzen und gleichzeitig individuellen Bedürfnissen von Mitarbeitern gerecht zu werden?

Tanja Friederichs: Die Frage an dieser Stelle ist, wer den Rahmen und die Standards setzt, wenn es um eine Raumgestaltung geht. Zunächst muss man verstehen, dass ein Raum nur ein Element ist. Um eine neue Arbeitsumgebung zu schaffen, geht es vielmehr darum, zu verstehen wer man selbst ist, wie man heute und in Zukunft arbeitet, was die genauen Arbeits- und Verhaltensweisen sind, die das Unternehmen prägen. Nicht zu vergessen ist auch, was die Wissenschaft dazu sagt, wie eine Arbeitsumgebung gestaltet werden sollte, damit Innovation und Kreativität gefördert wird.

In diesem Zusammenhang haben wir mit unseren Mitarbeitern von Beginn an Workshops durchgeführt, welche die PULS-Kultur und -Werte beschrieben haben. Hieraus haben wir abgeleitet, was diese für unser neues Raumkonzept bedeuten. Unsere Arbeitsplatzanalysen, die wir zu verschiedenen Arbeitsrollen durchgeführt haben, haben uns überrascht: Obwohl wir ein klassisches Unternehmen und kein Beratungshaus sind, arbeiten unsere Mitarbeiter zu 50 % nicht mehr an ihrem eigenen Arbeitsplatz. Sie sind in Konferenzen, Projektmeetings, Videotalks etc. oder natürlich auch auf Reisen.

Wir haben aus diesen Erkenntnissen in Form eines Storytelling-Ansatzes abgeleitet, was unsere Stärke ist. Dabei haben wir in unserem Headquarter in München das *Look & Feel*-Konzept eines Gallischen Dorfes entwickelt, was den Zusammenhalt einer Dorfgemeinschaft eines mittelständischen Unternehmens widerspiegelt.

In Wien haben wir Anfang 2018 ein Innovation Lab gegründet, wo der Storytelling-Ansatz des Wiener Vierkanthof mit der PULS Power Schmiede entwickelt worden ist. Unser Ansatz bezieht sich dabei auf die Arbeitsgemeinschaft der früheren Vierkanthöfe in Österreich und der Begriff der Schmiedekunst kommt aus der Bronzezeit, wo viele besondere Dinge geschmiedet wurden, so wie es in Wien bei den kundenspezifischen Produkten von PULS Vario auch der Fall ist.

Wir haben Mitarbeitern in beiden Projekten erklärt, was Innovation in Zukunft bedeutet. Dabei haben wir die Bereiche Retreat (für konzentriertes Arbeiten), Dialogue (für gezielte Kommunikation), Share (für spontanen Austausch) und Creativity (um etwas zu kreieren und zu schaffen) aufgebaut.

Dies alles zeigt, dass wir von Anfang an gemeinsam mit unseren Mitarbeitern Standards und Rahmenbedingungen dafür entwickelt haben, was eine zukunftsweisende Arbeitswelt bedeutet. München und Wien besitzen viele gemeinsame Ansätze und doch ist jeder Standort ganz individuell, d. h. ein bisschen anders, dank unserer Mitarbeiter, die ihre wundervollen Ideen eingebracht haben.

1.2.2   Network und Kommunikation

Indem fest zugeordnete Arbeitsplätze beseitigt werden und neue, offene Büroraumkonzepte entstehen, kann Zusammenarbeit und Kommunikation unmittelbar beeinflusst werden. Arbeitsplätze können räumlich so angeordnet werden, dass teamübergreifendes Arbeiten, eine flexible, kollaborative Zusammensetzung von Arbeitsgruppen und der spontane Gedanken- und Ideenaustausch möglich sind. Ziel ist es, von einem Team zu entwickelnde gemeinsame Lösungen schneller zu finden und hierzu erforderliche Abstimmungen untereinander durch eine entsprechende offene und bewegliche Raumgestaltung zu unterstützen. Gerade dieser Punkt der Anpassung auf aktuelle Arbeitsgegebenheiten ist ja ein wesentlicher Aspekt von Agilität.

Gleichzeitig verschwinden mit festen Arbeitsplätzen auch Statussymbole. Verfügen alle Mitarbeiter – egal ob Geschäftsführer, Chef oder Auszubildender – nur noch über den Anspruch auf einen »beweglichen« Arbeitsplatz, aber nicht mehr auf einen bestimmten Arbeitsplatz ggf. mit einer besonderen Ausstattung, so werden – zumindest durch die Arbeitsplatzbedingungen – alle gleichbehandelt. Das ist ein Statement, das das Unternehmen hier gegenüber ihren Mitarbeitern macht: Jeder ist gleich, einerlei welchen Job er hat.

Durch eine transparente, offene Raumgestaltung werden Arbeitsprozesse, Fortschritte und Arbeitsergebnisse sichtbarer. Dies kann die Leistung steigern, sofern sich viele Mitarbeiter über diesen »Wettbewerbsanreiz« angesprochen fühlen. Es schafft zumindest eine einheitliche Transparenz für alle darüber, wer gerade was tut und welche Ergebnisse oder Fortschritte vorliegen. Alle bekommen mehr voneinander mit, was eine Sensibilität und ein Verständnis füreinander stärken kann und auch ein leichteres »kontakten« ermöglicht. Offene Raumkonzepte können daher die Beziehungen der Beschäftigten miteinander fördern und unterstützen.

1.2.3   Arbeitsinseln und individueller Rückzugsraum

Ganz aktuell geht der Trend vermehrt dahin, thematische Arbeitslandschaften zu gestalten, an denen sich Mitarbeiter zu vielfältigen Zwecken treffen können, wie z. B. zum spontanen oder geplanten Austausch, zum »Meeten«, zum Informieren oder zum Entwickeln neuer Ideen. Neben diesen gemeinschaftlichen Arbeitsinseln hat der Mitarbeiter oder ein Team dann weiterhin einen festen eigenen Arbeitsplatz, den er oder die Gruppe sich individuell nach den eigenen Bedürfnissen einrichten können. Der Charme liegt in der Vielfalt: Mitarbeitern im besten Fall unterschiedliche Arbeitsräumlichkeiten und eine partizipative Mitgestaltung zur Verfügung zu stellen. Das betrifft sowohl die äußere Gestaltung als auch die Arbeitsmittel, die benötigt werden. Aktuelle Beispiele hierfür sind das Konzept des Axel-Springer-Neubaus[67] in Berlin oder das preisgekrönte Raumdesign der PULS GmbH in München. Diese zeigen deutlich, dass

---

[67]   http://www.axelspringer-neubau.de/das-konzept/; https://www.welt.de/kultur/article181411364/Axel-Springer-Neubau-Richtfest-in-der-spektakulaersten-Baustelle-von-Berlin.html; http://www.pulspower.com/de/unternehmen/news-und-storys/storys/neue-arbeitswelt/

sich Büros immer mehr zu Kommunikations- und Begegnungszentren entwickeln und die Art des Designs auch die Art der Zusammenarbeit entscheidend prägen kann.[68]

1.2.4   »Schöne Arbeitswelten« treffen auf das Arbeitsrecht

Die Schaffung »agiler« Büros bedeutet ggf. die Änderung und Umgestaltung bestehender Bürobereiche. Regelungen über den Arbeitsplatz und das Arbeitsumfeld wirken sich auf mehrere oder alle Mitarbeiter aus und haben daher einen kollektiven Charakter. Damit könnten Mitbestimmungsrechte des Betriebsrates ausgelöst werden.[69]

1.2.4.1   Rechte des Betriebsrats

Bei der Um- oder Neugestaltung von Büroräumen könnten folgende Rechte des Betriebsrates berührt werden:
- Unterrichtung bzgl. neuer Arbeitsplätze (§ 90 BetrVG)
- Versetzung von Mitarbeitern (§ 99 BetrVG)
- Ordnungsverhalten (§ 87 Abs. 1 Nr. 1 BetrVG)
- Gesundheitsschutz (§ 87 Abs. 1 Nr. 7 BetrVG)
- Betriebsänderung (§§ 111,112 BetrVG)

a) Unterrichtung und Beratung
Durch die (Um-)Gestaltung von Büroraum und/oder auch den Umbau von Räumlichkeiten können Beteiligungsrechte aus § 90 Abs. 1 Nr. 1 und Nr. 4 BetrVG erwachsen. Diese Vorschrift betrifft ein Recht auf Unterrichtung, soweit Arbeitsplätze technisch und organisatorisch gestaltet werden.[70] Von Nr. 1 der Vorschrift sind sämtliche bauliche Vorhaben erfasst, wobei unerheblich ist, ob es sich um einen Neu- oder einen Umbau handelt.[71] Nr. 4 betrifft die Ausgestaltung der einzelnen Arbeitsplätze.[72] Ein Arbeitsplatz ist der räumlich-funktionale Bereich, in dem der Mitarbeiter unter den technischen und organisatorischen Gegebenheiten seine Aufgaben innerhalb eines Arbeitsverhältnisses erfüllt.[73] Wenn also Arbeitsräume als auch Arbeitsplätze eingerichtet oder verändert werden, hat der Betriebsrat ein Unterrichtungsrecht hinsichtlich der geplanten Maßnahme. Bei einer baulichen Veränderung eines Büroraumes

---

68 Siehe auch Arbeitswelt 4.0 im Mittelstand, aus der Studienreihe »Erfolgsfaktoren im Mittelstand«, 02/2018 https://www2.deloitte.com/content/dam/Deloitte/de/Documents/Mittelstand/Deloitte-Erfolgsfaktoren-Mittelstand-Arbeitswelten-2018.pdf

69 Siehe auch Martin, Neue Bürokonzepte und Mitbestimmung, AiB 2007, S. 642 ff.; Martin, Rundnagel, Gute Arbeit im Büro – Neue Bürokonzepte gemeinsam gesund gestalten S. 25 ff.

70 Richardi BetrVG/Annuß, 16. Aufl. 2018, BetrVG § 90 Rn. 6-16.

71 Richardi BetrVG/Annuß, 16. Aufl. 2018, BetrVG § 90 Rn. 6-16.

72 Richardi BetrVG/Annuß, 16. Aufl. 2018, BetrVG § 90 Rn. 6-16.

73 Richardi BetrVG/Annuß, 16. Aufl. 2018, BetrVG § 90 Rn. 6-16.

von Einzelbüros zu einem offenen Raum, in dem viele Mitarbeiter dann zusammenarbeiten, kann ggf. von einer solchen Veränderung ausgegangen werden. Bei der Veränderung einzelner Arbeitsplätze auf eine »freie Nutzung durch jeden Mitarbeiter«, kann auch von einer räumlichen als auch funktionalen Erneuerung des Arbeitsbereichs ausgegangen werden, so dass hier ein Mitwirkungsrecht betroffen sein kann. Sinn und Zweck des Beteiligungsrechtes nach § 90 BetrVG ist es, dass der Betriebsrat die Interessen der Mitarbeiter im betrieblichen Bereich wahren und schützen soll und kann. Dabei geht es nicht nur um Arbeits- und Gesundheitsschutz, sondern auch darum, dass Grundrechte, wie der Schutz der Menschenwürde (Art. 1 GG) und die freie Entfaltung der Persönlichkeit (Art. 2 GG) der Beschäftigten durch den Betriebsrat gewahrt werden können. Damit er dies kann, muss er die Möglichkeit erhalten, auf die Planung einer Arbeitsumgebung oder deren Veränderung Einfluss zu nehmen. Das Gesetz verlangt daher eine rechtzeitige Einbindung. Das bedeutet: schon zum Zeitpunkt der Planung, so dass eine Realisierung und Umsetzung noch beeinflusst werden kann.[74] Um sein Mitwirkungsrecht ordentlich ausüben zu können, sind dem Betriebsrat alle erforderlichen Unterlagen vorzulegen (§ 90, Abs. 1 BetrVG). Erforderlich ist alles, was notwendig ist, »damit sich der Betriebsrat ein möglichst genaues Bild von Umfang und Auswirkung der geplanten Maßnahme machen kann.«[75] Der Arbeitgeber muss dabei von sich aus alle Unterlagen zur Verfügung stellen und ist auch verpflichtet, diese ggf. entsprechend aufzubereiten.[76] Der Maßstab sollte sein, dass alle Unterlagen verständlich und nachvollziehbar sind.[77]

Ist der Betriebsrat in diesem Sinne unterrichtet worden, haben er und der Arbeitgeber zusammen über die geplante Maßnahme zu beraten. Auch dieses To-do ergibt sich aus dem Gesetz: § 90 Abs. 2 BetrVG. Wichtig ist hierbei, Unterrichtung und Beratung voneinander zu trennen. Beide können nicht zeitgleich erfolgen.[78] Alles, was möglicherweise Auswirkungen auf die Mitarbeiter haben kann, darf in der Beratung zur Sprache und zur Klärung kommen. Insbesondere sollen hierbei auch »gesicherte arbeitswissenschaftliche Erkenntnisse über die menschengerechte Gestaltung der Arbeit berücksichtigt« werden (§ 90 Abs. 2 BetrVG). Arbeitswissenschaft ist die Wissenschaft über Voraussetzungen und Bedingungen, unter denen sich Arbeit vollzieht, speziell unter dem Gesichtspunkt der Wechselwirkung und Folgen von Zusammenarbeit und des Zusammenwirkens von Menschen, Betriebsmitteln und Arbeitsgegenständen.[79] Hierfür ist nicht nur die Auseinandersetzung mit ergonomischen Fragestellungen relevant, sondern auch soziale Belange, wie z. B. eine bessere innerbetriebliche Kommu-

---

74   Richardi BetrVG/Annuß, 16. Aufl. 2018, BetrVG § 90 Rn. 19-23.
75   BT-Drucks. 11/2503, S. 35.
76   Richardi BetrVG/Annuß, 16. Aufl. 2018, BetrVG § 90 Rn. 19-23.
77   BT-Drucks. 11/2503, S. 35.
78   Richardi BetrVG/Annuß, 16. Aufl. 2018, BetrVG § 90 Rn. 19-23.
79   http://wirtschaftslexikon.gabler.de/Definition/arbeitswissenschaft.html; siehe auch Schaub § 237 Rn. 11.

nikation, die Förderung der Autonomie und Eigenverantwortung von Mitarbeitern, persönliche Freiräume zu gewähren und das Wohlbefinden und die Zufriedenheit von Arbeitnehmern zu stärken.[80] Hier finden sich viele Anforderungen wieder, die gerade im Zusammenhang mit agiler Arbeit als Ziel erreicht werden sollen. Das Gesetz kann also durchaus hilfreich sein, Lösungen zu gestalten, wenn sich Unternehmen mit der Veränderung von Büroräumen und Arbeitsplätzen unter agilen Gesichtspunkten beschäftigen.

Damit die Beratung mit dem Betriebsrat noch auf die Umsetzung des Vorhabens Einfluss nehmen kann, muss diese wie bei der Unterrichtung so rechtzeitig erfolgen, dass die Einflussmöglichkeit gewährleistet ist.[81] Inwieweit der Arbeitgeber dann seine Entscheidung darauf begründet, ist ihm alleine überlassen: Der Betriebsrat hat hier nur ein Mitwirkungsrecht, keine Mitbestimmung.[82]

Ein Mitbestimmungsrecht ergäbe sich nur dann, sofern der Arbeitgeber ein Arbeitsumfeld so gestaltet, dass es offensichtlich einer »menschengerechten Gestaltung widerspricht« (§ 91 BetrVG). In einem solchen Fall kann der Betriebsrat dann verlangen, dass Maßnahmen »zur Abwendung oder zum Ausgleich der Belastung« aufgesetzt werden. Kommt hier keine Einigung zustande, so ist die Einigungsstelle anzurufen.

b) Versetzung an einen »agilen« Arbeitsplatz
Bei der Veränderung von einzelnen Arbeitsplätzen, z.B. dadurch, dass Mitarbeiter keine alleinigen festen Schreibtische bzw. eigene Arbeitsplätze mehr haben, stellt sich die Frage, inwieweit hier ggf. der Tatbestand einer Versetzung erfüllt ist. Wie schon oben ausgeführt, ist nach der Legaldefinition in § 95 Abs. 3 Satz 1 BetrVG die Versetzung »die Zuweisung eines anderen Arbeitsbereichs, die voraussichtlich die Dauer von einem Monat überschreitet oder die mit einer erheblichen Änderung der Umstände verbunden ist, unter denen die Arbeit zu leisten ist«.[83] Entscheidend wird also sein, inwieweit die konkrete Änderung des Arbeitsplatzes als Änderung im Sinne der Vorschrift angesehen werden kann. Das BAG hat hierzu festgestellt, dass nicht jede Veränderung eine Versetzung darstellt. »Bagatellfälle und Änderungen innerhalb der üblichen Schwankungsbreite werden nicht erfasst. Die Veränderung muss so erheblich sein, dass sich das Gesamtbild der Tätigkeit des Arbeitnehmers dadurch ändert.«[84]

---

80   Richardi BetrVG/Annuß, 16. Aufl. 2018, BetrVG § 90 Rn. 28-38.
81   Richardi BetrVG/Annuß, 16. Aufl. 2018, BetrVG § 90 Rn. 24-27.
82   Richardi BetrVG/Annuß, 16. Aufl. 2018, BetrVG § 90 Rn. 24-27.
83   Richardi BetrVG/Thüsing, 16. Aufl. 2018, BetrVG § 99 Rn. 108-113.
84   BAG 02.04.1996 – 1 AZR 743/95; st. Rspr. BAG 23.11.1993 – 1 ABR 38/93.

c) Mitbestimmung »agile Ordnung im Betrieb«

Wie oben erläutert, können bei der Raumgestaltung von Büros und der Gestaltung von Arbeitsplätzen auch Fragestellungen des sozialen Miteinanders zum Tragen kommen. An solche Fragen ist zu denken, wenn es bestimmte Regelungen gibt, die die Nutzung der Arbeitsplätze anbelangt, z. B. ein rollierendes System oder freie Platzwahl jeden Morgen. Insofern können Mitbestimmungsrechte nach § 87 Abs. 1 BetrVG berührt sein. Hier kann zunächst an Regelungen zum »Ordnungsverhalten« gem. § 87 Abs. 1 Nr. 1 BetrVG zu denken sein.

Der Betriebsrat hat demnach dann mitzubestimmen, wenn es sich um Fragen der Ordnung im Betrieb oder des Verhaltens der Arbeitnehmer im Betrieb handelt.[85] Es handelt sich um zwei Mitbestimmungstatbestände. Fragen der Ordnung des Betriebes erfassen verbindliche Verhaltensregelungen, die in einem Unternehmen ein reibungsloses Miteinander ermöglichen sollen.[86] Fragen des Verhaltens erfassen Maßnahmen, die das Verhalten der Arbeitnehmer im Betrieb betreffen oder berühren, ohne dass sie verbindliche Normen für das Verhalten der Arbeitnehmer zum Inhalt haben.[87] Unabhängig davon, welcher der beiden Tatbestände vorliegt, ist in beiden Fällen die vorherige Zustimmung des Betriebsrates einzuholen. Werden Regelwerke oder Richtlinien zum Verhalten aufgestellt, so ist jede einzelne Klausel isoliert zu prüfen.[88]

Gegenstand der Mitbestimmung ist immer die Gestaltung des Zusammenlebens und Zusammenwirkens der Arbeitnehmer im Betrieb. Diese sind zu trennen von Regelungen, die das Arbeitsverhalten der Mitarbeiter betreffen.[89] »Maßnahmen, die das Arbeitsverhalten des Arbeitnehmers zum Gegenstand haben oder in sonstiger Weise lediglich das Verhältnis Arbeitnehmer/Arbeitgeber betreffen« sind nicht mitbestimmungspflichtig.[90] Für die Einordnung, ob eine Maßnahme als mitbestimmungsfreies Arbeitsverhalten anzusehen ist, ist die Vorstellung oder Absicht des Arbeitgebers jedoch nicht relevant.« Entscheidend ist der jeweilige objektive Regelungszweck. Dieser bestimmt sich nach dem Inhalt der Maßnahme sowie nach der Art des zu beeinflussenden betrieblichen Geschehens.«[91]

Im Rahmen der Nutzung eines Open-Space-Office kann z. B. der Wunsch nach Regelungen bestehen, in welcher Lautstärke miteinander zu sprechen ist, ob Meetings außerhalb des Open-Space zu führen oder auch für Telefonate andere Räume aufzu-

---

85   Richardi BetrVG/Richardi, 16. Aufl. 2018, BetrVG § 87 Rn. 176.
86   Richardi BetrVG/Richardi, 16. Aufl. 2018, BetrVG § 87 Rn. 177-178.
87   BAG 22.07.2008 1 ABR 40/07; BAG 24.03.1981 -1 ABR 32/78.
88   BAG 22.07.2008 1 ABR 40/07.
89   BAG 22.07.2008 1 ABR 40/07; BAG 23.10.1984 -1 ABR 2/83.
90   BAG 23.10.1984 1 ABR 2/83; Fitting, § 87 Rn. 66; GK-Wiese § 87 Rn. 202.
91   BAG 11.06.2002 1 ABR 46/01.

suchen sind. Zu denken wäre auch an »Clean-Desk-Policys« oder auch an Richtlinien, wer wann und wie einen Arbeitsplatz besetzen darf.

Als Orientierung, ob angeordnete Bestimmungen des Arbeitgebers zur Nutzung »agiler Arbeitsplätze« mitbestimmungspflichtig sind, kann die oben bereits zitierte grundlegende Entscheidung des BAG[92] als Maßstab herangezogen werden. In dieser Entscheidung ging es um Führungsrichtlinien. Deren Einführung hat das BAG mit folgender Begründung für mitbestimmungsfrei erklärt:

> »Bei allen diesen Regelungen, zu deren Beachtung die Mitarbeiter verpflichtet sein sollen, handelt es sich um Anweisungen des Arbeitgebers, die die Ausführung der den Mitarbeitern arbeitsvertraglich obliegenden Arbeiten betreffen. Zwar wird nicht der einzelne Arbeitsvorgang, die Erledigung einer bestimmten Arbeitsaufgabe, geregelt, sondern es werden Anweisungen gegeben, wie bei der Bearbeitung aller anfallenden Vorgänge grundsätzlich zu verfahren ist.«

d) Mitbestimmung Gesundheitsschutz

Bei der Veränderung von Arbeitsplätzen und damit des Arbeitsumfeldes können sich gesundheitliche Auswirkungen auf Mitarbeiter ergeben. Der Betriebsrat hat nicht nur bei der Gestaltung im Sinne von § 90 BetrVG darüber zu »wachen«, dass Arbeitnehmer vor negativen gesundheitlichen Einflüssen an ihrem Arbeitsplatz geschützt werden, sondern hat bei der Aufstellung von Regelungen mitzubestimmen, die der Arbeitgeber aufgrund seiner arbeitsschutzrechtlichen Verpflichtung und zur Förderung der Gesundheit trifft.[93] Spezieller als in Nr. 1 zu Regelungen der sozialen Ordnung im Betrieb geht es bei § 87 Abs. 1 Nr. 7 BetrVG um Mitregelungsrechte zum Gesundheitsschutz. Insofern ist dieser Mitbestimmungstatbestand an konkrete gesetzliche Vorschriften oder Unfallverhütungsvorschriften gebunden.[94] Die meisten Mitbestimmungsrechte in diesem Sinne leiten sich aus dem Arbeitsschutzgesetz ab.[95] Bei der Gestaltung und Veränderung von Büroräumen sind die Vorschriften des Arbeitsschutzes immer zu beachten.[96]

e) Betriebsänderung

Durch die Umgestaltung von Arbeitsräumen und Plätzen kann es sich ggf. um eine Betriebsänderung im Sinne von § 111 BetrVG handeln. Wie schon erläutert, müsste zur Anwendung dieser Vorschrift eine bestimmte Anzahl von Mitarbeitern von der Maß-

---

92 BAG 23.10.1984 1 ABR 2/83.
93 Richardi BetrVG/Richardi, 16. Aufl. 2018, BetrVG § 87 Rn. 554-555.
94 Richardi BetrVG/Richardi, 16. Aufl. 2018, BetrVG § 87 Rn. 556-563.
95 Richardi BetrVG/Richardi, 16. Aufl. 2018, BetrVG § 87 Rn. 564-569.
96 Siehe auch BAG 11.01.2011 1 ABR 104/09.

nahme betroffen sein. Zum einen wäre durch eine Veränderung der Raum- und Arbeitsplatzgestaltung daran zu denken, dass sich hier ggf. auch Arbeitsabläufe oder Arbeitsmethoden ändern könnten, so dass sich der gesamte Betriebsablauf im Sinne der oben dargestellten BAG Rechtsprechung »erheblich« verändert. Ist dies der Fall, könnte eine Betriebsänderung im Sinne von § 111 Satz 3 Nr. 4 als »grundlegende Änderung der Betriebsorganisation« vorliegen. Dann würde ein Nachteil gesetzlich fingiert werden. Ist dieses Merkmal jedoch zu verneinen, könnte es darauf ankommen, ob ggf. von einer sonstigen Betriebsänderung auszugehen ist. Hier käme es dann darauf an, inwieweit wesentliche Nachteile für die Belegschaft damit verbunden sind.[97]

Nur wenn dies im Einzelfall bejaht werden kann, sind über einen Interessensausgleich und Sozialplan zwischen Betriebsrat und Arbeitgeber zu verhandeln (§ 112 BetrVG).

1.2.4.2 Arbeitsschutz

Bei jeglicher Büroraumgestaltung sind die Vorschriften zum Arbeitsschutz und Umweltschutz immer zu beachten. Hier geht es im Wesentlichen immer darum, ob und wie die neuen Arbeitsplätze die Mitarbeiter in irgendeiner Weise beeinträchtigen.

1.2.5 #Legal Check: »Arbeitswelten zum Wohlfühlen«

*   Bei der Veränderung von Büroräumen und Arbeitsplätzen ist der Betriebsrat einzubinden.
*   Arbeitswissenschaftliche Erkenntnisse sind zu berücksichtigen und können agile Zusammenarbeit fördern.
*   Sofern sich mit der Arbeitsplatzveränderung auch die Tätigkeiten des Mitarbeiters verändern, wäre das Vorliegen einer Versetzung zu prüfen.
*   Werden konkrete Verhaltensregelungen für die Nutzung von Büroräumen und Arbeitsplätzen aufgestellt oder ist ein bestimmtes Verhalten der Mitarbeiter bei der Nutzung erforderlich, so sind hier ggf. Mitbestimmungsrechte gem. § 87 Abs. 1 Nr. 1 BetrVG zu prüfen.
*   Arbeitsschutz und Umweltschutz sind bei der Arbeitsplatzgestaltung immer zu beachten.

---

97   ErfK/Kania, 19. Aufl. 2019, BetrVG § 111 Rn. 8, 9.

1.2.6   #Bedürfnischeck: »Arbeitswelten zum Wohlfühlen«

Bedürfnisse/Interessen von Mitarbeitern	Bedürfnisse/Interessen von Unternehmen
• Partizipation • Anerkennung und Wertschätzung • Flexibilität • Zugehörigkeit • Status • Gesundheit und Wohlbefinden • Beziehungen und Netzwerk • Austausch und Wissenserweiterung • Transparenz • Gleichberechtigung • Selbstverständnis als moderner und kreativer Mitarbeiter	• Mitarbeiter halten • Mitarbeiter gewinnen • Attraktivität als Arbeitgeber • Image • Motivation • Flexibilität • fördert Vernetzung und Miteinander • gesunde Mitarbeiter – reduzierte Fehlzeiten • höhere Leistungsfähigkeit • emotionale Bindung • hohe Anpassungsfähigkeit • nutzen- und bedarfsorientiert am jeweiligen Unternehmen • Gestaltungsspielraum • Transparenz • Organisationsentwicklung • Innovation • Werte • fördert Agilität im Unternehmen • Produktivität steigernd • Wettbewerbsfähigkeit

Tab. 6: Bedürfnischeck: »Arbeitswelten zum Wohlfühlen«

1.3   Arbeiten in agilen Organisationen

Von agilen Arbeitsorganisationen sprechen wir, wenn sich diese als Netzwerk darstellen und durch eine besondere gemeinschaftliche und flexible Zusammenarbeit geprägt sind. Dabei geht es um die Struktur genauso wie um eine Grundhaltung der Menschen, die in dieser Struktur wirken und arbeiten.

O-Ton: Nicolas Korte
Nicolas Korte ist Geschäftsführer der ETABO GmbH.

Britta Redmann: Gab es unternehmerische Belange, die eine Rolle dabei gespielt haben, dass Sie mit Ihrem Unternehmen gerade einen Kulturwandel von herkömmlichen Strukturen hin zu einer offenen, agilen Organisation vollziehen? Wenn ja, welche waren dies?
Nicolas Korte: Wir haben zwischen 2012 und 2016 auf der Produkt- und Dienstleistungsseite unser Unternehmen einmal »auf links gezogen«. Da unser damali-

ges Betätigungsfeld – Bau neuer Kohlekraftwerke – mit der Energiewende praktisch über Nacht wegfiel, mussten wir in andere Bereiche diversifizieren. In den
fünf Jahren haben wir in hoher Geschwindigkeit Entscheidungen getroffen, Firmen gekauft, Mitarbeiter eingestellt, neue Niederlassungen eröffnet, so dass wir
am Ende 100 % unseres Umsatzes mit Geschäften machen, die wir 2012 noch
nicht gemacht haben. Alle dazugehörigen Entscheidungen dazu haben wir als
Geschäftsführung zu zweit getroffen. Als wir dann 2017 festgestellt haben, dass
wir zwar das Geschäftsmodell erfolgreich gedreht, aber keine zufriedenstellen-
den wirtschaftlichen Ergebnisse erzielt haben, haben wir nach dem »Warum«
gefragt. Dabei sind wir zu dem Schluss gekommen, dass die Konzentration aller
Entscheidungen auf zwei Personen, die Geschäftsführer, dazu geführt hatte, dass
es überhaupt keine Verantwortungsstruktur mehr im Unternehmen gab. Für viele
waren Probleme dann erledigt, wenn sie sie nach oben delegiert hatten. »Der
Chef wird's schon richten« war die Devise. Die Erkenntnis, dass nicht die Kollegen,
sondern wir, die diese Strukturen geschaffen hatten, daran schuld sind, hat uns
hart getroffen und zu dramatischem Umdenken geführt.

Britta Redmann: Welche Bedürfnisse von Mitarbeitern und Unternehmen werden hier durch die von euch angestrebte neue (agile?) Kultur insbesondere
bedient?
Nicolas Korte: Einmal ist uns wichtig, dass wesentliche Entscheidungen, »wie«
wir zusammenarbeiten, von allen gemeinsam getroffen werden. Die Vorstellung,
dass Führungskräfte Prozesse definieren, nach denen Mitarbeiter dann vernünftig
arbeiten sollen, empfinden wir heute im Nachhinein als ziemlich verrückt. Bei
uns fängt die Verantwortungsübernahme heute nicht erst beim Ergebnis an, sondern da, wo die Grundlagen dafür geschaffen werden.
Mitarbeiter wollen beteiligt werden, sie wollen gestalten, sie wollen ein Teil des
Ganzen sein und sie wollen Einfluss haben. Dem tragen wir Rechnung und beteiligen sie im weitest möglichen Rahmen an Entscheidungen im Unternehmen.

Britta Redmann: Welche Erfahrungen machen Sie aktuell bei Mitarbeitern? Welche Reaktionen gibt es hierauf?
Nicolas Korte: Die Erfahrungen sind zurzeit noch sehr unterschiedlich. Wie bei
allen Veränderungsprozessen sind 20 % direkt von Anfang an mit Feuer und
Flamme dabei, 60 % sind zunächst zögerlich und warten, ob das wirklich ernst
gemeint ist und 20 % wollen nicht mitmachen bzw. versuchen hintenrum zu »tor-
pedieren«. Insbesondere auch die Arbeitnehmervertretung ist sehr unsicher, was
ihre zukünftige Rolle in einem Unternehmen ist, in dem die Kollegen selber
»bestimmen«, und sucht, aus meiner Sicht auch manchmal mit kontraprodukti-
ven Aktionen, nach einer neuen Daseinsberechtigung.

Britta Redmann: Macht dies auch andere Kompetenzen bei Mitarbeitern und in der Führung notwendig?

Nicolas Korte: Ich glaube nicht, dass es bei den Mitarbeitern neue Kompetenzen braucht. Sie haben Kompetenzen zuhauf, beweisen das jeden Tag im privaten Umfeld und müssen in erster Linie »enabled« werden, genau diese Kompetenzen auch im Unternehmen einzubringen. Die Methodenkompetenz für den Einsatz agiler Methoden ist dann relativ einfach zu transportieren, wenn das »Wollen« geweckt worden ist. Bei den Führungskräften liegt der größte Veränderungsdruck, da die agile Organisation praktisch Verluste in allen Bereichen bringt – Macht, Status, Privilegien, Entscheidungsgewalt. Hier sind für mich zwei Dinge ganz entscheidend:

1. Gerade Führungskräfte müssen lernen, dass der eigene Wert sich nicht an dem bemisst, was man hat (Büro, Titel, Auto …), sondern an dem, wer man ist und wofür man steht.
2. Gerade für Führungskräfte wird das, was mir mal *Soft Skills* genannt haben, *Core Skills*. Sich mit Menschen, deren Bedürfnissen, deren Entwicklung etc. zu beschäftigen wird entscheidend für den Erfolg von Transformationsvorhaben.

Britta Redmann: Gibt es hier schon konkrete Erfahrungen, ob und wie sich dieser Transformationsprozess auf Ihre Arbeitgeberattraktivität auswirkt?

Nicolas Korte: Wir werden nicht nur durch Transformation interessant, sondern müssen das auch nach außen tragen. Hier beobachten wir ganz eindeutig, dass nach Auftritten oder Präsentationen an Hochschulen oder Wirtschaftsverbänden die Anzahl der Bewerber nach oben schnellt. Auch unsere Azubi-Stellen für 2019 (!) hatten wir schon Ende Oktober 2018 mit fantastischen jungen Menschen besetzt.

Aber ganz ehrlich – für das Thema »Arbeitgeberattraktivität« hat sich hier gerade aus der Mitte der Kollegen eine agile Arbeitsgruppe gebildet. Die werden zu Lösungen kommen, die sowieso viel besser sind als das, was ich jetzt hier erzählen kann.

1.3.1   Organisationen als Netzwerke

Eine Netzwerkorganisation zeichnet sich dadurch aus, dass ihre Mitglieder weitestgehend autonom handeln und durch gemeinsame Ziele langfristig miteinander verbunden sind. Hierdurch wird koordiniert zusammengearbeitet. Mit einer Netzwerkorganisation sollen stabile kooperative und komplexe Beziehungen zwischen den beteiligten Partnern ermöglicht werden.[98] Bei Menschen, die sich einem Netzwerk anschließen oder eine solche Arbeitsweise bevorzugen, steht der Wunsch nach einer gleichberechtigten und partnerschaftlichen Zusammenarbeit im Vordergrund.

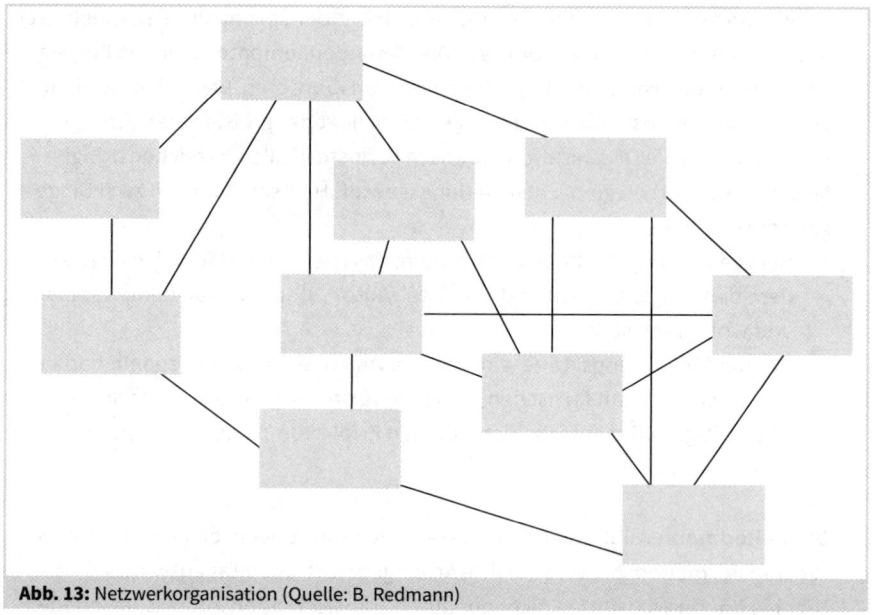

Abb. 13: Netzwerkorganisation (Quelle: B. Redmann)

Warum ist ein Netzwerk wichtig? Wenn wir uns hier noch einmal die Definition von einem agilen Unternehmen vor Augen führen, dann ist ein wesentlicher Faktor, dass Veränderungen in der Umwelt frühzeitig antizipiert und erkannt werden. Um Veränderungen »im Außen« wahrnehmen zu können, ist ein kontinuierlicher Austausch eines Unternehmens mit der Umwelt erforderlich. Dies erfolgt einfacher und schneller in und mit Netzwerken.[99]

1.3.1.1 Vielseitige Aufgaben

Typisch in solch einem Kontext: Aufgaben sollen sich schnell an unterschiedliche Notwendigkeiten anpassen, z. B. wenn dies vom Kunden oder dem Markt gefordert wird und sinnvoll ist. Oft besteht für die Mitarbeiter die Möglichkeit, zwischen verschiedenen Rollen und Tätigkeiten zu wechseln. Das reicht unter Umständen bis hin zu Model-

---

98   http://wirtschaftslexikon.gabler.de/Definition/netzwerkorganisation.html
99   Häusling, Agile Organisation, Haufe, 2018; DGFP Praxispapier, Agile Unternehmen – Agiles Personalmanagement, S. 22, 01/2016.

len alternierender Führung, in denen Mitarbeiter mal Führungsverantwortung übernehmen und dann wieder nicht. Agile Organisationen verfügen daher meistens über sogenannte crossfunktionale Teams, die je nach Aufgabe und Projekt immer wieder in neuen Konstellationen miteinander verschmelzen.[100] Entscheidungsprozesse und Abläufe können damit deutlich verkürzt werden. Mitarbeiter erhalten durch eine solche Organisation die Chance, »jederzeit und überall« ihren Einsatz und Beitrag leisten zu können. Somit können sich Unternehmen oder einzelne Betriebsteile schnell und aufgabenorientiert dank der eigenen Organisation – immer wieder neu – an Veränderungen besser ausrichten und auch optimaler aufstellen.[101]

1.3.1.2   Wissen und Erfahrung wird geteilt

Eine solche Netzwerkorganisation hat noch einen weiteren Vorteil: Durch den kontinuierlichen vereinfachten Austausch miteinander kann Wissen viel schneller geteilt werden und durch eine systematische Gestaltung in den Mittelpunkt gerückt werden. Viele Mitarbeiter können somit zeitnah einheitliche Informationen und Kenntnisse erhalten. Das kann sich auf herangetragenes Wissen, erlebte Erfahrungen als auch auf eigene Stärken und Kompetenzen voneinander und innerhalb des Netzwerkes beziehen. Alles, was an Inhalten mitgeteilt wird, wird transparent.[102]

1.3.1.3   Der Kunde im Zentrum

Der Kunde spielt im agilen Umfeld eine zentrale Rolle. Er ist daher oftmals auch Teil in der agilen Netzwerkstruktur. Durch eine Vernetzung mit dem Kunden wird sofort eine größere informelle und emotionale Nähe zum Kunden hergestellt. Firmen gelingt es damit wesentlich direkter und schneller zu erfahren, um was es dem Kunden eigentlich geht. Eine optimierte Kundenorientierung wird damit schon durch die Organisationsform und den dadurch erzeugten Informationsaustausch ermöglicht.[103] Eine netzwerkbasierte Organisation kann somit wechselseitige Inspiration durch den regelmäßigen Kontakt zum andern bewirken, egal ob sich dieser innerhalb oder außerhalb der Unternehmensorganisation befindet. Das wiederum kann Kreativität und Innovation fördern.

---

100 Hackl, Wagner, Attmer, Baumann, NewWork: Auf dem Weg zur neuen Arbeitswelt, Springer Gabler, 2017; Häusling, Agile Organisation, Haufe, 2018.
101 Häusling, Agile Organisation, Haufe, 2018; Anderson/Uhlig, Das agile Unternehmen, S. 267.
102 DGFP Praxispapier, Agile Unternehmen – Agiles Personalmanagement, S. 22, 01/2016.
103 Siehe auch Häusling, Agile Organisation, Haufe, 2018.

1.3.1.4 Kaum Hierarchie

Ein angestrebter ständiger – vernetzter – Austausch »im Inneren« erfordert eine sehr schlanke und anpassungsfähige Ablauf- und Aufbauorganisation. Letzteres wird mit einer traditionellen einseitigen »Von-oben-nach-unten«-Organisationsform nicht erreicht werden können. In agilen Strukturen finden sich daher eher wenig ausgeprägte Hierarchien.[104] Mit ins Gewicht fällt bei der Organisationsform auch die Größe eines Unternehmens: Natürlich ist es leichter, beweglicher und flexibler zu sein, je kleiner ein Gefüge ist. Wer kann sich schon einen Tanker vorstellen, der so wendig ist wie ein Schnellboot? Dies ist mit ein Grund, warum einige Großkonzerne darüber nachdenken bzw. schon entsprechende Konzepte umsetzen, ihre Organisationsformen zu verschlanken und sich eher kleinteilig und beweglicher als »Schwarmorganisation« aufstellen möchten.[105]

Dieser Weg der Veränderung ist insbesondere für große – und meist damit einhergehend auch sehr hierarchische – Firmen und Konzerne schwierig. Je größer ein Unternehmen, umso komplizierter ist es, sich gänzlich in der Organisationsform zu verändern und Strukturen und Prozesse einfach abzuschaffen. Hinzu kommen auch nicht disponible rechtliche Auflagen, z. B. durch die Rechtsform, die eine Firma hat. So sind in einem Konzern Genehmigungsverfahren und vorbeugende Compliance-Maßnahmen notwendig oder üblich, um den gesetzlichen Anforderungen zu genügen und um Unternehmen, Geschäftsführer oder Vorstände nicht in eine ungewollte Haftung geraten zu lassen. Entsprechend dieser Strukturen sind Mitarbeiter, die jahrelang in einem solchen – eher sicherheitsorientierten und entscheidungsoptimierten – Gefüge gearbeitet haben, es eher gewohnt, sich selbst abzusichern und auch nicht autonom entscheiden zu können. Sie kennen es in der Regel nicht anders, als sich an Vorgaben zu orientieren und haben vielleicht auch gelernt, dass sich Fehler schmerzhaft auf ihr Arbeitsverhältnis oder ihre Karriere auswirken oder unangenehme Konsequenzen, wie Abmahnungen oder sogar Kündigungen auslösen können. Die Veränderung einer solchen Struktur dauert in der Regel viele Jahre.[106] Zudem gibt es ja auch nicht die »einzig richtige« agile Organisationsform. Auch können solche Veränderungsprozesse zu Unsicherheiten bei Mitarbeitern – und sogar bei Kunden führen.

O-Ton: Prof. Dr. Peter M. Wald

Dr. Peter M. Wald ist Professor an der Hochschule für Technik, Wirtschaft und Kultur, Leipzig, University of Applied Sciences, Fakultät Wirtschaftswissenschaft und Wirtschaftsingenieurwesen.

---

104 Siehe auch Hackl, Wagner, Attmer, Baumann, NewWork: Auf dem Weg zur neuen Arbeitswelt, Springer Gabler, 2017; Häusling, Agile Organisation, Haufe, 2018.
105 http://www.gruenderszene.de/automotive-mobility/daimler-zetsche-startup-umbau
106 Siehe auch Hofert, Das agile Mindset, Springer Gabler, 2018.

Britta Redmann: Wenn es um Formen der Zusammenarbeit geht, wie Vertrauen, Zuverlässigkeit, Wille zum Erfolg, unternehmerisches Denken, was braucht es da aus Ihrer Sicht bei Unternehmen, um diese Eigenschaften bei Mitarbeitern zu erzeugen bzw. zu erhalten?

Prof. Dr. Peter M. Wald: Die Vorteile der neuen Formen der Zusammenarbeit müssen für die Mitarbeiter persönlich erlebbar sein. Appelle und schlagwortartige Begründungen im Sinne von »Wir machen jetzt ...« werden keinen Erfolg bringen. Es braucht Raum und Zeit zum Ausprobieren und Testen. Vertrauen kann sich nur in der konkreten Zusammenarbeit entwickeln. Und: Es kann nicht oft genug betont werden, dass Vertrauen bei jedem Kontakt mit Unternehmen entsteht bzw. beeinflusst wird. Dies schließt Schüler- und Studierendenpraktika, die Behandlung von Bewerbungen und Anfragen sowie in besonderer Weise die Erfahrungen beim Einstieg in die Unternehmen ein. Ist dieses Vertrauen aufgebaut, braucht es ständige »Bestätigung« in der laufenden Beziehung zwischen Mitarbeiter und Unternehmen. Damit sind Themen wie Glaubwürdigkeit, Berechenbarkeit und Fairness angesprochen, m. E. die Grundpfeiler für das Funktionieren der neuen Arbeits- und Organisationskonzepte.

1.3.1.5   Transparente Arbeitsprozesse

Besonders in den Prozessen agilen Arbeitens lassen sich folgende Merkmale identifizieren, die agiles Arbeiten auszeichnen und es fördern:

- kurze Zyklen
- Testen
- Transparenz
- Reflektieren
- Vernetzung

a) Kurze Zyklen

In einer agilen Arbeitsweise folgen die Mitarbeiter nicht einem linearen Masterplan, sondern nähern sich in wiederholten Arbeitsgängen schrittweise der exakten Lösung an. Dabei sind die Zyklen meist überschaubar, um die einzelnen Schritte zeitlich enger und schneller miteinander oder auch mit dem Kunden abstimmen zu können. Gleichfalls entsteht dadurch eine hohe flexible Reaktionsfähigkeit auf Veränderungen jeglicher Art z.B. im Markt oder beim Kunden. Durch eine iterative Vorgehensweise bekommt der Kunde kontinuierlich schnelle Zwischenergebnisse präsentiert, und anhand seines Feedbacks kann man direkt überprüfen, ob die Lösungsentwicklung weiterhin dem Kundenwunsch entspricht. Damit ist der Kunde immer direkt in die Entwicklung des von ihm gewünschten Produktes eingebunden.

b) Testen

Statt dem Anspruch, von Beginn alles richtig zu machen und alles bis ins letzte Detail geklärt haben zu müssen, wird mit dem Wichtigsten einfach angefangen. Es werden »kleine Testballons« gestartet, die zeigen, ob die Idee trägt oder der Weg überhaupt gangbar ist. Ein missglückter Testballon ist dabei kein »Fehler«, sondern wird als Chance betrachtet, daraus hilfreiche Informationen abzuleiten, zu nutzen und eben »anders« weiter zu machen. Scheitern ist Teil des (Lern-)Prozesses, Erfahrungen zu machen und diese einzubinden steht im Vordergrund.

c) Transparenz

Agile Praktiken zeichnen sich durch Transparenz aus. Jeder der mitarbeitet soll über den Arbeitsfortschritt Kenntnis haben. Das bedarf eines hohen und gleichzeitig schnellen Informationsflusses in der Kommunikation. Informationen und Wissen zu teilen ist ein wesentlicher Erfolgsfaktor agilen Arbeitens.[107] Im besten Falle ist für alle erkennbar, wer im Team gerade was und auch bis wann macht bzw. schon gemacht hat.[108]

d) Lernen durch Reflexion

Jederzeit soll schon im Arbeitsprozess für die Zukunft gelernt werden. Das geschieht dadurch, dass das Verhalten immer wieder mit dem erreichten Ergebnis abgeglichen und überprüft wird.[109] Wie oben schon zum Thema Fehleroffenheit beschrieben, geht es darum, aus allem was jemand tut, Verbesserungen abzuleiten. Das Verhalten bezieht sich dabei ganzheitlich auf die Zusammenarbeit, die Arbeitsergebnisse und die Arbeitsweisen. Es geht darum herauszufinden, welche Arbeitsschritte gut gelungen oder weniger gut gelungen sind.[110] Durch die stets vorgesehene Reflexion erfolgt ein offener Austausch und Lernen aus den bisherigen Handlungen.

O-Ton: Konstantin Diener

Konstantin Diener ist CTO der cosee GmbH.

Britta Redmann: Welche Erfahrung habt ihr damit gemacht, dass die Gestaltung des Arbeitsumfeldes ein starker Anreiz für Mitarbeiter sein kann, in einem Unternehmen zu arbeiten?

Konstantin Diener: Wir legen viel Wert darauf, dass die Mitarbeiterinnen und Mitarbeiter bei cosee möglichst produktiv arbeiten können, und versuchen dafür die passenden Rahmenbedingungen zu schaffen.

---

107 Siehe auch Hollmann, Kluge in Kompetenzen der Zukunft – Arbeit 2013, Haufe, 2018.
108 Im Scrum gibt es aus diesem Grund das »Scrum Board«, anhand dessen genau diese Informationen aufgelistet sind und die allen Beteiligten Aufschluss über den aktuellen Stand gibt.
109 Siehe auch IG Metall, digital DL, Agiles Arbeiten gestalten, 2018.
110 Im Scrum gibt es hierzu feste Termine, in denen unterschiedliche Reflexionen vorgenommen werden, wie z. B. die Sprint Reviews oder die Sprint Retrospektive.

Das beginnt ganz profan mit den Arbeitsplätzen. Unsere Teams haben Team-räume, in denen sie miteinander kommunizieren können, aber nicht von anderen Teams gestört werden. Die Teamräume sind mit großen Whiteboard-Flächen aus-gestattet, damit ein Team in seinem Raum alle Informationen sichtbar und griff-bereit hat, die es für die tägliche Arbeit benötigt. Damit sich die Kolleginnen und Kollegen spontan zu Arbeitsgruppen zusammenfinden können, schaffen wir aus-schließlich tragbare Rechner (Notebooks) an. Ein Experiment mit Clean-Desk- bzw. Shared-Desk-Ansätzen haben wir sehr schnell wieder beendet, weil die Mit-arbeiter sehr genervt waren. Seitdem hat jeder seine »Homebase«, kann aber auch an jedem anderen Ort (im Büro) arbeiten. Unsere Mitarbeiter merken, dass für cosee der Arbeitsraum kein Kostenfaktor ist, den wir aufs Minimum rationali-sieren wollen, sondern dass es uns um sinnvolle Arbeitsbedingungen geht.

Damit das leibliche Wohl nicht zu kurz kommt und sich unsere Mitarbeiterinnen und Mitarbeiter im teilweise stressigen Projektalltag nicht nur von Pizza und Fast-food ernähren, bieten wir jeden Tag frisch aufgeschnittenes Obst und Gemüse und ein Mittagessen an. Das gemeinsame Essen hat auch wieder den schönen Effekt, dass die Mitarbeiterinnen und Mitarbeiter untereinander ins Gespräch kommen, einander besser kennenlernen und Probleme oder Konflikte sich bes-ser klären lassen oder gar nicht erst entstehen. Damit handeln wir entgegen dem allgemeinen Trend, die Kantine an einen der großen austauschbaren Catering-Anbieter zu vergeben und die Kosten dafür auf ein Minimum zu drücken.

Der beste Arbeitsplatz und das leckerste Essen nutzen allerdings nichts, wenn sich die Mitarbeiterinnen und Mitarbeiter immer wieder in endlosen Prozessen und Entscheidungswegen verheddern. Deshalb streben wir bei cosee »minimal viable processes« an. Wenn wir schon eine Regelung für ein Thema brauchen, dann soll sie maximal schlank sein und möglichst viel Raum für Selbstverantwor-tung lassen. Wenn dadurch mal etwas schiefgeht, wird bei uns auch nicht sofort die Policy verschärft. Insgesamt versuchen wir, Entscheidungen und Entschei-dungswege so kurz wie möglich zu halten – unter anderem dadurch, dass bei uns die Mitarbeiterinnen und Mitarbeiter vieles selbst entscheiden und organisieren und wir als Führungskräfte in erster Linie eine beratende Rolle haben.

Wir wissen, dass es auch ein Leben außerhalb der Firma gibt und dass dieses Leben immer wieder Auswirkungen auf die Arbeit hat. Hier sind wir als Möglich-macher bekannt (egal ob Teilzeit, eine besondere Bescheinigung, Konferenzauf-enthalt, Sabbatical o. Ä., wir haben bisher noch alles irgendwie hinbekommen). Ich glaube, dass wir uns in einem Punkt ganz massiv von anderen Firmen unter-scheiden: Wir binden die Mitarbeiter in fast alle Entscheidungen ein. Alle zwei Wochen findet unsere Unternehmensretrospektive statt, die mittlerweile wie ein kleines Firmenparlament ist. Dort werden Neuigkeiten aus verschiedenen Berei-chen vorgestellt und Entscheidungen zu den verschiedensten Themen getroffen (»Ist es uns als Firma X EUR wert, um auf Messe Y vertreten zu sein?«, »Wie wollen wir unseren Bonus verteilen?«, »Wer bereitet das Angebot für den neuen Kunden vor?«, »Wie können wir unsere Werte im Alltag noch besser leben?«, »Wofür stehen wir als Firma und wie wollen wir mit unseren Kunden kommunizieren?«). Allgemein hat uns ein Bewerber vor einigen Wochen gesagt, dass er es toll findet, dass wir so viel miteinander reden. Das führt zu Transparenz und der Reduktion von Herrschaftswissen und Wissensinseln.

1.3.1.6   Selbstorganisation in Start-ups und Innovation Labs

In jüngerer Zeit machen insbesondere Konzerne und größere Unternehmen von der Möglichkeit Gebrauch, innerhalb des Konzerns eigene Start-ups oder auch sogenannte Innovation Labs oder Digital Hubs zu gründen.[111]

a) Innovationskultur
Mit diesen Einheiten sollen organisatorische – und auch räumliche – Möglichkeiten geschaffen werden, innovativ sein zu können – und zwar außerhalb der schon existierenden Unternehmens- bzw. Konzernhierarchie. Klassische Unternehmensstrukturen werden als innovationshemmend wahrgenommen. Als innovationsfördernde Maßnahme werden daher innerhalb der bestehenden Strukturen kleine Einheiten geschaffen, in denen von Beginn an z. B. Arbeitsverhältnisse weitestgehend demokratisiert sind und Mitarbeiter selbstbestimmt und partizipativ mitarbeiten. Ziel ist es, mit diesen Strukturen Netzwerke zu schaffen, die Innovation zulassen und begünstigen.[112] Zudem sollten Abläufe und ein Ideenmanagement so gestaltet werden, dass sich eine Erneuerung überhaupt ermöglichen kann.

O-Ton: Daniela Gehring
Daniela Gehring ist Geschäftsführerin der BUTRAN Business Transformation GmbH (i.G.), Düsseldorf. Zuvor war sie Leiterin Personal/Organisationsentwicklung bei der AOK Systems GmbH, Bonn.

Britta Redmann: Sie waren maßgeblich am Aufbau des Innovation Labs der AOK Systems GmbH in Bonn beteiligt. Was waren wesentliche Beweggründe, ein Innovation Lab überhaupt ins Leben zu rufen?

---

111 Zum Beispiel Bosch, Deutsche Bahn, Rewe, Klöckner, Heidelberger Druckmaschinen: Siehe https://hdu. heidelberg.com/de/; https://rewe-digital.com/; https://www.kloeckner-i.com/kloeckner-i/; https://www. handelsblatt.com/unternehmen/beruf-und-buero/the_shift/agilitaets-labor-wie-grosse-unternehmen-wendig-wie-ein-start-up-werden/22676752.html?ticket=ST-6095854-4JBQ0leJV6U4GStMgRs2-ap1;   Siehe auch Bangerth, Danhof, Digitaler Wandel und Organisationskultur – worauf kommt es wirklich an? in Kompetenzen der Zukunft – Arbeit 2013, Haufe, 2018.
   Anderson/Uhlig, Das agile Unternehmen, Gespräch mit Rüdiger Grube, Deutsche Bahn AG, S. 35 ff. u. Gespräch mit Johannes Teyssen, E.ON AG, S. 45 ff.
112 Hackl, Wagner, Attmer, Baumann, NewWork: Auf dem Weg zur neuen Arbeitswelt, Springer Gabler 2017.

Daniela Gehring: Einer der beiden damaligen Geschäftsführer war bereits mit der Methode Design Thinking in Berührung gekommen und so ist eine generelle »Neugierde« entstanden, neue Methoden und innovative Wege auszuprobieren. Aufgrund der branchenspezifischen Besonderheit des Unternehmens, dass viele Produkte aufgrund geänderter gesetzlicher Anforderungen (überwiegend aus dem SGB) im Kundenauftrag entwickelt wurden, fiel die Entscheidung darauf, in einem InnoLab proaktiv Produkte zu entwickeln, bei denen man einen spezifischen Kundennutzen und -bedarf erwartete, ohne dass zuvor ein Kundenauftrag formuliert war.

Britta Redmann: Welche Tipps haben Sie für andere Unternehmen, die sich mit dem Gedanken befassen, ein Lab zu gründen?

Daniela Gehring: Formulieren Sie keine konkrete Erwartungshaltung an das Projekt, was den Output angeht, Design Thinking lebt von und mit »Fail early und often«. Dass frühe Fehler wirtschaftlicher sind als ein z. B. wegen mangelnder Usability zum Ladenhüter werdendes Produkt, bedarf der Überzeugungsarbeit und benötigt Stakeholder auf Entscheider-Ebene.

Schaffen Sie den Beteiligten den notwendigen Freiraum und stellen Sie ihnen Zeit zur Verfügung. Machen Sie sich keine Sorgen, dass die »wirklich Guten«, wenn man sie denn ins Lab entsendet, bei der üblichen Arbeit für den Kunden fehlen (sie werden hier vielleicht noch mehr für den Kunden leisten), setzen Sie Teams heterogen auch in Bezug auf Alter, Unternehmenszugehörigkeit und Fachlichkeit zusammen. Interdisziplinäre Zusammenarbeit führt zu mehr kreativen Ideen und einem besseren Verständnis. Denn wer nicht von vornherein zu wissen glaubt, was der andere meint, fragt solange nach, bis er/sie es verstanden hat. So werden Ideen auf eine ganz andere Weise »gechallenged« und es kommen neue Sichtweisen hinzu.

Nicht nur mit kritischem Feedback, sondern auch mit Widerstand und Widerständen auch im eigenen Haus rechnen und trotzdem zuversichtlich bleiben. Jede Veränderung erzeugt auch Ängste, und z. B. von Wasserfall auf agil umzusteigen ist ein disruptiver Schritt. Nicht jeder ist es gewohnt, das auf einmal ein UX-Designer das Eingabefenster (»Haben wir immer schon so gemacht«) in Frage stellt. Schaffen Sie Freiraum für das »andere« Arbeiten, in dem Sie einen Raum zur Verfügung stellen, der nicht wie ein Konferenzraum eingerichtet ist. Holen Sie sich, wenn nicht intern vorhanden, Methoden-Profis von außen ins Team, damit Unsicherheiten der Beteiligten im Innovationsprozess souverän aufgelöst werden können und auf Interventionen mit der Zuversicht der Erfahrung und dem Standing des Externen reagiert werden kann.

Lassen Sie »Luft« an Ihre gewohnten Methoden. Mit einer (je nach Budget) selbst- oder fremdorganisierten Learning Journey zu Start-ups können Perspektivwechsel eingeleitet werden. Aber: Nicht alles, was neu ist, muss besser sein und besser zum eigenen Unternehmen passen. Beurteilen kann man es aber nur, wenn man es kennt.

Ansonsten: Aktive Kommunikation ins Unternehmen und nach außen und (wie zum Beispiel durch den Aufruf zur Ideeneinreichung an alle Beschäftigten) möglichst alle MitarbeiterInnen an der neuen Entwicklung teilhaben lassen. Frühzeitig Kunden einbeziehen und die aktive Beteiligung anbieten und Commitment einholen.

Vorteil dieser »Sowohl-als-auch«-Vorgehensweise, der einer organisationalen Ambidextrie[113] entspricht, ist, dass Konzernstrukturen weiter bestehen bleiben können und trotzdem neue Einheiten in einer »hierarchiefreien Organisation« gegründet werden. So ist beides – neue und bestehende Strukturen – unter Ausnutzung aller Möglichkeiten nebeneinander möglich. Ein umfassender und langwieriger kultureller und organisatorischer Veränderungsprozess kann so vermieden oder zumindest sukzessive durchgeführt werden. Gleichzeitig muss nicht auf neue Arbeitsweisen verzichtet werden und Mitarbeiter, die wollen und über ein entsprechendes Mindset für diese andere Art des Arbeitens verfügen, können dort eingesetzt werden. Ein Vorteil einer solchen neuen Gesellschaft besteht darin, dass hier direkt von Anfang an eine vernetzte agile Organisation mit agilen Arbeitsweisen unter Gleichgesinnten entstehen kann.

Vodafone z. B. geht hier sogar noch weiter und lädt seine Mitarbeiter ein, selber Gründer eines Start-ups zu werden.[114] In der Mitteilung des Unternehmens heißt es: »Jeder der 14.000 Vodafone-Mitarbeiter hat ab sofort die Möglichkeit, das UPLIFT-ME-Gründerprogramm in Anspruch zu nehmen. Wer gemeinsam mit mindestens einem Kollegen eine fertige, neue Idee für ein Produkt oder ein Geschäft hat, kann sich bewerben und einen Pitch beim UPLIFT-Team und dem Innovation-Panel einreichen. Sind alle überzeugt, können die Ideengeber loslegen. Das UPLIFT-ME-Programm dauert drei bis fünf Monate. Während dieser Zeit haben die Teilnehmer jede Woche drei Tage Zeit, sich voll und ganz ihrem persönlichen Projekt zu widmen.«

In dieser Zeit erhalten die Mitarbeiter weiter wie bisher von Vodafone ihr regelmäßiges Gehalt, so dass sie keine finanziellen Einbußen während der Gründungsphase haben. Ziel ist es, Mitarbeiter zu Unternehmern im Unternehmen werden zu lassen.[115]

---

113 Ambidextrie ist die Fähigkeit einer Organisation, gleichzeitig flexibel und effizient zu sein und beides miteinander zu kombinieren https://de.wikipedia.org/wiki/Organisationale_Ambidextrie

114 https://www.vodafone.de/featured/inside-vodafone/uplift-me-so-foerdert-vodafone-gruender-im-eigenen-haus/?b_id=1438&j_id=SocSocAwaA01C%7CBehCpcFAA%7Cfq0ntaCNP&c_id=soc_cba_A01:fq0_C_FT_IV_TW_VB_OM_110718_uplift_me_so_foerdert_vodafone_gruender_im_eigenen_haus; siehe auch Teil 2, Kapitel 5.

115 https://www.vodafone.de/featured/inside-vodafone/uplift-me-so-foerdert-vodafone-gruender-im-eigenen-haus/?b_id=1438&j_id=SocSocAwaA01C%7CBehCpcFAA%7Cfq0ntaCNP&c_id=soc_cba_A01:fq0_C_FT_IV_TW_VB_OM_110718_uplift_me_so_foerdert_vodafone_gruender_im_eigenen_haus

b) Selbstorganisation

Unabhängig davon, ob in einem solchen »unternehmenseigenen« Start-up oder Lab sich Organisationsformen wie Holocracy, Soziokratie etablieren, ist allen diesen vernetzten und agilen Gefügen eines gemeinsam: Das Team und nicht der einzelne Mitarbeiter rückt stark in den Vordergrund.

In diesen neuen Strukturen können und sollen sich Mitarbeiter direkt anders einbringen. Kennzeichnend für solche Mitarbeiter ist, dass sie offen für neue Arbeitsweisen sind, sich trauen, Vorhaben auszuprobieren, Fehler hierbei als Lernchance begreifen und dass sie mitentscheiden und auch selbstbestimmt tätig sein wollen. Die Mitarbeiter können selbst sogar Teil des Gründungsteams sein und können den Aufbau des Start-ups oder Labs mit entwickeln. Neben der Organisation der Aufgaben gehört hier insbesondere auch die Gestaltung der gemeinsamen Zusammenarbeit als ein zentrales Thema dazu, z. B. welche Werte und Prinzipen im Team wichtig sind und wie sie gelebt werden wollen. Mitarbeiter, die hier mitarbeiten, führen sich oftmals völlig selbst.

Selbstorganisierte Teams zeichnen sich dadurch aus, dass sie weitestgehend autonom und eigenverantwortlich handeln. Sie bestimmen selbst über die Arbeitsinhalte, also darüber, was wann zu tun ist und wer am besten welche Aufgaben übernimmt. Studien ergaben, dass sie das im agilen Umfeld sehr erfolgreich tun und bis zu 80 % Ergebnisse und Effizienz durch die Anwendung agiler Methoden gesteigert werden können.[116] Ein wesentliches Charakteristikum von agilen Methoden ist dabei die Selbstorganisation von Teams innerhalb fester Zeitspannen.

Das, was bisher die klassische Aufgabe einer Führungskraft war, geht in der Selbstorganisation auf das Team über. Also im Wesentlichen die Entscheidungsfreiheit über:

- Arbeitsorganisation
- Personalauswahl
- Personalentwicklung
- Budgetplanung

Und was ist, wenn es nicht läuft? Was ist, wenn Termine beim Kunden nicht gehalten werden können? Was ist, wenn z. B. eine Krankheitswelle das Team heimsucht? Was ist, wenn das Team nicht über (vielleicht auch gefühlt) ausreichend Kapazitäten und auch nicht über ausreichendes Know-how verfügt? Was passiert, wenn sich ein Teammitglied immer wieder »daneben benimmt« oder sein Engagement auf mäßigem

---

116 https://www.gpm-ipma.de/fileadmin/user_upload/Know-How/studien/Studie_Agiles_PM_web.pdf: Über 600 Teilnehmer aus über 30 Ländern gaben in der Studie »Status Quo Agile« zum zweiten Mal Einblick in die Erfolge, Praktiken und Anwendungsfelder agiler Methoden; siehe auch http://assets.kienbaum.com/downloads/Ergebnisbericht_All-Agile-IT.pdf?mtime=20171212145956

Niveau ist, im Vergleich zu dem der anderen? Wie funktioniert das dann mit der Selbstorganisation im Fall einer Krise?

Hier hilft ein Blick darauf, wie denn solche Fälle gelöst werden, wenn es eine Führungskraft gibt. So sind die Probleme meist die gleichen und die oben dargestellten Konfliktthemen gehören zu unserem »normalen« Arbeitsalltag. Nur durch eine Änderung der Zusammenarbeit lösen sich diese nicht auf. Was hat die Führungskraft getan? Sie hat die Themen gelöst – nur eben im Zweifel alleine durch bestimmte Führungsanweisungen (Stichwort Direktionsrecht). Lösungen für auftretende Schwierigkeiten braucht es jetzt auch – nur eben zusammen, durch die Gruppe als Team gemeinsam.

1.3.2 Agile Zusammenarbeit trifft auf Arbeitsrecht

Agiles Arbeiten macht Vorgänge, Prozesse, Ergebnisse und Wissen transparent. Zudem gibt es typische prozessuale Abläufe und Teamverantwortlichkeiten bei agilen Arbeitsmethoden und in dem organisatorischen Rahmen, in dem gearbeitet werden soll.

Rechtliche Berührungspunkte können sich hier zum Weisungsrecht des Arbeitgebers, zum Persönlichkeitsrecht des Arbeitnehmers, zur Mitbestimmung des Betriebsrates und auch zum Datenschutz ergeben.

1.3.2.1 Direktionsrecht und Arbeitsvertrag

Im Rahmen seines Weisungsrechts hat der Arbeitgeber grundsätzlich ein subjektives Gestaltungsrecht, was Arbeitsmethoden und Arbeitsansätze anbelangt.[117] Das basiert darauf, dass die im Arbeitsvertrag beschriebene Leistungsverpflichtung nur abstrakt in der Benennung der Tätigkeit dargestellt ist.

a) Konkretisierung der Arbeitsweise
Der Arbeitgeber darf und muss sogar unter Umständen durch eine genaue Anweisung bestimmter Handlungen und Unterlassungen, die Arbeitsverpflichtung konkretisieren.[118] Das ergibt sich aus § 106 GewO, in dem das Weisungsrecht gesetzlich begründet ist.[119] Nach Satz 2 dieser Norm erstreckt sich das Weisungsrecht über die reine Arbeitsleistung hinaus auch auf die Ordnung und das Verhalten des Arbeitnehmers im

---

117 BeckOK ArbR/Tillmanns, 50. Ed. 01.09.2018, GewO § 106 Rn. 3, 4.
118 Vgl. BAG 19.05.2010 -5 AZR 162/09.
119 BeckOK ArbR/Tillmanns, 50. Ed. 01.09.2018, GewO § 106 Rn. 1.

Betrieb.[120] Der Arbeitgeber darf bestimmen, »was« gemacht wird und »wie« etwas gemacht wird. Je enger allerdings eine Tätigkeit im Arbeitsvertrag beschrieben ist, desto eingeschränkter ist der Arbeitgeber bei der Ausübung seines Weisungsrechts. Einschränkungen für das Direktionsrecht können sich aus Bestimmungen in Betriebsvereinbarungen, Tarifverträgen oder anderen in Gesetzen festgelegten Schranken ergeben, sowie aus dem Grundsatz, sein Weisungsrecht nach billigem Ermessen ausüben zu müssen.[121]

Somit darf der Arbeitgeber grundsätzlich agile Arbeitsmethoden und agile Arbeitsweisen im Rahmen der für ihn bestehenden rechtlichen Bedingungen kraft seines Direktionsrechts anordnen.

b) Billiges Ermessen

In diesem Zusammenhang könnte das Merkmal »Transparenz« bei agilen Arbeitsweisen und Formaten einen besonderen rechtlichen Aspekt beinhalten. Es könnte das allgemeine Persönlichkeitsrecht des Mitarbeiters aus Art 2 GG tangiert sein. Die Ausübung des Weisungsrechts muss nach billigem Ermessen erfolgen.[122] Billiges Ermessen bedingt, dass eine Anordnung unter Abwägung der beiderseitigen Interessen von Arbeitgeber und Arbeitnehmer ausreichend berücksichtigt wird.[123] Ob eine solche hinlängliche Berücksichtigung erfolgt ist, unterliegt auch der gerichtlichen Kontrolle.[124] Es besteht daher ein Interesse des Arbeitgebers, sein billiges Ermessen entsprechend »richtig« auszuüben. Es kann sich die Frage stellen, ob die Anweisung von transparenten agilen Arbeitsmethoden mit dem allgemeinen Persönlichkeitsrecht eines Mitarbeiters kollidiert und hier ggf. ein entgegenstehendes überwiegendes Interesse des Mitarbeiters vorliegt.

c) Persönlichkeitsrecht des Mitarbeiters

Das Persönlichkeitsrecht ist das Recht des Einzelnen auf Achtung seiner Menschenwürde und auf die freie Entfaltung seiner Persönlichkeit.[125] Im Rahmen seiner Fürsorgepflicht als Arbeitgeber hat dieser dafür zu sorgen, dass das Persönlichkeitsrecht des Mitarbeiters im Rahmen des Arbeitsverhältnisses nicht beeinträchtigt wird. Dies gilt nicht nur für den Arbeitgeber, sondern genauso für den Betriebsrat, was sich direkt aus § 75 BetrVG ergibt.[126] Sowohl Arbeitgeber als auch Betriebsräte sind verpflichtet, dass Mitarbeiter in ihrem Arbeitsverhältnis vor Eingriffen in ihr Persönlichkeitsrecht geschützt sind.

---

120 BeckOK ArbR/Tillmanns, 50. Ed. 01.09.2018, GewO § 106 Rn. 31-34.
121 ErfK/Preis, 19. Aufl. 2019, GewO § 106 Rn. 5-16.
122 ErfK/Preis, 19. Aufl. 2019, GewO § 106 Rn. 5-16.
123 BGH 24.04.1996, NZA 1996, 1088.
124 ErfK/Preis, 19. Aufl. 2019, GewO § 106 Rn. 5-16.
125 BVerfG 19.04.2016 1 BvR 3309/13; ErfK/Schmidt, 19. Aufl. 2019, GG Art. 2 Rn. 32, 33.
126 Richardi BetrVG/Maschmann, 16. Aufl. 2018, BetrVG § 75 Rn. 44-45.

Die sehr sichtbare Information und Kommunikation über mitarbeiterspezifische Prozessabläufe, Arbeitsergebnisse und Austausch erzeugen gleichzeitig eine erhebliche soziale Kontrolle über das Leistungspensum und den Leistungsinhalt eines jeden Mitarbeiters. Der Mitarbeiter wird dadurch in seiner Leistung, in seinen Beziehungen und in seinem persönlichen Ausdruck transparenter. Hierdurch könnte der Eindruck einer Überwachung und möglichen Kontrolle des Mitarbeiters entstehen.

Das Persönlichkeitsrecht ist nicht per se durch Überwachungsmaßnahmen unzulässig beeinträchtigt, sondern hier ist auf die Art und Intensität des Eingriffs abzustellen. Eingriffe können sich auf unterschiedliche Weise ergeben, z. B.:
- ständige physische Beobachtung (z. B. durch »hinter einem stehen«, Sichtkontrolle)
- ständige Berichterstattung durch den Arbeitnehmer selbst (z. B. schriftlich oder mündlich)
- Aufzeichnung von Verhalten durch eine technische Überwachungseinrichtung (z. B. Kamera, IT-System etc.)

Soweit technologische Arbeitsmittel zum Einsatz kommen, kommt es darauf an, ob und inwieweit das Arbeitsverhalten überwacht wird. Hier bedarf es keiner besonderen Absicht kontrollieren zu wollen: Allein die Möglichkeit einer technischen Aufzeichnung und Überwachung ist ausreichend.[127] Kontrolleinrichtungen, die lediglich dazu dienen den Arbeitsablauf zu überwachen – also auf den Prozess abstellen und nicht auf das Verhalten – sind jedoch grundsätzlich unbedenklich.[128] Darüber hinaus sei hier angemerkt, dass eine Überwachung im Rahmen einer agilen Arbeitsweise in der Regel nicht durch technische Geräte stattfindet. Dies unterscheidet sich somit von den meisten strittigen Fällen dieser Art, in denen es insbesondere um die Überwachung mittels technischer Einrichtungen geht. Sichtbar wird agiles Arbeiten größtenteils durch Dokumentationen der Prozesse und Ergebnisse an Whiteboards oder durch die gegenseitige verbale Kundgabe der Mitarbeiter selbst. Bei den agilen Arbeitsmethoden steht das Ergebnis selbst, das Testen und das Lernen aus Erfahrungen im Vordergrund – nicht das Verhalten der Mitarbeiter. Durch transparente agile Zusammenarbeit würde daher das Persönlichkeitsrecht des Mitarbeiters nicht unzulässig beeinträchtigt. Dem Arbeitgeber ist es damit überlassen, entsprechende Arbeitsweisen einzuführen und anzuweisen.

d) Konkretisierung der Tätigkeit
Der Arbeitgeber darf kraft seines gesetzlich begründeten Weisungsrechts die Tätigkeit des Arbeitnehmers bestimmen (§ 106 GewO).[129] Danach hat der Arbeitgeber das Recht,

---

127 Richardi BetrVG/Richardi/Maschmann, 16. Aufl. 2018, BetrVG § 87 Rn. 500-504.
128 LAG Schleswig-Holstein, 29.08.2013, NZA-RR 2013, 577.
129 ErfK/Preis, 19. Aufl. 2019, GewO § 106 Rn. 1-4; Küttner, Weisungsrecht, Rz 2 ff.

dem Arbeitnehmer Weisungen zu erteilen und ihn entsprechend der wechselnden betrieblichen Erfordernisse im Rahmen des bestehenden Arbeitsvertrages einzusetzen. Ferner darf er auch im Verlauf des Arbeitsverhältnisses, die Leistung des Mitarbeiters konkretisieren. Das Direktions- bzw. Weisungsrecht des Arbeitgebers gibt ihm die Berechtigung, die Arbeitspflicht durch einseitige Weisungen näher auszugestalten.[130] Er kann die einzelnen vom Arbeitnehmer zu erfüllenden Tätigkeiten, ihre Reihenfolge sowie auch die Begleitumstände, unter denen die Arbeit zu verrichten ist, näher bestimmen.

Eine Grenze bildet allerdings der Arbeitsvertrag: Vereinbarungen in diesem dürfen der Ausübung des situativen Direktionsrechts nicht entgegenstehen. Ist der Inhalt der vereinbarten Arbeitsleistung im Arbeitsvertrag beschrieben (z. B. bei einer Einstellung als »Personalreferent«, Softwareentwickler« oder »Marketingleiter«), so müssen sich die Weisungen des Arbeitgebers bezüglich des Arbeitsinhalts im Rahmen des derart vereinbarten Berufsbildes bzw. der vertraglich umschriebenen Tätigkeit halten.[131] Noch weniger kann der Arbeitgeber kraft seines Direktionsrechts den Inhalt der Arbeitsleistung ausgestalten, wenn bereits die Parteien im Arbeitsvertrag selbst durch eine exakte Bestimmung den Leistungsinhalt fixiert haben. Ob eine derart verbindliche Leistungsbestimmung im Arbeitsvertrag getroffen worden ist, ist im Einzelfall durch Auslegung des Vertrags zu ermitteln. Hierbei sind alle Begleitumstände in der Ausgestaltung des Arbeitsverhältnisses zu berücksichtigen.

1.3.2.2   »Agile« Versetzungsklausel

In den meisten Fällen werden Arbeitsverträge schriftlich geschlossen. Das ist aus Beweis- und Darlegungszwecken zum einen ratsam, zum anderen entspricht es den Vorgaben des Nachweisgesetzes.[132] Unter § 2 Abs. 1 Nr. 5 findet sich die konkrete Bestimmung, dass »in der Niederschrift eine kurze Charakterisierung oder Beschreibung der vom Arbeitnehmer zu leistenden Tätigkeit« vorzunehmen ist. Oftmals wird hier auch auf Stellenbeschreibungen Bezug genommen.

Regelungsgegenstände gem. § 2 Nachweisgesetz
Name, Anschrift Vertragsparteien
Beginn des Arbeitsverhältnisses
Bei Befristung: vorhersehbare Dauer

---

130 ErfK/Preis, 19. Aufl. 2019, GewO § 106 Rn. 17, 18.
131 *BAG*, 13.06.2007 – 5 AZR 564/06 – NZA 2007, 974.
132 § 2 Nachweisgesetz: »Der Arbeitgeber hat spätestens einen Monat nach dem vereinbarten Beginn des Arbeitsverhältnisses die wesentlichen Vertragsbedingungen schriftlich niederzulegen, die Niederschrift zu unterzeichnen und dem Arbeitnehmer auszuhändigen ...«

Regelungsgegenstände gem. § 2 Nachweisgesetz
Arbeitsort/Hinweis über verschiedene Orte
Beschreibung/Charakterisierung der Tätigkeit
Zusammensetzung und Höhe des Arbeitsentgelts
Arbeitszeit
Dauer des Jahresurlaubs
Kündigungsfristen
Hinweis auf Tarifvertrag, Betriebsvereinbarungen, die auf das Arbeitsverhältnis anzuwenden sind

Tab. 7: Regelungsgegenstände gem. § 2 Nachweisgesetz

Entscheidend für die Ausübung des Direktionsrechts ist somit, ob und wie genau im Arbeitsvertrag eine bestimmte Tätigkeit oder Aufgabe bezeichnet ist, für die der Mitarbeiter eingestellt wurde. Entsprechend konkrete Tätigkeitsbeschreibungen oder Bezugnahmen auf Stellenbeschreibungen im Arbeitsvertrag schränken insoweit auf den ersten Blick einen »agilen Einsatz« ein. Um dies zu vermeiden, empfiehlt es sich, direkt beim Abschluss von neuen Verträgen, die agile Tätigkeit weit zu fassen und sich nicht auf einen bestimmten Einsatz zu beschränken.[133]

Klauseln, die die Änderung von Arbeitsbedingungen bzw. eine Erweiterung des Weisungsrechts des Arbeitgebers vorsehen, unterliegen einer Inhaltskontrolle nach den Regelungen des AGB-Rechts (§§ 305 ff. BGB).[134] Da sie in der Regel vom Arbeitgeber vorformuliert werden, soll der Arbeitnehmer durch §§ 305 ff. BGB geschützt werden. Eine vorformulierte Versetzungsklausel muss daher angemessen im Sinne des § 307 Abs. 1 BGB sein und darf keine Benachteiligung von Mitarbeitern zur Folge haben. Das BAG führt hierzu aus:[135]

> »Nach § 307 Abs. 2 Nr. 1 BGB ist eine unangemessene Benachteiligung im Zweifel anzunehmen, wenn eine Bestimmung mit wesentlichen Grundgedanken der gesetzlichen Regelung, von der abgewichen wird, nicht zu vereinbaren ist. Dies wird regelmäßig der Fall sein, wenn sich der Arbeitgeber vorbehält, ohne den Ausspruch einer Änderungskündigung einseitig die vertraglich vereinbarte Tätigkeit unter Einbeziehung geringer wertiger Tätigkeiten zulasten des Arbeitnehmers ändern zu können.«

---

133 In Teil 3, Kapitel 3 finden Sie rechtssichere Formulierungen für agile Versetzungsklauseln.
134 BeckOK ArbR/Bayreuther, 50. Ed. 01.01.2019, TzBfG § 12 Rn. 6a-10; Küttner, Versetzung, Rn. 3 ff.
135 BAG 25.08.2010 – 10 AZR 275/09.

Und in einer anderen Entscheidung wird noch deutlicher formuliert:[136]

> »Eine vorformulierte Klausel, nach welcher ein Arbeitgeber eine andere als die vertraglich vereinbarte Tätigkeit einem Arbeitnehmer »falls erforderlich« und nach »Abstimmung der beiderseitigen Interessen« einseitig zuweisen kann, ist jedenfalls dann als unangemessene Benachteiligung im Sinne von § 307 BGB anzusehen, wenn nicht gewährleistet ist, dass die Zuweisung eine mindestens gleichwertige Tätigkeit zum Gegenstand haben muss.«

Aus diesem Grund ist es ganz wesentlich, dass in Betracht kommende andere Tätigkeiten inhaltlich gleichwertig sind. Dies muss auch in der Klausel selbst zum Ausdruck kommen. Eine arbeitsvertragliche Versetzungsklausel, die ein Weisungsrecht bezüglich einer geringwertigen Tätigkeit zulässt, ist unwirksam.[137]

Allerdings müssen Unternehmen beachten, dass eine »agile« Versetzungsklausel nicht nur Vorteile, sondern auch Nachteile hat. Was auf der einen Seite einen flexiblen, agilen Personaleinsatz ermöglicht, wirkt sich auf der anderen Seite bei – möglicherweise in der Zukunft auszusprechenden – betriebsbedingten Kündigungen aus Sicht eines Arbeitgebers ggf. nachteilig aus. Denn hier kann es sein, dass bei einer zu treffenden Sozialauswahl dann im Rahmen der »vergleichbaren« Tätigkeiten diese, bzw. die Gruppe der nach § 1 Abs. 3 KSchG sogenannten vergleichbaren Arbeitnehmer, dann erweitert würden. Eine betriebsbedingte Kündigung ist dann dadurch erschwert. Diese unterschiedlichen Folgen sollten sich Unternehmen bewusst machen und danach ihre vertraglichen Regelungen abwägen und ausgestalten.

Gibt es bereits Arbeitsverträge und muss die vereinbarte Tätigkeit im Nachhinein auf einen agilen Einsatz verändert werden, so kann dies nur im Einvernehmen mit dem Mitarbeiter geschehen. Das gilt für Mitarbeiter genauso wie für Führungskräfte. So können sich gerade bei Führungskräften die Arbeitsinhalte dadurch verändern, dass ein Umstellen auf agile, selbstorganisierte Teams zu einem Mehr an Projekt- und Fachverantwortung bei den Mitarbeitern führt, in der Führung jedoch ein Weniger an Anweisungsbefugnis besteht. Wird damit in einem erheblichen Umfang eine Führungsverantwortung entzogen oder die Entscheidungsbefugnis einer Führungskraft eingeschränkt, ist diese Funktion nicht mehr dieselbe wie vorher. Nach der Verkehrsauffassung als auch nach der bisherigen Rechtsprechung ist sie daher nicht mehr als gleichwertig anzusehen.[138] In diesem Fall reicht eine Anweisung bzw. ein Entzug per

---

136   BAG 09.05.2006 – 9 AZR 424/05 – BAGE 118, 184.
137   BAG 19.01.2011 – 10 AZR 738/09; NZA 2011, 631; BAGE 135, 239-249.
138   Siehe auch BeckOK ArbR/Mauer, 50. Ed. 01.12.2018, BetrVG § 99 Rn. 8-12; LAG Hessen 24.06.2014 – 8 Sa 1216/13.

Direktionsrecht nicht aus, sondern es bedarf eines einvernehmlichen Einverständnisses der Führungskraft.

Liegt ein solches vor, kann eine Vertragsänderung vorgenommen werden. Bei der Vertragsänderung gilt bezüglich der Formulierung einer Versetzungsklausel das zu oben Ausgeführte entsprechend. Ist der Mitarbeiter dagegen nicht einverstanden, bleibt rechtlich nur der langfristige und schwierige Weg über eine Änderungskündigung. Die rechtlichen Erfolgsaussichten einer solchen Kündigung sind im Einzelfall vorab immer gründlich zu hinterfragen.

Damit ist der Rahmen für (An-)Weisungen festgelegt: Innerhalb der Vorgaben des Arbeitsvertrages kann der Arbeitgeber nach billigem Ermessen gem. § 315 BGB einseitig unterschiedliche Tätigkeiten anordnen, ohne dass das Einverständnis des Arbeitnehmers dafür notwendig ist.

Nun sieht »Agilität« vor, dass Mitarbeiter bzw. das Team vornehmlich selbst entscheiden, was, wann durch wen zu tun ist. Dem Mitarbeiter kommt damit eine eigene Entscheidungskompetenz zu, wo und wie er seine Arbeitsleistung einbringen möchte. Dies ist kein Widerspruch zum Direktionsrecht des Arbeitgebers: Kann dieser wechselnde Tätigkeiten anordnen, so kann er erst recht anweisen, dass der Mitarbeiter selbst entscheidet, wo, wann und was er tut.

1.3.2.3 Rechte des Betriebsrates

Sofern sich ein Unternehmen (neu) organisiert oder umstrukturiert und ein Betriebsrat besteht, ist immer zu prüfen, ob hier möglicherweise Mitbestimmungsrechte tangiert werden. Hinsichtlich einer agilen Netzwerkorganisation könnten ggf. verschiedene rechtliche Aspekte in Betracht kommen:

* Aufstellen von Verhaltensregeln (§ 87 Abs. 1 Nr. 1 BetrVG)
* Grundsätze über die Durchführung von Gruppenarbeit (§ 87 Abs. 1 Nr. 13 BetrVG)
* Unterrichtung und Beratung durch Veränderung der Arbeitsabläufe (§ 90 BetrVG)
* Personalbedarf (§ 92 BetrVG)
* Betriebsänderung (§§ 111, 112 BetrVG)

a) Ordnungsverhalten
Grundsätzlich darf der Arbeitgeber im Rahmen seiner aus Art 12 Abs. 1 GG und Art 14 Abs. 1 GG sich ableitendenden Organisationsbefugnis die Ordnung und damit das Verhalten von Mitarbeitern bestimmen.[139]

---

139 BeckOK ArbR/Werner, 50. Ed. 01.12.2018, BetrVG § 87 Rn. 26-31.

Reines Arbeitsverhalten von Mitarbeitern, dass in der Erfüllung der Arbeitspflicht liegt, ist mitbestimmungsfrei.[140] Ebenso sind arbeitstechnische Fragen, wie der Betrieb sein Unternehmensziel erreicht, nicht von der Mitbestimmung umfasst.[141]

Agile Arbeitsmethoden, soweit sie das Arbeitsverhalten, betreffen sind mitbestimmungsfrei.

Es kann sich aber ein Mitbestimmungsrecht aus § 87 Abs. 1 Nr. 1 BetrVG ergeben, soweit mit der Arbeitsweise Regeln verbunden sind, die das Ordnungsverhalten der Mitarbeiter im Betrieb betreffen. Gegenstand des Mitbestimmungsrechts ist das betriebliche Zusammenleben und Zusammenwirken der Arbeitnehmer. Zwar kann ein Unternehmer dieses durch sein Direktionsrecht durch das Aufstellen von Verhaltensregeln oder sonstige Maßnahmen beeinflussen und koordinieren, allerdings ist der Betriebsrat hieran zu beteiligen.[142] Die soziale Ordnung des Betriebes, wie sich Mitarbeiter untereinander zu verhalten haben, ist mitbestimmungspflichtig.[143] Wirkt sich eine Maßnahme zugleich auf das Ordnungs- und das Arbeitsverhalten aus, so kommt es darauf an, welcher Regelungszweck überwiegt.[144] Für die Einordnung, ob eine Maßnahme als mitbestimmungsfreies Arbeitsverhalten anzusehen ist, kommt es auf den objektiv vorliegenden Regelungszweck an. Die Vorstellung oder Absicht des Arbeitgebers ist dabei nicht relevant.[145]

Möglicherweise können z. B. die Regelung des Umgangs durch vorgegebene »agile« Werte oder »agile« Verhaltensleitlinien mitbestimmungspflichtige Verhaltensregeln darstellen. Regelungen zur Ausgestaltung agilen Arbeitens müssen aber nicht automatisch ein mitbestimmungspflichtiges Ordnungsverhalten im Sinne von § 87 Abs. 1 Nr. 1 BetrVG darstellen. Denn Vorgaben zur Gestaltung von Dokumentationen, Terminen, Informationen und Beratungen oder Besprechungen konkretisieren lediglich die Arbeitspflichten. Daran ändert sich auch nichts dadurch, dass einzelne Aspekte die Zusammenarbeit direkt betreffen – wie z. B. das Aufstellen von Team- oder Feedbackregeln – oder sogar die Betrachtung der Zusammenarbeit im Rahmen des Reviews oder in der Retrospektive. Eine Maßnahme, die das Arbeitsverhalten betrifft, wird nicht dadurch mitbestimmungspflichtig, dass sie ggf. einen Randbereich des Ordnungsverhaltens berührt.[146] Allein die Tatsache, dass es sich um standardisierte Vorgaben handelt, begründet kein Ordnungsverhalten.[147]

---

140   Richardi BetrVG/Richardi, 16. Aufl. 2018, BetrVG § 87 Rn. 196-199.
141   BeckOK ArbR/Werner, 50. Ed. 01.12.2018, BetrVG § 87 Rn. 26-31.
142   BAG 17.03.2015 1 ABR 48/13 BAGE 151, 117.
143   Richardi BetrVG/Richardi, 16. Aufl. 2018, BetrVG § 87 Rn. 179-185.
144   BAG 17.03.2015 1 ABR 48/13 BAGE 151, 117; BAG 05.06.2011 1 ABR 46/01 BAGE 101, 285.
145   BAG 11.06.2002 1 ABR 46/01; Fitting, § 87 Rn. 68.
146   BAG 17.03.2015 1 ABR 48/13.
147   BAG 17.03.2015 1 ABR 48/13.

Es stellt sich natürlich die Frage, ob ggf. Unternehmenswerte, die als Basis für agiles Arbeiten genutzt werden sollen, im Sinne eines Verhaltenskodex mitbestimmungspflichtig sind. Die Darstellung der eigenen Unternehmensphilosophie, allgemeine ethisch-moralische Kundgaben oder Zielvorgaben, Selbstverpflichtungen oder ein Selbstverständnis des Unternehmens sowie auch Vorschriften, die lediglich den gesetzlichen Wortlaut wiederholen, sind jedoch mitbestimmungsfrei.[148]

Es stellt sich auch die Frage, ob sich hieran etwas ändert, soweit die Regeln nicht vom Arbeitgeber vorgegeben, sondern durch die Teammitglieder selbst aufgestellt werden. Aber auch, wenn der Arbeitgeber einen Rahmen zulässt, in dem dann Teams ihre Zusammenarbeit und ihr Miteinander alleine regeln dürfen, betrifft dies ja wiederum die soziale Ordnung im Betrieb, die dann sagt, dass jedes Team sich diese Regeln oder Prinzipien selber geben darf. Letztendlich handelt es sich hierbei um Normen und die Art und Weise, wie Normen vergeben werden, die für ein kollegiales Zusammenleben relevant sind. Genau dieses ist durch § 87 Abs. 1 Nr. 1 BetrVG umfasst.[149]

b) Gruppenarbeit

Agile Arbeit ist in der Regel Teamarbeit. Diese Teams setzen sich meist aus Mitarbeitern unterschiedlicher Bereiche oder Hierarchiestufen zusammen und finden sich immer wieder neu für die jeweilige zu leistende Aufgabe zusammen. Es stellt sich somit ggf. die Frage, ob es sich hierbei um »Gruppenarbeit« im Sinne von § 87 Abs. 1 Nr. 13 BetrVG handeln kann. Gruppenarbeit im Sinne dieser Vorschrift liegt vor, wenn im Rahmen des betrieblichen Arbeitsablaufs eine Gruppe von Arbeitnehmern eine ihr übertragene Gesamtaufgabe im Wesentlichen eigenverantwortlich erledigt.[150] Der Betriebsrat hat ein Mitbestimmungsrecht, was das Aufstellen von Grundsätzen und die Durchführung – also die Art und Weise – der Gruppenarbeit anbelangt.[151] Die Entscheidung, ob und in welchen Betriebsteilen, in welchem Umfang oder für wie lange in Gruppen gearbeitet wird, obliegt dagegen allein dem Arbeitgeber.[152]

Durch agiles Arbeiten kommt es in der Regel zu einer verstärkten Teambildung. Der Betriebsrat könnte aber ein Mitbestimmungsrecht haben, was die Art und Weise der Zusammenarbeit anbelangt. Dann müssten agile Teams eine Gruppe im Sinne des Gesetzes darstellen.

---

148 BAG 22.07.2008 1 ABR 40/07 BAGE 127, 146.
149 Fitting, § 87 Rn. 63; ErfK/Kania, 19. Aufl. 2019, BetrVG § 87 Rn. 18-21a.
150 BT-Drucks. 14/5741, S. 47; BeckOK ArbR/Werner, 50. Ed. 01.12.2018, BetrVG § 87 Rn. 203.
151 Richardi BetrVG/Richardi, 16. Aufl. 2018, BetrVG § 87 Rn. 978-982.
152 ErfK/Kania, 19. Aufl. 2019, BetrVG § 87 Rn. 134, 135.

Das Merkmal der Eigenverantwortlichkeit macht deutlich, dass eine Gruppe entscheiden können muss, wie sie die ihr übertragene Gesamtaufgabe erfüllt.[153]

Davon umfasst ist auch die Vorgesetztenstellung: Im Rahmen der Gruppenarbeit ist der Gruppe selbst überlassen, wer gegenüber dem Arbeitnehmer bzw. dem Arbeitgeber die Vorgesetztenrolle wahrnimmt.

Das kann bei agilen oder selbstorganisierten Teams bejaht werden: Hier steht die Selbstbestimmung, wie Tätigkeiten erledigt werden, im Vordergrund.

Der Tatbestand des § 87 Abs. 1 Nr. 13 erfordert weiter, dass die Gruppe in den betrieblichen Ablauf fest integriert sein muss.[154] Dies ist beispielsweise bei Projektgruppen, die neben einer allgemeinen Aufbauorganisation installiert sind, nicht der Fall. Abzustellen ist hier auf die übliche Arbeitsorganisation.[155] Kurzfristige oder sporadische Gruppen fallen nicht unter die Mitbestimmung, vielmehr muss eine gewisse Dauer für die Gruppe gegeben sein.[156] Soweit eine agile Zusammenarbeit nicht nur einmal kurz ausprobiert wird, ist Teamarbeit ein fester Bestandteil einer agilen Arbeitsweise. Insofern wäre auch dieses Kriterium zu bejahen.

Zu klären ist noch, inwieweit es sich auswirkt, dass je nach Aufgabe sich Teams immer wieder neu zusammenstellen. Dies ist nicht zeitlich beschränkt und könnte unter Umständen sogar täglich stattfinden. Damit wäre die »Dauer« der Zusammenarbeit einer bestimmten Gruppe sehr kurz. Darauf dürfte es letztendlich jedoch nicht ankommen, denn für die Mitgestaltung der Durchführung von Gruppenarbeit ist weniger auf die einzelne Gruppe als auf die Zusammenarbeit in einer Gruppe insgesamt abzustellen.

Demnach kann davon ausgegangen werden, dass bei der Einrichtung von agilen Teams ein Mitbestimmungsrecht des Betriebsrates bestehen kann.

Was beinhaltet die Durchführung konkret? Ein Blick auf den Hintergrund dieser Mitbestimmungsnorm zeigt, dass sie Mitarbeiter vor »Selbstausbeutung« und Abgrenzung schwächerer Gruppenmitglieder schützen soll.[157] Hier geht es um z. B. um Fragen, wie Aufgaben geklärt und Gruppengespräche abgehalten werden, wie Entscheidungsprozesse in der Gruppe stattfinden und die Zusammenarbeit zwischen diversen Gruppen

---

153 Richardi BetrVG/Richardi, 16. Aufl. 2018, BetrVG § 87 Rn. 978-982.
154 BT-Drucks. 14/5741, S. 48.
155 Richardi BetrVG/Richardi, 16. Aufl. 2018, BetrVG § 87 Rn. 978-982.
156 Richardi BetrVG/Richardi, 16. Aufl. 2018, BetrVG § 87 Rn. 978-982.
157 BT-Drucks. 14/5741, S. 47.

abläuft, wie unterschiedliche Leistungslevel von Mitarbeitern beachtet werden oder eine Konfliktlösung und auch eine Entscheidung in der Gruppe erreicht werden soll.[158]

In agilen Gruppen werden diese Themen selbstständig von den Mitgliedern besprochen und abgestimmt. Soweit sich ein neues Team gegründet hat, kommt es hier ggf. auch wieder zu neuen Regelungspunkten. Daher empfiehlt es sich, mit dem Betriebsrat eine Konzeption zu finden, in der die agilen Teams diesen eigenverantwortlichen Rahmen selber ausgestalten dürfen und können. Hier könnte sich eine Betriebsvereinbarung anbieten, die es Teams grundsätzlich ermöglicht, über die erforderlichen Fragestellungen selbst Regeln aufzustellen.

Gilt das auch für Kündigungen? Die Trennung von Mitarbeitern, die ja in der Regel über eine Kündigung erfolgt, ist **die** Personalentscheidung, die Arbeitnehmer am härtesten trifft. Bedeutet Selbstorganisation dann in letzter Konsequenz auch, dass ein Team einem Teammitglied kündigt? Und wenn ja, wer konkret tut es, wenn im Prinzip alle Teil des Teams und damit »alle Führungskraft« sind?

Wie das BAG schon 1961 ausführte:[159] »Bei Arbeitsgruppen im Sinne des § 87 Abs. 1 Nr. 13 BetrVG handelt es sich arbeitsvertraglich um eine Mehrheit unabhängiger Arbeitsverhältnisse.« Die gemeinsame Tätigkeit der Arbeitnehmer in einer Arbeitsgruppe begründet daher keine vertragliche Beziehung der Gruppenmitglieder untereinander. Jedes Gruppenmitglied kann unabhängig von den anderen sein Arbeitsverhältnis kündigen oder vom Arbeitgeber gekündigt werden.

Das bedeutet auch, dass das Team als solches nicht kündigen darf, sondern es hierfür einen – rechtlichen – Vertreter des Arbeitgebers bedarf. Und es bedeutet weiterhin, dass die Gruppe keinen Rechtsanspruch hat, vom Arbeitgeber die Kündigung eines Kollegen zu fordern.

Sollte es tatsächlich so weit kommen, dass eine Kündigung – in letzter Konsequenz – auszusprechen ist, dann liegt die Verantwortung und Aufgabe eines selbstorganisierten Teams darin, im Vorfeld zu agieren: Wenn sich Schwierigkeiten mit einem Teammitglied anbahnen, geht es um eine rechtliche Einordnung, aber auch um die Frage, wie moralisch im Sinne der Teamkultur damit umzugehen ist. Dies bedeutet konkret, die im Team vereinbarten Mechanismen zur Konfliktlösung zu nutzen (z. B. Retrospektiven, Reviews, Feedback etc.) und genauso rechtlich zu prüfen, ob überhaupt Kündigungsgründe im Sinne des Kündigungsschutzgesetzes vorliegen.

---

158 BT-Drucks. 14/5741, S. 47.
159 BAG 23.02.1961, AP BGB § 611 Akkordkolonne Nr. 2.

Auch in »betriebsratslosen« Organisationen kann diese Vorgehensweise für selbst-organisierte Teams eine Möglichkeit sein, im Vorfeld ihren Handlungs- und damit auch Entscheidungsspielraum festzulegen. Dann ist für alle Beteiligten auch der Verant-wortungsrahmen klar.

Durch agiles Arbeiten können daher zwingende Mitbestimmungsrechte des Betriebs-rates ausgelöst werden. Im Rahmen seiner Mitbestimmung in den Fällen des § 87 BetrVG hat er in der Regel sogar ein Initiativrecht. Insoweit kann er die entsprechen-den Regelungen im Mitbestimmungsverfahren durchsetzen.[160] Soweit also keine ein-vernehmliche Einigung über Regelungsinhalte zustande kommt, wäre dann – wie bei allen Fällen einer zwingenden Mitbestimmung – die Einigungsstelle anzurufen und ein entsprechendes Einigungsstellenverfahren durchzuführen.

c) Unterrichtung und Beratung zu Arbeitsabläufen

Sofern sich die Strukturen einer Organisation oder auch interne Prozesse und Arbeits-abläufe ändern, hat der Betriebsrat ein Recht auf Unterrichtung und Beratung in Ange-legenheiten, die sich auf die organisatorische Gestaltung der Arbeitsplätze, der Arbeitsabläufe und der Arbeitsumgebung auswirken können (§ 90 BetrVG).[161] Es soll dem Betriebsrat eine frühzeitige Beteiligung ermöglicht werden. Aus diesem Grund ist er bereits im Planungsstadium miteinzubeziehen und zu unterrichten.[162] Durch einen veränderten Aufbau der Organisation oder auch die Einrichtung einer neuen unter-nehmenseigenen Einheit (wie z. B. ein Start-up oder ein Lab) können sich ggf. auch Arbeitsabläufe verändern bzw. entsprechend anders definieren. Arbeitsabläufe im Sinne des Betriebsverfassungsgesetzes sind räumliche und zeitliche Folgen des Zusammenwirkens von Menschen, Arbeitsmitteln, Stoffen, Energie und Information, die in einem Arbeitssystem geregelt werden.[163] Danach dürfte sich die Umstellung auf eine agile Netzwerkorganisation auf Arbeitsabläufe grundsätzlich auswirken können. Insofern wäre der Betriebsrat zu unterrichten und das Vorhaben mit ihm gemeinsam zu beraten.[164]

d) Unterrichtung und Beratung zur Personalplanung

Ein weiteres Mitgestaltungsrecht kann sich für den Betriebsrat aus § 92 BetrVG erge-ben. Diese Vorschrift regelt die Beteiligung des Betriebsrates an der Personalpla-nung.[165] Neben Veränderungen im Bedarf kommt auch der Personalentwicklungspla-nung, also der Aus- und Fortbildung sowie der Qualifikation des Bestandspersonals eine wichtige Rolle zu.

---

160 BT-Drucks. 14/5741, S. 47.
161 BeckOK ArbR/Werner, 50. Ed. 1.12.2018, BetrVG § 90 Rn. 1-22.
162 BeckOK ArbR/Werner, 50. Ed. 1.12.2018, BetrVG § 90 Rn. 1-22.
163 BeckOK ArbR/Werner, 50. Ed. 1.12.2018, BetrVG § 90 Rn. 1-22.
164 Siehe auch oben unter »Arbeitswelten«.
165 ErfK/Kania, 19. Aufl. 2019, BetrVG § 92 Rn. 3-5.

In der Umsetzung agiler Organisationsformen sind daher Aspekte zur Personalplanung zu beachten. Sind Auswirkungen auf die Planung und Personalentwicklung zu bejahen, ist der Betriebsrat entsprechend einzubinden und zu unterrichten. Im Anschluss hieran hat der Arbeitgeber mit ihm die Maßnahmen zu beraten.[166]

e) Betriebsänderung

Soweit sich eine bestehende Organisation oder ein Organisationsteil in eine Netzwerkorganisation verändern soll, kann hiermit auch der Tatbestand einer Betriebsänderung erfüllt sein (§§ 111, 112, BetrVG).[167] Dies ist in der Regel der Fall, wenn Leitungsebenen wegfallen, sich die Hierarchie ändert und die Änderungen grundlegend sind. Was als »grundlegend« zu verstehen ist, hat das BAG in einer Entscheidung beschrieben:

> »Grundlegend ist die Änderung, wenn sie sich auf den Betriebsablauf in erheblicher Weise auswirkt. Maßgeblich dafür ist der Grad der Veränderung. Es kommt entscheidend darauf an, ob die Änderung einschneidende Auswirkungen auf den Betriebsablauf, die Arbeitsweise oder die Arbeitsbedingungen der Arbeitnehmer hat. Die Änderung muss in ihrer Gesamtschau von erheblicher Bedeutung für den gesamten Betriebsablauf sein. Nur dann ist die mit § 111 Satz 3 Nr. 4 BetrVG verbundene Fiktion gerechtfertigt, dass die Maßnahme im Sinne von § 111 Satz 1 BetrVG wesentliche Nachteile für die Belegschaft oder erhebliche Teile davon zur Folge hat.«[168]

Ob von einem Nachteil auszugehen ist, hängt also vom Ausmaß der organisatorischen Änderung ab.[169]

Bei der Frage nach den von einer solchen Änderung betroffenen Interessen der Mitarbeiter (§§ 111, 112, 113 BetrVG), ist darauf abzustellen, inwieweit eine Netzwerkorganisation im Vergleich zur bisherigen Organisationsform für die Mitarbeiter konkret nachteilig sein kann.

Hier könnte beispielsweise daran zu denken sein, dass Statusfragen eine Rolle spielen, wenn Hierarchien und Leitungsebenen abgeschafft werden. Oder ggf. sind mögliche gesundheitliche Aspekte zu berücksichtigen. Eine agile Organisation kann für einige Mitarbeiter vielleicht zu erhöhten psychischen Belastungen führen, wohingegen für andere, diese Form des Arbeitens eher entlastend und motivierend ist. Beurtei-

---

166 ErfK/Kania, 19. Aufl. 2019, BetrVG § 92 Rn. 6-11; siehe auch oben »Arbeitswelten«.
167 Definition Betriebsänderung s. o. bei »mobiles Arbeiten«.
168 BAG 22.03.2016 – 1 ABR 12/14; BAG 18.03.2008 – 1 ABR 77/06.
169 BAG 22.03.2016 – 1 ABR 12/14; BAG 18.03.2008 – 1 ABR 77/06.

lungen hierzu lassen sich nur konkret anhand der Situation im jeweiligen Unternehmen vornehmen.

Sofern es dann zu dem Ergebnis kommen sollte, dass ein möglicher Nachteil gegeben sein kann, wäre dieser in einem Interessenausgleich und Sozialplan Gegenstand und entsprechend zu regeln.

1.3.3   #Legal Check: »Arbeit in agilen Organisationen«

- Agile Arbeitsweisen können durch Anweisung des Arbeitgebers eingeführt werden (§ 106 GewO).
- Die richtigen Formulierungen im Arbeitsvertrag erleichtern einen agilen Einsatz »jetzt und überall«.
- Neuverträge sind entsprechend zu formulieren.
- Altverträge lassen sich in der Regel nur im Einvernehmen mit dem Mitarbeiter ändern.
- Über die Zusammenarbeit in Teams empfiehlt es sich, entsprechende Regelungen über Formen, Aufgaben, Konfliktlösungen, Entscheidungsprozesse und Ähnliches eine Betriebsvereinbarung abzuschließen.
- Auch in betriebsratslosen Organisationen empfiehlt es sich, den Handlungs- und Entscheidungsrahmen für selbstorganisierte Teams im Vorfeld festzulegen.
- Bei der Einrichtung oder Abänderung in eine Netzwerkorganisation ist der Betriebsrat mit einzubeziehen.
- Je nach Grad der Veränderung kann der Tatbestand einer Betriebsänderung erfüllt sein.
- Ob durch die Organisationsänderung Nachteile für Mitarbeiter entstehen, muss anhand der konkreten Umstände ermittelt werden.
- Die Aufnahme von Verhandlungen über einen Interessenausgleich und Sozialplan ist von diesem Ergebnis abhängig.

1.3.4   #Bedürfnischeck: »Arbeit in agilen Organisationen«

Wenn es darum geht, in einem Umfeld von Komplexität, Innovationsdruck und wachsender Unsicherheit organisatorisch gut aufgestellt und damit auch zukunftsfähig zu sein, dann ist agile Zusammenarbeit eine Lösung. Gleichzeitig werden in einem solchen Umfeld auch neue Wünsche von Mitarbeitern wach:

Bedürfnisse/Interessen von Mitarbeitern	Bedürfnisse/Interessen von Unternehmen
• Selbstbestimmung • Entscheidungsfreiheit • Mitverantwortung und Miterfolg • Partizipation • Anerkennung und Wertschätzung • Flexibilität • teamorientiertes Arbeiten und Zuge- hörigkeit • Vereinbarkeit Privates und Berufliches • Transparenz • persönliche Weiterentwicklung • Vernetzung und Beziehung	• Mitarbeiter halten • Mitarbeiter gewinnen • Attraktivität als Arbeitgeber • Image • Motivation • Flexibilität • hohe Reaktionsfähigkeit und Anpassungs- fähigkeit • nutzen- und bedarfsorientiert am jeweiligen Unternehmen • Gestaltungsspielraum • höhere Leistungsfähigkeit • emotionale Bindung • Kundenorientierung • Marktbehauptung • Innovation • Organisationsentwicklung und lernende Organisation • Werte • offene Fehlerkultur • fördert Agilität im Unternehmen • Wettbewerbsfähigkeit

Tab. 8: Bedürfnischeck: »Arbeit in agilen Organisationen«

1.4   Digitale und kollaborative Kommunikation

In den oben beschriebenen Arbeitsweisen und Formaten haben der Austausch unter-einander, die dadurch entstehende Wissenserweiterung und die digitale Vernetzung miteinander einen grundlegenden Einfluss auf agiles Arbeiten.[170]

1.4.1   Digitaler und sozialer Austausch

Daher spielt eine vernetzte Kommunikation eine wesentliche Rolle in der Agilität: Kommunikation wird zum Teil der Wertschöpfungskette.[171] Sie soll Führungskräfte und Mitarbeiter für eine neue Art unternehmensübergreifenden Denkens und Handelns aktivieren und helfen, alte Verhaltensmuster zu überwinden. Gleichzeitig soll damit auch das Bedürfnis nach umfassender und zeitnaher Information befriedigt werden können.[172] Zudem drängen mit der sogenannten Generation Y junge Arbeitnehmer in

---

170 DGFP Praxispapier, Agile Unternehmen – Agiles Personalmanagement, S. 27, 01/2016.
171 DGFP Praxispapier, Agile Unternehmen – Agiles Personalmanagement, S. 27, 01/2016.
172 Günther, Jochen, »Die Zukunft des kollaborativen Zusammenarbeitens«, Fokus IK 03/2015.

Unternehmen, die hergebrachte Strukturen in Betrieben hinterfragen und bestimmte moderne Formen der Netzwerkkommunikation auch bereits gewohnt sind.[173] So auch Prof. Dr. Olesch, Geschäftsführer Human Resources bei der Phönix Contact GmbH[174]:

> »Zudem hat das private Leben neben dem Job bei der Generation Y einen viel höheren Stellenwert als bei den vorherigen Generationen. Generation Y ist es wichtig, die Sinnhaftigkeit und den Wert der eigenen Arbeit zu erkennen, um leistungswillig zu sein. Deswegen ist es wichtig, diese Informationen durch das HR-Management transparent darzustellen. In zahlreichen Podcasts und Videos unserer Homepage gibt die Geschäftsführung einen persönlichen Einblick in unsere humanzentrierte Unternehmenskultur. Nur so wird man junge Generationen für das eigene Unternehmen gewinnen, binden und zu hoher Performance entwickeln.«

Vor diesem Hintergrund tragen kollaborative Kommunikationssysteme – die dann sogar von »überall« aus genutzt werden können, zur Attraktivität eines Arbeitgebers bei.[175]

Digitale und vernetzte Kommunikation[176] bringt eine schnell spürbare kulturelle Veränderung mit sich. Damit soll eine neue Art des Austausches initiiert werden, bei welcher die – persönliche – Beziehung im Vordergrund stehen soll.

Dabei kann man sich im günstigen Fall verschiedener Kommunikationswege bedienen, z. B. Sprach- und Videokommunikation oder Bilder und Fotos. Die Nutzer konsumieren also nicht nur Inhalte, sondern sie gestalten sie mit. Es ist das gleiche Prinzip wie bei den aktuellen sozialen Netzwerken Facebook, Twitter, LinkedIn, Xing, Instagram etc. oder auch Softwareplattformen wie Slack,[177] jedoch mit dem Unterschied, dass dieser Austausch insbesondere im eigenen Unternehmen stattfindet. Dass der Austausch über soziale Plattformen weiter auf dem Vormarsch ist, belegen die Ergebnisse des jüngsten Digital Reports:[178]

---

173 Olesch, Unternehmenserfolg im digitalen Zeitalter durch werteorientiertes HR-Management in Kompetenzen der Zukunft – Arbeit 2030, Haufe, 2018; Günther, Jochen, »Die Zukunft des kollaborativen Zusammenarbeitens«, Fokus IK 03/2015; Flesch, »Vertrauensvolle« Kommunikation in sozialen Netzwerken, Perspektiven-Zeitschrift für Fach- und Führungskräfte; 12/2016.

174 Olesch, Unternehmenserfolg im digitalen Zeitalter durch werteorientiertes HR-Management in Kompetenzen der Zukunft – Arbeit 2030, Haufe, 2018.

175 Günther, Jochen, »Die Zukunft des kollaborativen Zusammenarbeitens«, Fokus IK 03/2015.

176 Es geht darum, Informationen (Postings) einer Vielzahl von Empfängern (Usern) unmittelbar mitzuteilen und mit diesen sodann zu interagieren. Dabei kann der Empfänger diese Information selbstbestimmt abrufen, er kann sie bewerten (»liken«) und er kann sich in einen aktiven Austausch begeben, die Information also kommentieren bzw. an andere User weiterleiten oder mitteilen (»retweeten«).

177 Siehe hier auch https://www.gruenderkueche.de/fachartikel/die-besten-10-soziale-netzwerke-und-wie-sie-sie-nutzen/

178 Digital Report 2018 We Are Social, https://wearesocial.com/de/blog/2018/01/global-digital-report-2018

»Die Nutzung von Social Media nimmt weiterhin rasant zu und die Anzahl der Nutzer, welche die bekanntesten Plattformen in ihren Ländern nutzen, ist in den letzten 12 Monaten täglich um fast 1 Million neuer Nutzer gestiegen. Mehr als 3 Milliarden Menschen auf der ganzen Welt nutzen soziale Medien monatlich, wobei 9 von 10 Nutzern auf ihre ausgewählten Plattformen über mobile Geräte zugreifen. [...] 4.021 Milliarden Internetnutzer gibt es in 2018, mit einer jährlichen Steigerung von 7 %; 3.196 Milliarden Social Media Nutzer gibt es in 2018, mit einer jährlichen Steigerung von 13 %; 5.135 Milliarden Nutzer von mobilen Geräten gibt es in 2018, mit einer jährlichen Steigerung von 4 %.«

Letztendlich bildet sich durch kollaborative Kommunikation in Unternehmen ab, was im »normalen« Alltag außerhalb des Berufes auf sogenannten Social-Media-Kanälen erlebt wird.

Agile Unternehmen fördern diesen interaktiven Austausch zum Beispiel durch eine »kollaborative Plattform.« Damit sind die geteilten Inhalte sofort für alle oder den benannten Empfängerkreis im Unternehmen transparent. Falls die Plattform auch den Zugriff von Externen ermöglicht und zulässt, sogar auch für diese.

1.4.2   Kollaborative Kultur

Diese »kollaborative« Kommunikation sollte authentisch sein, schnell und auch individuell gestaltbar. Damit das so gut funktionieren kann, greifen hier strukturelle und kulturelle Faktoren: Je weniger hierarchische Abläufe und Aufbauten in einem Unternehmen existieren, desto einfacher gelingt es, crossfunktionale Kommunikationsgruppen zu bilden, die sich eigenständig austauschen und zusammenarbeiten. Je vertrauensvoller und offener der Umgang untereinander, desto »privater« zeigen sich Mitarbeiter in ihren Beiträgen. Alleine eine Plattform bereit zu stellen, schafft noch keine kollaborative Kommunikation. Es braucht hier das Zusammenspiel von Organisation, Arbeitsweisen und kulturellem Umfeld und wahrscheinlich auch einer genauen Erklärung, warum ein Unternehmen dies einführt. Je nachdem, wie und über welche Kanäle vorher in einem Unternehmen kommuniziert wurde, geht es ggf. um eine starke kulturelle Veränderung, die von Geschäftsführung und wichtigen Stakeholdern im jeweiligen Unternehmen begleitet werden muss. Genauso braucht es auch eine Hilfestellung im Umgang mit medialer Kommunikation. Bei manchen Kommunikationsformen fehlen Elemente, die man im »analogen Kontakt« zur Verfügung hat, wie z. B. Stimme, Gestik oder Mimik. Auf der anderen Seite kann der Mitarbeiter ein schnelles direktes Feedback bekommen, welches sich vielleicht auch nur in einem einfach »Like« ausdrückt. Die Kommunikation im »Netz« ist in der Regel viel schneller und wesentlich kürzer als in E-Mails, dafür aber noch transparenter.

1.4.3   Kollaborative Kommunikation trifft auf Arbeitsrecht

Sich miteinander zu vernetzen und vernetzt miteinander zu kommunizieren, ist Teil von agilen Arbeitsweisen. Kollaborativer Austausch ergibt sich daher aus einer agilen Zusammenarbeit.

1.4.3.1   Direktionsrecht hinsichtlich kollaborativer Kommunikation

Wie oben bereits erörtert, kann eine agile Arbeitsweise grundsätzlich durch das Weisungsrecht des Arbeitgebers angeordnet werden. Fraglich könnte jedoch sein, ob davon auch eine Anweisung eines Arbeitgebers umfasst ist, sich auf einer technischen Plattform, im Intranet oder sogar im Internet auszutauschen und hierüber auch persönliche Daten und Informationen kundzutun.

a) Konkretisierung der kollaborativen Kommunikation
Zunächst einmal handelt es sich hier, genauso wie bei der Anweisung von bestimmten Arbeitsmethoden, um eine Konkretisierung des Arbeitsverhaltens von Mitarbeitern: So wird ihnen gesagt, wie und über was Kommunikation untereinander stattzufinden hat. Das Arbeitsverhalten wird damit näher bestimmt.

b) Billiges Ermessen
Eine entsprechende Vorgabe des Arbeitgebers dürfte durch sein Direktionsrecht gedeckt sein, sofern auch hier bei einer Interessensabwägung beide Seiten berücksichtigt werden und keine überwiegenden Belange der Mitarbeiter entgegenstehen. Ein großer Nutzen solcher »sozialer und kollaborativer« Plattformen ist es, Kontakt und Beziehungen innerhalb der Belegschaft zu fördern, zu entwickeln und zu pflegen. Dazu kann es hilfreich sein, auch persönliche Daten, wie das persönliche Profil, Adressdaten, private Informationen wie z. B. persönliche außerberufliche Kompetenzen, Hobbys, ehrenamtliches Engagement, Vorlieben, Kenntnisse oder auch soziale Kontakte mit den Kollegen im Unternehmen zu teilen. Sinn und Zweck eines kollaborativen Systems ist es gerade, dass sich Mitarbeiter neben berufsmäßigen Stellungnahmen mit allen ihren Facetten »zeigen«, damit ggf. auch mit ihren privaten Daten. Das Prinzip ist vergleichbar mit denen von sozialen Netzwerken im Internet. Rechte der Mitarbeiter könnten insofern betroffen sein, wenn sie private Daten und Informationen in diese – meist technischen – Systeme einpflegen und kundtun sollen. Hier bestehen Berührungspunkte zum Persönlichkeitsrecht eines Mitarbeiters und – da es sich um persönliche Daten bzw. personenbezogene Daten handelt – auch zum Datenschutzrecht.

c) Persönlichkeitsrecht des Mitarbeiters

Aus dem Persönlichkeitsrecht folgt, das jeder befugt ist, über die Preisgabe und Verwendung seiner persönlichen Daten grundsätzlich selbst bestimmen zu können.[179] Dabei ist nicht relevant, ob die Daten automatisiert erhoben oder verwendet werden. Geschützt wird die Entscheidung des Einzelnen darüber, selbst zu bestimmen, wann und innerhalb welcher Grenzen persönliche Inhalte wem anvertraut werden.[180] Da ein kollaborativer Austausch in der Regel über eine technische Einrichtung stattfindet, könnte sich ggf. der Schutzumfang auch auf die Nutzung von IT-Systemen ausdehnen. Das Bundesverfassungsgericht hat zum umfassenden Schutz des allgemeinen Persönlichkeitsrechts dieses noch weiter konkretisiert und ein »Grundrecht auf Gewährleistung der Vertraulichkeit und Integrität informationstechnischer Systeme entwickelt.«[181] Dessen Schutzbereich erfasst Systeme, die für sich oder aufgrund technischer Vernetzung personenbezogene Daten eines Einzelnen enthalten können und bei denen ein Zugriff auf das jeweilige System einen Einblick in die Lebensgestaltung des Nutzers ermöglicht oder die Erstellung eines Persönlichkeitsbildes erlaubt.[182] Das betrifft die Verwendung von PC, Laptop, Organizer, Mobiltelefon, Navigationsgerät aber auch Sprachtelefonie oder E-Mail.[183] Davon können auch soziale Kollaborationssysteme und Plattformen erfasst sein. Ob aber auch eine kollaborative IT-Plattform darunterfällt, ist bisher noch nicht gerichtlich entschieden worden. Sollte dies der Fall sein, so wären dann auch bei der Nutzung dieser Systeme die Vertraulichkeit und Integrität der persönlichen Mitarbeiterdaten zu gewährleisten. Andere Personen dürfen somit nicht ohne Weiteres Einblicke in die persönliche Lebensgestaltung und Sichtweisen von Mitarbeitern erhalten. Diese Anforderung steht auf den ersten Blick einer Anweisung an Mitarbeiter, persönliche Auskünfte untereinander zu teilen und diese für ihre persönliche Beziehungspflege mit ihren Kollegen zu verwenden, entgegen.

Eine Nutzung und damit auch Erhebung der persönlichen Daten von Mitarbeitern in Arbeitsverhältnissen könnte aber durch § 26 BDSG gerechtfertigt sein. Das ist die datenschutzrechtlich relevante Vorschrift, wenn es um die Erhebung, Verarbeitung und Nutzung personenbezogener Daten von Beschäftigten im Arbeitsverhältnis geht.[184]

Personenbezogene Daten sind in § 46 Abs. 1 BDSG definiert. Es sind »Daten und Einzelangaben über persönliche oder sachliche Verhältnisse einer bestimmten oder bestimmbaren natürlichen Person.« Darüber hinaus gibt es noch sogenannte »besondere personenbezogene Daten«, die in § 46 Abs. 14 BDSG definiert sind:

179 BVerfG 19.04.2016 – 1 BvR 3309/13.
180 ErfK/Schmidt, 19. Aufl. 2019, GG Art. 2 Rn. 41, 42.
181 BVerfG 20.04.2016 NJW 2016, 1781.
182 BVerfG 20.04.2016 NJW 2016, 1781.
183 ErfK/Schmidt, 19. Aufl. 2019, GG Art. 2 Rn. 41, 42.
184 ErfK/Franzen, 19. Aufl. 2019, BDSG § 26 Rn. 1, 2.

»Besondere Arten personenbezogener Daten sind Angaben über rassische und ethnische Herkunft, politische Meinungen, religiöse oder philosophische Überzeugungen, Gewerkschaftszugehörigkeit, Gesundheit oder Sexualleben«.

Hiervon werden alle Informationen erfasst, die in Verbindung zum Mitarbeiter stehen.[185] Für die Anwendung der Vorschrift ist es nicht relevant, ob die personenbezogenen Daten automatisiert verarbeitet werden; dies ergibt sich aus § 46 Abs. 2 BDSG, der hier diesen Fall explizit erwähnt.

Die Erhebung dieser personenbezogenen Daten ist erlaubt, wenn sie zum Zwecke des Beschäftigungsverhältnisses dienen.[186] Was genau unter »dem Zweck eines Beschäftigungsverhältnisses« zu verstehen ist, ist nicht geklärt.[187] Nach einer sehr engen Auffassung sind darunter die Zwecke zu verstehen, die rein den Leistungspflichten aus dem Arbeitsverhältnis dienen.[188] Vorliegend soll agiles Arbeiten gerade durch kollaborative Kommunikation und auch eine offene Beziehungspflege gestützt werden. Insofern soll hiermit auch eine bestimmte offene Kultur der Zusammenarbeit und des Umgangs gepflegt und gefördert werden. Informationsaustausch an mehrere Kollegen gleichzeitig soll erleichtert werden, ein unkompliziertes »Miteinander-in-Verbindung-treten« ermöglicht werden. Sofern die Datenerhebung und Nutzung im Rahmen der agilen Arbeitsweisen erfolgt und diese eine Ausformung der Arbeitsverpflichtung im Arbeitsvertrag darstellt, könnte ggf. argumentiert werden, dass auch nach einer engen Auslegung des Beschäftigungszwecks im Rahmen vom agilen Arbeiten eine Erhebung persönlicher Mitarbeiterdaten legitimiert wäre.

Die Erhebung der persönlichen Daten müsste ferner erforderlich und verhältnismäßig sein.[189] Erforderlichkeit ist gegeben, wenn ein Arbeitgeber die Daten vernünftigerweise benötigt.[190] Im gleichen Sinne wie oben könnte eine Erforderlichkeit damit begründet werden, dass diese persönlichen Informationen einer agilen Unternehmenskultur zugutekommen sollen, in der agil gearbeitet und offene und vertrauensvolle persönliche Kontakte bestehen und gepflegt werden.

Verhältnismäßig ist die Verwendung, wenn der Mitarbeiter kein überwiegend schützenswertes Interesse daran hat, dass seine Daten nicht erhoben werden.[191] Das Informationsbedürfnis des Arbeitgebers muss gegenüber dem Recht des Mitarbeiters auf

---

185 ErfK/Franzen, 19. Aufl. 2019, BDSG § 26 Rn. 3-7.
186 ErfK/Franzen, 19. Aufl. 2019, BDSG § 26 Rn. 3-7.
187 ErfK/Franzen, 19. Aufl. 2019, BDSG § 26 Rn. 3-7.
188 Joussen, Jacob, »Die Zulässigkeit von vorbeugenden Torkontrollen« NZA 2010, 254, 258; Bissels/Meyer-Michaelis/Schiller, »Big Data«-Analysen im Personalbereich DB 2016, 3042.
189 ErfK/Franzen, 19. Aufl. 2019, BDSG § 26 Rn. 9-11.
190 ErfK/Franzen, 19. Aufl. 2019, BDSG § 26 Rn. 9-11.
191 ErfK/Franzen, 19. Aufl. 2019, BDSG § 26 Rn. 9-11.

informelle Selbstbestimmung überwiegen. Ob die Erhebung der persönlichen Mitarbeiterdaten verhältnismäßig ist, könnte im konkreten Fall wieder davon abhängen, inwieweit die Vertraulichkeit und Integrität der benutzten Systeme gewährleistet ist – und damit Mitarbeiterinteressen geschützt und berücksichtigt werden. Im Einzelfall wird es darauf ankommen, inwieweit es dem Arbeitgeber gelingt, klare organisatorische und technische Rahmenbedingungen zu schaffen, die im Umgang untereinander den Bedürfnissen der Beschäftigen Rechnung tragen, dass Vertraulichkeit und Integrität gewahrt werden. Das könnte z. B. dadurch geschehen, dass klare Regeln zum Zweck und zur Verwendung der Informationen und Weitergabe untereinander beschrieben oder ggf. eingeschränkt werden. Ferner, dass Verpflichtungen zur Nichtweitergabe der Daten außerhalb des Arbeitsverhältnisses aufgestellt werden, entsprechende Prozesse regelmäßig kontrolliert werden und dass die Mitarbeiter auf Sensibilität gegenüber diesen Daten und den Umgang nachweislich geschult werden. Die Nutzung interner kollaborativer Plattformen ist hierbei wahrscheinlich einfacher zu regeln als die Nutzung im Internet, wo die Daten an Empfänger gelangen, die sich der Sphäre des Arbeitsgebers entziehen.

Konkrete höchstgerichtliche Entscheidungen zur Nutzung kollaborativer Systeme im Rahmen agilen Arbeitens und damit auch verbunden exakte Anforderungen an IT-Systeme für eine kollaborative Verständigung liegen nicht vor. Insofern kann hier an dieser Stelle nur darauf hingewiesen werden, dass es für die Abwägung der Verhältnismäßigkeit darauf ankommen wird, inwieweit der Arbeitgeber für einen vertraulichen Gebrauch dieser Informationen nachweislich Sorge trägt.

Der Arbeitgeber sollte demnach für ein Umfeld sorgen, in dem Arbeitnehmer in ihrem Persönlichkeitsrecht nicht durch den Arbeitgeber aber auch nicht durch Kollegen verletzt werden können. Hierfür empfiehlt es sich, die Mitarbeiter vorab einzubeziehen und ihre Bedürfnisse einzuholen, diese aufzugreifen und umzusetzen.

Von einem Eingriff in das Persönlichkeitsrecht kann allerdings dann abgesehen werden, wenn der betroffene Arbeitnehmer freiwillig und ohne Einwirkung äußeren Zwangs und psychischen Drucks, seine Informationen kundgibt. Soweit also die Nutzung eines kollaborativen Systems dem Mitarbeiter – wirklich – frei zur Wahl gestellt wird, in welcher Art und Intensität er hierüber persönliche Mitteilungen mit Kollegen austauschen möchte, ist davon auszugehen, dass keine Persönlichkeitsrechte verletzt werden.

Somit erscheint es am sinnvollsten, den Austausch privater Auskünfte gänzlich in das Ermessen der Mitarbeiter zu stellen. Der Arbeitgeber kann die Möglichkeit einer kollaborativen Plattform bieten, den Nutzen, den er sich hiervon verspricht erklären und zu einem vertrauensvollen Umgang immer wieder aufrufen. Das Gelingen einer privaten wie beruflichen Vernetzung wird daher sehr vom kulturellen Umgang miteinander und dem Vertrauen abhängen, welches Arbeitnehmer zu ihren Arbeitgebern und ihren Kollegen bezüglich des Umgangs und der Handhabung dieser persönlichen Informationen haben. Den Arbeitnehmer zur entsprechenden privaten Mitteilung anzuweisen, birgt die oben beschriebenen rechtlichen Risiken.

1.4.3.2   Rechte des Betriebsrates

Mit der Einführung einer digitalen und kollaborativen Kommunikation könnten zwingende Mitbestimmungsrechte des Betriebsrates betroffen sein.

Bei der Verwendung von IT-gestützten Systemen und Plattformen kann ggf. das Mitbestimmungsrecht nach § 87 Abs. 1 Nr. 6 greifen.

Dabei ist es unerheblich, ob die Überwachung beabsichtigt ist oder nicht.[192] Die Mitbestimmung dient dazu, den Mitarbeiter in der freien Bestimmung über seine persönlichen Daten zu schützen.[193] Es geht hier wieder um den Persönlichkeitsschutz des Arbeitnehmers. In der sogenannten »Facebook-Entscheidung« hat das BAG geurteilt, dass die Entscheidung des Arbeitgebers, Postings der Facebook-Besucher unmittelbar zu veröffentlichen, mitbestimmungspflichtig sei.[194] Damit liege eine Überwachung der Arbeitnehmer durch eine technische Einrichtung i. S. v. § 87 Abs. 1 Nr. 6 BetrVG vor, die der betrieblichen Mitbestimmung unterliege. Die aktuelle Entscheidung zeigt auch, dass es auf die jeweiligen Umstände des Einzelfalles ankommt.[195]

> »Soweit eine Interaktion zulässig und durch Einträge oder sonstige Anmerkungen eine Beeinflussung des Verhaltens einzelner Arbeitnehmer möglich ist, greifen jedoch auch die Beteiligungsrechte des Betriebsrates ein.«[196]

Durch das Mitbestimmungsrecht wird dem Arbeitgeber nicht generell das Recht verwehrt, entsprechende Systeme einzuführen, sondern es geht vielmehr um den Schutz

---

192 Richardi BetrVG/Richardi/Maschmann, 16. Aufl. 2018, BetrVG § 87 Rn. 490-491.

193 Siehe auch Dahl, Brink, »Die Mitbestimmung des Betriebsrates bei der Einführung und Anwendung technischer Einrichtungen in der Praxis«, NZA 2018, 1231.

194 FD-ArbR 2016, 384556 (BAG 13.12.2016 – 1 ABR 7/15).

195 Siehe auch http://www.arbeitsrecht-weltweit.de/2017/01/03/mitbestimmung-des-betriebsrats-wann-wird-facebook-zur-ueberwachungseinrichtung/

196 http://www.arbeit-und-arbeitsrecht.de/urteile/mitbestimmung-des-betriebsrats-bei-facebook-auftritt/2016/12/15 (BAG 13.12.2016 – 1 ABR 7/15); FD-ArbR 2016, 384556 (BAG 13.12.2016 – 1 ABR 7/15); siehe auch Vorinstanz: LAG Düsseldorf v. 12.01.2015 9 TaBV 51/14.

vor den Gefahren, die bei einer technischen Überwachung für den Arbeitnehmer entstehen können, z. B. dadurch, dass diese Daten immer »verfügbar« bleiben.[197]

Als Maßstab ist hier wieder das Recht auf »informationelle Selbstbestimmung« des Mitarbeiters anzulegen. Das bedeutet, soweit der Arbeitgeber kollaborative technische Systeme einsetzt, hat der Betriebsrat ein Mitbestimmungsrecht, was die Einführung, die Art der Nutzung, die Verwendung und die Grenzen der Datenerhebung anbelangt.

1.4.4   #Legal Check: »digitale und kollaborative Kommunikation«

- Arbeitnehmer können sich freiwillig über private Themen und Lebenssachverhalten auf einem kollaborativen System austauschen oder persönliche Daten einstellen. Wichtig ist, dass der Mitarbeiter selber entscheiden kann, ob und welche persönlichen Informationen er mit wem teilt.
- Eine Anweisung zum vernetzten Austausch privater Informationen kann das Persönlichkeitsrecht des Mitarbeiters verletzen.
- Klare Rahmenbedingungen im kollegialen und kulturellen Umgang zum vertraulichen Gebrauch sind insbesondere bei kollaborativen Austauschsystemen erforderlich. Diese sollten Ziele, Vorteile und Prinzipien umfassen.
- Der Arbeitgeber ist darüber hinaus verpflichtet, ein Arbeitsumfeld zu gestalten, das den Mitarbeiter in seinem Persönlichkeitsrecht schützt.
- Die Anstrengungen des Arbeitgebers, seine Mitarbeiter von agilen Arbeitsweisen und dem Prinzip der Vernetzung zu überzeugen, sowie ein offenes, vertrauensvolles Miteinander, tragen zum Gelingen bei.
- Bei der Anwendung technischer Einrichtungen hat der Betriebsrat Mitbestimmungsrechte.

1.4.5   #Bedürfnischeck: »digitale und kollaborative Kommunikation«

Die Art und Weise, wie in einer Organisation kommuniziert wird, wirkt sich unterschiedlich auf die einzelnen Bedürfnisse aus. Bei einer digitalen und kollaborativen Kommunikation können folgende Anliegen erfüllt werden:

---

197 ErfK/Kania, 19. Aufl. 2019, BetrVG § 87 Rn. 55-57.

Bedürfnisse/Interessen von Mitarbeitern	Bedürfnisse/Interessen von Unternehmen
• Partizipation • Umgang miteinander • Unmittelbarkeit • Netzwerk und Beziehung • sozialer Zusammenhalt und Zugehörigkeit • Vereinbarkeit Arbeit und Privatleben • Transparenz • Sinn	• Mitarbeiter halten • Mitarbeiter gewinnen • Attraktivität als Arbeitgeber • Image • Motivation • Flexibilität • Reaktionsgeschwindigkeit und Anpassungsfähigkeit • nutzen- und bedarfsorientiert am jeweiligen Unternehmen • Gestaltungsspielraum • höhere Leistungsfähigkeit • emotionale Bindung • Werte • fördert Agilität im Unternehmen • Organisationsentwicklung und lernende Organisation • Kundenorientierung • Wettbewerbsfähigkeit

Tab. 9: Bedürfnischeck: »digitale und kollaborative Kommunikation«

1.5 Mit Feedback zur Performance

Viele herkömmliche Performance-Instrumente sind sehr auf feste Regeln fixiert und starr in ihrer Anwendung.[198] Ein möglicher Grund hierfür könnte darin liegen, dass sie oftmals über lange Zeiträume gelten und angewandt werden sollen. Sie sind eher auf langfristige Planungen und Zyklen ausgerichtet. Herkömmliche Performance-Instrumente finden sich oft in Unternehmen mit einer hierarchischen Struktur. Im Mittelpunkt steht meist der einzelne Mitarbeiter und nicht die Gruppe. Er ist Adressat für Ziele und Gegenstand von Beurteilungen. Die Rolle des Mitarbeiters ist dabei eher die eines »Dienstleisters«. Messkriterien klassischer Performance-Instrumente orientieren sich häufig an KPIs und Umsatz bzw. Gewinn. Der Mensch, die Kultur oder der Umgang mit Leistung spielt eine sehr untergeordnete Rolle.

Beispiele für herkömmliche Performance-Instrumente	!
• Jahreszielvereinbarungen • Jahresmitarbeitergespräche • Leistungsbeurteilungen • Six Sigma	

---

198 Siehe Teil 1, Kapitel 1.

- Kaizen
- Total Quality Management
- Balance Scorecard

1.5.1   Agiles Performance-Management

In agilen Systemen ist nicht das Zielergebnis des Einzelnen entscheidend für die Auszahlung z. B. einer Prämie, sondern die Erreichung der gemeinsamen Team- bzw. Unternehmensziele. Kollaborative Zusammenarbeit soll sich dabei in Entlohnungsgrundsätzen widerspiegeln. So z. B. auch die Erfahrung bei Bosch, Infineon und der Deutschen Bahn,[199] dass nicht der Bonus des Einzelnen, sondern die Zusammenarbeit und das ehrliche Gespräch über das Erreichte und die weiteren Verbesserungspotenziale im Vordergrund stehen sollen.[200]

a) Kurze Innovationsintervalle und volatile Geschäftszyklen
Wie schnell es Mitarbeitern gelingen wird, sich an veränderte Umstände anzupassen, Risiken und Chancen zu antizipieren, Entscheidungen zu treffen und/oder kreative Lösungen zu generieren, wird die Zukunftsfähigkeit eines Unternehmens beeinflussen können. Und das gilt nicht nur für den Einzelnen, sondern in Summe genauso für ein Team als auch für das gesamte Unternehmen.[201]

Um die beschriebenen Anforderungen an agile Arbeitsweisen zu erfüllen (iterativ, offen für Fehler, sichtbar, lernend, kooperativ), bedarf es eines neuen Verständnisses von Arbeitsleistung.[202] Dabei ist weniger der Output allein entscheidend, sondern auch die Leistungs- und die Entwicklungsfähigkeit eines Unternehmens. In Zukunft wird es für viele Unternehmen entscheidend sein, dass sie überwiegend Mitarbeiter haben, die selbstständig und selbstorganisiert unternehmerische Entscheidungen treffen. Schon allein dadurch, dass ggf. nicht mehr alle Mitarbeiter eines Unternehmens an ein und demselben Ort arbeiten werden, wird es umso wichtiger sein, die Selbstverantwortung bei Mitarbeitern zu fördern und zu stärken.

---

199 http://www.humanresourcesmanager.de/ressorts/artikel/performance-management-version-30-1984700313; http://www.wirtschaft.com/deutsche-bahn-will-fuehrungs-und-karrierevorschriften-aendern/?xing_share=news
200 Siehe auch Ullah »Das Zusammenspiel von Kompetenz- und Performancemanagement« in: Kompetenzen der Zukunft – Arbeit 2013, Haufe, 2018.
201 Siehe auch Ullah »Das Zusammenspiel von Kompetenz- und Performancemanagement in der Zukunft in Kompetenzen der Zukunft – Arbeit 2013, Haufe, 2018.
202 Siehe auch http://www.humanresourcesmanager.de/ressorts/artikel/performance-management-version-30-1984700313

Damit wird zukünftiges »Performance-Management« aufgrund des veränderten Leistungsverständnisses reichhaltiger definiert werden:[203]

> »Performance Management strebt an, über die systematische Ausrichtung des Mitarbeiterhandelns an den Zielen eines Unternehmens einen Beitrag zum nachhaltigen monetären und nicht-monetären Unternehmenserfolg zu sichern. Es gestaltet partizipative Systeme und Strukturen, mit denen Unternehmensziele gesetzt, Budgetrahmen definiert, individuelle Ziele abgeleitet und die Zielerreichung nachgehalten und intensiviert werden – immer in Abhängigkeit von den Unternehmenswerten. Performance Managementsysteme und -strukturen setzen einen Rahmen für die zielorientierte Ausübung der Führungsaufgabe, können diese aber in keinem Fall ersetzen. Personalmanager konzipieren und implementieren agile Performance Managementsysteme, Führungskräfte setzen sie ein.«

Im agilen Kontext bedeutet das, dass »Performance« zusätzlich die Fähigkeit umfasst, sich zu verändern und Veränderung zu gestalten. Aus Erfahrungen zu lernen und diese positiv umzusetzen, wird in einer agilen Umgebung ein weiterer Performancefaktor sein. Es geht also um mehr als um reine »Leistungsergebnisse«.[204]

Die folgende Tabelle zeigt einen Vergleich von alten und neuen Merkmalen von Performance-Systemen:

Herkömmliche Performance-Systeme	Zukünftige Performance-Systeme
Feste Struktur und Hierarchie von oben nach unten	Flexible Struktur vernetzt
An Dienstleistungsmentalität ausgerichtet	Mit-Unternehmertum des Mitarbeiters fördern
Umsatz steht im Mittelpunkt	Sinnstiftung und Werteorientierung gleichgewichtig mit Umsatzerfolg
Hierarchiegeprägte Kommunikation	Gleichberechtigte Kommunikation
Planung und Messung lang-/mittelfristig ausgelegt	Planung iterativ
Delegation von Verantwortung im Vordergrund	Übernahme von Verantwortung im Vordergrund

---

203 Armutat/Becker/Kambeck/Knöfel/Müller/Redmann, Thesen einem Performance Management der Zukunft, DGFP Praxispapiere, 2015.
204 Kienbaum-Trendstudie: Geld verteilen oder Performance entwickeln, 2017; Siehe Teil 1.

Herkömmliche Performance-Systeme	Zukünftige Performance-Systeme
Veränderung und Weiterentwicklung nicht bedacht	Kontinuierliche Veränderung
Kultur nicht im System berücksichtigt	System prägt und unterstützt die Kultur

Tab. 10: Alte und neue Merkmale von Performance-Systemen im Vergleich

b) Agile Ziele

Agile Unternehmen verwenden deswegen ein Performance-Management, welches als (Lern-)Ziel hat, den Umgang mit Veränderung zu leben, mit hoher Komplexität umzugehen und ein unternehmerisches Denken bei allen zu stärken. Das Miteinander, das »Wie« etwas getan wird, ist eine wichtige Kraft. Agilität gelingt nur in der Vernetzung mit anderen und daher betrifft das gemeinsame Commitment zur Zusammenarbeit ebenso die Zielbestimmung. Andernfalls besteht die Gefahr, dass jeder Mitarbeiter in eine andere Richtung läuft und sich die Synergieeffekte einer Vernetzung nicht entfalten können. Optimal ist es, wenn in einer vernetzten Zusammenarbeit Mitarbeiter bereits in den Prozess der Zielfindung miteinbezogen werden, ihre Ziele sogar selbst definieren und sich diese selbstbestimmt »nehmen«. Ohne Wissen und Bewusstsein des Einzelnen über die strategische Ausrichtung des Unternehmens als absoluten wichtigsten Orientierungspunkt lassen sich solche partizipativen Zielbestimmungen natürlich nicht sinnvoll gestalten.[205] Agiles Performance-Management orientiert sich daher an der strategischen Ausrichtung und den strategischen Zielen eines Unternehmens.[206] Vision, Strategie und notwendige Ziele eines Unternehmens müssen daher nicht nur transparent, sondern müssen von allen Mitarbeitern verstanden, nachvollziehbar und mitgetragen sein. Es ist einleuchtend, dass Mitarbeiter Unternehmensziele viel leichter zu ihren »eigenen« Zielen erklären können, wenn sie diese kennen, nachvollziehen und auch verstehen. Anders als bei herkömmlichen Performance-Systemen kann ein agiles Performance-Management nur erfolgreich funktionieren, wenn auch diese Voraussetzungen tatsächlich erfüllt sind.

Der gemeinschaftliche Ansatz – beginnend bei der Zielbestimmung und fortgeführt bis hin zur Zielerreichung – wirkt sich konsequenterweise auf eine Erfolgsvergütung aus, soweit es eine Verknüpfung mit der Zielerreichung gibt. Sofern sich ein Unternehmen im Rahmen seines agilen Performance-Management-Systems entscheidet, Boni zu zahlen, erscheint es folgerichtig, diese nicht mehr als individuellen Gehaltsbestandteil des Einzelnen auszugestalten, sondern die gemeinsame Team- und auch die Unternehmensleistung mit einem gemeinsamen Gruppenbonus zu entlohnen. Nicht das Zielergebnis des Einzelnen ist dann entscheidend für die Auszahlung, sondern die Erreichung der gemeinsamen Team- bzw. Unternehmensziele. In einer vernetzten Arbeitsorgani-

---

205 DGFP-Praxispapiere, Agile Unternehmen – Agiles Personalmanagement, S. 37.
206 DGFP-Praxispapiere, Agile Unternehmen – Agiles Personalmanagement, S. 37.

sation, in der zukünftige Entwicklungen sowohl von Unternehmens- als auch von Marktseite weniger planbar sind, sind individuelle Boni ggf. nicht mehr zielführend.

In einem agilen Performance System stehen Ziele nicht abstrakt neben der täglichen Arbeit, sondern geben die Ausrichtung für den täglichen Arbeitsprozess. Damit werden sie in die Aufgabenerfüllung eines jeden Einzelnen integriert. Anders als bei gängigen Performance-Systemen sind Aufgabenerfüllung und Zielsteuerung enger miteinander verbunden und sind als Einheit zu betrachten und ggf. auch zu bewerten. Die Ziele selbst dienen einem übergeordneten gemeinschaftlichen Zweck und werden an diesem immer wieder überprüft und daran angepasst.[207]

In seiner Wirkung unterscheidet sich ein »agiler« Performance-Prozess darin, dass er neben der Zielerreichung zu »agiler Leistung« beiträgt, sie entwickelt, stärkt und fördert. Daher sollten Performance-Instrumente zu agilen Arbeitsweisen passen. Konkret bedeutet dass, dass sie genauso iterativ eingesetzt werden, Erfahrungen und Reflexion fördern, sichtbar sind und »auf Augenhöhe« stattfinden.[208] Damit wird in agilen Unternehmen eine an langen Planungszyklen ausgelegte reine »Von-oben-nach-unten«-Bewertung obsolet.

c) Agile Instrumente

Bezogen auf Mitarbeitergespräche, Leistungsbeurteilungen und Zielvereinbarungen bedeutet das, dass diese aus einem gegenseitigen Verständnis von Gleichwertigkeit herausgeführt und verabredet werden. Immer bezogen auf die möglichen Facetten von Leistung und Leistungsfähigkeit. Hier spielt neben dem Ergebnis auch die Zielsteuerung, das Verhalten, die Weiterentwicklung des Einzelnen, des Teams und genauso die Motivation, die Gesundheit oder der achtsame Umgang mit sich und anderen jeweils eine Rolle. Der jeweilige Einfluss der genannten Faktoren sollte eine Wechselwirkung zur Wertschöpfung haben und sichtbar gemacht werden. Soweit die Einzelleistung betrachtet wird, sollte sie ebenfalls im Zusammenhang mit der Wertschöpfung für das gesamte Unternehmen gesehen und bewertet werden. Gewonnene Erfahrungen sollten schnell und unmittelbar in den Arbeitsprozess integriert werden, damit Gelerntes direkt verankert und umgesetzt wird.

Damit das gelingen kann, sind Rahmenbedingungen für alle »agilen« Performance-Gespräche zu schaffen. Um den notwendigen lernenden Austausch zu ermöglichen, braucht es individuelle stetige Intervalle. Statt seltener – jährlicher – Mitarbeitergespräche bedarf es regelmäßiger, schlanker und prägnanter Termine in kurzen Intervallen. In diesen sollten Themen jeweils fokussieren werden können – z. B. die Aufga-

---

207 DGFP-Praxispapiere, Agile Unternehmen – Agiles Personalmanagement, S. 37.
208 DGFP-Praxispapiere, Agile Unternehmen – Agiles Personalmanagement; https://www.personalwirtschaft.
de/produkte/archiv/magazin/ausgabe-9-2014/0%3A7146824.html

benerfüllung, Zielerreichung, Zusammenarbeit oder Weiterentwicklung. Daneben sollte es in größeren Abständen Dialoge mit vertiefendem Charakter geben, in denen es um persönliche und berufliche Fragestellungen geht, wie z. B. über Karriere, Zukunftsplanung oder die individuelle Motivation und das individuelle Wohlbefinden.[209]

Bei Zielvereinbarungen könnte es förderlich sein, Leistungsziele nur im Team oder im Unternehmen zu messen. Das Team trägt die Verantwortung für die Zielerreichung, was zum Beispiel auch für wirtschaftliche Ziele genauso gelten kann. Auch die Zielmessung könnte in einem »agilen« Prozess differenziert werden: Während in herkömmlichen Zielvereinbarungen eher fixe Ziele vereinbart und gemessen werden, sollte in agilen Organisationen die Zielerreichung in Relation gesetzt und auch relativ gemessen werden. Mögliche Bezugsgrößen wären hier beispielsweise externe oder interne Benchmarks, Marktentwicklungen oder auch Vergleiche zu bisherigen Ergebnissen aus der Vergangenheit.[210]

Bisher gibt es wenig praktische Erfahrungsbeispiele zu »agilem Performance-Management« – hier beginnen einige Unternehmen gerade neue Pfade zu betreten.[211]

d) Feedback statt Beurteilung

Um Agilität zu fördern sollten Performance-Instrumente möglichst unkompliziert und einfach zu handhaben sein. Es braucht eine schnelle und direkte Rückmeldung zwischen den Beteiligten, aus der vornehmlich auch »gelernt« werden soll.[212] Beteiligt in der Gemeinschaft ist nicht nur die Führungskraft, sondern zum Beispiel das Team, die Kollegen, Lieferanten und möglichst sogar der externe Kunde. Rückmeldungen sollten situativ und schnell sein und weniger durch aufwendige Bewertungsskalen geprägt. Bei der gewünschten Rückmeldung kommt es daher eher auf die subjektive Wahrnehmung eines Einzelnen oder einer Gruppe an.

Der große Unterschied von einem solchen Feedback-Ansatz zu einer klassischen Leistungsbeurteilung liegt darin, dass Feedback immer die persönliche Wahrnehmung widerspiegelt und eine Beurteilung dagegen eine Wertung anhand möglichst objektiver Merkmale enthält. Aus diesem Grund sind Beurteilungen häufig mit festen, im Vorfeld definierten möglichst eindeutigen und nachhaltigen Kriterien versehen. Meist

---

209 https://www.personalwirtschaft.de/produkte/archiv/magazin/ausgabe-9-2014/0%3A7146824.html
210 Siehe hierzu auch Gloger/Häusling, Erfolgreich mit Scrum-Einflussfaktor Personalmanagement, S. 120.
211 Siehe auch Siehe auch Werther, Bedeutung von flexiblen Feedbacktools für einen Kulturwandel in Richtung Agilität in Kompetenzen der Zukunft – Arbeit 2013; http://www.humanresourcesmanager.de/ressorts/artikel/performance-management-version-30-1984700313; http://www.wirtschaft.com/deutsche-bahn-will-fuehrungs-und-karrierevorschriften-aendern/?xing_share=news
212 Siehe auch Bangerth, Danhof, Digitaler Wandel und Organisationskultur – worauf kommt es wirklich an? in Kompetenzen der Zukunft – Arbeit 2013, Haufe, 2018.

bieten sie wenig – individuellen – Spielraum, um von einer Kriterienskala abzuweichen. Und meist sind sie auch nicht primär auf »Lernen« oder Reflexion ausgelegt.[213]

Feedback dagegen resultiert aus einer persönlichen Einschätzung und ist auf den Moment konzentriert. Hier gibt es keine im Vorfeld definierte Gradeinteilung. Beurteilungen entscheiden und bewerten, Feedback gibt Möglichkeiten, das eigene Verhalten zu reflektieren und anzupassen.

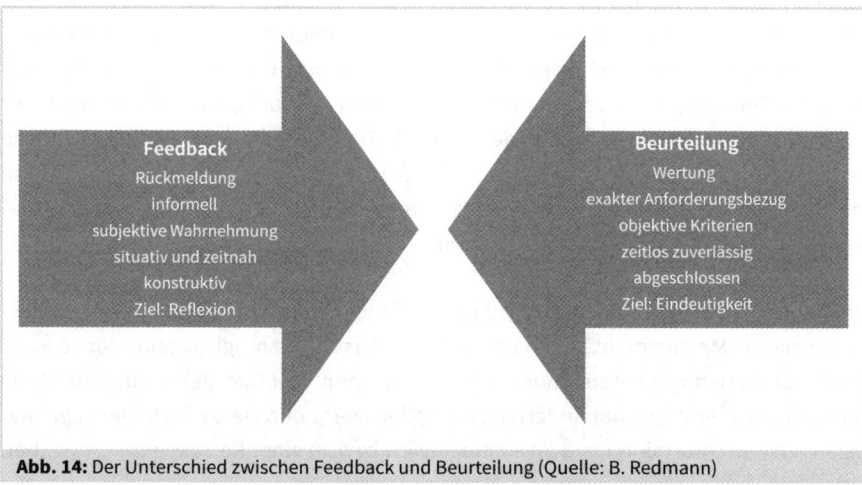

Abb. 14: Der Unterschied zwischen Feedback und Beurteilung (Quelle: B. Redmann)

Durch einen beständigen Austausch im Team oder darüber hinaus mit anderen Kollegen oder Dritten, gelingt es dann den Mitarbeitern, das eigene Verhalten immer wieder neu zu reflektieren, daraus Erkenntnisse zu ziehen und wenn notwendig auch Anpassungen vorzunehmen.[214] Aus der korrigierten Verhaltensänderung soll eine verbesserte Leistung hervorgehen und ggf. auch die Leistungsfähigkeit gestärkt werden. Leistung und Ergebnis können damit kontinuierlich angepasst und gesteigert werden.

Um agiles Arbeiten zu fördern, sollten agile Performance-Instrumente daher von ihrem Charakter eher Feedback-Systeme und weniger Beurteilungssysteme entsprechen.[215]

---

213   Siehe auch Werther, Bedeutung von flexiblen Feedbacktools für einen Kulturwandel in Richtung Agilität in Kompetenzen der Zukunft – Arbeit 2013, Haufe, 2018.
214   Siehe auch Nink, »Wie Millennials wirklich ticken und warum die Führungskraft zum Coach werden muss« in: Kompetenzen der Zukunft – Arbeit 2030, Haufe, 2018.
215   Siehe hierzu auch Gloger/Häusling, Erfolgreich mit Scrum-Einflussfaktor Personalmanagement, S. 98.

e) Sichtbarkeit

Um der subjektiven Wahrnehmung schnell und unkompliziert Ausdruck verleihen zu können, kann eine visuelle Unterstützung für agile Performance-Instrumente sehr dienlich sein. Wir kennen das von Social-Media-Netzwerken, in denen mit »Likes« bzw. Symbolen eine kurze eindeutige Rückmeldung erteilt wird. Solche Arten des Feedbacks basieren stark auf einer intuitiven Reaktion und unterscheiden sich grundlegend von den nicht intuitiv verständlichen Beurteilungssystemen. Sie sind sehr schnell und sehr einfach zu verwenden. Für den Empfänger wird unmittelbar und ohne große Erklärung erkenntlich, dass z. B. ein »Daumen hoch« eine positive Bedeutung hat und nur einer von fünf möglichen Sternen kein gutes Ergebnis darstellt. Zwar weiß der Empfänger dann noch nicht, warum der Feedbackgeber dies so sieht – er weiß aber, was und wie es dem anderen gefällt. Damit erhält er eine direkte schnelle Rückmeldung. Vorstellbar wäre, dass auch agile Performance-Instrumente nach dem gleichen oder einer ähnlich intuitiven Bedienung funktionieren: intuitiv nutzbar und schnell und einfach in der Kommunikation.

Um der Lernerfordernis Rechnung tragen zu können, müsste im Rahmen eines agilen Performance-Managements auch ein vertiefter Austausch möglich sein. Nur so kann ein Feedbacknehmer herausfinden, was genau einen Feedbackgeber zu seiner Leistungsaussage bewogen hat. Innerhalb der agilen Methoden wäre dies in den regelmäßigen Austauschterminen, z. B. in einem Review bzw. in einer Retrospektive, denkbar.

Wenn auch die Anwendung von »Likes« keine großen Trainings erfordern, so erfordern sie schon eine Übung und Erfahrung im Miteinander. Ebenfalls sollten nicht nur aus persönlichen Vorlieben heraus entsprechende Voten abgegeben werden. Ein sinnvoller Umgang hiermit erfordert einen klar kommunizierten Nutzen und auch eine besondere Bereitschaft, aus dem Feedback »lernen zu wollen«. Um hier Missverständnissen und auch Konflikten vorzugreifen, erscheint es sinnvoll und notwendig, Rahmenbedingungen für die Anwendung dieser »Bewertungen« eindeutig festzulegen. Hierzu zählen auch Regeln, wie mit einem Feedback umgegangen wird.

1.5.2   Agiles Performance-Management trifft auf Arbeitsrecht

Dass Leistung und Verhalten von Mitarbeitern bewertet wird, ist nicht neu. Ebenso gibt es bereits Beurteilungssysteme, wie z. B. ein 360-Grad-Feedback, in dem verschiedene Personen aus unterschiedlichen Bereichen (Führungskraft, Teamkollege, Kollege, Kunde) eine – meist anonyme – Rückmeldung zu einem Einzelnen geben.

Bezüglich Leistungs- oder Verhaltensbewertungen gelten nun tatsächlich schon heute zu beachtende rechtliche Anforderungen. Ferner können durch ein Feedbacksystem und die direkten und transparenten Rückmeldungen bei einem »agilen« Performance-

Management z. B. das Allgemeine Gleichbehandlungsgesetz (AGG) und sogar Mitbe-stimmungsrechte des Betriebsrates tangiert sein.

1.5.2.1 Persönlichkeitsschutz

Zu einem Arbeitsverhältnis gehört es, die Leistung der Mitarbeiter zu betrachten und ggf. auch zu bewerten. Aus seinem Direktionsrecht heraus (§ 106 GewO) darf der Arbeitgeber das Arbeitsergebnis des Arbeitnehmers überprüfen.[216] Genauso wie schon in Kapitel 1.3.2 unter »agiler Zusammenarbeit« ausgeführt, stellt sich auch hier die Frage, ob und inwieweit ggf. unzulässige Eingriffe in das Persönlichkeitsrecht des Mitarbeiters aus Art 2 GG vorliegen könnten.

Agile Performance-Instrumente sind ggf. stärker durch Feedback als durch starre Beurteilungen geprägt. Bei einem in der Regel subjektiven Feedback fehlt es an einem vergleichbaren, festen Maßstab, da es gerade an Beobachtung und Wahrnehmung ausgerichtet ist. Das Fehlen von Kennzahlen macht Leistung auch weniger direkt ver-gleichbar bzw. messbar. Beispielsweise will Mitarbeiter A genauso wie Mitarbeiter B »fünf Sterne« in seiner Vertriebskompetenz bekommen. In diesen »Konfliktfällen« wird es daher entscheidend darauf ankommen, wie vertraut und fähig Mitarbeiter sind, sich argumentativ auseinanderzusetzen, und wie sie es schaffen, mit unter-schiedlichen Sichtweisen umzugehen und hier Einsichten und Lösungen zu erreichen. Genauso spielt das Vertrauen untereinander eine große Rolle: Je misstrauischer Mit-arbeiter gegenüber der Bewertung ihrer Kollegen sind, desto mehr werden sie ggf. Kriterien verlangen, anhand denen sie die Rückmeldung »überprüfen« können. Durch die vorwiegend subjektiven Rückmeldungen und das Fehlen eindeutig objektiv defi-nierter Beurteilungsmaßstäbe und fester Kriterien, kann dies sogar dazu führen, dass sich Mitarbeiter unfair behandelt fühlen.

1.5.2.2 Das Allgemeine Gleichbehandlungsgesetz

Erfolgt eine Bewertung zu einem Arbeitsergebnis oder einem Verhalten des Mitarbei-ters durch eine Vielzahl anderer Kollegen, kann sich die Frage nach der Rechtskonfor-mität der Bewertung stellen. Es ist daher z. B. wichtig, dass keine Bewertungen geschehen, mit denen gegen das Allgemeine Gleichbehandlungsgesetz (AGG) versto-ßen wird. Nach § 1 AGG sind Arbeitnehmer vor Benachteiligungen geschützt, die aus Gründen der Rasse, der ethnischen Herkunft, des Geschlechts, der Religion oder Welt-anschauung, einer Behinderung, des Alters oder der sexuellen Identität erfolgen.[217]

---

216 ErfK/Preis, 19. Aufl. 2019, GewO § 106 Rn. 5-16.
217 ErfK/Schlachter, 19. Aufl. 2019, AGG § 1 Rn. 1.

Unternehmer haben dafür zu sorgen, dass in ihrem Arbeitsumfeld keine rechtswidrigen Beschäftigungs- und Arbeitsbedingungen vorliegen, die zu einer Benachteiligung im Sinne dieses Gesetzes führen können.[218] Aus dem Gesetz selbst – § 12 Abs. 1 AGG – ergibt sich, dass der Arbeitgeber gesetzeskonforme Rahmenbedingungen zu gestalten hat, die eine Benachteiligung verhindern und einer solchen sogar vorbeugen. Welche Maßnahmen hier geeignet und erforderlich sein können, wird durch die jeweiligen betrieblichen Umstände bestimmt.[219]

Als stets geeignete Maßnahmen benennt das Gesetz in § 12 Abs. 2 Satz 2 Schulungen. Der Umfang der Schulungspflicht wird im Gesetz dabei nicht weiter konkretisiert. Die Prävention durch Information soll jedoch so früh und umfassend wie möglich erfolgen, um Benachteiligungen von Mitarbeitern durch andere Mitarbeiter zu verhindern.[220] Um eine Benachteiligung im Sinne des AGG bei Leistungsbewertungen durch subjektives Feedback auszuschließen, empfiehlt es sich, alle Mitarbeiter vorab entsprechend zu schulen, um sie zu einem rechtskonformen Entgegennehmen und Geben von Feedback zu befähigen.

Nicht nur das Feedback als solches, sondern der gesamte »Feedbackprozess« sollte den gesetzlichen Anforderungen des AGG entsprechen. Damit er keinen Anlass für denkbare Benachteiligungen gibt – und auch der Angst vor Rückmeldungen vorgebeugt wird –, sollte er möglichst klar geregelt, vermittelt und beschrieben werden. Dazu gehören z. B.

* die Art und Weise, wie eine Rückmeldung gegeben wird (persönlich, direkt, mittels eines IT-Systems etc.),
* wozu genau eine Rückmeldung erfolgen soll (Einbezug welcher Fakten und Faktoren etc.) und
* welche Konsequenzen aus einer Rückmeldung erfolgen dürfen (Sanktion, Auswirkungen auf das Arbeitsverhältnis, Reflexion des eigenen Verhaltens, etc.).

Um Prozessfairness zu garantieren, müssen klare Regeln zur Anwendung von Leistungsrückmeldungen und entsprechenden, ggf. auch IT-basierten Systemen geschaffen werden. Der Sinn und Zweck sollte deutlich gemacht und verstanden werden. Und letztendlich muss auch transparent geregelt sein, was passiert, wenn die Leistung und Entwicklung eines Mitarbeiters dauerhaft nicht stimmt. Hier muss genauso Transparenz über mögliche Konsequenzen bestehen und es muss genauso darüber gesprochen werden können. Für diese klaren Regeln zu sorgen, ist Aufgabe des Unternehmens.

---

218 EuGH 13.07.1995, NZA-RR 1996, 121; BAG 20.03.2012, NZA 2012, 803.
219 ErfK/Schlachter, 19. Aufl. 2019, AGG § 12 Rn. 2.
220 ErfK/Schlachter, 19. Aufl. 2019, AGG § 12 Rn. 2.

1.5.2.3   Ausschluss von Mobbing

Klare Regeln verhindern Konflikte und erleichtern deren Lösung. Bei einer transparenten Bewertung durch Kollegen sind gleichwohl verschiedene Konfliktszenarien denkbar: Es kann zu einer sozialen Erwünschtheit bezüglich der Rückmeldung kommen. Denkbar sind auch sogenannte Sympathieeffekte, so dass z. B. extrovertierte, kontaktfreudige Menschen in bestimmten Situationen vielleicht besser bewertet werden als introvertierte oder zurückhaltende Personen. Möglicherweise setzen sich ausdrucksstärkere Kollegen offensiver in ihrer Rückmeldung durch als Mitarbeiter, die eher schüchtern sind oder sich auch verbal und schriftlich nicht gut erklären können. Dadurch dass ein vergleichbarer (vermutlich) objektiver Maßstab nicht vorhanden ist, kann es passieren, dass sogar neues Konfliktpotenzial entsteht. Je unklarer dabei die Richtlinien sind, desto höher das rechtliche Risiko, dass Konflikte bis hin zu Mobbing ausarten oder Bewertungen als Mobbing empfunden werden.

So liegen Benachteiligungen und Mobbing oft nah beieinander. Das BAG verweist insoweit auf das AGG und führt z. B. aus, dass eine Belästigung gem. § 3 Abs. 3 AGG

> »eine Benachteiligung ist, wenn unerwünschte Verhaltensweisen, die mit einem in § 1 AGG genannten Grund in Zusammenhang stehen, bezwecken oder bewirken, dass die Würde der betreffenden Person verletzt und ein von Einschüchterungen, Anfeindungen, Erniedrigungen, Entwürdigungen oder Beleidigungen gekennzeichnetes Umfeld geschaffen wird.«[221]

Diese Beschreibung des Begriffs »Belästigung« setzt das BAG dem des Mobbings gleich,[222] wobei jedoch eine Benachteiligung nicht nur auf die in § 1 AGG definierten Merkmale beschränkt sein muss, sondern »gleich aus welchen Gründen« gegenüber einem Arbeitnehmer erfolgen kann. Die rechtliche Besonderheit des Mobbings wird dabei darin gesehen, dass es nicht um eine einzelne, abgrenzbare Handlung geht, sondern mehrere Einzelakte zusammengefasst werden und dadurch das Persönlichkeitsrecht oder auch die Gesundheit des Mitarbeiters verletzt werden. Dabei können die »Teilakte« für sich betrachtet rechtlich neutral sein.[223]

> »Ein Umfeld wird aber grundsätzlich nicht durch ein einmaliges, sondern durch ein fortdauerndes Verhalten geschaffen. Damit sind alle Handlungen bzw. Verhaltensweisen, die dem systematischen Prozess der Schaffung eines bestimmten Umfeldes zuzuordnen sind, in die Betrachtung miteinzubeziehen.«[224]

---

221   BAG 25.10.07 – 8 AZR 593/06.
222   BAG 25.10.07 – 8 AZR 593/06.
223   Küttner, Mobbing, Rz. 2 ff.
224   BAG 25.10.07 – 8 AZR 593/06.

Kennzeichen des als Mobbing beschriebenen Verhaltens ist daher eine systematische, sich aus vielen einzelnen Handlungen oder Verhaltensweisen zusammensetzende Verletzung arbeitsrechtlicher Pflichten oder eines Rechts.[225]

> Je klarer und transparenter die Feedbackregeln im Unternehmen sind, umso einfacher wird es sein, Mobbing, Benachteiligungen oder Belästigungen im Sinne der Rechtsprechung zu verhindern.

Es zeigt sich umso mehr, dass es bei Agilität ganz entscheidend auf eine vertrauensvolle Zusammenarbeit ankommt. Ein offener, ehrlicher, angstfreier, vertrauensvoller Umgang ist eine Voraussetzung dafür, dass agile Performance-Instrumente greifen. Je mehr sich Mitarbeiter auf einen verbindlichen Prozess verlassen können und gewiss sind, dass ihre Rechte gewahrt werden, desto stärker ist ihr Vertrauen und desto leichter können sie sich auf diesen Prozess einlassen. Die Einhaltung rechtlicher Vorgaben unterstützt dabei eine offene Kultur, die gleichzeitig auch Verbindlichkeit und Verlässlichkeit bietet. Daneben ist es genauso wichtig, dass die Mitarbeiter in der Lage sind, sich ein angemessenes gegenseitiges Feedback über die aus ihrer Sicht relevanten Punkte zu geben. Das heißt nicht nur über eine hinreichende Kommunikationsfähigkeit verfügen, sondern auch um die Wichtigkeit von ehrlicher Rückmeldung wissen und diese auch rechtskonform umsetzen können. Dafür braucht es Mitarbeiter, die diese Fähigkeiten besitzen, als auch eine konsequente und dauerhafte Führung, Mitarbeiter entsprechend zu entwickeln.

1.5.2.4   Rechte des Betriebsrates

Soweit es um die Bewertung von Mitarbeitern geht, sind grundsätzlich Mitbestimmungsrechte des Betriebsrates zu beachten. Insofern ist auch bei einem »agilen Performance-Management« zu prüfen, inwieweit Rechte des Betriebsrates bestehen. In Betracht kommen hier z. B.:

- Mitbestimmung bezüglich der Lohngestaltung gem. § 87 Abs. 1 Nr. 10 BetrVG
- Aufstellen von Beurteilungsgrundsätzen gem. § 94 Abs. 2 BetrVG

a) Mitbestimmung bezüglich der Lohngestaltung
»Lohn« im Sinne der Vorschrift des § 87 Abs. 1 Nr. 10 BetrVG umfasst alle leistungs- und tätigkeitsrelevanten Vergütungsbestandteile von Mitarbeitern.[226] Somit sind auch Prämien und sonstige Entlohnungen für das Erreichen von Zielen davon umfasst.

---

225 Küttner, Mobbing, Rz. 2 ff.
226 ErfK/Kania, 19. Aufl. 2019, BetrVG § 87 Rn. 96-98.

Das Mitbestimmungsrecht bezieht sich, wie die beispielhaft aufgeführten Tatbestände »Entlohnungsgrundsätze« und »Entlohnungsmethoden« dokumentieren, nur auf kollektive Tatbestände. Ein kollektiver Tatbestand liegt vor, wenn Grund und Höhe der Zahlung von allgemeinen Merkmalen abhängig gemacht werden, die von einer Mehrzahl der Arbeitnehmer des Betriebs erfüllt werden können.[227] Das BAG hat hierzu ausgeführt, dass »die Strukturformen des Entgelts einschließlich ihrer näheren Vollzugsformen« mitbestimmungspflichtig sind.[228] Sollen im Rahmen eines »agilen Performance-Managements« Zielerreichungsprämien gezahlt werden, so greift hier das Mitbestimmungsrecht des Betriebsrates aus § 87 Abs. 1 Nr. 10 BetrVG. Ebenso handelt es sich um eine Gestaltungsform der Vergütung, wenn bisher bestehende Zielprämien für einzelne Leistungen von Mitarbeitern auf Teamprämien umgestellt werden sollen. Auch hier ist die Zustimmung des Betriebsrates vorab einzuholen.

b) Beurteilungsgrundsätze

Bei der Aufstellung von Regeln im Rahmen von Beurteilungen von Mitarbeitern kann ein Mitbestimmungsrecht des Betriebsrates gem. § 94 Abs. 2 BetrVG bestehen. Nach § 94 Abs. 2 BetrVG bedarf die Aufstellung allgemeiner Beurteilungsgrundsätze der Zustimmung des Betriebsrates.[229] Beurteilungsgrundsätze sind stets auf die Person eines oder mehrerer bestimmter Arbeitnehmer bezogen. Gegenstand des Mitbestimmungsrechts ist danach, nach welchen Aspekten Mitarbeiter insgesamt oder auf Teile ihrer Leistung oder ihres Verhaltens bezogen beurteilt oder betrachtet werden sollen.[230] Damit soll ein einheitliches Vorgehen bei der Beurteilung und Bewertung von Mitarbeitern erreicht werden, so dass die Leistungsergebnisse miteinander vergleichbar sind.[231] Entschließt sich also ein Arbeitgeber allgemeine Kriterien für eine Beurteilung oder auch ein Verfahren zu einer Beurteilung einzuführen, hat der Betriebsrat deren Inhalte mitzubestimmen.[232] Soweit daher Regeln für die Bewertung im Rahmen von agilen Performance Instrumenten notwendig sind – z. B. wie oben erläutert bei der Anwendung von Feedback – können diese ggf. dem Mitbestimmungsrecht nach § 94 Abs. 2 BetrVG unterliegen.

Einer Mitbestimmung würde nicht entgegenstehen, wenn eine Teilnahme der Mitarbeiter am Feedback freiwillig wäre. Das Mitbestimmungsrecht nach § 94 Abs. 2 BetrVG soll sicherstellen, dass ein Arbeitnehmer ausschließlich nach seiner Arbeitsleistung und der persönlichen Eignung für seine berufliche Entwicklung im Betrieb beurteilt wird.[233] Davon ausgehend ist der Betriebsrat auch dann zu beteiligen, wenn

---

227 BAG 22.06.2010 1 AZR 853/08.
228 BAG 22.06.2010 1 AZR 853/08.
229 BAG 17.03.2015 1 ABR 48/13 BAGE 151, 117.
230 BAG 17.03.2015 1 ABR 48/13 BAGE 151, 117.
231 BAG 17.03.2015 1 ABR 48/13 BAGE 151, 117; BAG 14.01.2014 1 ABR 49/12.
232 BeckOK ArbR/Mauer BetrVG § 94 Rn. 4.
233 BAG 17.03.2015 1 ABR 48/13 BAGE 151, 117; BAG 14.01.2014 1 ABR 49/12.

Beurteilungen nicht verpflichtend sind und z.B. nur als Vorgaben zur Orientierung gegeben sind.[234]

Klare Regeln im Umgang mit agilen Performance-Instrumenten sind sinnvoll, um Benachteiligungen im Sinne des AGG auszuschließen. Damit würde das Persönlichkeitsrecht des Mitarbeiters geschützt. Die Aufstellung dieser Regeln als auch die Durchführung von Beurteilungen ist mitbestimmungspflichtig. Hier empfiehlt sich der Abschluss einer Betriebsvereinbarung, um eine klare Rechtslage für alle Beteiligten zu schaffen.

1.5.3   #Legal Check: »agiles Performance-Management«

- Bei der Anwendung von agilen Performance-Instrumenten ist die Persönlichkeit des Mitarbeiters zu schützen.
- Benachteiligungen im Sinne des AGG sind durch den Arbeitgeber auszuschließen. Dabei helfen klare Regeln zu den Inhalten und zum Verfahren von gegenseitigen Bewertungen der Mitarbeiter und Teams.
- Es sind eindeutige Regelungen darüber zu schaffen, wie sich gewonnene Informationen auf das Arbeitsverhältnis auswirken.
- Es ist ein Arbeitsumfeld zu schaffen, das Mitarbeiter entsprechend vor Benachteiligung und Mobbing schützt.
- Bei der Aus- und Umgestaltung von Zielprämien ist die Zustimmung des Betriebsrats einzuholen.
- Jegliche Beurteilungsgrundsätze unterliegen der Mitbestimmung des Betriebsrates. Eine Betriebsvereinbarung kann hier zu einem rechtssicheren Verhaltensrahmen beitragen.

1.5.4   #Bedürfnischeck: »agiles Performance-Management«

Eine agile Art der Zusammenarbeit bedarf eines anderen – agilen – Performance-Management-Ansatzes. Dieser kann folgende Bedürfnisse und Interessen von Mitarbeitern und Unternehmen ausgleichen:

---

234 BAG 17.03.2015 1 ABR 48/13 BAGE 151, 117; BAG 14.01.2014 1 ABR 49/12.

Bedürfnisse/Interessen von Mitarbeitern	Bedürfnisse/Interessen von Unternehmen
• Partizipation • Mitentscheidung • Anerkennung und Wertschätzung • Verantwortungsübernahme • Transparenz und Offenheit • persönliche Weiterentwicklung und Lernen • Sinn • Erfolg	• Mitarbeiter halten • Mitarbeiter gewinnen • Attraktivität als Arbeitgeber • Image • Motivation • Flexibilität • Anpassungsfähigkeit • Fokussierung • höhere Leistungsfähigkeit • emotionale Bindung • fördert Agilität im Unternehmen • Organisationsentwicklung und lernende Organisation • Kundenorientierung • Wettbewerbsfähigkeit

Tab. 11: Bedürfnischeck: »agiles Performance-Management«

Agiles Recht folgt auf eine agile Kultur – ein Fazit   **!**

Agilität ist heute schon rechtssicher möglich. Flexible Arbeitsorte und Arbeitsplätze, offen gestaltete Arbeitszeiten, vernetzte Organisationen, agile Arbeitsmethoden und ein entsprechendes agiles Performance-Management können in Unternehmen rechtlich einwandfrei eingesetzt werden.

Für viele agile Konzepte ist die vorherige Zustimmung von Mitarbeitern bzw. Betriebsräten erforderlich. Es ist eine echte Bewährungsprobe für agile Arbeitsweisen und Konzepte, Mitarbeiter und Betriebsräte zu begeistern und zu überzeugen.

2 Neue Entlohnungsformen – New Pay

Viele Unternehmen beschäftigen sich derzeit mit dem Thema New Pay. Was steckt dahinter? Der Begriff kommt aus der New-Work-Bewegung und steht oftmals im Zusammenhang mit neuen oder auch agilen Arbeitsweisen genauso wie Selbstverantwortung und Selbstbestimmung des einzelnen Mitarbeiters im Unternehmen. Die Fragen, die in diesem Kontext auftauchen, beschäftigen sich damit, ob die derzeitigen Systeme zur Festlegung von Gehältern eigentlich zu »Neuem Arbeiten« passen oder eine transparente und partizipative Zusammenarbeit konsequenterweise auch einen anderen Verteilmechanismus für Gehälter erforderlich macht. Wichtige Aspekte der Zusammenarbeit, wie z. B. Transparenz, Partizipation oder Verantwortlichkeit, sollen sich auch in der Art und Weise der Gehaltsverteilung wiederfinden. Unternehmen suchen hier (neue) Maßstäbe und Methoden, nach denen Vergütung bemessen werden kann oder/und wollen Maßstäbe auch transparenter machen. Unabhängig von der Höhe der Entlohnung kann auch eine besondere Art und Weise der Gehaltsbestimmung und Verteilung ggf. ein Faktor sein, warum sich Mitarbeiter für einen Arbeitgeber entscheiden.

2.1 Klassische Prinzipien der Entgeltbemessung

Bisher hat sich die Höhe eines Gehaltes im Wesentlichen an den Faktoren Zeit und Leistung ausgerichtet. Die entsprechenden Lohnformen sind hier:
* Zeitlohn
* Leistungslohn/Akkordlohn
* Prämienlohn

2.1.1 Zeitlohn

Der Zeitlohn wird nach bestimmten, vereinbarten Zeitabschnitten ermittelt. Das können Jahre, Monate, Wochen, Tage, Stunden oder Minuten sein. Die Vergütung erfolgt aufgrund der erbrachten Zeiträume – die Qualität und Quantität der Arbeitsleistung, also eine »hervorragende Leistung« oder eine »Schlechtleistung«, hat hier keinen Einfluss auf die Pflicht zur Bezahlung.[1]

---

1 ErfK/Preis, 19. Aufl. 2019, BGB § 611a Rn. 390.

2.1.2   Leistungslohn

Beim Leistungslohn geht es dagegen genau um die Faktoren Qualität bzw. Quantität der erbrachten Arbeitsleistung. Die Art und Weise sowie die Menge der Leistungserbringung wirkt sich auf die Vergütung aus. Der Mitarbeiter erhält seine Vergütung aufgrund der Art und Weise oder der Menge seiner erbrachten Leistung. Der Akkordlohn ist hierfür ein bekanntes Beispiel.[2]

2.1.3   Prämienlohn

Als weitere Art einer leistungsorientierten Vergütung gibt es den Prämienlohn. Er wird zu einer festen Grundvergütung oft in Form einer »variablen« Zulage gezahlt. Die Auszahlung – Prämie – ist dabei an die Erreichung einer feststellbaren Mehrleistung geknüpft.[3]

2.2   Neue Bemessungsmodelle

Unternehmen, die für die Zusammenarbeit auf Merkmale der Agilität, der Selbstorganisation, der Vernetzung oder Partizipation abstellen oder einen »New-Work-Ansatz« leben, kommen regelmäßig auch an den Punkt, an dem sie auch über die Bemessung und Verteilung ihrer Gehälter nachdenken. Das hängt damit zusammen, dass gewisse Formen der Zusammenarbeit, in denen z. B. eigenverantwortliche Entscheidungen des Mitarbeiters, die im unternehmerischen Interesse getroffen werden sollen, nicht mehr zu traditionellen »Gehaltsmethoden« passen, deren Bewertung allein von Arbeitgeberseite aus erfolgen. Neue Arten der Zusammenarbeit wirken sich daher unter Umständen auch auf die Gehaltsmethoden bzw. die Gehaltsprozesse aus.[4]

O-Ton: Maren Böger

Maren Böger war bis Anfang 2019 Head of People Operations bei eyeo.

Britta Redmann: Sie arbeiten in einem Start-up, das in den letzten vier Jahren von 20 Mitarbeitern auf 140 Mitarbeiter Ende 2018 gewachsen ist. Was ist gerade für Sie eine große Herausforderung im HR-Alltag bezogen auf ein Vergütungssystem in einem agilen Unternehmen?

---

2   ErfK/Preis, 19. Aufl. 2019, BGB § 611a Rn. 391-394.
3   ErfK/Preis, 19. Aufl. 2019, BGB § 611a Rn. 395.
4   Siehe auch Redmann, Agiles Arbeiten im Unternehmen, Haufe 2017, Interview Sipgate, whatever mobile.

Maren Böger: Wir haben zum einen Kollegen, die sich auf dem Weltmarkt bewegen, und Mitarbeiter, die sich auf dem lokalen Markt bewegen. Die Kollegen, die sich auf dem Weltmarkt bewegen, können ganz andere Gehälter aufrufen, als Kollegen auf dem lokalen Markt. Gleichzeitig haben Sie ein größeres Angebot zur Verfügung.

Doch stets erlebe ich Gehalt nicht als den wichtigsten Faktor. Es ist noch immer ein Hygienefaktor. Stimmt das Gehalt im Vergleich zu anderen Kollegen, Bekannten im gleichen Job und vor allem, stimmt das eigene Gefühl in Bezug auf das Gehalt, wird es nicht weiter thematisiert.

Weitere Fragen, die wir uns stellen, sind u. a.: Welche Basis nimmt man bei der Bestimmung der Gehaltsrange? Welche zusätzlichen Faktoren möchte man mit einbeziehen, z. B. Kinderbetreuungskosten, Unterstützung von z. B. Fitnessstudio oder auch mehr Urlaubstage statt Gehalt oder andersrum. Was ist mit einem zeitlichen oder monetären Budget für Weiterbildungen oder Trainings bzw. Lernmaterialien?

Und die große Frage, die sich die Mitarbeiter und auch wir uns als Unternehmen stellen ist: Was ist fair?

Wie stelle ich sicher, dass sich die Gehälter gerecht anfühlen? Macht man die Gehälter transparent? Nutzt man eine Formel zur Berechnung? Was ist der Benchmark und woher bekommt man diesen?

Daran knüpft direkt die Frage nach einem Entwicklungspfad für Mitarbeiter an, einen Entwicklungspfad für das Können und für die Vergütung des Könnens. Wie starr möchte man die Rollen formulieren, was ist der Mehrwert davon und wie ordnet man eine Rolle ein, die sehr flexibel in ihrer Ausgestaltung ist? Wie unterstützt man die Entwicklung der Mitarbeiter und dadurch gleichzeitig des Unternehmens erfolgreich und nachhaltig?

Bisher gibt es noch eine überschaubare Anzahl an Unternehmen, die hinsichtlich der Gehaltsvergabe und oder der Bemessung neue Modelle ausprobiert haben.[5] Hier ragen besonders die Faktoren Transparenz, Selbstbestimmung und Entscheidungsfreiheit heraus, die eine Rolle spielen.[6] Die unterschiedlichen Ansätze reichen von eigens für das Unternehmen entwickelten Kriterien über von Mitarbeitern gewählten Vergütungskomitees oder automatischen Anpassungsprozessen bis hin zu selbstgewählten Gehältern.[7]

---

5   Siehe auch Blogparade #NewPay Teil 1 und 2 https://www.coplusx.de/2017/10/08/new-pay-die-blogparade-im-%C3%BCberblick/; Franke, Hornung, Nobile, NewPay, Haufe 2019 in Erscheinung.
6   https://www.compbenmagazin.de/verguetung-in-agilen-organisationen-lassen-sie-sich-inspirieren/; https://einhorn.my/das-gehalt-bei-einhorn/
7   Siehe auch Blogparade #NewPay Teil 1 und 2 https://www.coplusx.de/2017/10/08/new-pay-die-blogparade-im-%C3%BCberblick/

2.2.1   Wunschgehalt – selbst gewähltes Gehalt

Die vielleicht größte Abweichung zu herkömmlichen tariflichen und betrieblichen Entgeltsystemen gibt es bei Gehältern, die von Mitarbeitern selbst bestimmt werden. Das Modell des Wunschgehaltes ist ein Beispiel hierfür. Wie der Name schon sagt, steht der Wunsch des Einzelnen im Vordergrund, was er für sich gerne verdienen möchte.[8] Dabei muss nicht immer das Wunschgehalt sofort realisiert werden, sondern es kann als mittelfristiges Erreichungsziel dienen, dem man sich entsprechend der betriebswirtschaftlichen Entwicklung des Unternehmens annähert.

Eine etwas andere und ggf. direktere Form ist die des »selbst gewählten Gehaltes«. Hier legt der Mitarbeiter unmittelbar sein Gehalt selber fest.[9] Der Grund für diese Vorgehensweise liegt oftmals darin, dass mit der eigenen Gehaltsfestlegung auch der Mitarbeiter in seinem unternehmerischen Denken und Wirken gestärkt werden soll. Das bedeutet jedoch nicht automatisch, dass dieser Prozess ohne jegliche Rahmenbedingungen und Spielregeln ablaufen muss. So kann es sinnvoll sein, einen Prozess zu definieren, den jeder bei der eigenen Gehaltsfestlegung durchläuft.[10]

2.2.2   Transparente Gehälter

In vielen Überlegungen zu neuen Bemessungs- und Verteilmodellen wird oft auch der Aspekt der »transparenten Gehälter« diskutiert.[11] Transparenz ist ein wichtiger Schlüsselfaktor für agiles und vernetztes Zusammenarbeiten.[12] Gehaltstransparenz im Unternehmen wird oft auch mit vertrauensvoller, offener Zusammenarbeit gleichgesetzt. So können auch Ungleichbehandlungen leichter direkt erkennbar sein.

Tatsächlich fällt bisher auf, dass seit Inkrafttreten des Entgelttransparenzgesetzes und damit der gesetzlichen Möglichkeit für Mitarbeiter, Auskunftsansprüche über den Verdienst von Kollegen bei Vorliegen bestimmter Voraussetzungen geltend zu machen, sich noch nicht viel bewegt. So wird nach einer Umfrage der *Wirtschaftswo-*

---

8   Die Kommunikationsagentur Wigwam hat hier für sich ein Konzept entwickelt und umgesetzt. Dabei wurde das »Wünsch Dir was« zunächst in der Ausgangsphase etwas abgemildert, da mit einem Basis-Gehalt gestartet wurde, welches »proportional zu den Arbeitszeiten des Einzelnen errechnet wurde, und mit der Vorgabe, dass niemand unter sein aktuelles Gehalt fällt«. Von diesem für alle transparenten Basisgehalt geht es dann in Stufen zum Wunschgehalt, welches sich letztendlich dann realisiert, wenn die wirtschaftlichen Belange des Unternehmens dies zulassen. https://www.tbd.community/de/a/gehalt-selbst-bestimmen-wigwam-erfahrungsbericht
9   https://www.coplusx.de/selbst-gewaehltes-gehalt%21/
10   Siehe auch https://www.coplusx.de/selbst-gewaehltes-gehalt%21/
11   Siehe auch Blogparade #NewPay Teil 1 und 2, https://www.coplusx.de/2017/10/08/new-pay-die-blogparade-im-%C3%BCberblick/
12   Redmann, Agiles Arbeiten im Unternehmen, Haufe 2017.

che bislang in großen Unternehmen kaum von Mitarbeitern nachgefragt.[13] Darüber hinaus hat eine andere Studie von zwei Harvard-Professorinnen ergeben, das Gehaltstransparenz unter Umständen eher zu niedrigeren Gehältern in der gesamten Belegschaft führen kann und damit Verhandlungsoptionen von Mitarbeitern eingeschränkt werden. Ferner wurde auch ein Zusammenhang mit dem Rückgang des Arbeitsengagements und der Offenlegung der Gehälter festgestellt, wenn diese bei Kollegen höher lagen, als vom Mitarbeiter eingeschätzt – oder ggf. auch als »fair« empfunden.[14]

Es zeigt sich damit ein weites Feld an Wirkungsmechanismen und dass Transparenz für sich alleine nicht zu einer automatischen Verbesserung oder Akzeptanz von Gehaltsbemessungen oder Verteilungen beiträgt.

2.3 Vergütungspflicht des Arbeitgebers

Beim Thema Vergütung spielen diverse rechtliche Vorschriften eine Rolle, die zu beachten sind, insbesondere bei der Vereinbarung von Gehältern.

2.3.1 Rechtliche Einschränkungen bei Gehaltsvereinbarungen

Die Höhe eines Gehalts ist durch manche Vorgaben bzw. Einschränkungen definiert oder begrenzt: einmal durch die gesetzliche Untergrenze des Mindestlohnes gem. § 1 Mindestlohngesetz (MiLoG)[15] und zum anderen durch Tarifverträge, natürlich nur, sofern eine tarifvertragliche Bindung besteht (§ 4 Abs. 3 Tarifvertragsgesetz (TVG)) oder durch ein mit dem Betriebsrat nach § 87 BetrVG vereinbartes Entgeltsystem. Neben diesen Einschränkungen sind Unternehmen und Mitarbeiter eigentlich völlig frei, die Höhe der vertraglichen Vergütung miteinander auszuhandeln.[16] Wird gar keine Vereinbarung über die Höhe der Vergütung getroffen und ist nach den allgemeinen Umständen bei der erbrachten Arbeitsleistung mit einer Vergütung zu rechnen, greift in diesem Fall das Gesetz ein und fingiert eine stillschweigende Vergütungsabrede (§ 612 Abs. 1 BGB). Deren Höhe regelt sich dann ebenfalls gesetzlich und berechnet sich entweder an einem vorliegenden Vergütungssatz (Taxe) oder – sollte ein solcher nicht für den betreffenden Sachverhalt bestehen – dann nach der »üblichen Vergütung«. Unter »üblich« ist diejenige Bezahlung zu verstehen, die in der gleichen Branche, im gleichen Gewerbe oder Beruf »an dem betreffenden Ort für eine entspre-

---

13 https://www.wiwo.de/unternehmen/banken/entgelttransparenzgesetz-nur-banker-interessieren-sich-fuer-den-lohn-der-kollegen/20995222.html

14 Cullen, Zoe and Perez-Truglia, Ricardo, The Salary Taboo: Privacy Norms and the Diffusion of Information, 2018.

15 ErfK/Franzen, 19. Aufl. 2019, MiLoG § 1 Rn. 1-21.

16 ErfK/Preis, 19. Aufl. 2019, BGB § 611a Rn. 389, 389a.

chende Arbeit gezahlt« wird.[17] Persönliche Umstände und Verhältnisse des Mitarbeiters, wie z. B. dessen Alter, berufliche Erfahrung, Familienstand etc., fließen hier ein und sind zu berücksichtigen. Entscheidend sind hier also neben allgemeinen Faktoren immer auch die Umstände des Einzelfalles.[18] In der Praxis ist ein solcher Rückgriff auf das Gesetz jedoch höchst selten, da Gehalt und geschuldete Tätigkeit doch regelmäßig ausgehandelt werden.

2.3.2 Transparente, klare und eindeutige Absprachen

Unabhängig von der Begrenzung bezüglich einer Mindesthöhe müssen vertragliche Entgeltabreden – ebenso wie der Arbeitsvertrag an sich – den Regelungen zu den Allgemeinen Geschäftsbedingungen gem. den §§ 305 ff. BGB entsprechen. Eine Vereinbarung über das Gehalt muss daher für den Arbeitnehmer transparent, klar und eindeutig erkennbar sein.[19] Ferner können Vereinbarungen über das Entgelt auch nicht einseitig von einer Partei im Nachgang abgeändert werden.[20] Nachvertragliche (Gehalts)Änderungen erfordern daher in der Regel ein einvernehmliches Zusammenwirken der Arbeitsvertragsparteien. Ist der Mitarbeiter nicht einverstanden, bleibt rechtlich seitens des Arbeitgebers nur der schwierige Weg über eine Änderungskündigung. Die rechtlichen Erfolgsaussichten einer solchen Kündigung sind im Einzelfall vorab gründlich zu hinterfragen (und zu prüfen), denn lediglich der Wunsch, ein Gehalt zu ändern, ist noch kein Kündigungsgrund im Sinne des Kündigungsschutzgesetzes

2.3.3 Gleichbehandlungsgrundsatz

Bestehen in einem Unternehmen allgemeine Regelungen oder Grundsätze, nach denen sich Gehälter ausrichten, ist der arbeitsrechtliche Gleichbehandlungsgrundsatz zu beachten.[21] Der arbeitsrechtliche Gleichbehandlungsgrundsatz ergibt sich nicht aus einer einzelnen Rechtsnorm, sondern ist als Gewohnheitsrecht anerkannt.[22] Er dient dazu, Neid und Missgunst unter Kollegen zu vermeiden und damit den »betrieblichen Frieden« im Betrieb zu fördern oder zu erhalten. Damit spielt er eine sehr wichtige Rolle im Rahmen der Entlohnung, wenngleich er bei spezialgesetzlichen

---

17   BAG v. 17.12.2014, NZA 2015, 608; BAG v. 20.04.2011, NZA 2011, 1173; BAG 20.04.2001, NZA 2011,1173; BeckOK ArbR/Joussen, 49. Ed. 01.09.2018, BGB § 612 Rn. 32-37.
18   BeckOK ArbR/Joussen 49. Ed. 01.09.2018 BGB § 612 Rn. 32-37.
19   ErfK/Preis, 19. Aufl. 2019, BGB § 611a Rn. 389, 389a.
20   ErfK/Preis, 19. Aufl. 2019, BGB § 611a Rn. 389, 389a.
21   ErfK/Preis, 19. Aufl. 2019, BGB § 611a Rn. 572, 573.
22   BeckOK ArbR/Joussen, 49. Ed. 01.09.2018, BGB § 611a Rn. 313-315.

Diskriminierungsverboten und Gleichbehandlungspflichten des Allgemeinen Gleich-
behandlungsgesetzes (AGG) daneben tritt.[23]

Zwar sind Arbeitgeber gesetzlich nicht verpflichtet automatisch eine Vergütungsord-
nung aufzustellen – doch wenn sie es tun, haben sie sich an diese unter Berücksichtigung des Gleichbehandlungsgrundsatzes zu halten. Entscheidend kommt es also darauf an, ob eine abstrakte Regelung für eine Gruppe von Mitarbeitern oder mehrere
Fälle gelten soll, also ein »kollektiver Charakter« greift.[24] Das BAG hat hierzu ausgeführt:[25]

> »Der Gleichbehandlungsgrundsatz gebietet dem Arbeitgeber, seine Arbeit-
> nehmer oder Gruppen seiner Arbeitnehmer, die sich in vergleichbarer Lage
> befinden gleich zu behandeln. Er verbietet nicht nur die willkürliche Schlecht-
> erstellung einzelner Arbeitnehmer innerhalb einer Gruppe, sondern auch eine
> sachfremde Gruppenbildung. Allerdings ist der Gleichbehandlungsgrundsatz
> im Bereich der Vergütung nur beschränkt anwendbar, weil der Grundsatz der
> Vertragsfreiheit Vorrang hat. Das gilt aber nur für individuelle vereinbarte
> Löhne und Gehälter. Wenn der Arbeitgeber, was ihm die Vertragsfreiheit
> gewährleistet, einzelne Arbeitnehmer besserstellt, können daraus andere
> Arbeitnehmer keinen Anspruch auf Gleichbehandlung herleiten. Der Gleichbe-
> handlungsgrundsatz ist jedoch anwendbar, wenn der Arbeitgeber die Leistun-
> gen nach einem bestimmten erkennbaren und generalisierenden Prinzip
> gewährt, wenn er bestimmte Voraussetzungen oder einen bestimmten Zweck
> festlegt. Gleiches muss gelten, wenn der Arbeitgeber ohne nach einem erkenn-
> baren und generalisierenden Prinzip vorzugehen, im Betrieb mehrere Vergü-
> tungssysteme anwendet und dabei nicht nur einzelne Arbeitnehmer besser-
> stellt. Andernfalls wäre der Arbeitgeber im Vorteil, der von vornherein keine
> allgemeinen Grundsätze aufstellt, sondern nach Gutdünken verfährt. Das ist
> ihm im Anwendungsbereich des Gleichbehandlungsgrundsatzes, also wenn es
> sich nicht um individuelle Vereinbarungen handelt, verwehrt.«

Das BAG[26] sagt, der Gleichbehandlungsgrundsatz »verbietet nicht nur die willkürliche
Schlechterstellung einzelner Arbeitnehmer innerhalb einer Gruppe, sondern auch
eine sachfremde Gruppenbildung. In jedem Fall setzt die Anwendung des allgemeinen
Gleichbehandlungsgrundsatzes die Bildung einer Gruppe begünstigter Arbeitnehmer
voraus. [...] Allein die Begünstigung einzelner Arbeitnehmer erlaubt allerdings noch
nicht den Schluss, diese Arbeitnehmer bildeten eine Gruppe. Eine Gruppenbildung

---

23 Moll, Münchener Anwaltshandbuch Arbeitsrecht, § 19 Bestimmung und Grundlagen des Entgelts.
24 ErfK/Preis, 19. Aufl. 2019, BGB § 611a Rn. 574-577.
25 BAG 19.08.1992, NAZ 1993, 171; BAG 05.08.2009 – 10 AZR 666/08.
26 BAG 29.09.2004, AP BGB § 242 Gleichbehandlung Nr. 192; BAG 15.07.2009 – 5 AZR 664/03.

liegt vielmehr nur dann vor, wenn die Besserstellung nach einem oder mehreren Kriterien vorgenommen wird, die bei allen Begünstigten vorliegen.«

Vergleichbar und damit in einer Vergleichsgruppe sind Mitarbeiter dann, wenn ihre Tätigkeiten miteinander vergleichbar oder ähnlich sind. Dabei spielt die Wertigkeit einer Tätigkeit keine ausschlaggebende Rolle. Vielmehr liegen gleiche Tätigkeiten vor, wenn sie einheitliche Aufgaben beinhalten. Ähnlich sind sie, wenn die gleichen Anforderungen an die Verrichtung bestehen und die Mitarbeiter damit untereinander ausgetauscht werden könnten, auch wenn die Arbeitsvorgänge voneinander abweichen. Anforderungen können sein: Ausbildung, Eignung, Fähigkeiten, Fertigkeiten Verantwortung oder auch körperliche Belastung.[27] Ob dann tatsächlich eine Vergleichbarkeit vorliegt, wird immer anhand des Einzelfalles und anhand der Verkehrsauffassung zu entscheiden sein. Betrachtet werden dabei die überwiegend ausgeübten tatsächlichen Tätigkeiten – auf Formulierungen im Arbeitsvertrag kommt es insoweit nicht an.[28]

Eine Differenzierung in der Lohnhöhe ist nur dann zulässig, wenn ein sachlicher Rechtfertigungsgrund für eine unterschiedliche Bemessung vorliegt.[29] Hier ist entscheidend auf den Zweck der Leistung abzustellen und wie es das BAG formuliert, darf »ein Teil der Arbeitnehmer nicht sachwidrig oder willkürlich« von den Vergünstigungen ausgeschlossen werden:[30]:

> »Ein Arbeitgeber ist grundsätzlich in seiner Entscheidung frei, ob und unter welchen Voraussetzungen er seinen Arbeitnehmern eine vertraglich nicht vereinbarte Leistung freiwillig gewährt. Bei einer solchen Gewährung ist er aber an den Grundsatz der Gleichbehandlung gebunden, wenn er die freiwillige Leistung nach von ihm selbst gesetzten allgemeinen Regelungen gewährt. Der gewohnheitsrechtlich anerkannte arbeitsrechtliche Gleichbehandlungsgrundsatz verbietet die sachfremde Schlechterstellung einzelner Arbeitnehmer gegenüber anderen Arbeitnehmern in vergleichbarer Lage ebenso wie eine sachfremde Differenzierung zwischen Gruppen von Arbeitnehmern. Zwar gilt im Bereich der Vergütung der Gleichbehandlungsgrundsatz nur eingeschränkt, weil der Grundsatz der Vertragsfreiheit für individuell vereinbarte Löhne und Gehälter Vorrang hat. Das Gebot der Gleichbehandlung greift jedoch ein, wenn der Arbeitgeber Leistungen auf Grund genereller Regelungen für bestimmte Zwecke gewährt. Zahlt er auf Grund einer abstrakten Regelung

27   BeckOK ArbR/Joussen, 49. Ed. 01.09.2018, BGB § 611a Rn. 322-331.
28   BeckOK ArbR/Joussen, 49. Ed. 01.09.2018, BGB § 611a Rn. 322-331.
29   BeckOK ArbR/Joussen, 49. Ed. 01.09.2018, BGB § 611a Rn. 312-341.
30   BAG 12.10.2011, NZA 2012, 680.

eine freiwillige Leistung nach einem erkennbar generalisierenden Prinzip und legt er entsprechend dem mit der Leistung verfolgten Zweck die Anspruchs-voraussetzungen für diese Leistung fest, darf er einzelne Arbeitnehmer von der Leistung nur ausnehmen, wenn dies den sachlichen Kriterien entspricht. Arbeitnehmer werden nicht sachfremd benachteiligt, wenn nach dem Zweck der Leistung Gründe vorliegen, die es unter Berücksichtigung aller Umstände rechtfertigen, ihnen die anderen Arbeitnehmern gewährten Leistungen vorzu-enthalten.«

Danach ist es dem Arbeitgeber verwehrt, einzelne Arbeitnehmer oder Gruppen von Arbeitnehmern von allgemein begünstigenden Regelungen auszunehmen oder sie schlechter zu stellen.[31]

Sachgerechte Gründe, die vom BAG für eine unterschiedliche Behandlung für die Gewährung von Sonderzahlungen anerkannt wurden und somit als Orientierung her-angezogen werden können, sind zum Beispiel:[32]
- Bindung besonderer Mitarbeitergruppen an den Betrieb
- besondere Belastungen
- Arbeiten unter erheblicher Stresssituation
- Differenzierung zwischen Arbeitnehmer, die auf Entgeltbestandteile verzichtet haben, und denjenigen, die nicht verzichtet haben
- Differenzierung nach Aufgaben und Anforderungen
- Führungskräfte einer bestimmten Hierarchieebene

Im Umkehrschluss ist der Mitarbeiter allerdings nicht gezwungen, eine gleiche Behandlung oder gleiche Entlohnung anzunehmen. Von seiner Seite darf er – sofern sichergestellt ist, dass seine Entscheidung freiwillig und ohne Druck zustande gekom-men ist – eine Leistung auch ablehnen.[33]

Die Darlegungs- und Beweislast für eine Ungleichbehandlung liegt grundsätzlich beim Arbeitnehmer.[34] Wenn er diese Darlegungslast im Streitfall erfüllt, ist es Aufgabe des Arbeitgebers, sich zu erklären und darzulegen, warum und nach welchen Kriterien er eine Differenzierung für angebracht und begründet hält.[35]

---

31   BAG 12.01.2000, NZA 2000, 944; BAG 24.10.2006 AP BGB § 611 Gratifikation Nr. 263.
32   BAG 25.08.1982 AP BGB § 242 Gleichbehandlung Nr. 53; BAG 20.11.1996 NZA 1997, 312; BAG 05.03.1980 AP BGB § 242 Gleichbehandlung Nr.43; BAG 25.01.1984 NZA 1984, 326; BAG 20.09.2017 – 10 AZR 610/15; BAG 21.10.2009 NZA-RR 2010,289; ErfK/Preis, 19. Aufl. 2019, BGB § 611a Rn. 593-599.
33   ErfK/Preis, 19. Aufl. 2019, BGB § 611a Rn. 574-577.
34   ErfK/Preis, 19. Aufl. 2019, BGB § 611a Rn. 605.
35   BAG 23.02.2011 – 5 AZR 84/10; ErfK/Preis, 19. Aufl. 2019, BGB § 611a Rn. 605.

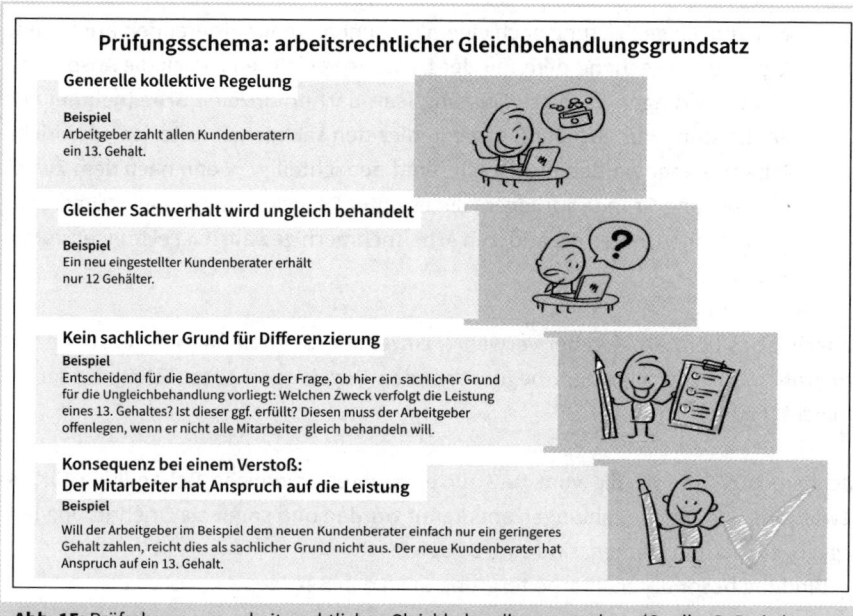

Abb. 15: Prüfschema zum arbeitsrechtlichen Gleichbehandlungsgrundsatz (Quelle: C. Grein/ B. Redmann)

2.3.4   Allgemeines Gleichbehandlungsgesetz

Die Vergütung oder auch die Verteilungsgrundsätze dürfen weiterhin nicht gegen das Allgemeine Gleichbehandlungsgesetz (AGG) verstoßen. Eine Vergütung von gleichen oder gleichwertigen Tätigkeiten darf nicht aufgrund eines der in § 1 AGG genannten Gründe geringer ausfallen (§ 2 Abs. 1 Nr. 2 AGG.[36] Grundsätzlich gilt: »Gleiche Arbeit – gleicher Lohn«.[37] Auch besondere Schutzvorschriften, wie sie z. B. für Mütter oder Schwerbehinderte gelten, rechtfertigen keine geringere Vergütung. Eine Ungleichbehandlung ist nur dann gem. § 8 AGG gerechtfertigt, wenn diese in der Art der Tätigkeit begründet ist.

So erfasst nach Aussage des BAG[38] das Benachteiligungsverbot des § 7 Abs. 1 AGG …

> »allerdings nicht jede Ungleichbehandlung, sondern nur eine Ungleichbehandlung wegen eines in § 1 AGG genannten Grundes. Zwischen der Benachteiligung und einem in § 1 AGG genannten Grund muss demnach ein Kausalzusammenhang bestehen. Soweit es um eine unmittelbare Benachteiligung

---

36   ErfK/Schlachter, 19. Aufl. 2019, AGG § 2 Rn. 8-10.
37   BAG 11.12.2007– 3 AZR 249/06.
38   BAG 23.11.2017 – 8 AZR 372/16.

i. S. v. § 3 Abs. 1 AGG geht, ist hierfür nicht erforderlich, dass der betreffende Grund i. S. v. § 1 AGG das ausschließliche oder auch nur ein wesentliches Motiv für das Handeln des Benachteiligenden ist; vielmehr ist der Kausalzusammenhang bereits dann gegeben, wenn die Benachteiligung i. S. v. § 3 Abs. 1 AGG an einen Grund i. S. v. § 1 AGG anknüpft oder durch diesen motiviert ist, wobei die bloße Mitursächlichkeit genügt. [...] Geht es hingegen um eine mittelbare Benachteiligung i. S. v. § 3 Abs. 2 AGG, ist der Kausalzusammenhang dann gegeben, wenn die tatbestandlichen Voraussetzungen des § 3 Abs. 2 Hs. 1 AGG erfüllt sind, ohne dass es einer direkten Anknüpfung an einen Grund i. S. v. § 1 AGG oder eines darauf bezogenen Motivs bedarf.«[39]

2.3.5 Entgelttransparenzgesetz

Ein ausdrückliches Diskriminierungsverbot aufgrund des Geschlechtes ist im Entgelttransparenzgesetz geregelt. Danach sind mittelbare und unmittelbare Benachteiligungen wegen des Geschlechtes verboten und gelten für sämtliche Bestandteile und Entgeltbedingungen (§ 3 EntgTranspG).[40]

Bei einer unmittelbaren Diskriminierung muss das Geschlecht direkt ursächlich für die ungleiche Bezahlung sein. Das ist z. B. dann der Fall, wenn die Löhne von Frauen niedriger sind als die von Männern – und natürlich auch im umgekehrten Fall.

Von einer mittelbaren Diskriminierung ist auszugehen, wenn wegen eines bestimmten Kriteriums schlechter gezahlt wird, welches vornehmlich nur ein Geschlecht betrifft und auch kein sachlicher Grund vorliegt, der diese Differenzierung rechtfertigt.[41] Das ist dann der Fall, wenn das Unterscheidungskriterium wesentlich häufiger bei einem Geschlecht vorliegt.[42] Das klassische Beispiel ist hier immer die geringer vergütete Teilzeitarbeit als mittelbare Diskriminierung, da in der Regel (zurzeit) noch mehr Frauen in Teilzeit arbeiten als Männer.

Um eine mittelbare Benachteiligung gem. § 3 Abs. 3 2. Hauptsatz EntgTranspG zu rechtfertigen, bedarf es eines wichtigen Zweckes, der mit der ungleichen Behandlung erreicht werden soll. Als wichtiger Zweck ist anerkannt, wenn mithilfe der mittelbaren Benachteiligung unternehmerische oder staatliche Ziele erreicht werden können und

---

39   Siehe auch: BAG, Urt. v. 15.12.2016 – 8 AZR 454/15.
40   BeckOK ArbR/Roloff, 49. Ed. 01.09.2018, EntgTranspG § 3 Rn. 1, 2.
41   Siehe auch BAG 23.11.2017 – 8 AZR 372/16; ErfK/Schlachter, 19. Aufl. 2019, EntgTranspG § 3 Rn. 4-10.
42   Siehe auch EuGH 16.07.2015, NZA 2015, 1247.

dies in geeigneter, erforderlicher und verhältnismäßiger Weise geschieht.[43] Dies entspricht der Rechtsprechung des EuGH, in der er ausführt:[44]

>»Stellt das vorlegende Gericht fest, dass die von der Beklagten gewählten Mittel einem wirklichen Bedürfnis des Unternehmens dienen und für die Erreichung dieses Ziels geeignet und erforderlich sind, so reicht der Umstand, dass diese Maßnahmen eine wesentlich größere Anzahl von weiblichen als von männlichen Arbeitnehmern treffen, für die Feststellung, dass sie eine Verletzung des Art. 119 darstellen, nicht aus.«

Es kommt hier also auf ein wesentliches unternehmerisches Bestreben an.[45] Als solche »unternehmerischen« Gründe kommen z. B. in Betracht:[46]

- arbeitsmarktbezogene Gründe (z. B. die formale Berufsausbildung oder Qualifikation)
- arbeitsergebnisbezogene Gründe (z. B. die besondere Qualität der geleisteten Arbeit)
- leistungsbezogene Gründe (z. B. Bereitschaft zur Leistung von Überstunden, Prämie zur Gewinnung von Beschäftigten)

Nicht ausreichend als Rechtfertigungsgrund sind dagegen allgemeine Aussagen oder vermeintliche Merkmale, denen sich keine objektiven Kriterien zuordnen lassen,[47] wie z. B. Loyalität oder Motivation bei Mitarbeitern.

Unabhängig davon, ob ein Verstoß gegen den arbeitsrechtlichen Gleichbehandlungsgrundsatz, das AGG oder das EntgTranspG vorliegt, in allen Fällen hat der Mitarbeiter einen direkten Erfüllungsanspruch auf Zahlung der entsprechenden Vergütung.[48]

Werden also im Zusammenhang mit der Gehaltsfindung bzw. mit der Verteilung von Gehältern Kriterien in Organisationen aufgestellt oder neu entwickelt, müssen diese den gesetzlichen Anforderungen des AGG und des EntgTranspG ebenso wie dem Grundsatz nach Gleichbehandlung entsprechen.

---

43   BeckOK ArbR/Roloff, 49. Ed. 01.09.2018, EntgTranspG § 3 Rn. 6-12.
44   EuGH 13.05.1986 – Rs 170/84.
45   BeckOK ArbR/Roloff, 49. Ed. 01.09.2018, EntgTranspG § 3 Rn. 6-12.
46   EuGH 28.02.2013 – C-427/11; ErfK/Schlachter, 19. Aufl. 2019, EntgTranspG § 3 Rn. 8-10.
47   Siehe auch EuGH 07.02.1991 – Rs C – 184/89; EuGH 13.07.1989 NZA 1990, 437.
48   ErfK/Preis, 19. Aufl. 2019, BGB § 611a Rn. 606-609.

2.4   Mitbestimmung des Betriebsrats

Soweit es um Vergütung geht, sind – wenn ein Betriebsrat existiert – grundsätzlich Mitbestimmungsrechte des Betriebsrates zu beachten. In Betracht kommen hier die Mitbestimmung bei der Lohngestaltung gem. § 87 Abs. 1 Nr. 10 BetrVG und Nr. 11.

Diese Mitbestimmungsrechte beziehen sich auf alle leistungs- und tätigkeitsrelevanten Vergütungsbestandteile von Mitarbeitern.[49] Beispielhaft im Gesetz aufgeführt sind »Entlohnungsgrundsätze« und »Entlohnungsmethoden«. Gegenstand der Mitbestimmung ist die Verteilungsgerechtigkeit und – dies wird häufig verkannt – nicht die Höhe einer Vergütung. Das Mitbestimmungsrecht bezieht sich auch nur auf kollektive Tatbestände. Ein kollektiver Tatbestand liegt vor, wenn Grund und Höhe der Zahlung von allgemeinen Merkmalen abhängig gemacht werden, die von einer Mehrzahl der Arbeitnehmer des Betriebes erfüllt werden können.[50]

»Lohn« im Sinne der Vorschrift des § 87 Abs. 1 Nr. 10 BetrVG umfasst alle vermögenswerten Leistungen, die der Mitarbeiter als Ausgleich für seine erbrachte Arbeitsleistung erhält.[51] Dabei kann es sich um leistungsbezogene Vergütungen, Gratifikationen, laufende Zahlungen oder auch Sachleistungen handeln.[52]

Abb. 16: Übersicht: Mitbestimmungspflichtiges Arbeitsentgelt (Quelle: C. Grein/B. Redmann)

---

49   Richardi BetrVG/Richardi, 16. Aufl. 2018, BetrVG § 87 Rn. 749, 750.
50   BAG 22.06.2010 1 AZR 853/08, Richardi BetrVG/Richardi, 16. Aufl. 2018, BetrVG § 87 Rn. 750-753.
51   BAG 29.01.2008, NZA-RR 08, 469; BeckOK ArbR/Werner, 49. Ed. 01.09.2018, BetrVG § 87 Rn. 153, 154.
52   BeckOK ArbR/Werner, 49. Ed. 01.09.2018, BetrVG § 87 Rn. 153, 154.

Mit »Entlohnungsgrundsätzen« sind die Regelungen gemeint, nach denen ein Vergütungssystem aufgestellt wird. Es handelt sich um die Regeln, nach denen ein Vergütungssystem aufgestellt wird.[53] »Entlohnungsmethode« ist die Art und Weise, in der das spätere Vergütungssystem ausgeführt wird.[54] Von der Mitbestimmung ist auch die Änderung von Entlohnungsgrundsätzen als auch deren Ausführung (Methode) umfasst.[55]

2.5   Datenschutz

Sofern Gehälter transparent gemacht werden sollen, sind auch die Regelungen des Datenschutzes zwingend zu beachten. Nach § 26 BDSG muss die Erhebung und Nutzung von Daten verhältnismäßig sein, um die Rechte und Pflichten aus dem Arbeitsverhältnis erfüllen zu können.[56] Das ist dann der Fall, wenn die Erhebung oder Verarbeitung erforderlich, geeignet und angemessen ist.[57] Erforderlichkeit ist gegeben, wenn ein Arbeitgeber die Daten vernünftigerweise benötigt.[58] Die Begründung und auch die Durchführung eines Arbeitsverhältnisses sind natürlich möglich, ohne dass Gehälter von Mitarbeitern gegenüber anderen Mitarbeitern offengelegt werden.

Es liegt jedoch dann kein Verstoß gegen den Datenschutz vor, wenn der Arbeitnehmer sein freiwilliges Einverständnis zur Verarbeitung seiner Daten gegeben hat (§ 26 Abs. 2 BDSG). Dies ist dann gegeben, wenn die Einwilligung ohne Einwirkung äußeren Zwangs und psychischen Drucks erfolgt ist.[59] Davon ist immer dann auszugehen, wenn der Mitarbeiter ein gleichberechtigtes Interesse an der Erhebung und Nutzung der Daten hat.[60] In der Gesetzesbegründung ist hierzu ausgeführt:[61]

> »Bei der Beurteilung, ob eine Einwilligung freiwillig erteilt wurde, sind insbesondere die im Beschäftigungsverhältnis grundsätzlich bestehende Abhängigkeit der oder des Beschäftigten vom Arbeitgeber und die Umstände des Einzelfalls zu berücksichtigen. Neben der Art des verarbeiteten Datums und der Eingriffstiefe ist zum Beispiel auch der Zeitpunkt der Einwilligungserteilung

---

53   Richardi BetrVG/Richardi, 16. Aufl. 2018, BetrVG § 87 Rn. 774-782; ErfK/Kania, 19. Aufl. 2019, BetrVG § 87 Rn. 99-103.
54   Richardi BetrVG/Richardi, 16. Aufl. 2018, BetrVG § 87 Rn. 783-788; ErfK/Kania, 19. Aufl. 2019, BetrVG § 87 Rn. 99-103.
55   Richardi BetrVG/Richardi, 16. Aufl. 2018, BetrVG § 87 Rn. 783-788; ErfK/Kania, 19. Aufl. 2019, BetrVG § 87 Rn. 99-103.
56   ErfK/Franzen, 19. Aufl. 2019, BDSG § 26 Rn. 9-11.
57   ErfK/Franzen, 19. Aufl. 2019, BDSG § 26 Rn. 9-11.
58   ErfK/Franzen, 19. Aufl. 2019, BDSG § 26 Rn. 9-11.
59   BAG 11.12.2014 – 8 AZR 1010/13.
60   ErfK/Franzen, 19. Aufl. 2019, BDSG § 26 Rn. 9-11.
61   BT-Drs. 18/11325 S. 97.

maßgebend. Vor Abschluss eines (Arbeits-)Vertrages werden Beschäftigte regelmäßig einer größeren Drucksituation ausgesetzt sein, eine Einwilligung in eine Datenverarbeitung zu erteilen. Satz 2 legt fest, dass eine freiwillige Einwilligung insbesondere vorliegen kann, wenn die oder der Beschäftigte infolge der Datenverarbeitung einen rechtlichen oder wirtschaftlichen Vorteil erlangt oder Arbeitgeber und Beschäftigter gleichgerichtete Interessen verfolgen. Die Gewährung eines Vorteils liegt beispielsweise in der Einführung eines betrieblichen Gesundheitsmanagements zur Gesundheitsförderung oder der Erlaubnis zur Privatnutzung von betrieblichen IT-Systemen. Auch die Verfolgung gleichgerichteter Interessen spricht für die Freiwilligkeit einer Einwilligung. Hierzu kann etwa die Aufnahme von Name und Geburtsdatum in eine Geburtstagsliste oder die Nutzung von Fotos für das Intranet zählen, bei der Arbeitgeber und Beschäftigter im Sinne eines betrieblichen Miteinanders zusammenwirken.«

Inwieweit diesen Anforderungen mit einer entsprechend transparenten, eigenverantwortlichen Unternehmenskultur Rechnung getragen werden kann, ist bisher noch nicht entschieden. Es erscheint fraglich, ob die zuständigen Gerichte und Behörden eine solche Transparenz auch bei vorliegenden Einwilligungen als rechtskonform bewerten werden.

Eine gewisse Unwägbarkeit und Unverbindlichkeit bringt die Einwilligung aber auch deswegen mit sich, da sie jederzeit vom Mitarbeiter zurückgenommen werden kann.[62]

Für die Einwilligung schreibt das Gesetz die Schriftform vor, von der nur in Ausnahmefällen, z. B. im Fall besonderer Eilbedürftigkeit, abgewichen werden kann.

O-Ton: Stefan Versinger

Stefan Versinger ist Referent für Arbeitspolitik bei den Vereinigten Unternehmerverbänden Aachen.

Britta Redmann: Als Referent für Arbeitspolitik gestalten Sie gemeinsam mit Unternehmen unter anderem deren Vergütungssysteme. Was sind nach Ihrer Einschätzung Herausforderungen für Unternehmen, ein eigenes Grundvergütungs- oder Leistungsvergütungssystem zu erstellen?
Stefan Versinger: Die Herausforderungen bei einem **Grundvergütungssystem**, also dem »Was soll gemacht werden«, bestehen im Wesentlichen in der Identifizierung des Wertes der Arbeitsaufgabe und der Sicherstellung seiner arbeits-

---

62 Siehe Art. 4 Nr. 11 DSGVO, Art 7 Abs. 3 DSGVO, § 26 Abs. 2 BDSG.

platzübergreifenden Vergleichbarkeit. Für Unternehmen und ihre Akteure muss daher ein gemeinsames Verständnis über die Notwendigkeit bestehen, ein Vergütungssystem idealerweise über den Prozess der Arbeitsbewertung an Arbeitsplätzen zu erstellen.

Wesentliche Bedingungen dafür sind:

* Es erfolgt eine personenunabhängige Bewertung der Anforderungen am Arbeitsplatz.
* Die Arbeitsaufgabe wird bewertet, nicht die Bezeichnung des Arbeitsplatzes.
* Der Arbeitsinhalt des Arbeitsplatzes wird ganzheitlich betrachtet.

Die Anwendung dieser Bedingungen ermöglicht den grundsätzlichen Aufbau eines transparenten und diskriminierungsfreien Vergütungssystems.

Die Herausforderungen beim **Leistungsvergütungssystem**, also beim »Wie soll etwas gemacht werden«, bestehen bei der Identifizierung von Leistung in der tatsächlichen Abgrenzung zur Wertermittlung bei der Grundvergütung. Dieses Verständnis sollte mit dem hier notwendigen und gewollten Personenbezug verbunden sein, der verhindert, dass es zur Doppelung von Wertermittlungen und damit zu einer Verwässerung des gesamten Vergütungssystems kommt.

Für betriebliche Akteure ist darüber hinaus das Wissen um die Prozesse an den Arbeitsplätzen notwendig. Dieses Wissen bildet die Grundlage dafür, zu identifizieren, welche (Teil-)Arbeitsprozesse von den Personen im Sinne der Leistungserfüllung tatsächlich beeinflusst werden können. Leistungsergebnisse, die man messen oder zählen kann, werden i. d. R. über **Prämien- oder Akkordsysteme** abgebildet. Sind die Ergebnisse nicht quantifizierbar, finden sehr oft **Beurteilungssysteme** Anwendung, die die verhaltensbedingte Leistung abbildet. **Zielvereinbarungssysteme** können sowohl quantitative als auch qualitative Leistungsergebnisse beinhalten. Die Entscheidung für die Anwendung eines dieser Systeme oder eine Kombination dieser liegt also in der Arbeitsaufgabe begründet.

Britta Redmann: Was ist erforderlich, damit ein Vergütungssystem (egal ob monetär oder nicht-monetär) funktioniert?

Stefan Versinger: Bei den **Grundvergütungssystemen** entscheiden hauptsächlich zwei Regeln über die mittel- und langfristige »Funktionalität«:

1. **Das System ist aktuell zu halten!**
   Nachdem ein Vergütungssystem auf der Grundlage aktueller Arbeitsbewertungen genutzt wird, verändern sich ggf. die Bedingungen an den Arbeitsplätzen aufgrund technologischer und organisatorischer Umstände. Diese Änderungen sind in regelmäßigen Abständen durch einen neuen Arbeitsbewertungsprozess dahingehend zu überprüfen, ob sich dadurch der Vergütungswert eines Arbeitsplatzes geändert hat.

2. **Keinen Personenbezug durch die Hintertür schaffen!**
   Wenn ein Beschäftigter eine höhere Vergütung einfordert, ist dies bei gleich-

bleibender Arbeitsaufgabe und damit gleichbleibendem Vergütungswert des Arbeitsplatzes nicht über das Vergütungssystem z. B. durch Eingruppierung in eine höhere Vergütungsgruppe abzubilden. Die Folge wäre ein tatsächlicher Personenbezug zum System, der eine Vergleichbarkeit und Diskriminierungs-freiheit nicht mehr gewährleistet sowie ein objektives Anwenden des Systems unmöglich macht.

Die drei grundsätzlichen Instrumente von **Leistungsvergütungssystemen** sind auf Dauer erfolgreich, wenn die dadurch gesetzte Anreizwirkung das beabsich-tigte Ergebnis mit sich bringt und wenn …

- bei **Prämien- und Akkordsystemen** die in einem erheblichen Umfang not-wendige Datengrundlage zur Messung der Leistung plausibel und vorhanden ist und der nicht geringe administrative Aufwand zur Erfassung und Auswer-tung der Daten in einem guten Verhältnis von Aufwand zum angestrebten Nutzen steht,
- bei **Beurteilungssystemen** die geeigneten Merkmale zur Beurteilung gewählt werden und es möglich ist, im Ablauf der Beurteilung die systemim-manente Subjektivität des Verfahrens zu objektivieren und darüber hinaus die beurteilenden Führungskräfte befähigt sind, Beurteilungsgespräche zu führen,
- bei **Zielen,** die ambitioniert aber erreichbar sein sollten, diese tatsächlich *vereinbart* werden.

Wie bei der Grundvergütung ist es wichtig, das Anforderungsniveau und die Struktur der Leistungserbringung entsprechend der technologischen und organi-satorischen Entwicklung der Arbeit aktuell zu halten, damit keine Verstetigung der Leistungsvergütung eintritt, sondern gewünschte und geforderte Leistung tatsächlich erbracht und dementsprechend vergütet wird.

2.6   #Legal Check: New Pay

- Gehaltsvereinbarungen müssen sich im Rahmen der tariflichen bzw. betriebsver-fassungsrechtlichen Schranken und den Bestimmungen des Mindestlohngesetzes befinden.
- Es ist daher insbesondere zu beachten, dass Mitarbeiter in Gehaltssystemen und Strukturen im Rahmen der gesetzlichen Regelungen gleichbehandelt werden. Insbesondere folgende Regelungen sind hier zu prüfen:
  - AGG
  - EntgTranspG
  - Allgemeiner Gleichbehandlungsgrundsatz
- Der Betriebsrat hat nach § 87 Abs. 1 Nr. 10 und 11 BetrVG Mitbestimmungsrechte und ist bei Vorliegen der entsprechenden Voraussetzungen zu beteiligen.
- Die Einhaltung des Datenschutzes ist bei transparent gemachten Gehältern aktu-

ell problematisch: Freiwillige Einwilligungen des Mitarbeiters müssen schriftlich erfolgen und können jederzeit widerrufen werden.

2.7   #Bedürfnischeck: »New Pay«

Nicht nur die Gehaltshöhe erfüllt bestimmte Bedürfnisse, sondern auch der Prozess zur Gehaltsfindung, der Gehaltshöhe und andere Verteilungsmethoden können zu einer erhöhten Zufriedenheit beitragen. Mögliche Bedürfnisse, die hier befriedigt werden, können sein:

Bedürfnisse/Interessen von Mitarbeitern	Bedürfnisse/Interessen von Unternehmen
Gehaltshöhe: • Anerkennung und Wertschätzung: Würdigung, Respekt • Status • Sicherheit Gehaltsfindung: • Mitverantwortung • Anpassung an Lebensphasen möglich • arbeitnehmerspezifische, individuelle Gehaltsfindung Verteilmethoden: • Mitbestimmung • Mitverantwortung Bei allen: • Selbstbestimmung • Entscheidungsfreiheit • Partizipation • Flexibilität • Gestaltungsspielraum • Zugehörigkeit • Sinn • persönliche Weiterentwicklung	• Mitarbeiter halten • Mitarbeiter gewinnen • Attraktivität als Arbeitgeber • Image • Werte • Verantwortungsteilung • Motivation • Flexibilität • Anpassungsfähigkeit • emotionale Bindung • Berücksichtigung der Mitarbeiterentwicklung • nutzen- und bedarfsorientiert am jeweiligen Unternehmen • Gestaltungsspielraum • Förderung von Agilität im Unternehmen • Innovation • Wettbewerbsfähigkeit

Tab. 12: Bedürfnischeck: »New Pay«

!   **Neue Entlohnungsformen und New Pay – ein Fazit**

Wer sich mit neuen Formen der Zusammenarbeit – wie z. B. agiler Zusammenarbeit oder der Arbeit in selbstorganisierten Teams – beschäftigt, kommt nicht umhin, hier auch über passende und zukunftsgewandte Vergütungsmethoden nachzudenken. Auch deswegen werden beim Thema Vergütung Unternehmen in Zukunft vielfältigere Vergütungssysteme bieten müssen, um individuelle Ansprüche und Bedürfnisse zu berücksichtigen. Das bedeutet unter Umständen auch, sich von »dem einzig richtigen schon immer dagewesenen Gehaltsmodell« zu verabschieden und auch diesbezüglich offen für Veränderungen zu sein.

3 Zeit statt Geld

Dauer und Verteilung von Arbeitszeit wird immer wichtiger: für Unternehmen, weil sie Mitarbeiter benötigen, die möglichst umfänglich zur Verfügung stehen, z. B. weil so der Kunde im besten Fall im 24/7-Service bedient werden kann. Auf der anderen Seite wird es für Mitarbeiter immer wertvoller im Leben, über selbstbestimmte Zeit, ggf. auch unterschiedlich gestaltet, je nach Lebensphase zu verfügen. Davon hat auch das Unternehmen wieder etwas, denn glückliche, bedürfniserfüllte Mitarbeiter sind leistungsstärker und bleiben einer Firma länger erhalten.

3.1 Sehnsucht nach Zeit versus Verfügbarkeit

Mitarbeiter haben heute ein viel größeres Verlangen nach selbstbestimmter und für sie selbst optimal verteilter und variabel gestalteter Arbeitszeit als noch vor einigen Jahren. Das betrifft die »Wissensarbeiter« genauso wie den Kollegen, der in der Produktion am Band steht oder im Einzelhandel leistet. Die Sehnsucht danach ist bei allen die gleiche. Nur die Umsetzung ist bei Ersterem viel einfacher, weil er für seine Tätigkeit keinen bestimmten Arbeitsplatz und auch keine bestimmte »Maschine« benötigt.

Es ist schon jetzt so und wird für Menschen immer wichtiger werden, dass sie über ihre Zeit möglichst frei verfügen können.[1] Gleichzeitig möchten sich die meisten gleichwohl in einer »sicheren«, stabilen Arbeitsbeziehung befinden und wählen nicht den Weg in die Selbstständigkeit.[2] Der starke Wunsch ist, selbst zu entscheiden, von wo aus und wann sie arbeiten und dafür gleichzeitig ein konstant hohes und damit planbares Gehalt zu bekommen. Das ist auch keine Frage einer bestimmten Generation oder eines bestimmten Alters, sondern eher eine Frage der Lebensphase.[3] Die Gründe sind vielfältiger Art: sei es, um mehr Zeit mit der Familie zu verbringen oder sich auch mehr kümmern zu müssen (Stichwort Kinderbetreuung oder Pflege der Eltern), sei es um auch persönliche Auszeiten für sich selber nutzen zu können, z. B. für Hobbys, Reisen, Weiterbildung oder eben einfach nur, um mal »Zeit für sich selbst zu haben«. Genauso fällt ins Gewicht, wie weit und wie zeitlich aufwendig ein Anfahrtsweg zur Arbeitsstätte ist und wie viel »Lust« hier besteht, diese Zeit aufzubringen oder ob dies jeden Tag eher als Verlust von »Lebenszeit« empfunden wird, die eigentlich

---

1 Siehe Teil 1, Kapitel 5.1.
2 Siehe auch https://de.statista.com/statistik/daten/studie/183869/umfrage/entwicklung-der-absoluten-gruenderzahlen-in-deutschland/
3 https://www.haufe.de/personal/hr-management/arbeitszeiten-flexible-arbeit-was-arbeitnehmer-wollen_80_421040.html

besser genutzt werden könnte (vielleicht ja sogar auch für den Arbeitgeber?). Zeit ist jedenfalls ein hohes Gut bei Mitarbeitern.[4]

Auf der anderen Seite – dies wird bislang aber recht selten thematisiert – birgt eine solche zusätzliche Flexibilität und Freiheit in der Ausgestaltung auch immer das Risiko einer Überforderung in sich.[5]

Der »Sehnsucht« von Mitarbeitern stehen unternehmerische Bedürfnisse gegenüber, die ebenfalls auf die Ressource »Mitarbeiterzeit« ausgerichtet sind: Damit geht eine hohe Kundenorientierung einher und der Anspruch, Kundenwünsche schnell, optimal und am besten direkt zu erfüllen. Gab es vor einigen Jahren noch fest geregelte »Erreichbarkeitszeiten«, so gibt es heute »Rundum-Services«, die dem Kunden möglichst eine »All-time-Versorgung« bieten. Und wenn es nicht das eigene Unternehmen anbietet, dann findet der Kunde das gewünschte Angebot eben beim Mitbewerber. Der Druck ist hier also auch auf Unternehmensseite – gerade im Mittelstand – hoch. Mit herkömmlichen Nine-to-Five-Arbeitszeiten oder ähnlich starren Teilzeitmodellen wird es Betrieben nur schwer gelingen, diesen Ansprüchen an eine kundenorientierte Erreichbarkeit – nämlich immer dann, wenn es notwendig ist – zu genügen.

Im Rahmen eines Projekts der Deutschen Telekom und der Universität St. Gallen wurden 60 Experteninterviews mit Top-Managern der Telekommunikations- bzw. der ICT-Branche sowie deutschen und amerikanischen Wissenschaftlern, Unternehmensberatern, Verbands- und Gewerkschaftsvertretern geführt. Die Ergebnisse wurden in 25 Thesen der Zukunft im digitalen Zeitalter zusammengefasst.[6] In einigen dieser Thesen wird deutlich, welche Anforderungen an Arbeitszeitgestaltung in Unternehmen gestellt werden:[7]

> **!**   **Arbeit 4.0 – Megatrends digitaler Arbeit der Zukunft**
>
> - **»Peer-to-Peer statt Hierarchie**
>   Hoch spezialisierte Fachkräfte kommunizieren weltweit in Special Interest Communities. Nicht mehr die Organisationszugehörigkeit, sondern nur noch die fachliche Expertise leitet Loyalitäten. Die gelösten Bindungen führen auch zum Ende der Organisierbarkeit. Gewerkschaften bekommen dies bereits heute zu spüren: Engagement für Allgemeinbelange findet nur noch selektiv statt.
> - **Offen statt geschlossen**
>   Akzelerierte Transparenzansprüche sowie die Notwendigkeit zu Co-Creation mit Kunden (Open Innovation) führen zu einer Öffnung und Entgrenzung vormals geschlossener

---

4   Siehe Teil 1, Kapitel 5.3.
5   Siehe auch Bissels/Meyer-Michaelis, »Arbeiten 4.0 – Arbeitsrechtliche Aspekte einer zeitlich-örtlichen Entgrenzung der Tätigkeit«, DB 2015, 2331 ff.
6   Arbeit 4.0 – Megatrends digitaler Arbeit der Zukunft – 25 Thesen, 2015.
7   Arbeit 4.0 – Megatrends digitaler Arbeit der Zukunft – 25 Thesen, 2015.

Unternehmensstrukturen. Übergänge zwischen innen und außen werden flüssig, Herrschaftswissen, wie z. B. Patente, verlieren an Wert. Die Fähigkeit, schnell und offen zu
skalieren, wird zum Königsweg. Dabei wird die Crowd zum Teil der Wertschöpfung.

- **Arbeit ohne Grenzen**
  Hochqualifizierte Spezialisten erbringen im Rahmen von Projektarbeit Arbeitsleistung
  rund um die Welt. Qualifikationen sind global transparent und vergleichbar. Die räum-
  liche Verortung des Leistungserbringers spielt keine Rolle mehr. Arbeit erlangt damit
  erstmals die gleiche Mobilität wie Kapital.
- **Beruf und Privat verschwimmen**
  Die traditionellen Arbeitsorte und -zeiten lösen sich auf. Für Arbeitnehmer ergeben sich
  hieraus individuelle Gestaltungspotenziale, zum Beispiel zur besseren Vereinbarkeit von
  Familie und Beruf aber auch neue Belastungen (»always on«).
- **Stärkung personenbezogener Dienstleistung**
  In Hochlohnländern werden Tätigkeiten mit unmittelbarer menschlicher Interaktion
  aufgewertet. Diese Jobs wachsen auch prozentual. Standardisierbare und anonyme
  Prozesse dagegen, gerade im Bereich ICT, werden zum Gegenstand von Offshoring und
  weiterem Effizienzdruck.
- **Selbstmanagement als Kernqualifikation**
  Durch die flexible und bedarfsgerechte Vergabe von Aufträgen an Arbeitskraft-Unter-
  nehmer lösen sich traditionelle Arbeitszusammenhänge und -abläufe auf. Die Arbeitszeit
  setzt sich zusammen aus Mikro-Arbeitszeiten verschiedener Aufgaben, die der Arbeitneh-
  mer nach Bedürfnis und Fähigkeit zusammenstellt.
- **Challenge Latte-macchiato-Arbeitsplatz**
  Der Arbeitsort von Menschen in flexiblen Arbeitsverhältnissen breitet sich auf den
  öffentlichen Raum aus. Physische Büros sind temporäre Ankerpunkte für menschliche
  Interaktion, die vor allem dem Netzwerken dienen. Gearbeitet wird überall – nur nicht am
  eigenen Schreibtisch.
- **Job-Hopping und Cherry-Picking als Herausforderung für HR**
  Die Bindung zwischen Arbeitnehmer und Arbeitgeber löst sich. Flexible Arbeits- und
  Kooperationsformen führen dazu, dass Arbeitnehmer ständig mit einem Bein im Arbeitsmarkt stehen. Systematische Personalentwicklung wird so erschwert. Gleichzeitig
  steigen Erwartungen und Ansprüche der Mitarbeiter an unmittelbar nutzbare Qualifizie-
  rungen.
- **Führen auf Distanz**
  Der Abschied von der räumlich verorteten Arbeit geht mit einem Wandel von der Präsenz-
  zur Ergebniskultur einher. Führungskräfte müssen lernen, dass sie mehr motivieren als
  kontrollieren werden. Die Kunst besteht darin, persönliche Bindung auch über unpersön-
  liche technische Kanäle aufzubauen und zu erhalten.«

Einige Unternehmen legen daher ihre Arbeitszeitmodelle »neu« auf. Firmen wie Luft-
hansa, VAUDE, Phoenix Contact oder Trumpf versuchen eine zeitliche Beweglichkeit
mit vielen unterschiedlichen Modellen zu erreichen, z. B. über individuelle Zeitmo-

delle, Gleitzeit oder auch agile Jahresarbeitszeiten.[8] Das Bemühen, Lösungen für eine sehr bewegliche Arbeitszeit zu finden und zu gestalten ist sichtbar. Trotzdem gehen noch viele Unternehmen das Thema Arbeitszeitflexibilität zögerlich oder gar nicht an. Ein Grund hierfür könnte möglicherweise sein, dass viele Firmen noch immer in starren Stellen oder Ordnungen denken, anstelle von flexiblen Bereichen und Aufgaben. Eine solche tradierte Einstellung ist wenig hilfreich, um einer Flexibilisierung näher zu kommen und – ähnlich einem Mosaik – aus verschiedenen Modellen und Stundenzahlen Kapazitäten besser zu planen und starre Strukturen aufzulösen.

Dabei sollten Lösungen nicht nur die »unternehmerische« Perspektive, sondern auch die Bedürfnisse der Beschäftigten einbeziehen.[9] Größtmögliche eigene zeitliche Gestaltungsfreiheit hat für viele Menschen eine steigende Bedeutung – und führt wiederum dazu, dass Firmen, die eine hohe zeitliche Flexibilität ermöglichen können, eher als attraktive Arbeitgeber wahrgenommen werden.[10]

Auf beiden Seiten – Arbeitnehmer und Arbeitgeber – besteht also ein hohes Bedürfnis nach Flexibilität und Entscheidungshoheit über Zeit. Es wird zukünftig verstärkt darum gehen (müssen), die verschiedenen Anliegen in Einklang zu bringen: Auf der einen Seite eine profitable Auslastung und eine verstärkte, fokussierte Kundenorientierung. Auf der anderen Seite, Vereinbarkeit von beruflichen und privaten Gegebenheiten sowie Entscheidungshoheit in Sachen Arbeitszeit und Arbeitsort.[11]

3.2 Die Besten wollen Flexibilität

Das Bemühen, Lösungen für eine sehr anpassungsfähige Arbeitszeit – die wirklich für alle passt – zu finden und zu gestalten, ist bei den meisten Unternehmen eine Herausforderung. So ist der Wunsch nach flexibler Gestaltung je nach Lebensphase, familiären Verhältnissen und auch Persönlichkeitstyp ganz unterschiedlich ausgeprägt.[12] Beispielsweise sind Mitarbeiter vor oder in einer Phase der Familiengründung bislang eher bereit, gegen eine höhere Entlohnung auch zu weniger attraktiven Zeiten zu

---

8 https://www.wiwo.de/erfolg/beruf/arbeitsorganisation-freizeit-ist-die-neue-waehrung/20939188.html; https://www.ufo-online.aero/images/themen/deutschelufthansa/pdf/LH_Teilzeitmodelle_2018.pdf; Redmann, Agiles Arbeiten im Unternehmen, Haufe 2017, Interview mit VAUDE, Phoenix Contact, u. a.; https:// www.technik-einkauf.de/news/trumpf-fuehrt-jahresarbeitszeit-ein/; http://www.mitteldeutsches-journal. com/2018/05/25/flexible-arbeitszeitmodelle-sind-die-zukunft-die-commerzbank-zeigt-wies-geht/
9 https://www.bmas.de/SharedDocs/Downloads/DE/PDF-Publikationen-DinA4/gruenbuch-arbeiten-vier-null.pdf?__blob=publicationFile, S. 51 ff.; siehe auch Teil 1.
10 Siehe auch Teil 1, Kapitel 5.3; http://www.mitteldeutsches-journal.com/2018/05/25/flexible-arbeitszeitmodelle-sind-die-zukunft-die-commerzbank-zeigt-wies-geht/;https://www.wiwo.de/erfolg/beruf/arbeitsorganisation-freizeit-ist-die-neue-waehrung/20939188.html; http://www.boeckler.de/37053_37479.htm
11 Siehe hier auch Teil 2, Kapitel 4.
12 Siehe auch Steffan, »Arbeitszeit(recht) auf dem Weg zu 4.0, NZA 2015, 1409.

arbeiten. Die Situation ändert sich dann meist in der Familienphase, in der dann Freizeit als Zeit für die Familie eine höhere Wichtigkeit bekommen kann. Befinden sich die Kinder in der Kita oder in der Schule, lassen sich Arbeitszeiten dann am besten in den Vormittag oder in den Abend verlegen. Je mehr Kinder zu betreuen sind oder auch wenn sich Eltern die Kinderbetreuung teilen, desto stärker ist die Auswirkung auf die flexible Arbeitszeitgestaltung.[13] Neben dem Wunsch nach sehr flexibler Gestaltung besteht auch der Wunsch, sich für bestimmte Zeiträume ausschließlich der Familienphase zu widmen. Gleichzeitig bedarf es aber auch eines abgesicherten Lebensstandards, so dass oftmals ein Interesse an bezahlten Blockfreizeiten besteht. Mit zunehmendem Alter wünschen sich Arbeitnehmer dagegen vermehrt ihre Arbeitszeit insgesamt zu verringern. Das Konzept der Altersteilzeit trägt diesem Bedürfnis Rechnung.

Diese unterschiedlichen Wünsche erfordern daher unterschiedliche Modelle, was den Umfang als auch die Gestaltung der Arbeitszeit anbelangt. Die Bereitschaft zu individuellen Lösungen ist auf Seiten der Unternehmen und der Mitarbeiter gefragt. Für eine sinnvolle Gestaltung, die für das jeweilige Unternehmen und seine eigenen Bedürfnisse passt, gibt es wenig »Blaupausen«, auf die einfach eins-zu-eins zurückgegriffen werden kann. Es bedarf hier schon eher spezifischer Möglichkeiten – sowohl für Unternehmen als auch auf den einzelnen Mitarbeiter bezogen. Das erfordert einen kommunikativen, kreativen und planerischen Aufwand, der erst einmal geleistet werden muss – egal ob von der Führungskraft, der Personalabteilung, vom Team oder auch vom Arbeitnehmer.

Die Kunst besteht darin, mit Freiheit verbindliche Arbeitsbeziehungen zu schaffen – oder anders ausgedrückt: mit flexiblen Arbeitszeitgestaltungen beidseitige Sicherheit zu erreichen. Denn Mitarbeiter möchten letztendlich einen sicheren, stabilen Arbeitsplatz und Unternehmen brauchen, um dies auch leisten zu können, verlässliche Mitarbeiter.

3.3   Gesunde Arbeitszeit

Bei all der Flexibilität ist es Arbeitgebern, Arbeitgeberverbänden und Gewerkschaften gleichermaßen wichtig, dass neue Arbeitszeitmodelle ein geringes oder sogar vermindertes Risiko für psychische Belastungen bzw. für Burn-out aufweisen. Die Gefahr »always on« zu sein, also die ständige Erreichbarkeit, wird dann problematisch, wenn Mitarbeiter kaum noch abschalten können.[14] Der Schutz vor Überforderung ist im

---

13   Siehe auch Teil 1, Kapitel 5.3.
14   https://www.iab-forum.de/homeoffice-fluch-oder-segen

»Weißbuch 4.0. – für die Arbeit in einer digitalen Zukunft« explizit erwähnt.[15] In seinem Statement bei der Vorstellung des Weißbuches und dort angesprochenen »arbeitsrechtlichen Experimentierräumen« hat der DGB-Vorsitzende Reiner Hoffmann explizit auch die gesundheitlichen Aspekte erwähnt:

> »Die Einrichtung von ›Experimentierräumen‹ muss der Zielsetzung folgen, für gesundheitliche Entlastung zu sorgen. Sie müssen auf einer gemeinsamen Vereinbarung der Tarifvertragsparteien basieren, Arbeitszeitsouveränität der Beschäftigten beinhalten, zeitlich befristet sein und dürfen nicht automatisch als Blaupause für andere Branchen, Berufe oder Betriebe verstanden werden. Ziel sollte sein, die hohe Flexibilität des Arbeitszeitgesetzes im Interesse beider Seiten auszuschöpfen.«[16]

Die Anforderungen, die damit an eine flexible Arbeitszeit gestellt werden, sind daher sehr vielseitig und verlangen neue experimentelle Wege (vgl. Abb. 17).

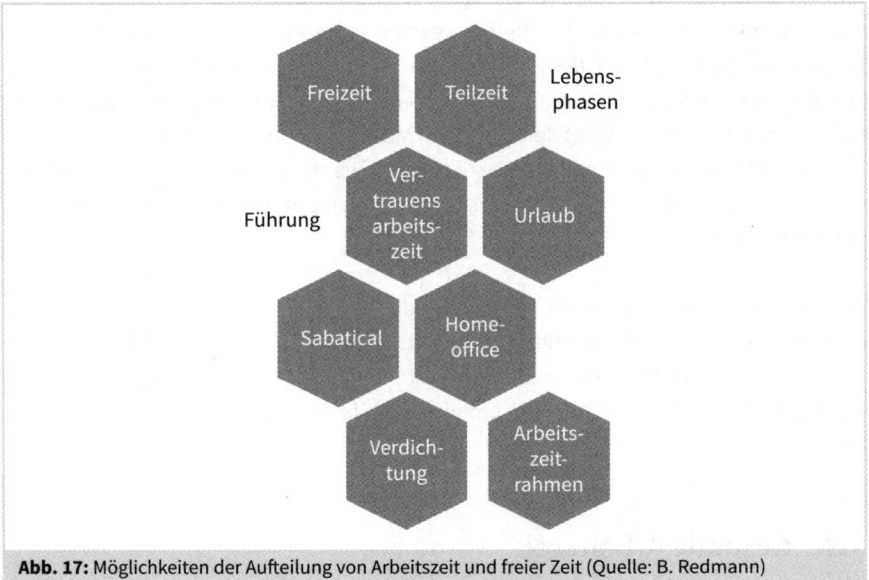

Abb. 17: Möglichkeiten der Aufteilung von Arbeitszeit und freier Zeit (Quelle: B. Redmann)

---

15 http://www.bmas.de/SharedDocs/Downloads/DE/PDF-Publikationen/a883-weissbuch.pdf?__blob=publicationFile&v=4 S. 116
16 http://www.dgb.de/presse/++co++2c8d66a4-b615-11e6-b75d-525400e5a74a v. 29.11.2016; Siehe hierzu auch http://www.elektroniknet.de/karriere/arbeitswelt/artikel/134058/; Bissels/Meyer-Michaelis, »Arbeiten 4.0 – Arbeitsrechtliche Aspekte einer zeitlich-örtlichen Entgrenzung der Tätigkeit«, DB 2015, 2331 ff.; Maschke, »Flexible Arbeitszeitgestaltung«, FES 2016.

3.4   Mit Freizeit binden

Neben dem Wunsch nach einer flexiblen Arbeitszeit, haben Mitarbeiter auch das große Bedürfnis nach mehr freien Tagen.

3.4.1   Sabbatical

Pause machen und einfach mal eine längere Auszeit nehmen – dieses Verlangen haben viele Menschen. Soll diese Auszeit länger dauern als der im Arbeitsvertrag geregelte Urlaubsanspruch, kann ein Sabbatical die richtige Lösung sein. Das ist eine Form von Freistellung, die dem Arbeitnehmer für Weiterbildung, persönliche Weiterentwicklung, Reisen oder einfach nur als »frei verfügbare« Zeit gewährt wird.[17] Einen Anspruch auf ein Sabbatical haben Mitarbeiter nach dem Gesetz nicht.[18] Allerdings kann eine zeitliche befristete berufliche Auszeit für beide Seiten des Arbeitsverhältnisses Vorteile bringen. So kann sich ein Sabbatical förderlich auf die Gesundheit auswirken und zuträglich für ein Gleichgewicht zwischen beruflichen und privaten Belangen sein. Je nach Ausgestaltung der freien Zeit kann es zu einer Erweiterung von Wissen und Erfahrung führen. Und auch ohne einen bestimmten »Zweck« kann es dazu dienen, den Kopf wieder für kreative Ideen oder Impulse freizubekommen. Wenngleich die direkten Auswirkungen beim Arbeitnehmer spürbar sind, wirken sich die positiven Effekte dieser beschriebenen Wirkungen auf seine Leistungskraft und damit auch positiv für den Arbeitgeber aus.

Das BAG hat in einer Entscheidung klargestellt, dass auch während eines Sabbaticals dem Arbeitnehmer Urlaubsansprüche zustehen:[19]

> »Für das Entstehen des Urlaubsanspruchs ist nach dem Bundesurlaubsgesetz allein das Bestehen eines Arbeitsverhältnisses Voraussetzung. Der Urlaubsanspruch nach den §§ 1, 3 Abs. 1 BUrlG steht nicht unter der Bedingung, dass der Arbeitnehmer im Bezugzeitraum eine Arbeitsleistung erbracht hat [...]. Der Senat hat bereits entschieden, dass auch dann Urlaubsansprüche entstehen, wenn das Arbeitsverhältnis ruht und das Ruhen des Arbeitsverhältnisses darauf zurückzuführen ist, dass der Arbeitnehmer aus gesundheitlichen Gründen seine Verpflichtung zur Arbeitsleistung nicht erfüllen kann. [...] Nichts anderes gilt, wenn die Arbeitsvertragsparteien das Ruhen des Arbeitsverhältnisses wegen eines vom Arbeitnehmer beantragten Sonderurlaubs vereinbaren.«

---

17 Vgl. hierzu Pletke/Schrader/Siebert/Thoms/Klagges, Rechtshandbuch Flexible Arbeit, B Rn. 714 ff.; https://www.onpulson.de/lexikon/sabbatical
18 Siehe BAG 06.05.2014 – 9 AZR 678/12.
19 BAG 06.05.2014 – 9 AZR 678/12.

Eine der häufigsten und auch einfachsten Gestaltungen für ein Sabbatical ist es, Urlaub aufzusparen und ggf. zusätzlich eine Kombination aus Vollzeit und Teilzeit zu gestalten.

Hierbei ist die neue Rechtsprechung des BAG zu berücksichtigen.[20] Danach muss Grundlage der Bemessung der Höhe des Urlaubsentgelts der Beschäftigungsumfang des Arbeitnehmers zu der Zeit sein, in welchem der Urlaubsanspruch entsteht. Denn in dem Zeitpunkt, in dem ein Urlaubsanspruch entsteht, entsteht auch ein Urlaubsentgeltanspruch. Ausgangspunkt der Betrachtung ist die gesetzliche Regelung in § 11 BUrlG. Das Urlaubsentgelt bemisst sich nach dem durchschnittlichen Arbeitsverdienst, den der Arbeitnehmer in den letzten 13 Wochen vor Beginn des Urlaubs erhalten hat.

Wenn ein Teilzeitbeschäftigter Urlaub antritt, der noch vor der Reduzierung seiner Arbeitszeit in einer Vollzeitphase erworben wurde, würde sich nach § 11 BurlG die Höhe seines Urlaubsentgelts regelmäßig auf Basis der reduzierten Arbeitszeit bemessen. Wenn er dagegen diesen Urlaub vor der Reduzierung seiner Arbeitszeit nähme, würde sich die Höhe des Urlaubsentgelts auf Basis seiner Vollzeit bemessen. Nur weil er seine Arbeitszeit reduziert, würde er weniger Urlaubsentgelt bekommen. Das soll nach dem BAG so nicht sein, da hierin eine unsachgemäße Ungleichbehandlung von Teilzeitbeschäftigten gesehen wird.[21]

Ein Anspruch auf ein Sabbatical besteht nach dem Gesetz nicht. Soll ein solcher Wunsch umgesetzt werden, empfiehlt sich eine einzelvertragliche Regelung über den Umfang sowie die zeitlichen und finanziellen Konditionen.[22]

In vielen größeren Unternehmen gibt es Betriebsvereinbarungen für Sabbatical. Sollen Regelungen für eine Vielzahl von Mitarbeitern gleich gelten, wie das z. B. in größeren Unternehmen oft der Fall ist, können sich hier Mitbestimmungsrechte des Betriebsrates aus § 87 Abs. 1 Nr. 1 BetrVG ergeben.

3.4.2   Urlaub macht attraktiv

Nicht alle Mitarbeiter möchten direkt in ein Sabbatical gehen und haben trotzdem den Wunsch nach mehr als den in vielen Unternehmen schon üblichen 30 Urlaubstagen. Das sind bereits 10 Tage mehr, als es das Bundesurlaubsgesetz bei einer 5-Tage-Woche vorsieht. Urlaub schafft für Mitarbeiter mehr Freiraum und für Unternehmen Attrakti-

---

20   BAG 20.03.2018 – 9 AZR 486/17.
21   BAG 20.03.2018 – 9 AZR 486/17.
22   Siehe Muster-Vereinbarung eines Sabbaticals in Teil 3 Kapitel 4.

vität im Wettbewerb um begehrte Arbeitskräfte. In den Zeiten des Werbens um Fachkräfte kann es Unternehmen – gerade auch in Bewerbungsgesprächen – attraktiv machen, den Wünschen nach mehr Urlaubstagen zu entsprechen oder einfach »mehr« zu bieten als andere Unternehmen.

3.4.2.1   Zukauf von Urlaub

Eine Variante kann sein, dass Mitarbeiter sich freie Tage »erkaufen« können. Die Komponente »mehr Urlaub statt Gehalt« wird dem Zeitgeist nach mehr verfügbarer eigener Zeit gerecht. Es gibt Beispiele von Unternehmen, in denen Mitarbeiter die Anzahl ihrer Urlaubstage erhöhen, dafür aber weniger Gehalt in Kauf nehmen. Pro zusätzlichem freien Arbeitstag kann beispielsweise das Gehalt um einen bestimmten prozentualen Anteil abgesenkt werden.[23] Das Entgelt wird damit an die geringere Leistung angepasst. Im Prinzip zahlt das Unternehmen dann für weniger Arbeitsleistung auch weniger Geld.

Eine andere Alternative könnte hier auch sein, freie Tage im Sinne einer »Leistungsprämie« zu erwerben. Bei Erreichen einer bestimmten Gewinngröße kann der Mitarbeiter dann z. B. wählen, ob er sich die Prämie in Geld oder in Zeit »auszahlen« lässt. Statt einer Geldprämie gibt es dann eine entsprechend umgerechnete Zeitprämie.

3.4.2.2   Gewährung von »Mehr-Urlaub«

Der Arbeitgeber ist frei, auch einfach mehr Urlaubstage als gesetzlich oder tariflich vorgesehen zu gewähren, ohne dabei das Entgelt anzupassen. Die Vorschriften des Bundesurlaubsgesetzes sind Mindestbedingungen und bezogen auf die Anzahl der Urlaubstage »nach oben hin« offen.[24]

Zusätzliche freie Tage im Kalenderjahr können einzelvertraglich vereinbart werden. Sie können ohne besonderen Grund gewährt werden. Entsprechende Vereinbarungen erfolgen ganz auf freiwilliger Basis seitens des Arbeitgebers. Entsprechend können vertragliche Regelungen hierzu als dauerhafte Einrichtung oder nur temporär vereinbart werden.

Wird in einem Unternehmen die Handhabung der Anzahl der Urlaubstage unterschiedlich mit Mitarbeitern vereinbart, obwohl sie eine gleiche oder vergleichbare

---

23   Beispiel Calcon, Was ist gerecht? Edition brand eins Neue Arbeit, 2/2018.
24   BeckOK ArbR/Lampe, 50. Ed. 01.12.2018, BUrlG § 1 Rn. 1-13; ErfK/Gallner, 19. Aufl. 2019, BUrlG § 3 Rn. 24.

Tätigkeit ausüben – und liegt nicht der oben geschilderte Fall eines »Abkaufes« zugrunde –, so bekommt derjenige mit mehr Urlaubstagen mehr Gehalt für das, was er an reiner Arbeitszeit leisten muss als eben seine Kollegen. Für Arbeitgeber ist hier zu berücksichtigen, dass damit dann ggf. ein Verstoß gegen das Entgelttransparenzgesetz als ggf. auch ein Verstoß gegen den arbeitsrechtlichen Gleichbehandlungsgrundsatz vorliegen kann. Dieser besagt, dass der Arbeitgeber bei begünstigenden Maßnahmen einzelnen Mitarbeitern gegenüber keinen Arbeitnehmer aus willkürlichen Gründen schlechter als andere mit ihm vergleichbare Kollegen behandeln darf.

3.4.2.3   Unbegrenzte Freizeit – unbegrenzter Urlaub

Urlaub ist für viele die »schönste Zeit im Jahr« und, rechtlich betrachtet, das positive Recht auf frei selbstbestimmte Zeit. Im Rahmen von neuen Arbeitsformen und auch der oben bereits angesprochenen Konkurrenzsituation, als Arbeitgeber auf dem Arbeitsmarkt attraktiv zu sein, bieten Unternehmen Mitarbeitern an, dass sie bei ihnen »so viel Urlaub nehmen können, wie sie wollen«. Das zugrunde liegende rechtliche Modell kann jedoch ganz unterschiedlich sein.[25]

Zu unterscheiden sind:
- Arbeitszeitfreiheit
- Vertrauensurlaub
- Urlaubs-Flatrate

a) Arbeitszeitfreiheit
Steht im Vordergrund, dass der Mitarbeiter seine Arbeitszeit selbst und eigenständig plant, dann stehen hier die freie Arbeitszeiteinteilung und damit eine Arbeitszeitfreiheit im Vordergrund. Der Mitarbeiter darf ganz alleine entscheiden, wann er arbeitet, allerdings unter der Vorgabe, dass die anstehenden Arbeitsaufgaben zu erledigen sind. Arbeitet er nicht, ist das jedoch nicht zwingend mit Urlaub gleichzusetzen, sondern arbeitsfreie Zeit.[26]

b) Vertrauensurlaub
Steht im Fokus, dass der Arbeitgeber lediglich darauf verzichtet, zu kontrollieren, ob die vereinbarten Urlaubstage auch vom Mitarbeiter genommen werden, so entspricht dies einem Vertrauensurlaub.[27] Rechtlich ist es möglich, auf die Kontrolle zu verzichten, so dass hier ähnlich wie bei der Vertrauensarbeitszeit, ein »Vertrauensurlaub«

---

25   Siehe auch Hoff, »Vertrauensurlaub« statt Urlaubs-Flatrate, https://arbeitszeitsysteme.com/vertrauens-arbeitszeit/

26   Siehe auch Ausführungen zur Vertrauensarbeitszeit weiter unten.

27   Siehe auch BAG 15.05.2013 – 10 AZR 325/12.

entstehen kann. Auch wenn ein Mitarbeiter seinen Urlaub nicht antritt, so hat er trotzdem Anspruch auf die Urlaubstage. Durch den Verzicht auf Kontrolle werden Arbeitgeber nicht davon »befreit«, Mitarbeitern dann trotzdem diese Urlaubstage irgendwann später zu gewähren. So führt das BAG vom 19.02.2019 ganz aktuell aus, dass »der Anspruch eines Arbeitnehmers auf bezahlten Jahresurlaub [...] nur dann am Ende des Kalenderjahres oder eines Übertragungszeitraumes (erlischt), wenn der Arbeitgeber den Arbeitnehmer zuvor über seinen konkreten Urlaubsanspruch und auch die Verfallfristen belehrt und der Arbeitnehmer dennoch aus freien Stücken den Urlaub nicht genommen hat.«[28] Hier bedarf es dann sorgfältiger Formulierungen in der vertraglichen Vereinbarung.

c) Urlaubs-Flatrate

Ist es dem Mitarbeiter dagegen gestattet, über den gesetzlichen oder tariflichen Mindesturlaub hinaus, so viel Urlaub zu nehmen wie er möchte, dann handelt es sich um eine »Urlaubs-Flatrate«. Auch diese ist rechtlich möglich, allerdings ist es so, dass eine vertraglich zugesagte Urlaubs-Flatrate nicht einseitig wieder abgeändert werden kann. Dies geht nur gemeinsam unter freiwilliger Mitwirkung des Mitarbeiters. Und auch, wenn keine klare vertragliche Regelung zur Anzahl der Urlaubstage getroffen wurde und ein bezahlter unbegrenzter Urlaub mindestens drei Mal hintereinander vom Arbeitgeber gewährt wurde, kann hier ggf. eine entsprechende Bindung durch eine betriebliche Übung entstanden sein, die einseitig nicht mehr abgeändert werden kann. Als betriebliche Übung ist nach dem BAG[29] »die regelmäßige Wiederholung bestimmter Verhaltensweisen des Arbeitgebers zu verstehen, aus denen die Arbeitnehmer schließen können, ihnen solle eine Leistung oder eine Vergünstigung auf Dauer eingeräumt werden. Aus diesem als Vertragsangebot zu wertenden Verhalten des Arbeitgebers, das von den Arbeitnehmern in der Regel stillschweigend angenommen wird (§ 151 BGB), erwachsen vertragliche Ansprüche auf die üblich gewordenen Leistungen. Entscheidend für die Entstehung eines Anspruchs ist nicht der Verpflichtungswille, sondern wie der Erklärungsempfänger die Erklärung oder das Verhalten des Arbeitgebers nach Treu und Glauben unter Berücksichtigung aller Begleitumstände (§§ 133, 157 BGB) verstehen musste und ob er auf einen Bindungswillen des Arbeitgebers schließen durfte [...].«

Will ein Arbeitgeber sich also bestimmte Freiheiten bezogen auf die zukünftige Dauer von Urlaubstagen erhalten und der Mitarbeiter gleichzeitig auch eine weite Selbstbestimmung bei der Anzahl seiner Urlaubstage erhalten, ist es hilfreich, hierzu klare vertragliche Vereinbarungen zu treffen, was genau und zu welchen Konditionen bezweckt bzw. gelten soll.

---

28   BAG 19.02.2019 – 9 AZR 541/15.
29   BAG 17.11.2015 – 9 AZR 547/14.

3.4.3   Mitwirkung des Betriebsrates

Der Betriebsrat hat ein Mitbestimmungsrecht bezüglich der Regeln, die festlegen, nach welchen Kriterien Urlaub gewährt werden soll, als auch bei der Urlaubsplanung.[30] Dagegen besteht ausdrücklich kein Mitbestimmungsrecht bei der Dauer des Urlaubs.[31]

3.4.4   #Legal Check: »mit Freizeit binden«

- Es gibt keinen gesetzlichen Anspruch auf ein Sabbatical.
- Während eines Sabbaticals entstehen für Mitarbeiter Urlaubsansprüche.
- Werden allgemeine Grundsätze für die Inanspruchnahme eines Sabbaticals in einem Betrieb aufgestellt, sind Mitbestimmungsrechte des Betriebsrates zu prüfen.
- Der Mitarbeiter kann über gesetzliche und tarifliche Ansprüche hinaus weitere freie Tage »kaufen«, wenn sein Gehalt entsprechend angepasst bzw. Prämien stattdessen als Freizeit gewährt werden.
- Die freiwillige Gewährung von Mehr-Urlaub über gesetzliche und tarifliche Ansprüche kann vereinbart werden. Es bedarf hier klarer vertraglicher Regelungen, insbesondere wenn ein Widerrufsvorbehalt gelten soll.
- Werden mit Mitarbeitern einer gleichen oder vergleichbaren Tätigkeitsgruppe unterschiedliche Vereinbarungen hinsichtlich der Anzahl ihrer Urlaubstage getroffen, ist das Entgelttransparenzgesetz bzw. der allgemeine Gleichbehandlungsgrundsatz zu berücksichtigen.
- Ein vereinbarter oder stillschweigend gewährter zusätzlicher Urlaub kann nicht einseitig vom Arbeitgeber zurückgenommen werden, sondern verlangt die Zustimmung des Mitarbeiters.
- Mitbestimmungsrechte bestehen nur hinsichtlich der Aufstellung allgemeiner Regeln, nach denen Urlaub zu gewähren ist, nicht aber bezogen auf die Anzahl der Urlaubstage.

---

30   ErfK/Kania, 19. Aufl. 2019, BetrVG § 87 Rn. 42-47.
31   Richardi BetrVG/Richardi, 16. Aufl. 2018, BetrVG § 87 Rn. 464-471.

3.4.5   #Bedürfnischeck: »mit Freizeit binden«

Bedürfnisse/Interessen von Mitarbeitern	Bedürfnisse/Interessen von Unternehmen
• mehr eigene verfügbare Freizeit • Gestaltungsmöglichkeit • Anpassung der Arbeitszeit an unterschiedliche Lebensphasen möglich • Flexibilität • Vereinbarkeit von Arbeit, Familie und Privatleben • Gesundheit und Wohlbefinden • persönliche Weiterentwicklung • Anerkennung und Wertschätzung • Privilegien	• Mitarbeiter halten • Mitarbeiter gewinnen • Attraktivität als Arbeitgeber • Image • Motivation • Flexibilität • gesunde Mitarbeiter – reduzierte Fehlzeiten • längere Lebensarbeitszeit durch Anpassung an Lebensphasen • Demografiefestigkeit • nutzen- und bedarfsorientiert am jeweiligen Unternehmen • Gestaltungsspielraum • Innovation • kein höheres Entgelt • emotionale Bindung • Möglichkeit zur persönlichen Weiterentwicklung • Wettbewerbsfähigkeit

Tab. 13: Bedürfnischeck: »mit Freizeit binden«

3.5   Spielräume von Arbeitszeit

Im Rahmen der gesetzlich erlaubten Arbeitszeiten könnten ggf. betriebliche Arbeitszeitmodelle um mehr individuelle, einzelvertragliche Formen angereichert werden.[32] Für Arbeitgeber und Mitarbeiter könnten sich insoweit Spielräume ergeben, um entsprechend ihren wirtschaftlichen, unternehmerischen und persönlichen Bedürfnissen Gestaltungsräume direkt zu verhandeln.[33]

Für die Arbeitszeit gibt es ein eigenes Gesetz – das Arbeitszeitgesetz (ArbZG), welches zum öffentlich-rechtlichen Arbeitsschutz zählt. Ausgenommen sind nach § 18 Abs. 1 Nr. 1 ArbZG leitende Angestellte im Sinne von § 5 Abs. 3 BetrVG. Sämtliche Handlungen von Arbeitgebern hinsichtlich Gestaltung und Vereinbarungen bezogen auf die Arbeitszeit für Mitarbeiter müssen sich an diesem Gesetz orientieren. Was ist wirklich

---

32   Siehe hierzu auch: Elert/Raspels, Praxishandbuch flexible Einsatzformen von Arbeitnehmern.
33   Siehe auch: Maschke, Manuela, Flexible Arbeitszeitgestaltung, FES 2016.

möglich oder wie kann unter der oben genannten Prämisse (anpassungsfähig und rechtskonform) den derzeitigen Herausforderungen begegnet werden?

Vergleichen wir zunächst die Erfordernisse für eine möglichst uneingeschränkte flexible und agile Nutzung von Zeit mit den aktuellen arbeitsrechtlichen Vorgaben:

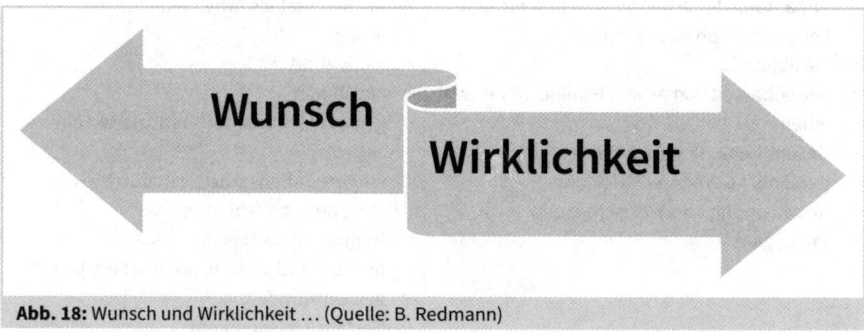

Abb. 18: Wunsch und Wirklichkeit ... (Quelle: B. Redmann)

Wunsch nach flexibler Arbeitszeitgestaltung	Rechtliche Beschränkungen
• Einsatz jederzeit möglich • All-Erreichbarkeit: 24/7	Täglich 8 Std Ausnahme: max. 10 Std., soweit Ausgleich erfolgt • Nacht-/Schichtarbeit 8 Std. Ausnahme: max. 10 Std., soweit Ausgleich erfolgt • Ruhepausen von 30 Minuten nach 6 Stunden, 45 Minuten nach 9 Stunden • Einhaltung von 11 Std. Ruhezeit Ausnahme: 10 Std. bei Versorgungseinrichtungen; 9 Std. bei Tarifvertrag/Betriebs-vereinbarung • Sonn- u. Feiertage: Verbot Ausnahmen: Versorgungsbetriebe und bei Gefahr
• flexible Gestaltung und schnelle/direkte Anpassung • kundenorientierte Gestaltung	• Einhaltung ArbZG (s. o.) • Arbeitsschutz • arbeitsrechtliche Fürsorgepflicht des Arbeitgebers (§ 618 BGB, für die Gesundheit der Mitarbeiter)
• Anpassung an private Bedürfnisse • Selbstbestimmung/ • Entscheidungshoheit	• Einhaltung des ArbZG (s. o.) • Direktionsrecht des Arbeitgebers bzgl. Lage und Dauer von Arbeitszeit und Arbeitsort (§ 106 GewO)

Tab. 14: Flexible Arbeitszeitgestaltung und rechtliche Grenzen

Schon auf den ersten Blick zeigt sich, dass die gewünschte Flexibilität durch unser Arbeitszeitrecht eingeschränkt ist. Zwar ist es schon heute möglich, Mitarbeiter in Hochphasen an vier Tagen in der Woche für zehn Stunden einzusetzen und an einem weiteren Tag für acht Stunden.[34] Das Überschreiten der zulässigen 10 Stunden pro Arbeitstag ist jedoch nicht erlaubt und auch nicht über Gleitzeitregelungen oder Vertrauensarbeitszeit darstellbar. Die Grenzen sind gesetzlich zwingend vorgegeben.[35] Hier hilft es zunächst wenig, dass diese gesetzlichen Regelungen überwiegend als nicht mehr zeitgemäß angesehen werden[36] und in der Praxis auch nicht den täglichen Anforderungen entsprechen.[37] Fraglich ist, wie weit sich Wunsch und Wirklichkeit im Rahmen der gegebenen Verhältnisse annähern können.

3.5.1 Arbeitsvertragliche Gestaltung

Mit dem Arbeitszeitgesetz sind durchaus vertragliche Regelungen vereinbar, welche Work-Live-Balance bzw. an Lebensphasen orientierte Arbeitszeitgestaltungen ermöglichen. Möchten Unternehmen Mitarbeiter langfristig an sich binden, ist ein individuelles Eingehen auf eine langfristige Work-Life-Balance als auch auf die jeweiligen Lebensphasen ein attraktives Angebot. Dadurch können sich Beschäftigte je nach Bedarf mal stärker und mal weniger stark auf den privaten oder den beruflichen Bereich konzentrieren. Diese Flexibilität kann sowohl für junge als auch für ältere Arbeitnehmer ein wesentliches Bleibekriterium bei einem Arbeitgeber sein, hat doch jede Lebensphase ihre eigenen zeitlichen Werte. Abgebildet werden kann dies z. B. durch eine individuelle Gestaltung im Arbeitsvertrag.

Neben dem Interesse, für Mitarbeiter attraktiv zu sein, geht es Unternehmen darum, mit der Arbeitszeit von Mitarbeitern planen zu können und über ein Arbeitszeitvolumen verfügen zu können. Der Arbeitgeber ist mittels Ausübung seines Direktionsrechts gem. § 106 GewO grundsätzlich befugt, die Lage der Arbeitszeit nach billigem Ermessen einseitig festzulegen, soweit keine anderweitigen gesetzlichen, vertraglichen, betrieblichen oder tariflichen Arbeitsbedingungen vorliegen.[38]

---

34 Lüthge, Digitalisierung und Arbeitszeit, AuA, 2016, 713.
35 ErfK/Wank, 19. Aufl. 2019, ArbZG § 3 Rn. 1-5.
36 Bissels, Alexander, Krings, Hannah, »Dringend gebotene Reform des Arbeitszeitgesetzes«, NJW 2016, 3418; Zumkeller, Alexander BB 2015, Heft 30, S. I, Günther, Jens/Böglmüller, Matthias, NZA 2015, 1025 /1028.
37 Den starken Wunsch nach einer wirklichkeitsnahen Anpassung und z. B. einer Änderung auf eine wöchentliche Arbeitszeit gibt es auch schon länger. Eine Umsetzung hiervon entspräche sogar der EU-Arbeitszeitrichtlinie (EU-Arbeitszeitrichtlinie 93/104/EG und 2003/88 EG), die ausdrücklich vorsieht, dass die täglichen acht Stunden auf eine wöchentliche Höchstarbeitszeit von 48 Stunden umgestellt wird. So wäre zumindest der Bezugsrahmen etwas weiter gefasst, eine stundenmäßige Beschränkung wäre immer noch vorhanden: http://www.arbeitgeber.de/www/arbeitgeber.nsf/id/DE_Arbeitszeitgesetz
38 Vgl. BAG 14.04.2014 – 5 AZR 483/12; ErfK/Preis, 19. Aufl. 2019, GewO § 106 Rn. 1-4; Küttner, Weisungsrecht, Rz 2 ff.

Bei der Bestimmung der Arbeitszeit ist die Lage der Arbeitszeit gemeint, also deren Verteilung und nicht deren Dauer.[39] Die Dauer der Arbeitszeit hängt eng zusammen mit der Vergütung und daher dem Wert der Leistung. Dauer und Wert stehen in einem arbeitsrechtlichen Austauschverhältnis (Synallagma) zueinander. Es ist strittig, ob der Arbeitgeber daher einseitig Verlängerungen oder Kürzungen der Arbeitszeit vornehmen darf.[40] Fraglich ist, ob das Direktionsrecht des Arbeitgebers hier ggf. im Arbeitsvertrag durch die Vereinbarung von bestimmten Änderungsvorbehalten erweitert werden könnte. Im Arbeitsvertrag wird in der Regel das Volumen der Arbeitszeit vereinbart. Klauseln, die die Änderung von Arbeitsbedingungen bzw. eine Erweiterung des Weisungsrechts des Arbeitgebers vorsehen, unterliegen einer Inhaltskontrolle nach den Regelungen des AGB-Rechts (§§ 305 ff. BGB).[41] In Betracht kommt hier insbesondere § 308 BGB bezüglich der »Widerrufsklausel«. Das BAG hat sich in seiner Rechtsprechung zu diesen Klauseln dahingehend geäußert, dass »danach die Vereinbarung eines Widerrufvorbehaltes zulässig ist, soweit der widerrufliche Anteil am Gesamtverdienst unter 25-30 % liegt und der Tariflohn nicht unterschritten wird.«[42] Würde diese Maßgabe auf die Arbeitszeit herangezogen, wäre also ein Mehr von 25 % an Arbeitsleistung ggf. noch in einem vertretbaren Rahmen. Hinsichtlich einer entsprechenden Ausdehnung der Arbeitszeit liegt aber noch keine gesicherte höchstrichterliche Rechtsprechung vor.[43]

Neben der Rechtmäßigkeit einer solchen Klausel müsste deren Ausübung im konkreten Einzelfall angemessen sein. Das ist dann der Fall, wenn die Interessen des Arbeitnehmers, wie z. B. familiäre Belastungen oder private Belange sowie auch sonstige Umstände des Einzelfalls vom Arbeitgeber berücksichtigt und gewürdigt wurden.[44]

Soll nach heutigem Stand die Dauer der Arbeitszeit rechtssicher verändert werden, kann dies nur im Rahmen einer einvernehmlichen Vereinbarung oder über den Weg einer Änderungskündigung erreicht werden. Eine solche Kündigung ist allerdings an strenge Anforderungen geknüpft und in der Praxis wohl nur schwierig durchsetzbar.

3.5.2   Betriebliche Regelungen

Neben einzelvertraglicher Gestaltung kann die Arbeitszeit auch betrieblich geregelt werden.

---

39   BAG, 18.04.2012 – 5 AZR 195/11; BAG, 17.07.2007 – 9 AZR 819/06.
40   ErfK/Preis, 19. Aufl. 2019, GewO § 106 Rn. 31-33.
41   BeckOK ArbR/Bayreuther, 49. Ed. 01.09.2018, TzBfG § 12 Rn. 7-10.
42   BAG 12.01.2005 – 5 AZR 364/04.
43   Siehe auch BAG 24.09.2014 – 5 AZR 1024/12, wo eine sehr großzügige Auslegung der betrieblichen Erfordernisse erfolgte. Diese Entscheidung dürfte jedoch nach den aktuell geänderten gesetzlichen Vorgaben zur »Arbeit auf Abruf« gem. § 12 TzBfG nicht mehr greifen., siehe hierzu auch Teil 2, Kapitel 3.5.3.4.
44   BAG 10.12.2014 -10AZR 63/14; ErfK/Preis, 19. Aufl. 2019, GewO § 106 Rn. 5-16.

3.5.2.1   Arbeitszeitrahmen

Um Mitarbeitern einen möglichst umfänglichen Freiraum zur eigenen Gestaltung ihrer Arbeitszeit zu geben und gleichzeitig für Unternehmen ein planbar verfügbares Volumen zu haben, kann es sinnvoll sein, unter Berücksichtigung der geltenden gesetzlichen Höchstarbeitszeiten und Ruhezeiten, flexible Arbeitszeiten im Betrieb zu vereinbaren. Diese Zeiten können sich an einem wöchentlichen, monatlichen oder gar jährlichen Durchschnitt orientieren. Mit diesen Vereinbarungen können Arbeitgeber auf unternehmerische und private Bedürfnisse sehr variabel eingehen. Zwar hat dies auch in den Grenzen des ArbZG[45] zu erfolgen, es wird jedoch einfacher, ggf. »elastische« Bereiche zu schaffen. Dies umso besser, je mehr hier moderne Arbeitszeitkontensysteme mit Bandbreiten nach oben und unten den Mitarbeitern autonome Spielräume geben. Dieser Arbeitszeitrahmen ermöglicht es dem Mitarbeiter, seine Arbeitszeit selbstorganisiert und selbstbestimmt anhand der bestehenden privaten und betrieblichen Belange zu steuern. Da keine festen »Tagesarbeitszeiten« erreicht werden müssen, bleibt hier ein variabler Spielraum.

Aufgrund der zunehmenden Möglichkeiten von mobilem Arbeiten als auch der Veränderungen in der Zusammenarbeit z. B. durch agiles oder selbstorganisiertes Arbeiten im Team[46] müssen Regelungen, die beispielsweise in einer vor Jahren abgeschlossenen Gleitzeitvereinbarung getroffen wurden, heute nicht mehr zwingend passen. Auch hier kommt es darauf an, immer wieder den aktuellen Bedarf mit der bestehenden betrieblichen rechtlichen Regelung zu überprüfen und ggf. anzupassen.[47] Beispielsweise können Kernzeiten im Rahmen von mobilem Arbeiten dazu führen, dass Arbeitszeit auch ohne Arbeitsbedarf verbraucht wird.[48] Guthaben auf Arbeitszeitkonten kann dazu genutzt werden, dass Zeiten »angespart« werden, um sich freie Tage zu nehmen.[49] Auf der anderen Seite werden bei einer Stichtagsregelung oftmals Stunden gekappt, ohne dass die Möglichkeit besteht, auf bestimmte, nachvollziehbare Gründe zu reagieren. Das alles wird ggf. noch durch eine elektronische Zeiterfassung »unterstützt«, die Anwesenheit statt der tatsächlich geleisteten Arbeitszeit misst und für mobiles Arbeiten eher ungeeignet ist.[50]

---

45   § 3 ArbZG sieht vor, dass eine werktägliche Arbeitszeit auf bis zu zehn Stunden nur verlängert werden kann, wenn innerhalb von sechs Kalendermonaten oder innerhalb von 24 Wochen im Durchschnitt 8 Stunden werktäglich nicht überschritten werden.

46   Siehe auch Teil 2, Kapitel 1.

47   Siehe auch Günther, Bögelmüller, »Arbeitsrecht 4.0 – Arbeitsrechtliche Herausforderungen in der vierten industriellen Revolution«, NZA 2015, 1025; Steffan, »Arbeitszeit(recht) auf dem Weg zu 4.0«, NZA 2015, 1409.

48   Hoff/Steinmann, Vertrauen als Basis für Mobilität und Flexibilität – Arbeitszeitregelung bei BIM, Personalführung 3/2018.

49   Siehe auch Institut für Arbeitsmarkt- und Berufsforschung, Flexible Arbeitszeitgestaltung wird immer wichtiger, IAB 15/2018.

50   Siehe auch Hoff, Mit dem Arbeitszeitgesetz gut leben, Personalwirtschaft, 1/2016. Hoff/Steinmann, Vertrauen als Basis für Mobilität und Flexibilität – Arbeitszeitregelung bei BIM, Personalführung 3/2018.

Ferner ist darauf zu achten, dass der durchschnittlich hinterlegte Betrachtungszeit-
raum (Woche, Monat, Jahr etc.) nicht überschritten wird. Um dies zu verhindern,
bedarf es entsprechender Vorkehrungen wie z. B. ein Monitoring der Zeiten, damit
eine dauerhafte Mehrarbeit verhindert wird.[51] Ist eine bestimmte Überschreitung
zulässig, muss geregelt sein, wie mit dieser umzugehen ist, ob beispielsweise ein Ausgleich und wenn ja in welcher Art und Weise dieser erfolgen soll. Optionen können hier
Arbeitszeitkonten sein, auf die »Arbeitszeit« eingezahlt werden kann, oder auch eine
dann stattfindende enge Abstimmung z. B. zwischen Führungskraft und dem Mitarbeiter, so dass zukünftige Überschreitungen verhindert werden können.[52]

a) Ruhezeiten
Nach dem Arbeitszeitgesetz ist die vorgeschriebene tägliche Ruhezeit von mindestens elf Stunden ununterbrochen zu gewähren. In verschiedenen Branchen gewährt
das Gesetz in § 5 ArbZG sogar nur 10 Stunden und teilweise sehen Tarifverträge auch
eine verkürzte Mindestruhezeit vor.[53] Mindestruhezeiten werden oftmals von Unternehmen und sogar auch von Mitarbeitern als »Hindernis« für eine wünschenswerte
flexible Arbeitszeitgestaltung betrachtet. Unter Berücksichtigung einer erforderlichen Schlafdauer zwischen 6-8 Stunden – bei den meisten Menschen – und einer
positiven Auswirkung auf die Schlafqualität bei einem Abstand zwischen Arbeit und
Einschlafen, sind der gesetzlich definierten Mindestruhezeit gesundheitliche
Gründe grundsätzlich sicherlich zuzusprechen.[54] Trotzdem kollidiert sie in vielen
Fällen mit betrieblichen Erfordernissen, wie z. B. einer Zusammenarbeit über verschiedene Zeitzonen hinweg oder auch den persönlichen Bedürfnissen von Arbeitnehmern, z. B. um nachmittags den eigenen Interessen oder familiären Belangen
nachgehen zu können und dann von 20:00 bis 23:00 Uhr noch einmal weiterzuarbei-
ten. In letzterem Fall wäre ein Arbeitsbeginn dann erst am folgenden Tag um 10.00
Uhr möglich. Um hier auch eine möglichst flexibel rechtskonforme Gestaltung zu
erreichen, können Arbeitszeitrahmen ebenfalls sinnvoll sein.[55] Würde dieser beispielsweise 13 Stunden umfassen, könnte in diesem Zeitfenster – mit Pausen –
gearbeitet werden.

!   **Beispiel Arbeitszeitrahmen**

Montag – Freitag: 7:00 bis 20:00 Uhr

51   Siehe auch Steffan, »Arbeitszeit(recht) auf dem Weg zu 4.0, NZA 2015, 1409; Hoff, Mit dem Arbeitszeitgesetz
     gut leben, Personalwirtschaft, 1/2016. Hoff/Steinmann, Vertrauen als Basis für Mobilität und Flexibilität –
     Arbeitszeitregelung bei BIM, Personalführung 3/2018.
52   Steffan, »Arbeitszeit(recht) auf dem Weg zu 4.0«, NZA 2015, 1409.
53   Siehe Teil 2, Kapitel 4.
54   Siehe auch https://www.wiwo.de/erfolg/beruf/tk-schlafstudie-nachtschicht-ist-anstrengender-als-frueh-
     schicht/20581502-2.html
55   Hoff, Mit dem Arbeitszeitgesetz gut leben, Personalwirtschaft, 1/2016.

Damit würde die gesetzliche Mindestruhezeit automatisch eingehalten. Wird in diesem Zusammenhang dann noch vereinbart, dass über diesen Arbeitszeitrahmen hinaus nur nach Abstimmung mit der Führungskraft gearbeitet werden darf, kommt der Arbeitgeber hier gleichzeitig seiner arbeitsschutzrechtlichen Verpflichtung auf die Einhaltung der gesetzlichen Bestimmungen des Arbeitszeitgesetzes nach.[56]

b) Kundenorientierung

Innerhalb solcher Arbeitszeitrahmen kann es hilfreich sein, sogenannte »Servicezeiten« einzuführen. Mit diesen Zeiten können einerseits Kunden feste Erreichbarkeitszeiten zugesagt werden und durch verfügbare Mitarbeiter auch die Bearbeitungsgeschwindigkeit ggf. erhöht werden. Funktioniert ein Team gut, dürfte es kein Problem sein, dass sich die Gruppe untereinander abstimmt und einigt, wer welche Servicezeiten abdeckt.[57] So kann gleichzeitig – auch ohne eine für alle vorgegebene Kernzeit – eine betriebliche Verfügbarkeit und ein selbstbestimmtes Arbeiten garantiert werden.

3.5.2.2 Vertrauensarbeitszeit statt Anwesenheitspflicht

Wichtig erscheint, dass die zunehmende Mobilität von Arbeitsorten und Arbeitszeiten gleichermaßen den Anforderungen der betrieblichen Praxis entspricht. Je öfter Mitarbeiter ortsungebunden arbeiten und vor allem dann, wenn es nicht auf die Tätigkeit als solche, sondern auf das Ergebnis ankommt, bieten sich Modelle wie Vertrauensarbeitszeiten an.[58] In dieser Konstellation verzichtet der Arbeitgeber zum Teil auf sein Weisungsrecht bezüglich der Arbeitszeit. Es gibt keinen festen Beginn und Ende der täglichen Arbeitszeit und es wird weder ein Zeitkonto geführt noch eine Zeiterfassung vorgenommen.[59] Der Arbeitgeber vertraut darauf, dass der Mitarbeiter seiner Arbeitspflicht in zeitlicher Hinsicht auch ohne Kontrolle nachkommt.[60] Von Seite des Mitarbeiters besteht keine Pflicht, eine bestimmte Arbeitszeit »abzusitzen«.[61] Damit wird der Fokus weg von der Arbeitszeit hin zum Arbeitserfolg gelenkt.[62] Für beide Seiten gibt es Vorteile: Der Arbeitnehmer ist in seiner Zeiteinteilung völlig frei und kann diese

---

56 Hoff, Mit dem Arbeitszeitgesetz gut leben, Personalwirtschaft, 1/2016.
57 Siehe auch Hoff/Steinmann, Vertrauen als Basis für Mobilität und Flexibilität – Arbeitszeitregelung bei BIM, Personalführung 3/2018.
58 Steffan, »Arbeitszeit(recht) auf dem Weg zu 4.0«, NZA 2015, 1409.
59 Auch bei der Vertrauensarbeitszeit ist der Arbeitgeber jedoch gehalten, gegenüber der Aufsichtsbehörde, die über die werktägliche Arbeitszeit nach § 3 ArbZG hinausgehende Arbeitszeit des Arbeitnehmers aufzuzeichnen (§ 16 Abs. 2 ArbZG). Es muss also zumindest sichergestellt werden, dass es verwertbare Aufzeichnungen der Mitarbeiter über abgeleistete Arbeitszeiten von mehr als acht Stunden täglich gibt. Eine bestimmte Form ist dabei nicht vorgeschrieben.
60 BAG 23.09.2015 -5 AZR 767/13; BAG 06.05.2003 – 1 ABR 13/02.
61 Siehe auch Schüren, § 44 Grundfragen bedarfsorientierter Arbeitszeitsysteme, Rn. 31 ff., Münchner Handbuch zum Arbeitsrecht, Bd. I, 2018.
62 Siehe auch Hoff, Mit dem Arbeitszeitgesetz gut leben, Personalwirtschaft, 1/2016.

mit seinen persönlichen Lebensverhältnissen in Einklang bringen.[63] Da es auf das Ergebnis ankommt – anstelle der Anwesenheitszeit –, wird in der Regel damit gerechnet, dass auch die Qualität der Arbeit steigt.[64]

Mit der Einführung einer Vertrauensarbeitszeit und der gleichzeitigen Aufhebung von festen Anwesenheitszeiten wird Beschäftigten faktisch eine nahezu regelungsfreie Arbeitszeitautonomie eingeräumt.[65] Hier bleibt es dann wirklich dem Mitarbeiter überlassen, wann und wie er arbeitet, so dass er bezogen auf die Arbeitszeit seine Leistung selber bestimmt. Das erfordert in hohem Maße ein gekonntes Selbstmanagement.[66] Dieser Umstand hat keine Auswirkungen auf die Rechtsnatur der Beziehung zwischen Mitarbeiter und Arbeitgeber: Der Arbeitgeber darf durch sein Direktionsrecht nach wie vor bestimmen, welche Inhalte die Arbeitsleistung umfasst. Über die vom Unternehmen – oder konkret dann ggf. von der Führungskraft – vergebenen Ziele wird die vom Mitarbeiter zu erbringende Leistung gesteuert. Vertrauensarbeitszeit stellt auch besondere Anforderungen an Führungskräfte: Sie müssen klare und durchführbare Ziele aufstellen können und ihren Mitarbeitern in deren Erreichung vertrauen.

Der Arbeitnehmer schuldet eine ordentliche Leistung, jedoch nicht den Erfolg. Insofern ergibt sich keine rechtliche Verpflichtung, unbegrenzt Arbeitszeit zu investieren, um das vom Arbeitgeber vorgegebene Ziel zu erreichen. Gleichwohl ist auch hier die Gefahr einer Selbstüberlastung bei Mitarbeitern zu vermeiden. Hier kann sich z.B. eine regelmäßige vertrauensvolle Kommunikation zwischen Führungskraft und Mitarbeiter anbieten.

3.5.2.3   Verdichtete Arbeitszeit – volles Gehalt?

Immer öfter erscheinen in den Medien Berichte von Unternehmen, die neue, verkürzte Regelarbeitszeiten bei gleichbleibendem Gehaltsniveau einführen.[67] Das, was vorher in einer 40-Stunden-Woche oder an durchschnittlich 8 Stunden am Tag an Leistung erfolgte, wird nunmehr verkürzt an 5- oder 6-Stunden-Tagen oder in einer 4-Tage-Woche erbracht. Es liegt demgemäß keine Teilzeit, sondern eine reduzierte Arbeitszeit

---

63   Günther, Bögelmüller, »Arbeitsrecht 4.0 – Arbeitsrechtliche Herausforderungen in der vierten industriellen Revolution«, NZA 2015, 1025.
64   Günther, Bögelmüller, »Arbeitsrecht 4.0 – Arbeitsrechtliche Herausforderungen in der vierten industriellen Revolution«, NZA 2015, 1025.
65   Schüren, § 47 Arbeitnehmergesteuerte Arbeitszeitsysteme, Rn. 24, Münchner Handbuch zum Arbeitsrecht, Bd. I, 2018.
66   Siehe auch Rump in Kompetenzen der Zukunft – Arbeit 2030, Haufe 2018.
67   https://www.zeit.de/zeit-spezial/2018/01/25-stunden-woche-lasse-rheingans-agentur-bielefeld; https://new-management.haufe.de/organisation/weniger-arbeit-voller-lohn-utopie-im-test; https://www.sueddeutsche.de/karriere/arbeitszeit-vier-tage-arbeiten-statt-fuenf-eine-idee-mit-charme-1.4139317-3

bei voller Entgeltzahlung vor. Das bisher »berühmteste« Beispiel ist das von der Digitalagentur Rheingans, die in einem Versuchsprojekt ihre regelmäßige Arbeitszeit auf 5 Stunden täglich und damit auf 25 Stunden die Woche festgelegt haben.[68] Die bisherigen Ergebnisse hier sind positiv:[69]

- Die Entwicklung des Umsatzes verläuft wie geplant.
- Die Anzahl der Bewerbungen hat sich drastisch erhöht.
- Das Feedback der Mitarbeiter ist positiv.

Zudem wird das Projekt auch wissenschaftlich von der Fachhochschule Bielefeld begleitet, um zu untersuchen, welche langfristigen Effekte und Ergebnisse sich hier herausstellen und bestätigen lassen. Insbesondere was einen etwaigen »Gewöhnungsprozess« des 5-Stunden-Tages anbelangt oder auch, was in »Krisenzeiten« passiert, wenn ggf. Mehrarbeit notwendig ist.[70]

Diese und ähnliche Arbeitszeitmodelle verbinden in scheinbar idealer Weise die Vorteile und Wünsche nach einer verringerten Arbeitszeit, wie z. B. eine ausgewogene Work-Life-Balance und die Vereinbarkeit von Beruf und Familie bei gleichzeitiger Vermeidung von Nachteilen wie z. B. weniger Geld oder auch das Einfügen in eine Organisation, deren regelmäßige Arbeitszeit sich an Vollzeitmodellen orientiert.[71]

Wird für ein reduziertes Tagespensum das gleiche Entgelt gezahlt, erhöhen sich damit die Stundenentgelte entsprechend. Bei einer Verringerung von 8 Stunden auf 5 Stunden z. B. um 60 %, bei einer 5-Tage-Woche auf eine 4-Tage-Woche um ca. 25 %.[72]

Eine Verdichtung der Arbeitszeit – also weniger Arbeit bei gleicher Produktivität – erfordert Disziplin und einen möglichst rationalisierbaren Arbeitsprozess. Hier ist zu schauen, welche Arten von Tätigkeiten sich dafür eignen, da sich gerade im Wissens- und Kreativbereich nicht alles in einem Maße durchorganisieren lassen kann, wie beispielsweise in der industriellen Fertigung.[73] Unter Umständen können schon Maßnahmen wie eine andere Meetingstruktur, das Entfallen von gemeinsamen Kaffee- oder Rauchpausen, unterstützende Kollaborations-Tools, Einführung von »Nicht-Stören«-Signalen und Ähnliches zur Konzentrationssteigerung und Verdichtung von Arbeits-

---

68   https://www.zeit.de/zeit-spezial/2018/01/25-stunden-woche-lasse-rheingans-agentur-bielefeld
69   https://newmanagement.haufe.de/organisation/weniger-arbeit-voller-lohn-utopie-im-test
70   https://newmanagement.haufe.de/organisation/weniger-arbeit-voller-lohn-utopie-im-test
71   Hoff, Die »neuen Arbeitszeitmodelle« mit reduzierter Arbeitszeit bei voller Bezahlung: Inhalte, Rahmenbedingungen und Auswirkungen, https://arbeitszeitsysteme.com/wp-content/uploads/2012/05/Die-neuen-Arbeitszeitmodelle-mit-reduzierter-Arbeitszeit-bei-voller-Bezahlung-2018.pdf
72   Siehe auch Hoff, Die »neuen Arbeitszeitmodelle« mit reduzierter Arbeitszeit bei voller Bezahlung: Inhalte, Rahmenbedingungen und Auswirkungen, https://arbeitszeitsysteme.com/wp-content/uploads/2012/05/Die-neuen-Arbeitszeitmodelle-mit-reduzierter-Arbeitszeit-bei-voller-Bezahlung-2018.pdf
73   Hoff, Die »neuen Arbeitszeitmodelle« mit reduzierter Arbeitszeit bei voller Bezahlung: Inhalte, Rahmenbedingungen und Auswirkungen, https://arbeitszeitsysteme.com/wp-content/uploads/2012/05/Die-neuen-Arbeitszeitmodelle-mit-reduzierter-Arbeitszeit-bei-voller-Bezahlung-2018.pdf

leistung beitragen.[74] Eine andere Organisation der Arbeit wird für eine gleichbleibende Produktivität jedoch wahrscheinlich sein.

Eine stark beeinflussende Größe sind auch Krankheitsausfälle oder sonstige Abwesenheitszeiten, z. B. für Weiterbildung. Um die Produktivität aufrechtzuerhalten, muss sich auch diese Quote rechnerisch verringern.[75] Werden allerdings z. B. Weiterbildungszeiten ausschließlich außerhalb der Arbeitszeit abgebildet, so kann dies wiederum zu einer sinkenden Zufriedenheit bei Mitarbeitern und dem Gefühl einer »Mogelpackung« führen.[76]

Ähnlich verhält es sich mit der Höhe des vollen Entgeltausgleichs. Ein gleich hohes Entgelt zu erhalten, wie bei einer vormals höheren Arbeitszeit hört sich auf den ersten Blick merkwürdig an. Doch entscheidend dürfte die Referenzgröße zu anderen Unternehmen sein, was dort z. B. in einem Teilzeitmodell gezahlt wird. Auf der anderen Seite kann gerade der Aspekt einer herabgesetzten Regelarbeitszeit, die im gesamten Betrieb gilt, ein starker Anreiz für Mitarbeiter sein, sich genau für dieses Unternehmen zu entscheiden.[77]

Damit dies alles »passt«, wird es umso wichtiger, die passenden Mitarbeiter zu finden und mit einem solchen Zeitmodell langfristig begeistern zu können. Je besser dies gelingt, desto positiver die Auswirkung auf die Recruiting- und Einarbeitungskosten.[78]

Um bei einer verkürzten Regelarbeitszeit für Unternehmen keine wirtschaftlichen Nachteile zu erleiden, können folgende Faktoren dabei förderlich sein:[79]
* Verdichtung der Arbeitszeit
* geringere Ausfallzeiten
* niedrige Vollzeit-Stundenentgelte
* die passenden Mitarbeiter
* Arbeitgeberimage

---

74   Siehe auch https://www.zeit.de/zeit-spezial/2018/01/25-stunden-woche-lasse-rheingans-agentur-bielefeld; https://newmanagement.haufe.de/organisation/weniger-arbeit-voller-lohn-utopie-im-test

75   Hoff, Die »neuen Arbeitszeitmodelle« mit reduzierter Arbeitszeit bei voller Bezahlung: Inhalte, Rahmenbedingungen und Auswirkungen, https://arbeitszeitsysteme.com/wp-content/uploads/2012/05/Die-neuen-Arbeitszeitmodelle-mit-reduzierter-Arbeitszeit-bei-voller-Bezahlung-2018.pdf

76   Hoff, Die »neuen Arbeitszeitmodelle« mit reduzierter Arbeitszeit bei voller Bezahlung: Inhalte, Rahmenbedingungen und Auswirkungen, https://arbeitszeitsysteme.com/wp-content/uploads/2012/05/Die-neuen-Arbeitszeitmodelle-mit-reduzierter-Arbeitszeit-bei-voller-Bezahlung-2018.pdf

77   Siehe auch https://www.zeit.de/zeit-spezial/2018/01/25-stunden-woche-lasse-rheingans-agentur-bielefeld; https://newmanagement.haufe.de/organisation/weniger-arbeit-voller-lohn-utopie-im-test

78   Hoff, Die »neuen Arbeitszeitmodelle« mit reduzierter Arbeitszeit bei voller Bezahlung: Inhalte, Rahmenbedingungen und Auswirkungen, https://arbeitszeitsysteme.com/wp-content/uploads/2012/05/Die-neuen-Arbeitszeitmodelle-mit-reduzierter-Arbeitszeit-bei-voller-Bezahlung-2018.pdf

79   Hoff, Die »neuen Arbeitszeitmodelle« mit reduzierter Arbeitszeit bei voller Bezahlung: Inhalte, Rahmenbedingungen und Auswirkungen, https://arbeitszeitsysteme.com/wp-content/uploads/2012/05/Die-neuen-Arbeitszeitmodelle-mit-reduzierter-Arbeitszeit-bei-voller-Bezahlung-2018.pdf

O-Ton: Prof. Dr. Sascha Armutat

Dr. Sascha Armutat ist Professor für Personalmanagement und Organisation an der Fachhochschule Bielefeld.

Britta Redmann: Zeit statt Geld oder Zeit und Geld? Sie haben das Experiment bei Rheingans wissenschaftlich begleitet. Was sind Ihre Erkenntnisse bei der Erforschung des 5-Stunden-Tages?

Sascha Armutat: Zeit hat auf jeden Fall einen Mehrwert. Die Erfahrungen mit dem 5-Stunden-Tag zeigen, dass Mitarbeiter es schätzen, mit dem Gefühl zu arbeiten, dass sie genug Zeit für ihre privaten Belange haben. Auch wenn der 5-Stunden-Tag in der reinen Form für die meisten Mitarbeiter eher ein Richtwert als ein rigider Endtermin ist, entspannt es ihre Arbeitseinstellung dennoch enorm. Für die Agentur ist das Arbeitszeitmodell trotz einer branchenüblichen Bezahlung ein echter Attraktivitätsfaktor als Arbeitgeber.

Britta Redmann: Was sind (bisher) besondere Erfolgsfaktoren, damit Arbeit in weniger Zeit doch mit gleichem Output gelingen kann?

Sascha Armutat: Es kommt vor allem darauf an, wie die Mitarbeiter den 5-Stunden-Tag leben: Sie müssen sich ihre Arbeit gut organisieren, Störfaktoren in den Abläufen ausschalten und konzentriert ihrer Arbeit nachgehen. Dazu brauchen sie zum einen ein gutes und kompaktes Briefing durch ihre Führungskräfte, zum anderen aber auch Prozessstandards, die ihnen bei der Arbeitsorganisation helfen. Daneben ist eine offene partizipative, vertrauensvolle Unternehmenskultur ein wichtiger Erfolgsfaktor.

Britta Redmann: Gibt es aus Ihrer Sicht für eine Verkürzung der Arbeitszeit geeignetere und weniger geeignete Unternehmen?

Sascha Armutat: Überall da, wo Arbeit durch Maschinen oder Kunden stärker fremdgesteuert wird, wo kreative Aktivitäten statt Routinearbeiten primär den Arbeitsalltag prägen, wo Arbeit in vernetzten Projektstrukturen erfolgt, wo die Kommunikationsdichte bei der Leistungserstellung hoch ist, da ist ein Modell in dieser Rigidität langfristig schwer umzusetzen.

Britta Redmann: Welche Bedürfnisse von Mitarbeitern und Unternehmen werden hier insbesondere bedient?

Sascha Armutat: Zeitsouveränität ist ein zentrales Bedürfnis, das gerade bei den jungen Mitarbeitergenerationen gut ankommt. Unternehmensseitig ist es ein Experiment, um die Erfordernisse veränderter Arbeitswelten mit den Anforderungen neuer Generationen unter einen Hut zu bringen, um mehr Kreativität, mehr Innovation und mehr Zufriedenheit von den Mitarbeitern zu bekommen. Es ist dabei allerdings darauf zu achten, dass das Modell flexibel eingesetzt wird, um die Kernzeiten der Unternehmenstätigkeit den Zeitanforderungen der Kunden anzupassen.

Insgesamt wird es daher auf die individuellen Umstände von Unternehmen und auch Mitarbeitern ankommen, ob ein solches Modell für sie attraktiv ist, sich betriebswirtschaftlich rechnet und auch in aktuellen Zeiten des empfundenen zunehmenden Leistungsdrucks eine passende Lösung sein kann. Hier bleibt es neugierig abzuwarten, was die weiteren Ergebnisse in der Praxis ergeben werden.

Rechtlich liegt hinsichtlich der vertraglichen Vereinbarung dieser Modelle keine Besonderheit vor. Wichtig ist lediglich, dass nach § 4 ArbZG nach 6 Stunden Arbeitszeit – sollte diese Dauer erreicht werden – eine 30-minütige Pause zu nehmen ist. Diese gesetzliche Vorgabe ist nicht disponibel.[80]

3.5.2.4   Mitbestimmung des Betriebsrats

Hinsichtlich der Festlegung und der Verteilung von Arbeitszeiten gibt es sowohl eine Mitbestimmung seitens des Betriebsrates zu beachten als auch bei einer tariflichen Bindung ggf. bindende Normen des jeweiligen Tarifvertrages.

a) Betriebliche Mitbestimmung
Der Betriebsrat hat gem. § 87 Abs. 1 Nr. 2 BetrVG bei Beginn, Ende und der Verteilung der täglichen Arbeitszeit auf die einzelnen Wochentage mitzubestimmen.[81] Das bezieht sich auch auf die Einführung und Ausgestaltung von Arbeitszeitmodellen. Das BAG[82] hat hierzu ausgeführt:

> »Die Festlegung des Ausgleichszeitraums für die Einhaltung der Wochenarbeitszeit sowie der Umfang der Schwankungsbreite eines Arbeitszeitkontos sind zwar nach § 87 I Nr. 2 BetrVG mitbestimmungspflichtig. [...] Nach dieser Vorschrift hat ein Betriebsrat mitzubestimmen bei Beginn und Ende der täglichen Arbeitszeit einschließlich der Pausen sowie der Verteilung der Arbeitszeit auf die einzelnen Wochentage. Das Mitbestimmungsrecht dient dazu, die Interessen der Arbeitnehmer an der Lage der Arbeitszeit und damit zugleich ihrer freien Zeit für die Gestaltung ihres Privatlebens zur Geltung zu bringen.«

Das Mitbestimmungsrecht gem. § 87 Abs. 1 Nr. 2 BetrVG besteht allerdings nur insoweit, wie abschließende zwingende gesetzliche oder tarifliche Regelungen fehlen.[83]

---

80   ErfK/Wank, 19. Aufl. 2019, ArbZG § 4 Rn. 1-8.
81   Richardi BetrVG/Richardi, 16. Aufl. 2018, BetrVG § 87 Rn. 257.
82   BAG 26.09.2017 NZA 2018, 194; BAG, Beschl. v. 17.11.2015 – 1 ABR 76/1.
83   Richardi BetrVG/Richardi, 16. Aufl. 2018, BetrVG § 87 Rn. 263-274; ErfK/Kania, 19. Aufl. 2019, BetrVG § 87 Rn. 39-41.

Besteht eine derartige Mitbestimmung des Betriebsrats, empfiehlt es sich in der Regel, eine Betriebsvereinbarung abzuschließen. Der Vorteil ist, dass damit eine betriebliche Regelung geschaffen werden kann, die für alle Beteiligten transparent und verlässlich ist. So entsteht ein rechtssicherer und transparenter Handlungs- und Regelungsrahmen.

b) Tarifliche Regelung
Arbeitszeiten sind auch ein klassisches Kernelement in Tarifverträgen. Da hier zur Arbeitszeit dann ebenfalls zwingende rechtliche Regelungen vorliegen, sind Unternehmen, Betriebsräte und Mitarbeiter, soweit der Tarifvertrag für sie gilt, daran gebunden. Das bedeutet, tarifliche Vorschriften zur Arbeitszeit sind verbindlich im tarifgebundenen Unternehmen zu beachten. Ausnahmen können sich aber ergeben, sofern in dem betreffenden Tarifvertrag Öffnungsklauseln vorgesehen sind, in deren Rahmen Unternehmen ggf. betriebliche Regelungen mit dem Betriebsrat oder Arbeitnehmern treffen können.

Sofern es tarifliche Bestimmungen gibt, können diese – wie oben schon zu den betrieblichen Regelungen angemerkt – einen besonders rechtssicheren Handlungsrahmen schaffen, der dann durchaus auch noch einen Spielraum für betriebliche flexible Zeitmodelle ermöglicht. Viele Tarifverträge bieten zudem gegenwärtig schon eine hohe Arbeitszeit-Flexibilität.[84]

3.5.3 Möglichkeiten des Teilzeit- und Befristungsgesetzes

Waren bei der Einführung des Teilzeit- und Befristungsgesetzes im Jahr 2001 primär die Beschäftigungspolitik und die Bekämpfung der Arbeitslosigkeit im Fokus, tragen die zum 1.1.2019 in Kraft getretenen Neuregelungen des Gesetzes eher den Anliegen zur Förderung der Gleichstellung von Frauen als auch der Familienpolitik Rechnung. Kern der Reform ist sicherlich die Einführung eines Anspruchs auf Brückenteilzeit. Weitere wesentliche Neuregelungen sind die Verlängerungsmöglichkeit der individuellen Arbeitszeit als auch einige Änderungen in der Einrichtung von Arbeit auf Abruf.

3.5.3.1 Brückenteilzeit

Es ist davon auszugehen, dass Teilzeitarbeit insgesamt in den nächsten Jahren weiter zunehmen wird. Wird eine Präsenzpflicht im Büro immer weniger erforderlich, desto mehr Möglichkeiten eröffnen sich auch zur Gestaltung von Teilzeitarbeitsverhältnis-

---

84 Siehe Teil 2, Kapitel 4.

sen. Mit dem Teilzeitbefristungsgesetz (TzBfG) bestand für Arbeitnehmer schon seit geraumer Zeit die Möglichkeit, ihre Arbeitszeit nach einer Beschäftigungsdauer von 6 Monaten zu verringern. Dieser Anspruch auf eine zeitlich nicht begrenzte Reduzierung ist seit Kurzem um die Brückenteilzeit ergänzt worden. Sie ermöglicht Arbeitnehmern in manchen Betrieben, ihre Arbeitszeit befristet für ein bis fünf Jahre zu reduzieren.[85] Nach Ablauf der Befristung kehren die Betroffenen automatisch – also kraft Gesetzes und ohne Mitwirkung der Arbeitsvertragsparteien – wieder in ihr Vollzeitarbeitsverhältnis zurück. Die dahinterliegende Absicht ist es, eine »Teilzeitfalle« für Mitarbeiter zu vermeiden. Gleichzeitig wird es Mitarbeitern gesetzlich erleichtert, ihre vertragliche Arbeitszeit flexibel an unterschiedliche Bedürfnisse in verschiedenen Lebensphasen anpassen und bei Vorliegen der Rahmenbedingungen auch durchsetzen zu können.

a) Anspruchsvoraussetzungen

Eine Beanspruchung der Brückenteilzeit ist möglich, ohne dass besondere Gründe wie z. B. Kindererziehung oder Pflege von Angehörigen von den Beschäftigten geltend gemacht werden müssten.[86] Berechtigt sind Arbeitnehmer, deren Arbeitsverhältnis länger als sechs Monate besteht. Das Antragsverfahren auf Brückenteilzeit entspricht dem gleichen, welches sich auf eine unbefristete Verringerung der Arbeitszeit bezieht (§ 9a Abs. 3 TzBfG).[87] Ein entsprechendes Gesuch ist daher drei Monate vor Beginn des Teilzeitbeginns geltend zu machen.

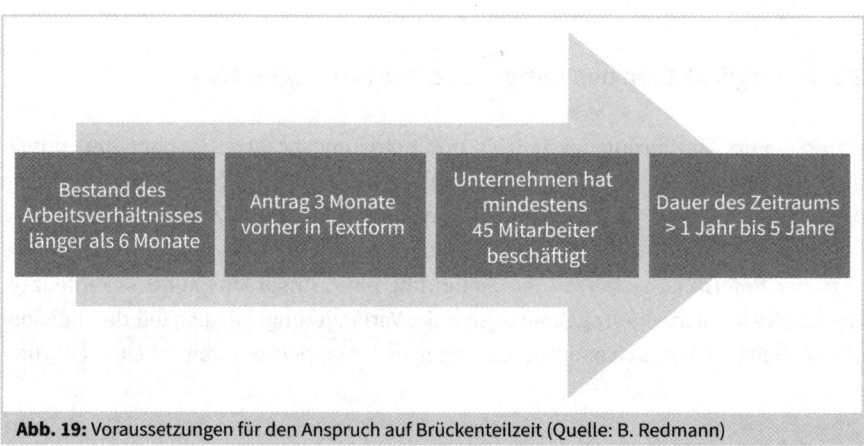

Abb. 19: Voraussetzungen für den Anspruch auf Brückenteilzeit (Quelle: B. Redmann)

Nicht gesetzlich geregelt ist das Volumen der Arbeitszeitreduzierung. Hier sieht das Gesetz weder Mindest- noch Höchstmaße vor. Dadurch ergibt sich für Arbeitnehmer

---

85   BeckOK ArbR/Bayreuther, 50. Ed. 01.01.2019, TzBfG § 9a Rn. 1, 2; Der gesetzliche Anspruch gilt bisher nur in Betrieben mit mehr als 45 Arbeitnehmern.
86   BeckOK ArbR/Bayreuther, 50. Ed. 01.01.2019, TzBfG § 9a Rn. 5-7.
87   BeckOK ArbR/Bayreuther, 50. Ed. 01.01.2019, TzBfG § 9a Rn. 8.

auch die Möglichkeit einer blockweisen Arbeitszeitreduzierung. Das kann z. B. in der Konstellation auftreten, dass ein Wunsch des Mitarbeiters besteht, immer einen bestimmten Arbeitszeitraum frei zu haben (z. B. immer die Zeit zwischen Weiberfastnacht und Aschermittwoch) oder sich auch lediglich zusätzliche freie Tage verschaffen zu können.[88] Hier ist der Verringerungswunsch zwar von seinem Volumen betrachtet eher gering, auf den Zeitpunkt bezogen jedoch mit einem festen Bezug.

Das BAG hat zum bisherigen Recht in einem solchen Fall entschieden:[89]

> »Der Anspruch des Arbeitnehmers auf Verringerung und Neuverteilung der Arbeitszeit dient der Schaffung von Teilzeitstellen und vor allem der besseren Vereinbarkeit von Beruf und Familie (vgl. BT-Dr 14/4374, S. 11). Anders als § 15 VII 1 Nr. 3 BEEG enthält § 8 TzBfG keine Vorgaben hinsichtlich des Umfangs der Vertragsänderung und knüpft den Anspruch auf Verringerung der Arbeitszeit nicht an ein Mindestmaß der Arbeitszeitreduzierung. Dies bewirkt, dass ein Arbeitnehmer grundsätzlich auch Anspruch auf eine verhältnismäßig geringfügige Verringerung seiner Arbeitszeit haben kann. Verlangt ein Arbeitnehmer, dass seine Arbeitszeit nur geringfügig reduziert wird, indiziert dies nicht per se einen Rechtsmissbrauch. Anderenfalls würde das Ziel des Gesetzgebers unterlaufen, der die Ansprüche aus § 8 I und IV 1 TzBfG nicht an ein bestimmtes Restarbeitszeitvolumen gebunden hat (vgl. BAG, NZA 2009, 1207 RNr. 37). Liegen allerdings im Einzelfall besondere Umstände vor, die darauf schließen lassen, der Arbeitnehmer wolle die ihm gem. § 8 TzBfG zustehenden Rechte zweckwidrig dazu nutzen, unter Inkaufnahme einer unwesentlichen Verringerung der Arbeitszeit und der Arbeitsvergütung eine bestimmte Verteilung der Arbeitszeit zu erreichen, auf die er ohne die Arbeitszeitreduzierung keinen Anspruch hätte, kann dies die Annahme eines gem. § 242 BGB rechtsmissbräuchlichen Verringerungsverlangens rechtfertigen.«

Während der temporären verringerten Arbeitszeitphase gibt es keinen gesetzlichen Anspruch auf eine weitere Reduzierung oder eine Verlängerung der Arbeitszeit (§ 9a Abs. 4 TzBfG).

Nach Abschluss der befristeten Teilzeit muss zudem ein Jahr »gewartet« werden, bis der Mitarbeiter einen erneuten befristeten Teilzeitwunsch geltend machen kann (§ 9a Abs. 5 TzBfG). Das bedeutet nicht, dass sich Arbeitgeber und Arbeitnehmer nicht einvernehmlich auf eine weitere schon früher beginnende Teilzeit einigen können.

---

88 Siehe auch Preis/Schwarz, »Reform des Teilzeitarbeitsrechts«, NJW 2018, 3673.
89 BAG 11.06.2013, NZA 2013, 1074.

Unterschiedliche »Sperrzeiten« bestehen, wenn ein Antrag des Mitarbeiters auf Brückenteilzeit abgelehnt wurde. Bezog sich der Grund der Ablehnung auf entgegenstehende betriebliche Gründe, aktiviert sich eine zweijährige Sperrfrist (§ 9a Abs. 5 i. V. m. § 8 Abs. 6 TzBfG). Bezieht sich der Arbeitgeber dagegen in seiner Ablehnung auf den Überforderungsschutz nach § 9 Abs. 2 TzBfG, kann der Mitarbeiter bereits nach einem Jahr einen erneuten Antrag stellen.

Die Darlegungs- und Beweislast, welche Sperrzeit vorliegt, liegt beim Arbeitgeber.[90] Es ist daher hilfreich für den Arbeitgeber, soweit er sich auf betriebliche Gründe bezieht, diese dann entsprechend zu dokumentieren.[91]

b) Ablehnung aus betrieblichen Gründen

Für Arbeitgeber ist es wichtig zu wissen, dass ihre Zustimmung kraft Gesetzes fingiert wird, wenn sie auf einen Teilzeitwunsch eines Mitarbeiters nicht spätestens einen Monat vor Beginn des gewünschten Teilzeitantrages reagiert bzw. den Antrag abgelehnt haben.[92]

Je nachdem was der Arbeitgeber ablehnt, kann es hier auch zu unterschiedlichen Auswirkungen kommen (vgl. Tab. 15):

Ablehnung durch den Arbeitgeber von:	Auswirkung auf den Teilzeitantrag:
Nur der Verteilung/Lage der Arbeitszeit	→ Die Verringerung gilt in vollem Umfang.
Dem Zeitraum bzw. der Befristung als solcher	→ Da der Befristungszeitraum ein wesentliches Element ist, gilt der Antrag dann insgesamt als abgelehnt.
Verringerung der Arbeitszeit	→ Antrag ist insgesamt abgelehnt.

Tab. 15: Ablehnung aus betrieblichen Gründen

Arbeitgeber können einen Anspruch auf Brückenteilzeit aus betrieblichen Gründen ablehnen. Dabei gelten ebenfalls die Maßstäbe des § 8 Abs. 4 TzBfG. Ein betrieblicher Grund liegt insbesondere vor, wenn die Verringerung der Arbeitszeit die Organisation, den Arbeitsablauf oder die Sicherheit im Betrieb wesentlich beeinträchtigt oder unverhältnismäßige Kosten verursacht.[93] Das Gesetz sieht hier keine »dringenden betrieblichen Gründe« vor, allerdings verlangt das BAG schon zur bisherigen Rechtslage,[94] dass die Gründe erheblich sein müssen:

---

90   BeckOK ArbR/Bayreuther, 50. Ed. 01.01.2019, TzBfG § 9a Rn. 16-19.
91   BeckOK ArbR/Bayreuther, 50. Ed. 01.01.2019, TzBfG § 9a Rn. 16-19.
92   BeckOK ArbR/Bayreuther, 50. Ed. 01.01.2019, TzBfG § 9a Rn. 8.
93   BAG 20.01.2015 – 9 AZR 735/13; BeckOK ArbR/Bayreuther 50. Ed. 01.01.2019, TzBfG § 8 Rn. 27-29.
94   BAG 24.06.2008 – 9 AZR 313/07.

»Ein betrieblicher Grund liegt insbesondere vor, wenn die Umsetzung des Arbeitszeitverlangens die Organisation, den Arbeitsablauf oder die Sicherheit im Betrieb wesentlich beeinträchtigt oder unverhältnismäßige Kosten verursacht. Es genügt, wenn der Arbeitgeber rational nachvollziehbare Gründe hat. Dringende betriebliche Gründe sind nicht erforderlich. Die Gründe müssen jedoch hinreichend gewichtig sein. Der Arbeitgeber kann die Ablehnung nicht allein mit seiner abweichenden unternehmerischen Vorstellung von der »richtigen« Arbeitszeitverteilung begründen (ständige Rechtsprechung ...).[95] Die Prüfung der Gründe des Arbeitgebers erfolgt nach der Rechtsprechung des Senats regelmäßig in drei Stufen. Zunächst ist festzustellen, ob der vom Arbeitgeber als erforderlich angesehenen Arbeitszeitregelung überhaupt ein bestimmtes betriebliches Organisationskonzept zu Grunde liegt (erste Stufe). In der Folge ist zu untersuchen, inwieweit die Arbeitszeitregelung dem Arbeitszeitverlangen tatsächlich entgegensteht (zweite Stufe). Schließlich ist in einer dritten Stufe das Gewicht der entgegenstehenden betrieblichen Gründe zu prüfen. Dabei ist die Frage zu klären, ob das betriebliche Organisationskonzept oder die zu Grunde liegende unternehmerische Aufgabenstellung durch die vom Arbeitnehmer gewünschte Abweichung wesentlich beeinträchtigt werden (ständige Rechtsprechung ...) Dieser Prüfungsmaßstab gilt nicht nur für die Verringerung der Arbeitszeit, sondern auch für ihre Neuverteilung [...] Ob betriebliche Gründe vorliegen, beurteilt sich nach dem Zeitpunkt, in dem der Arbeitgeber den Arbeitszeitwunsch ablehnt.«

In diesem Zusammenhang kann der Arbeitgeber auch vortragen, dass betriebliche Gründe gerade wegen der Befristung des Anspruchs gegeben sind. [96] Dies kann z.B. deswegen vorliegen, weil eine ggf. nur temporäre Überbrückung des gewünschten Arbeitsvolumens nicht umsetzbar ist oder eben übermäßig hohe Kosten verursacht oder wenn übermäßig hohe Schulungskosten für Ersatzkräfte aufzubringen wären oder auf dem (lokalen) Arbeitsmarkt gar keine befristeten Ersatzkräfte vorhanden sind.

Die betrieblichen Auswirkungen sind betriebsbezogen zu betrachten. Verfügt ein Unternehmen über mehrere Betriebe und sind in einzelnen Betrieben besonders viele Mitarbeiter in Teilzeit, kann dies eine Begründung für eine Ablehnung des Antrags sein.[97] In einer BT-Drucksache[98] ist hierzu erläutert:

---

95 für die st. Rspr. Senat, NZA 2008, 314 = NJW 2008, 1245 L = AP TzBfG § 8 Nr. 25 = EzA TzBfG § 8 Nr. 20 Rdnr. 27; Senat, NZA 2008, 289 = NJW 2008, 936 = AP TzBfG § 8 Nr. 23 = EzA TzBfG § 8 Nr. 19 Rdnr. 30.
96 BeckOK ArbR/Bayreuther, 50. Ed. 01.01.2019, TzBfG § 9a Rn. 9-12.
97 BeckOK ArbR/Bayreuther, 50. Ed. 01.01.2019, TzBfG § 9a Rn. 9-12.
98 BT-Drs. 19/5097, 16.

»Die Gründe wie Organisation, Arbeitsablauf oder Sicherheit wiesen einen ausdrücklichen Betriebsbezug auf. Daher seien nach Auffassung der Koalitionsfraktionen bei Prüfung der betrieblichen Gründe in sog. Filialbetrieben auch die Auswirkungen auf die jeweilige Filiale zu berücksichtigen. In diesem Zusammenhang sei auch zu prüfen, ob der Teilzeitwunsch durch Versetzung der Arbeitnehmerin oder des Arbeitnehmers in eine andere Filiale ermöglicht werden könne.«

Ob die Anzahl der vorhandenen Teilzeitkräfte letztendlich ausreicht, um eine Ablehnung ausschließlich begründen zu können, wenn es insbesondere eine unternehmerische Entscheidung war, hauptsächlich mit Teilzeitkräften zu arbeiten, erscheint allerdings fraglich. Hier bleibt abzuwarten, wie sich die höchstrichterliche Rechtsprechung dahingehend in den nächsten Jahren entwickeln wird.

c) Berücksichtigung der Zumutbarkeitsregelung

Arbeitgeber können als weiteren Ablehnungsgrund auch eine Art »Zumutbarkeitsgrenze« geltend machen. Das Gesetz sieht hier für Arbeitgeber vor, dass bei einer Beschäftigung zwischen 46 bis 200 Mitarbeitern der Anspruch nur einem pro angefangene 15 Arbeitnehmer gewährt werden muss.[99] Klar aus dem Gesetz geht für die Berechnung der Quote hervor, dass Auszubildende nicht mitgerechnet werden. Gezählt werden die Mitarbeiter nach Köpfen.[100] Wie es sich mit anderen Teilzeitbeschäftigten verhält und ob z. B. Leiharbeitnehmer anzurechnen sind, ist noch zweifelhaft.[101] Hier wird abzuwarten sein, wie sich die künftige Rechtsprechung dazu äußern wird.

Soweit mehrere Anträge von Mitarbeitern zusammentreffen, gibt es keine Auswahlkriterien die das Gesetz hier vorsieht. Der Arbeitgeber hat seine Entscheidung, welchen Anträgen er bei Vorliegen der Voraussetzungen stattgibt, nach billigem Ermessen zu treffen.[102] Das BAG verlangt für die Ausübung von billigem Ermessen »eine Abwägung der wechselseitigen Interessen nach verfassungsrechtlichen und gesetzlichen Wertentscheidungen, den allgemeinen Wertungsgrundsätzen der Verhältnismäßigkeit und Angemessenheit sowie der Verkehrssitte und Zumutbarkeit. In der Abwägung sind alle Umstände des Einzelfalles einzubeziehen. Hierzu gehören die Vorteile aus einer Regelung, die Risikoverteilung zwischen den Vertragsparteien, die beiderseitigen Bedürfnisse, die außervertragliche Vor- und Nachteile, Vermögens- und Einkommensverhältnisse sowie soziale Lebensverhältnisse wie familiäre Pflichten und

---

99   BeckOK ArbR/Bayreuther, 50. Ed. 01.01.2019, TzBfG § 9a Rn. 13-15.
100   BeckOK ArbR/Bayreuther, 50. Ed. 01.01.2019, TzBfG § 9a Rn. 13-15.
101   BeckOK ArbR/Bayreuther, 50. Ed. 01.01.2019, TzBfG § 9a Rn. 13-15.
102   BeckOK ArbR/Bayreuther, 50. Ed. 01.01.2019, TzBfG § 9a Rn. 9-12.

Unterhaltsverpflichtungen.«[103] Das heißt, es kommt immer auf die Verhältnisse des Einzelfalles an, ob eine solche Auswahl rechtmäßig ist oder nicht.

Es bleibt hier abzuwarten, ob damit der »Überforderungsschutz« praktisch ins Leere laufen wird und es vermehrt von Arbeitgebern dann zum Rückgriff auf die »betrieblichen Gründe« kommen wird.[104]

Darüber hinaus können Ablehnungsgründe auch durch einen Tarifvertrag festgelegt werden (§ 8 Abs. 4 TzBfG).

d) Konkurrenz verschiedener Teilzeitansprüche
Für den unbegrenzten Anspruch auf Teilzeit sowie für die Brückenteilzeit gilt, dass daneben spezialgesetzliche und auch tarifliche Regelungen – befristet oder unbefristet – zulässig sind. Damit können mehrere unterschiedliche Voraussetzungen, Fristen bis hin zu Rechtsfolgen miteinander konkurrieren.[105]

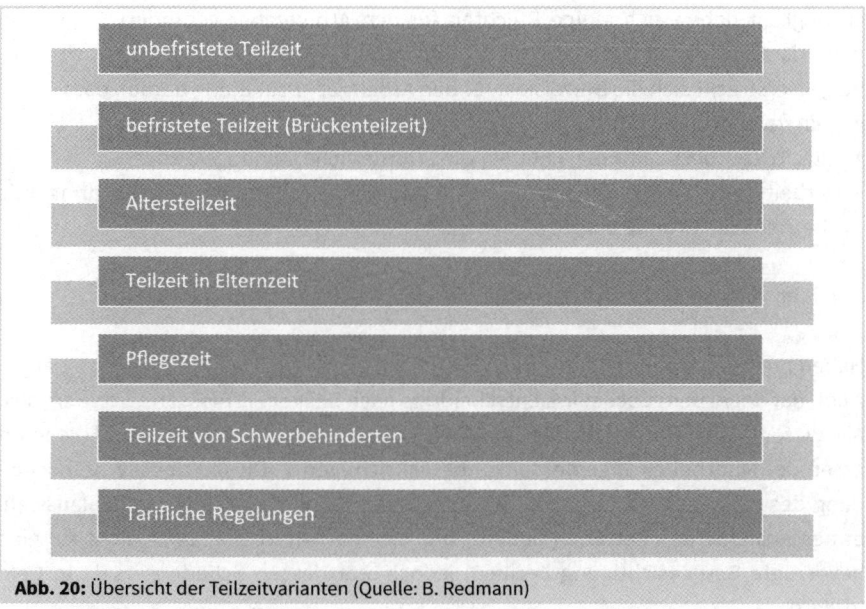

Abb. 20: Übersicht der Teilzeitvarianten (Quelle: B. Redmann)

Um Unklarheiten bezogen auf konkurrierende Ansprüche zu vermeiden, kann es hilfreich sein, in den vertraglichen Regelungen konkret den Grund für die Verringerung

---

103 BAG 10.12.2014 – 10 AZR 63/14; st. Rspr. BAG 23.08.2013 – 10 AZR 569/12.
104 BeckOK ArbR/Bayreuther, 50. Ed. 01.01.2019, TzBfG § 9a Rn. 13-15.
105 BeckOK ArbR/Bayreuther, 50. Ed. 01.01.2019, TzBfG § 9a Rn. 20-26.

der Arbeitszeit und die genaue Anspruchsgrundlage, auf die der Mitarbeiter Bezug nimmt, zu benennen.[106]

Beispiel für konkurrierende Teilzeitansprüche:
- Teilzeit in Elternzeit (§ 15 BEEG)
- Pflegezeit (§ 1 Abs. 1, 5 und § 2 Abs. 1 PflegeZG)
- Tarifliche Regelungen (Tarifvertrag der Metall- und Elektroindustrie, öffentlicher Dienst etc.)

3.5.3.2   Erhöhung der Arbeitszeit gem. § 9 TzBfG

Für Mitarbeiter, die sich in Teilzeit befinden, begründet § 9 TzBfG einen einklagbaren Anspruch auf eine Erhöhung ihrer Arbeitszeit. Hierdurch soll entgegenwirkt werden, dass Teilzeitarbeit zur dauerhaften Einbahnstraße wird. Übergänge von Teilzeit in Vollzeit sollen erleichtert werden. Im Zusammenhang mit der Einführung der Brückenteilzeit haben sich einige Pflichten für den Arbeitgeber verändert.[107] Gibt ein unbefristet in Teilzeit Beschäftigter seinen Wunsch kund, seine Arbeitszeit zu erhöhen, so erstreckt sich die Beweislast für den Arbeitgeber zukünftig darauf, dass
- ein freier Arbeitsplatz gar nicht vorliegt,
- der Teilzeitbeschäftigte nicht über die erforderliche Eignung verfügt,
- Arbeitszeitwünsche anderer teilzeitbeschäftigter Arbeitnehmer oder dringende betriebliche Gründe entgegenstehen.[108]

Damit hat sich die bisherige Beweislast für den Arbeitgeber umgekehrt.

Haben mehrere Arbeitnehmer ihren Wunsch auf Verlängerung ihrer Arbeitszeit angezeigt, hat der Arbeitgeber seine Entscheidung nach billigem Ermessen zu treffen, also alle wesentlichen Umstände des Einzelfalls gegeneinander abzuwägen und die Interessen der Mitarbeiter angemessen zu berücksichtigen.[109] Diese Ermessensentscheidung des Arbeitgebers ist gerichtlich überprüfbar. Sollte er seine Personalauswahl ermessensfehlerhaft getroffen haben, kann sich der Mitarbeiter zwar nicht auf eine bevorzugte Berücksichtigung berufen, jedoch stattdessen Schadensersatz in Geld fordern.

---

106 BeckOK ArbR/Bayreuther, 50. Ed. 01.01.2019, TzBfG § 9a Rn. 13-15.
107 BeckOK ArbR/Bayreuther, 50. Ed. 01.01.2019, TzBfG § 9 Rn. 1-17.
108 Was als freier Arbeitsplatz definiert wird, ist in § 9 Nr. 4 TzBfG beschrieben: »Ein freier Arbeitsplatz liegt vor, wenn der Arbeitgeber die Organisationsentscheidung getroffen hat, diesen zu schaffen oder einen unbesetzten Arbeitsplatz neu zu besetzen.«
109 Siehe Teil 2, Kapitel 3.5.3.1.

3.5.3.3 Erörterungspflicht für Arbeitgeber

Arbeitgeber sind durch die Neuregelung des § 7 Abs. 2 TzBfG nunmehr verpflichtet, jedweden Wunsch nach Veränderung von Dauer und Lage der vertraglichen Arbeitszeit mit dem Arbeitnehmer zu erörtern. Das setzt voraus, dass der Arbeitnehmer seinen Wunsch nach Verlängerung oder Verkürzung seiner Arbeitszeit dem Arbeitgeber kundgibt. Dieser Wunsch muss sich weder auf einen konkreten Arbeitsplatz noch auf ein bestimmtes Arbeitsvolumen beziehen. Er kann auch ganz formlos geäußert werden.[110] Grenzen – z. B. bezogen auf die Häufigkeit der Äußerung des Wunsches – ergeben sich aus § 242 BGB im Falle eines Rechtsmissbrauches.

Der Mitarbeiter kann bei Bedarf auch ein Mitglied des Betriebsrates zu der gemeinsamen Erörterung mit dem Arbeitgeber hinzuziehen (§ 7 Abs. 2 TzBfG.

Insgesamt betrachtet sind mit der aktuellen Änderung des TzBfG die gesetzlichen Möglichkeiten für Arbeitnehmer, flexibel für einen bestimmten Zeitraum ihre Arbeitszeit zu reduzieren, um dann wieder zu ihrer ursprünglichen Arbeitszeit zurückzukehren, deutlich erweitert worden.

3.5.3.4 Arbeit auf Abruf

Eine weitere Möglichkeit, gesetzliche (Arbeitszeit-)Vorschriften flexibel zu nutzen, kann sich durch § 12 TzBfG ergeben, in dem die »Arbeit auf Abruf« geregelt ist. Hier können die Arbeitsvertragsparteien »bewegliche« und auf den Bedarf ausgerichtete Arbeitszeiten vereinbaren.[111] Von einem Abrufarbeitsverhältnis wird ausgegangen, wenn Mitarbeiter ihre Arbeitsleistung entsprechend dem wechselnden Anfall im Betrieb zu erbringen haben. Nicht in diesen Vertragstyp fallen alle Regelungen, die dem Arbeitnehmer Arbeitszeitsouveränität zusprechen, wie z. B. Gleitzeit, Rufbereitschaft, Bereitschaftsdienste oder auch Überstunden.[112] Das BAG hat hier zur Abgrenzung zwischen Überstunden und Abrufarbeit ausgeführt:[113]

> »Eine Vereinbarung zur Leistung von Überstunden liegt vor, wenn sich der Arbeitnehmer verpflichtet, bei einem vorübergehenden zusätzlichen Arbeitsbedarf länger als vertraglich vereinbart zu arbeiten. Überstunden werden wegen bestimmter besonderer Umstände vorübergehend zusätzlich geleistet.

110 BeckOK ArbR/Bayreuther, 50. Ed. 01.01.2019, TzBfG § 7 Rn. 5-9.
111 Elert/Raspels, Praxishandbuch flexible Einsatzformen von Arbeitnehmern, S. 73 ff.; BeckOK ArbR/Bayreuther, 50. Ed. 01.01.2019, TzBfG § 12 Rn. 4.
112 BeckOK ArbR/Bayreuther, 50. Ed. 01.01.2019, TzBfG § 12 Rn. 4.
113 BAG 07.12.2005, NZA 2006.

> [...] Besteht dagegen für den Arbeitnehmer eine selbständige, nicht auf Unregelmäßigkeit oder Dringlichkeit beschränkte Verpflichtung, auf Anforderung des Arbeitgebers zu arbeiten, handelt es sich um Arbeit auf Abruf i.S. von § 12 TzBfG.«

Die gesetzlichen Regelungen legen Mindestanforderungen für die Ausgestaltung eines Abrufarbeitsverhältnisses fest. Damit soll ein angemessener Ausgleich gewährleistet werden zwischen einerseits dem Bedürfnis nach Flexibilisierung von Arbeitsvolumina und andererseits den Belangen des Arbeitsschutzes.[114]

So ist es zum Beispiel möglich, in der einen Woche viele Stunden, in der nächsten Woche aber nur ganz wenige Stunden zu arbeiten. Wichtig ist in diesem Zusammenhang, dass hier entsprechend dem geleisteten, unterschiedlichen Arbeitsumfang auch das Entgelt des Mitarbeiters variiert.[115] Damit grenzt sich Abrufarbeit von anderen Formen der Arbeitszeitflexibilisierung ab, die z. B. bei konstantem Entgelt nur Zeitwerte betrachten.

Wird eine flexible Abrufarbeit im Arbeitsvertrag vereinbart, muss eine Mindestdauer der wöchentlichen und täglichen Arbeitszeit festgelegt werden.[116] Ein monatlicher oder gar jährlicher Rahmen reicht nicht aus.[117] Den Vertragsparteien steht es dabei frei, über die Höhe der Mindestdauer zu verhandeln bzw. diese gemeinsam festzulegen.

Hier haben sich durch die Neuregelungen des Teilzeit- und Befristungsgesetzes die Sanktionen für den Abschluss von Arbeitsverträgen, in denen keine Arbeitszeitvereinbarungen festgelegt sind, verschärft: Wenn keine Mindestarbeitszeit festgelegt wird, gilt laut Gesetz eine Wochenarbeitszeit von 20 und eine tägliche Mindestarbeitszeit von 3 Stunden als vereinbart.[118] Innerhalb der Mindestdauer kann der Arbeitgeber dann entscheiden, wie viel Arbeit er zu welchem Zeitpunkt in Anspruch nehmen will.[119]

Der Arbeitgeber kann dadurch sowohl über die Arbeitszeit als auch das damit in Zusammenhang stehende Entgelt ganz nach den betrieblichen Anforderungen bestimmen. Es braucht damit auch keine betrieblichen allgemeinen Arbeitszeitregeln mehr, sondern der Arbeitgeber kann die Arbeitsleistung individuell und bedarfsabhängig beim Mitarbeiter einfordern. Sein Direktionsrecht wird insoweit erweitert.[120] Ist im Arbeitsvertrag eine entsprechende Mindest- und Höchstarbeitszeit vereinbart

---

114 BAG 07.12.2005 – 5 AZR 535/04; BeckOK ArbR/Bayreuther, 50. Ed. 01.01.2019, TzBfG § 12 Rn. 1-29.
115 BeckOK ArbR/Bayreuther, 50. Ed. 01.01.2019, TzBfG § 12 Rn. 1.
116 BeckOK ArbR/Bayreuther, 50. Ed. 01.01.2019, TzBfG § 12 Rn. 1-29.
117 BeckOK ArbR/Bayreuther, 50. Ed. 01.01.2019, TzBfG § 12 Rn. 6a-10.
118 BeckOK ArbR/Bayreuther, 50. Ed. 01.01.2019, TzBfG § 12 Rn. 1-29.
119 BeckOK ArbR/Bayreuther, 50. Ed. 01.01.2019, TzBfG § 12 Rn. 1-29.
120 BeckOK ArbR/Bayreuther, 50. Ed. 01.01.2019, TzBfG § 12 Rn. 1.

worden, muss sich der Arbeitgeber in einem bestimmten prozentualen Rahmen für die abzurufende Arbeitszeit bewegen. Dieser Rahmen sieht durch den ebenfalls neu eingeführten § 12 Abs. 2 TzBfG bis zu 25 % über und nur bis zu 20 % unter der vereinbarten Mindestarbeitszeit vor.

Beispiel

Mindestarbeitszeit 30 Stunden
→ Erhöhung bis 37,5 Stunden (+ 25 %)
→ Reduzierung bis 23 Stunden (- 20 %)

Darüber hinaus ist der Arbeitgeber verpflichtet, dem Mitarbeiter mindestens vier Tage im Voraus die konkrete Verteilung seiner Arbeitszeit mitzuteilen.[121]

Ferner ist es möglich, dass durch tarifliche Regelungen bezüglich der Mindestarbeitszeiten als auch hinsichtlich der Dauer der Ankündigungsfrist durch den Arbeitgeber zuungunsten des Arbeitnehmers abgewichen werden kann (§ 12 Abs. 6 TzBfG). Ist in einem Arbeitsvertrag also keine bestimmte wöchentliche Dauer zwischen Mitarbeiter und Arbeitnehmer vereinbart worden, kann in einem Tarifvertrag dann eine Arbeitszeit von 10 Stunden als »Sockelarbeitszeit« vereinbart werden oder eine verkürzte Ankündigungsfrist von zwei Tagen, anstelle der gesetzlichen 20 Stunden aus § 12 Abs. 1 TzBfG und den vier Tagen, die in § 12 Abs. 3 TzBfG niedergelegt sind.[122]

Strittig ist, ob Abrufarbeit für alle Arbeitnehmer anwendbar ist. Da es im TzBfG geregelt ist, könnte nach seinem Wortlaut davon auszugehen sein, dass es in erster Linie nur Teilzeitmitarbeiter betrifft. In der Literatur werden hierzu unterschiedliche Meinungen vertreten und das BAG hat hier dazu ausgeführt:[123]

> »Der Auslegung von § 2 S. 1 Arbeitsvertrag als Arbeit auf Abruf im Teilzeitarbeitsverhältnis stehen weder § 12 I TzBfG noch der für allgemeinverbindlich erklärte Manteltarifvertrag für das Hotel- und Gaststättengewerbe in Baden-Württemberg vom 18.3.2002 (im Folgenden: MTV) entgegen. Nach § 12 I 2 TzBfG muss die Vereinbarung einer Arbeit auf Abruf eine bestimmte Dauer der wöchentlichen und täglichen Arbeitszeit festlegen. Das bedeutet aber nicht, Arbeit auf Abruf sei nur unter dieser Voraussetzung zulässig […] Die Nichtvereinbarung einer bestimmten Dauer der wöchentlichen und täglichen Arbeitszeit bedingt nicht die Unwirksamkeit der Abrede, sondern führt dazu, dass nach § 12 I 3 TzBfG eine wöchentliche Arbeitszeit von zehn Stunden[124] als ver-

---

121 BeckOK ArbR/Bayreuther, 50. Ed. 01.01.2019, TzBfG § 12 Rn. 1-29.
122 BeckOK ArbR/Bayreuther, 50. Ed. 01.01.2019, TzBfG § 12 Rn. 22-29.
123 BAG, Urt. v. 24.09.2014 – 5 AZR 1024/12.
124 § 12 TzBfG sah bis zum 01.01.2019 eine gesetzliche Mindestarbeitszeit von 10 Stunden vor.

einbart gilt und der Arbeitgeber nach § 12 I 4 TzBfG die Arbeitsleistung des Arbeitnehmers jeweils für mindestens drei aufeinanderfolgende Stunden in Anspruch nehmen muss.«

Bisher scheinen in der Praxis Abrufarbeitsverhältnisse mit vollzeitbeschäftigten Mitarbeitern eher nicht vorzukommen. Dies kann unter Umständen auch damit zusammenhängen, dass bei einer Vollzeitbeschäftigung von in der Regel 38-42 Stunden in der Woche bei einem erhöhten Abruf dann auch schnell die Höchstarbeitszeitgrenze von täglich 10 Stunden erreicht sein dürfte, so dass die Konstellation als solche wenig praktikabel erscheint.[125]

Arbeit auf Abruf ist daher eine sehr besondere Variante der Flexibilisierung von Arbeitszeiten. Auch wenn einige Formalien einzuhalten sind, so wird die Leistung des Mitarbeiters bedarfsabhängig und individuell vom Arbeitgeber beansprucht. Aus diesem Grund kann er »Arbeit auf Abruf« auch nicht einseitig »anordnen«, sondern benötigt für diese Form der Zusammenarbeit ein Einverständnis des Mitarbeiters bzw. eine arbeitsvertragliche Vereinbarung. Darüber hinaus hat der Arbeitgeber beim konkreten Abruf der Leistung die Grundsätze des billigen Ermessens zu beachten.[126] Er muss also sorgfältig alle Umstände des Einzelfalles abwägen und hier die Interessen des Mitarbeiters, wie z. B. familiäre Verpflichtungen, Abhängigkeiten von öffentlichen Verkehrsmitteln oder auch Freizeitinteressen, angemessen einbeziehen und beachten.[127]

Ohne die täglichen Arbeitszeiten zu verlängern, können Unternehmen sich mit vorhandenen arbeitsrechtlichen »Bordmitteln« daher schon »beweglich« aufstellen. Vorteil ist der starke bedürfnisorientierte Charakter, den diese Einzelregelungen annehmen können, sowohl für den Mitarbeiter als auch für das Unternehmen. Der Nachteil liegt ggf. im (zeitlichen) Aufwand, den eine jeweils individuelle rechtssichere Ausgestaltung jedes Einzelfalls, die dazugehörigen Verhandlungen sowie das kontinuierliche Vertragsmanagement kosten. Außerdem muss eine Vielfalt unterschiedlicher einzelvertraglicher Modelle verwaltet werden.

3.5.4   Job-Sharing

Ein betriebliches Modell zur Flexibilisierung der Arbeitszeit ist das Job-Sharing. Job-Sharing liegt vor, wenn sich ein oder mehrere Arbeitnehmer die Arbeitszeit und auch

---

125 BeckOK ArbR/Bayreuther, 50. Ed. 01.01.2019, TzBfG § 12 Rn. 2, 3.
126 BeckOK ArbR/Bayreuther, 50. Ed. 01.01.2019, TzBfG § 12 Rn. 1.
127 BeckOK ArbR/Bayreuther, 50. Ed. 01.01.2019, TzBfG § 12 Rn. 6.

einen Arbeitsplatz teilen.[128] Damit dies gut funktioniert, bedarf es einer sehr hohen Selbststeuerung als auch einer eingehenden Abstimmung. Job-Sharer agieren zusammen als wären sie nur eine Person.[129]

Gesetzlich ist die Teilung eines Arbeitsplatzes schon jetzt durch § 13 Abs. 1 TzBfG möglich. Der Unterschied zu einem »normalen« Arbeitsverhältnis besteht darin, dass das »Direktionsrecht des Arbeitgebers hinsichtlich der Arbeitszeit bei einem Job-Sharing-Arbeitsverhältnis – auch ohne spezielle Regelung im Arbeitsvertrag – in der Weise eingeschränkt ist, dass die Job-Sharer die Verteilung der Arbeitszeit untereinander selbst bestimmen können. Ihnen kommt insoweit eine begrenzte Zeitsouveränität zu.«[130]

Die dabei aufgestellten Arbeitszeiten oder Pläne sind dem Arbeitgeber rechtzeitig bekannt zu geben. Nur wenn eine rechtzeitige Mitteilung unterbleibt oder auch keine Einigung erzielt wird, fällt das Weisungsrecht wieder an den Arbeitgeber zurück.[131] Job-Sharing ist vertraglich – ggf. in einer eigenen arbeitsvertraglichen Ergänzung – zu regeln.[132] Es bedarf also des Einverständnisses des Mitarbeiters für ein solches Konstrukt und kann nicht einseitig durch den Arbeitgeber angewiesen werden.[133] Zwischen den Mitarbeitern, die sich einen Arbeitsplatz teilen, besteht kein Rechtsverhältnis. Das Job-Sharing-Arbeitsverhältnis begründet auch kein Gesamtschuldverhältnis.[134] Der eine Job-Sharer muss also nicht für den anderen einstehen, sollte dieser seine Leistungspflicht nicht wahrnehmen können. Jeder Mitarbeiter schuldet nur seine eigene vertragsgemäße Teil-Arbeitsleistung.[135] Job-Sharer werden als Partner bezeichnet und sind immer Teilzeitarbeitnehmer.[136]

Das Modell des Job-Sharings existiert bereits seit den 80er-Jahren. Bisher hat es keine starke Praxisbedeutung erlangt. Insbesondere nicht im Führungsbereich, wo viele Unternehmen immer noch von einer starken Präsenz der Führungskräfte ausgehen. Vielleicht ändert sich dies in der näheren Zukunft durch die neuen technischen Möglichkeiten und zeitlichen Anforderungen.

---

128 APS/Greiner, 5. Aufl. 2017, TzBfG § 13 Rn. 1-7; Elert/Raspels, Praxishandbuch flexible Einsatzformen von Arbeitnehmern, S. 475 ff.
129 Christen, Franken, »Der Trend zum Teilen im Job«, Personalmagazin 3/2018.
130 ErfK/Preis, 19. Aufl. 2019, TzBfG § 13 Rn. 6-10.
131 ErfK/Preis, 19. Aufl. 2019, TzBfG § 13 Rn. 6-10.
132 ErfK/Preis, 19. Aufl. 2019, TzBfG § 13 Rn. 6-10.
133 ErfK/Preis, 19. Aufl. 2019, TzBfG § 13 Rn. 6-10.
134 Schüren in Münchner Handbuch des Arbeitsrechts, Bd I, § 45 Rn. 80, 2018.
135 BeckOK ArbR/Bayreuther, 50. Ed. 01.01.2019, TzBfG § 13 Rn. 1-5.
136 BeckOK ArbR/Bayreuther, 50. Ed. 01.01.2019, TzBfG § 13 Rn. 1-5; Schüren in Münchner Handbuch des Arbeitsrechts, Bd I, § 45 Rn. 80, 2018.

3.5.5   Doppelspitze – Führen als Duo

Ein ganz anderes Modell als das Job-Sharing, bei dem es ebenfalls um geteilte Verantwortung geht, ist das der gemeinsamen Führung, auch Co-Leadership oder Doppelspitze genannt. Hierbei handelt es sich nicht um ein Teilzeitmodell, sondern um ein geteiltes Führungsmodell, in dem zwei absolut gleichberechtigte Führungskräfte zusammen führen. Ein Vorteil ist, dass zwei Persönlichkeiten unter Umständen ganz unterschiedliche Lebenserfahrungen als auch unterschiedliche Perspektiven einbringen können. Ressourcen und Wissen kann innerhalb der Führungsspitze untereinander ausgetauscht werden und beide Partner können sich vor einer Entscheidung gemeinsam reflektieren und ein Feedback geben. Eine wichtige Voraussetzung für das gewinnbringende Agieren einer Doppelspitze ist eine klare und verständliche Kommunikation und ein partnerschaftliches Miteinander zwischen beiden Entscheidern.

O-Ton: Julia Collard und Sven Schnitzler
Julia Collard und Sven Schnitzler leiten die EUFH Business School.

Britta Redmann: Sie führen bereits seit einigen Jahren Ihre Leitungs- und Führungstätigkeit zusammen aus. Was ist Ihre Motivation zu zweit eine Doppelspitze zu bilden?

Julia Collard und Sven Schnitzler: Unsere Motivation ist, etwas gemeinsam zu machen – also nicht in einen Wettbewerb oder in »typische Machtkämpfe« zu treten, sondern wirklich gemeinsam zu führen. So haben wir viel mehr Zeit, unser Wissen auszutauschen und unser Tun zu reflektieren. Wir haben die Erfahrung gemacht, wenn wir zusammen in einem Termin sind, können wir uns gegenseitig Feedback geben, und zwar auf einer Ebene, eben auf Augenhöhe.
Gegenseitiges Lernen ist ein weiterer starker Motivationsfaktor: Aus allem, was wir tun, haben wir die doppelte Chance, daraus zu lernen: derjenige, der selber agiert, und natürlich genauso derjenige, der dabei ist und das Tun des anderen mitbekommt. Insofern lernen wir ständig voneinander, auch wenn wir nicht immer selber in Aktion sind. Das gegenseitige Lernen und der Wissensaustausch waren immer unser eindeutiger Fokus. Nicht »nur« eine Teilung im Job. Kein Teilen, sondern ein Zusammen.
Der Respekt vor der Gesamtverantwortung dieser neuen Führungsaufgabe war sehr groß – einfach weil dieses Amt so umfassend ist. Zu zweit und zusammen gelingt es uns viel besser, dieser Verantwortung gerecht zu werden. Es gibt uns auch viel mehr Mut oder anders formuliert: zu zweit traut es sich leichter.

Britta Redmann: Welche Tipps haben Sie für die Einführung eines solchen Tandems?

Julia Collard und Sven Schnitzler: Es braucht emotionale Intelligenz. Es geht darum, offen zu sein, sich aufeinander einzulassen – besonders wenn du den andern gar nicht oder noch nicht so gut kennst. Auch Offenheit einer zweiten Meinung gegenüber, und sich niemals sofort angegriffen fühlen.

Wir sind Partner und wir agieren auf Augenhöhe – wir vertrauen uns aber auch völlig. Zum Beispiel wenn einer von uns nicht da ist, wissen wir, der andere macht den Job super und er muss mir nichts erklären. Das hat z. B. die Elternzeit sehr entspannt gemacht.

Flexibilität und schnelles Denken tragen sicherlich auch dazu bei, sich gut auf einen anderen und seine Sichtweisen einstellen zu können.

Britta Redmann: Warum ist das Modell gut für Unternehmen? Gibt es hier sogar Vorteile?

Julia Collard und Sven Schnitzler: Es geht kein Wissen verloren (wenn jemand geht oder z. B. länger weg ist, z. B. in Elternzeit, Sabbatical …) Es bleibt auf jeden Fall da.

Man ist auch schneller zu zweit. Im Prinzip sind wir der kleinste Think Tank und das färbt einfach ab. Dadurch sind wir Vorbild für andere. Der Multiplikationsfaktor ist dadurch viel größer bis hin zu einer Änderung der Unternehmenskultur. Und unsere Durchsetzungskraft in Meetings ist auch höher. Wir gehen mit doppelter Schlagkraft in Meetings.

3.5.6   #Legal Check: »gesetzliche Spielräume der Arbeitszeitgestaltung«

- Dauer und Verteilung der Arbeitszeit müssen sich immer im Rahmen des Arbeitszeitgesetzes bewegen.
- Gleitzeit und Vertrauensarbeitszeit sind ggf. auf aktuelle Bedürfnisse anzupassen.
- Kollektive Regelungen schaffen einen rechtssicheren Rahmen für viele Sachverhalte und ermöglichen schnelle Lösungen. Hier sind Mitbestimmungsrechte des Betriebsrates zwingend zu beachten.
- Insbesondere das TzBfG kann hinsichtlich einer Verkürzung auf Teilzeitarbeit genauso wie bei einer Verlängerung von Teilzeit auf Vollzeit ausgeschöpft werden.
- Vertragliche Regelungen sollten eindeutig und klar sein, was den jeweiligen Anspruch auf Teilzeit betrifft.
- Dabei sollten rechtliche Auswirkungen wie z. B. auf den Urlaubsanspruch antizipiert und entsprechend vertraglich vereinbart werden.
- In einem Abrufarbeitsverhältnis sollte zum Ausdruck kommen, ob die Parteien von einer Teilzeitbeschäftigung ausgehen. Es empfiehlt sich auch die vertragliche Niederlegung der täglichen und wöchentlichen Arbeitszeitdauer.

3.5.7 #Bedürfnisscheck: »gesetzliche Spielräume der Arbeitszeitgestaltung«

Bedürfnisse/Interessen von Mitarbeitern	Bedürfnisse/Interessen von Unternehmen
• Gestaltung der individuellen Arbeitszeit • Wunsch nach flexibler Arbeitszeit • Anpassung der Arbeitszeit an unterschiedliche Lebensphasen möglich • Planbarkeit von Arbeitszeiten • Flexibilität • Vereinbarkeit von Arbeit, Familie und Privatleben • Zugehörigkeit • Gesundheit und Wohlbefinden	• Mitarbeiter halten • Mitarbeiter gewinnen • Attraktivität als Arbeitgeber • Image • Motivation • Flexibilität • Anpassungsfähigkeit • Kundenorientierung • fördert Agilität im Unternehmen • gesunde Mitarbeiter – reduzierte Fehlzeiten • längere Lebensarbeitszeit durch Anpassung an Lebensphasen • höhere Leistungsfähigkeit • Demografiefestigkeit • Nutzen- und Bedarfsorientierung am jeweiligen Unternehmen • Gestaltungsspielraum • kein höheres Entgelt • Wettbewerbsfähigkeit

Tab. 16: Bedürfnischeck: »gesetzliche Spielräume der Arbeitszeitgestaltung«

! **Zeit statt Geld – ein Fazit**

Es gibt die neue Entwicklung, dass Mitarbeiter anscheinend lieber mehr Zeit haben als mehr Geld. Dieser neuen Entwicklung kann durch die aktuelle Gesetzeslage aber auch durch neu Tarifverträge oder durch die geschickte Gestaltung von Betriebsvereinbarungen oder Arbeitsverträgen Rechnung getragen werden. Juristisch sind diese Gestaltungswege möglich und keine echte Herausforderung.

Aus meiner Sicht stellt sich die betriebliche Umsetzung als eine Ebene echter und großer Herausforderungen dar. Denn wenn Mitarbeiter mehr Freizeit haben wollen, ist die Geltendmachung und Durchsetzung von Ansprüchen die eine Seite der Medaille, das Miteinander und eine gute Zusammenarbeit genauso wie die Produktivität eines Unternehmens die andere Seite. Die Art und Weise, wie mit der Umsetzung der unterschiedlichen zeitlichen Modelle umgegangen wird, ist ein ganz wesentlicher Faktor der entscheidend dazu beiträgt, ob eine Umsetzung im Unternehmen erfolgreich gelingt und das Unternehmen nicht nur erfolgreich bleibt, sondern im Wettbewerb mit anderen Unternehmen sogar erfolgreicher wird. Wie können hier Ausfälle auch im Sinne des Unternehmens durch Kollegen kompensiert werden? Für diese Frage bedarf es in der Praxis gemeinsam getragene Lösungen.

Dieser neue Gedanke, den Menschen mehr Zeit zur Verfügung zu stellen, spielt bei der Entwicklung von modernen Vergütungssystemen eine immer größere Rolle.

Da es sich um einen neuen Ansatz handelt, ist es auch wirklich eine Gestaltungsaufgabe, welche sich Unternehmen aber auch Mitarbeiter gegenübergestellt sehen.

Gerade agile Organisationen können dieses Element mit ihrer Organisationsphilosophie wahrscheinlich leichter verbinden als klassische eher industriell geprägte Organisationen. Wenn es gelingt, eine solche neue Zeitgestaltung derart in einer Organisation einzubinden, dass das Unternehmen sogar stärker und produktiver wird, ist das Kunststück gelungen, sowohl den berechtigten Bedürfnissen der Mitarbeiter als auch den berechtigten Bedürfnissen des Unternehmens gleichermaßen Rechnung zu tragen.

Ein Unternehmen, das ein solches Arbeitszeitmodell (eigentlich ein »Lebenszeitmodell«) umsetzt, wird sicherlich stärkere Wettbewerbsvorteile generieren können – sowohl hinsichtlich der Mitarbeiterbindung als auch bei der Akquise neuer Mitarbeiter auf dem Arbeitsmarkt.

4 Tarifverträge als Bedürfnismodelle

Tarifverträge gehören in Deutschland zu den etablierten Vergütungssystemen, nach denen mehr als die Hälfte der Arbeitnehmer in Deutschland bezahlt werden.[1]

Abb. 21: Tarifbindung in Deutschland (Quelle: IW Institut der deutschen Wirtschaft, Köln)

Herkömmliche tarifliche Vergütungssysteme bezogen sich daher in der Regel hauptsächlich auf den Faktor Geld. Dies ändert sich gerade. Die großen Tarifbranchen, Metall und Elektro, Chemie und auch die Deutsche Bahn, befinden sich gegenwärtig in einem Umbruch und geben dem Faktor »Zeit« eine hohe Priorität.

4.1 Ein Tarifvertrag macht agil – Der »agile« Tarifvertrag der Metall- und Elektroindustrie von 2018

So hat sich vor kurzem in der Metall- und Elektroindustrie ein modernes Vergütungssystem entwickelt, das die von der IG Metall erhobenen Mitarbeiterbedürfnisse[2] umfänglich mit einbezieht.

---

1 https://www.iwd.de/artikel/tarifbindung-so-weit-reicht-der-arm-der-tarifvertraege-390904/; https://www.deutschlandinzahlen.de/tab/deutschland/arbeitsmarkt/tarifpolitik/tarifbindung-der-betriebe
2 Siehe Teil 1Kapitel 5.3.

Am Beispiel des Tarifvertrages der Metall- und Elektroindustrie Nordrhein-Westfalen, der am 14. Februar 2018 abgeschlossen wurde,[3] zeigt sich ganz deutlich der Wandel, dem Thema Arbeitszeit die gleiche Bedeutung zuzuschreiben, wie dem Thema Vergütung. Zwar wurde auch hier zwischen den Tarifvertragsparteien zu tariflichen Lohnerhöhungen verhandelt, jedoch hat der Tarifabschluss vor allem hinsichtlich der Regelungen zur Arbeitszeit Neuland geschaffen. Damit stellt er viele Unternehmen, die diesem Tarifvertrag unterliegen – zumindest was die Vorbereitung der betrieblichen Arbeitszeitgestaltung anbelangt –, gerade vor ganz neue gestalterische Herausforderungen und Möglichkeiten.

Zur Metall- und Elektroindustrie zählen mehr als 24.000 Unternehmen und es sind ca. 4 Millionen Menschen in dieser Branche beschäftigt.[4] Dieser Industriezweig ist somit eine tragende Säule unserer Wirtschaft und hat Auswirkungen auf einen großen Beschäftigungsanteil unseres Arbeitsmarktes. Der Wirkungsbereich der Metall- und Elektroindustrie ist bedeutsam:

> »In M+E-Verbänden sind insgesamt 6.300 Unternehmen mit mehr als 2 Millionen Beschäftigten organisiert. Davon sind 3.900 Unternehmen tarifgebunden (mit 1,8 Mio. Beschäftigten) und 2.400 sogenannten OT-Mitgliedern (mit 330.000 Beschäftigten).«[5]

Die meisten der tariflichen Neuregelungen gelten zwar erst ab 2019 und werden daher in den Folgejahren noch um konkrete betriebliche Erfahrungen ergänzt werden (können), doch die Vorkehrung, die »neue« tarifliche Arbeitszeit bzw. die Ansprüche hierauf entsprechend umzusetzen, obliegt den Firmen schon ab dem Abschluss des Tarifvertrages.

Was ist so neu?
Insgesamt unterscheiden die tariflichen Regelungen zwischen der **Dauer** oder dem Arbeitsvolumen der Arbeitszeit und der **Verteilung** dieser Arbeitszeit auf die Tage und Wochen. Neben den bisherigen flexiblen Regelungen zur Arbeitszeitverteilung werden Aspekte des zeit- und ortsflexiblen Arbeitens (Stichwort: »Arbeiten, wo ich will und wann ich will«) ebenfalls in einem eigenen Tarifvertrag zum **»mobilen Arbeiten«**, dem TV MobA, aufgegriffen.

---

3   Erste Überarbeitung dann Ende 2018 so dass zum 01.01.2019 die aktualisierte Fassung in Kraft getreten ist.
4   https://www.gesamtmetall.de/branche/me-zahlen/aktuelle-daten/beschaeftigung; https://www.gesamt-metall.de/sites/default/files/downloads/konjunktur_sommer_2018_11.pdf;
5   Quelle: Gesamtmetall, https://www.netzwerk-ebd.de/mitglieder/gesamtmetall-die-arbeitgeberverbaende-der-metall-und-elektroindustrie/

Besonders in dem neuen MTV sind die vielfältigen Möglichkeiten bezogen auf das Arbeitszeitvolumen sowohl für Mitarbeiter als auch für Unternehmen bemerkenswert. So haben Mitarbeiter tarifvertraglich einen eigenen – bedingten – Anspruch auf Verkürzung ihrer Arbeitszeit, der ihnen die Möglichkeit gibt, ihre wöchentlichen Arbeitsstunden auf bis zu 28 Stunden und damit um 7 Stunden bzw. um bis zu einem Tag weniger in der Woche zu reduzieren.

Weiterhin erhalten Arbeitnehmer die – bedingte – Freiheit, selbst zu entscheiden, ob sie ein tarifliches Zusatzgeld (T-ZUG) in Anspruch nehmen möchten oder stattdessen 8 (bezahlte) Freistellungstage erhalten möchten.

Für Arbeitgeber bietet der Tarifvertrag die Möglichkeit, ein Stundenkontingent bis zu 50 Arbeitsstunden Mitarbeitern zuschlagsfrei »abzukaufen« und damit im Gegenzug schneller über mehr Arbeitszeitvolumen verfügen zu können. Da in der Metall- und Elektroindustrie Ausgangspunkt der Betrachtung die 35-Stunden-Woche ist, kann man diese Regelung im Falle ihrer Umsetzung aus Sicht der Arbeitgeber sicherlich derart interpretieren, dass bezogen auf ein ganzes Jahr die wöchentliche zuschlagsfreie Arbeitszeit fast 36 Stunden erreicht.

Darüber hinaus ist für Arbeitgeber die Gestaltung eines eher bedarfsorientierten Arbeitszeitvolumens mit erweiterten Möglichkeiten zur Verlängerung der normalen tariflichen Wochenarbeitszeit auf arbeitsvertraglicher Basis erleichtert worden.

Die Tarifvertragsparteien haben eine bemerkenswert neuartige »Interessenmechanik« geschaffen, die bei kluger Anwendung durch die Betriebsparteien wohl das Kunststück ermöglichen kann, den typischerweise und in der Natur der Sache liegenden Interessengegensatz von Arbeitnehmern und Arbeitgebern derart aufzuheben, dass eine Win-win-Situation realistisch erscheint.

4.2   Anspruch für Mitarbeiter auf »verkürzte Vollzeit«

Wie sehen hier nun die konkreten Bestimmungen aus?

Durch den Tarifabschluss haben Arbeitnehmer jetzt einen tariflichen Anspruch gem. § 7 MTV, ihre Vollzeit für einen befristeten Zeitraum von mindestens 6 bis zunächst 24 Monate zu verkürzen. Von einer Verkürzung ist auszugehen, wenn diese unter der »normalen« Wochenarbeitszeit liegt, die im Tarifvertrag auf 35 Stunden für die Metallindustrie definiert ist (§ 6 Abs. 2 MTV). Diese Verkürzung kann um bis zu 7 Stunden auf einen Umfang von bis zu 28 Wochenstunden erfolgen.

4.2.1   Voraussetzungen für die »verkürzte Vollzeit«

Der Anspruch ist 6 Monate vor dem gewünschten Zeitpunkt schriftlich beim Arbeitgeber geltend zu machen und fängt immer nur zum Beginn eines Quartals an. Die ersten in der betrieblichen Praxis umzusetzenden Ansprüche sind zum 1. Januar 2019 gestartet. Neben diesen formellen Voraussetzungen gibt es persönliche Anforderungen, so dass der Mitarbeiter mindestens schon zwei Jahre im Unternehmen tätig ist, keine Altersteilzeit abgeschlossen hat und in den letzten 6 Monaten vor Antragstellung nicht seine »individuelle regelmäßige wöchentliche Arbeitszeit im Rahmen eines Anspruchs nach dem TzBfG abgesenkt hat.«[6]

Der Anspruch betrifft nur Vollzeitbeschäftigte, also Mitarbeiter, die eine wöchentliche Arbeitszeit von 35 Stunden pro Woche oder sogar darüber hinaus bis zu 40 Stunden pro Woche haben (»verlängerte Vollzeit«) oder die aus einer verkürzten Vollzeit einen Verlängerungsantrag stellen.[7] Eine Verlängerung der »verkürzten Vollzeit« kann also wiederholt werden und ist bisher nicht auf ein bestimmtes Antragmaß eingeschränkt.

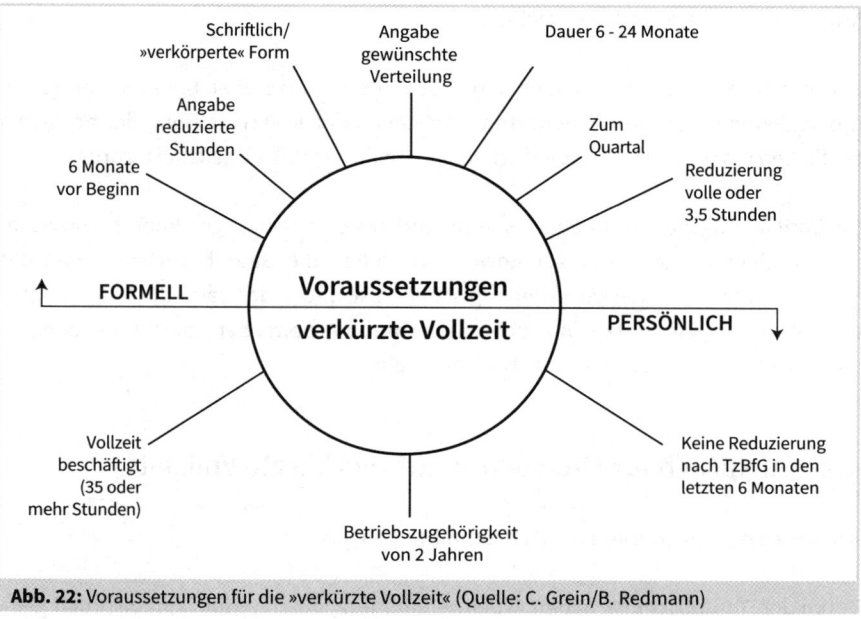

Abb. 22: Voraussetzungen für die »verkürzte Vollzeit« (Quelle: C. Grein/B. Redmann)

Bei Beschäftigten, die in einer verlängerten Vollzeit arbeiten, geht durch ihren Antrag ihre wöchentliche Stundenanzahl zunächst auf die »normale Vollzeit«, also die 35

---

6   § 7 MTV.
7   Anmerkung: Dieses wird erst frühestens ab dem 1. Juli 2019 der Fall sein.

Stunden, in einem ersten Schritt zurück. In einem zweiten Schritt greift dann die bean-
tragte Verkürzung dieser Stundenzahl. Ist die Phase der »verkürzten Vollzeit« zeitlich
beendet und wird keine Verlängerung beantragt, lebt automatisch wieder die »normale Vollzeit« mit der 35-Stunden-Woche auf. Dies gilt auch für die Beschäftigten, die
vormals in »verlängerter Vollzeit« gearbeitet haben. Um wieder auf eine über 35 Stunden hinausgehende Vollzeit zu gehen, bedarf es einer neuen Vereinbarung zwischen
Mitarbeiter und Arbeitgeber.[8]

Der Anspruch auf »verkürzte Vollzeit« gilt für alle Mitarbeiter, egal ob sie in einem
Schichtsystem in der Produktion, in der IT, im Einkauf oder in einer sonstigen Bürover-
waltung tätig sind. Es gelten für alle die gleichen Anspruchsvoraussetzungen.

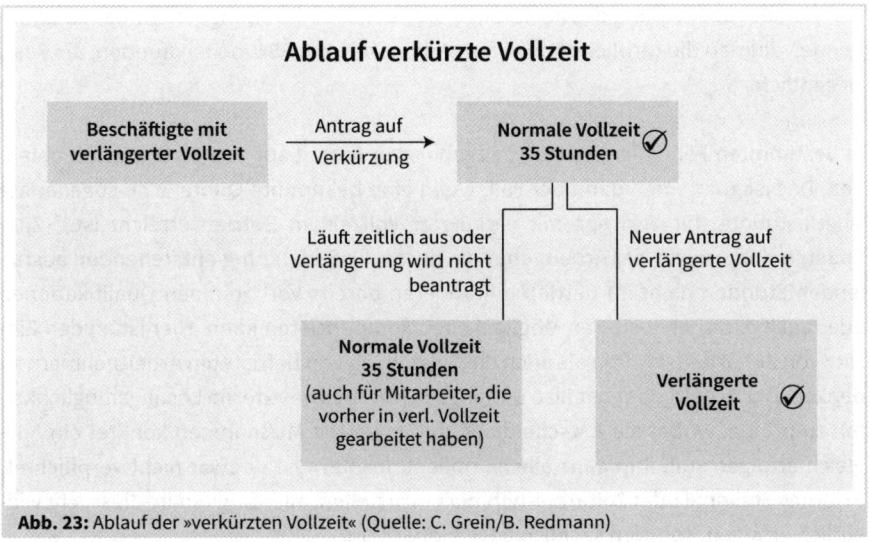

Abb. 23: Ablauf der »verkürzten Vollzeit« (Quelle: C. Grein/B. Redmann)

4.2.2   Anpassung des Arbeitsverhältnisses

Die Bezahlung wird entsprechend der Reduzierung der Arbeitszeit angepasst. Nur bei
den Ansprüchen auf altersvorsorgewirksame Leistungen wird eine Ausnahme
gemacht: Diese werden in voller Höhe weiter wie bisher gezahlt. Anders als bei einer
Teilzeitregelung hat die verkürzte Vollzeit keine Auswirkungen auf die Beiträge zur
Altersvorsorge.

---

8   Ergibt sich aus § 9 MTV.

Sollten es im Verlauf der verkürzten Vollzeit zu einem aus betrieblichen Gründen zu rechtfertigenden Ausscheiden des Mitarbeiters kommen, so werden seine Bezüge 6 Monate vor Ausscheiden wieder auf sein letztes Gehalt vor der Arbeitszeitreduzierung angehoben. Im Gegenzug kann der Arbeitgeber dann auch wieder die Leistung der vollen Arbeitsstunden verlangen.[9]

4.2.3   Vereinbarung zwischen Arbeitgeber und Mitarbeiter

Auch wenn der Mitarbeiter einen Anspruch auf Verkürzung seiner wöchentlichen Arbeitsstunden hat, muss der Arbeitgeber hier noch zustimmen, damit die Reduzierung wirksam ist. Es bedarf daher einer Vereinbarung zwischen Arbeitgeber und Mitarbeiter. Bei der Prüfung des aufzufangenden zeitlichen Umfangs ist für das zu ermittelnde Volumen die tarifliche »normale« Arbeitszeit, die 35 Wochenstunden, als Basis wesentlich.

In bestimmten Fällen kann der Arbeitgeber den Antrag auf verkürzte Vollzeit ablehnen. Das ist zum einen dann der Fall, wenn eine bestimmte Quote, eine sogenannte Überlastquote, für Verträge mit verkürzter Vollzeit im Betrieb erreicht ist.[10] Zum anderen dann, wenn der Arbeitgeber die durch die Verkürzung entstehenden ausfallenden Stunden nicht im Betrieb mit anderen bereits vorhandenen Qualifikationen oder auch externen weiteren Möglichkeiten kompensieren kann. Hier ist an den Einsatz von Zeitarbeitskräften als auch die Einstellung von befristeten Arbeitnehmern zu denken. Der Arbeitgeber hat also umfänglich interne wie externe Lösungsmöglichkeiten zu prüfen, wobei die Entscheidung, durch welche Maßnahmen konkret ein Ausgleich erfolgen soll, ihm ganz alleine obliegt. Insofern ist er zwar nicht verpflichtet, externes Personal oder Zeitarbeitnehmer einzustellen, allerdings sollte dies nicht willkürlich erfolgen, sondern sachlich begründbar sein.

Ist aus Sicht des Arbeitgebers keine Kompensation möglich, kann der Mitarbeiter den Betriebsrat zurate ziehen. Mit diesem gemeinsam ist dann zu prüfen, ob das gewünschte verkürzte Arbeitszeitvolumen zu einem »späteren Termin oder gar auf einem anderen vergleichbaren Arbeitsplatz« ermöglicht werden kann. Ist dies nicht der Fall, kann der Arbeitgeber den Antrag ablehnen.

Ähnlich ist das Verfahren, wenn zwar dem Antrag stattgegeben wurde, jedoch über die Verteilung der Arbeitszeit keine Einigung zwischen Arbeitgeber und Mitarbeiter erzielt

---

9   § 7 Abs. 6 MTV.

10   Anmerkung: »Die Überlastquote greift ein, wenn sich mindestens 10 % der Mitarbeiter in verkürzter Vollzeit befinden oder wenn eine Gesamt-Überlastquote von 18 % der Beschäftigten mit einer individuellen regelmäßigen wöchentlichen Arbeitszeit von weniger als 35 Stunden überschritten wird.«, § 7 Abs. 3 MTV.

werden kann. Auch hier ist auf Wunsch des Mitarbeiters der Betriebsrat wieder einzubeziehen. Nur wenn auch diese gemeinsame Erörterung ohne Ergebnis verläuft, kann der Arbeitgeber dem Mitarbeiter einen Vorschlag zu einem Arbeitszeitmodell unterbreiten, das die gewünschte Verkürzung seiner Arbeitszeit vorsieht. Der Mitarbeiter kann daraufhin entscheiden, ob er dieses Modell annehmen will oder nicht. Im Fall der Ablehnung gilt der Antrag des Mitarbeiters als zurückgenommen (§ 7 Abs. 5 MTV).

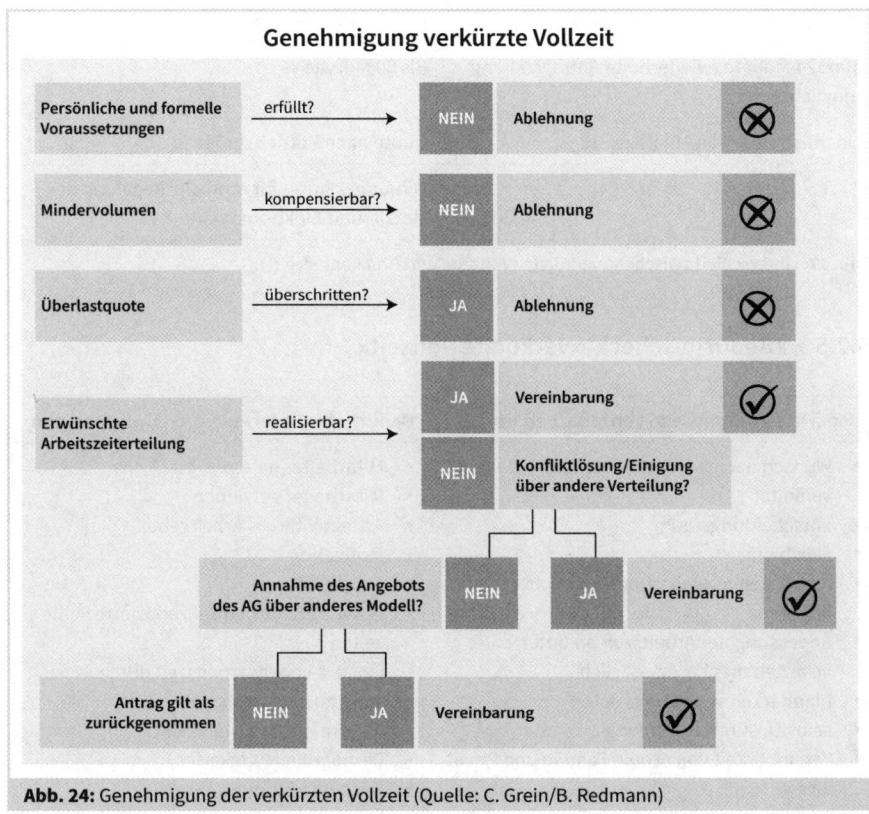

Abb. 24: Genehmigung der verkürzten Vollzeit (Quelle: C. Grein/B. Redmann)

4.2.4   Verhältnis zur Brückenteilzeit

Der tarifliche Anspruch auf »verkürzte Teilzeit« besteht neben dem gesetzlichen Anspruch auf die ab dem 1. Januar 2019 geltende Brückenteilzeit, die im Teilzeit- und Befristungsgesetz geregelt ist.[11]

---

11   §§ 9a Abs. 6 TzBfG, 7 MTV.

Beide Ansprüche haben unterschiedliche Konditionen, was die Dauer, die Beschäftigtengruppen und auch Betriebsgrößen anbelangt. Die folgende Tabelle zeigt die Unterschiede zwischen verkürzter Vollzeit und Brückenteilzeit.

Verkürzte Vollzeit	Brückenteilzeit
Vollzeitbeschäftigte	Teilzeit-/Vollzeitbeschäftigte
Reduzierung nur bis zu 28 Stunden	Keine Beschränkung
Max. 24 Monate (wiederholte Antragstellung möglich)	Bis 60 Monate
Überlastquote von 10 % bzw. 18 %	Quote nach Betriebsgröße
	Öffnungsklausel für tarifliche Regelung der Metall- und Elektroindustrie

Tab. 17: Unterschied zwischen »verkürzter Vollzeit« und Brückenteilzeit

4.2.5   #Bedürfnischeck: »verkürzte Vollzeit«

Bedürfnisse/Interessen von Mitarbeitern	Bedürfnisse/Interessen von Unternehmen
• Wunsch nach weniger Arbeitszeit – Zeitsouveränität • Entscheidungsraum • Flexibilität • Arbeitszeitvereinbarung entspricht der Wirklichkeit • Anpassung der Arbeitszeit an unterschiedliche Lebensphasen möglich • Planbarkeit von Arbeitszeiten • selbstbestimmte Planung • Vereinbarkeit von Arbeit, Familie und Privatleben • Gesundheit und Wohlbefinden • Wertschätzung	• Mitarbeiter halten • Mitarbeiter gewinnen • Attraktivität als Arbeitgeber • Motivation • Flexibilität • gesunde Mitarbeiter – reduzierte Fehlzeiten • längere Lebensarbeitszeit durch Anpassung an Lebensphasen • höhere Leistungsfähigkeit • Demografiefestigkeit • Gestaltungsraum • kein höheres Entgelt

Tab. 18: Bedürfnischeck: »verkürzte Vollzeit«

4.3   Wahlrecht für Mitarbeiter: Zeit statt Geld

Im neuen Tarifabschluss erhalten Mitarbeiter einen Anspruch darauf, wählen zu dürfen, ob sie die Auszahlung eines tariflichen Zusatzgeldes wünschen oder dieses lieber in Form von 8 freien Tagen erhalten möchten. Es geht also um die Entscheidungsfreiheit über »Zeit oder Geld«.

Das tarifliche Zusatzgeld (T-Zug) ist in einem eigenen (Teil-)Tarifvertrag, dem TV T-ZUG, geregelt. Jeder Mitarbeiter erhält hiernach automatisch einen festgelegten Geldbetrag in Höhe von 27,5 % des monatlichen regelmäßigen Arbeitsentgelts[12] sofern er eine Betriebszugehörigkeit von 6 Monaten erfüllt hat und sich zum Stichtag des 31.7. des Folgejahres in einem ungekündigten Beschäftigungsverhältnis befindet.

4.3.1   Berechtigte Beschäftigungsgruppen

Der Manteltarif sieht nunmehr in § 25 MTV vor, dass bestimmten Mitarbeitern eine Wahloption zusteht, ob sie das Zusatzgeld oder dafür lieber die Freistellungstage in Anspruch nehmen möchten. Diese Wahloption kann jedes Jahr aufs Neue jeweils bis zum 31. Oktober eines Kalenderjahres ausgeübt werden. Der Mitarbeiter legt sich daher für ein Jahr fest und kann – wenn er möchte – dann im darauffolgenden Jahr sich z. B. anders entscheiden. Im Gegensatz zum tariflichen Zusatzgeld steht das Wahlrecht besonderen Mitarbeitergruppen zu. Hierzu zählen Beschäftigte im Schichtdienst, Eltern und Mitarbeiter, die Angehörige pflegen. Durch freiwillige Betriebsvereinbarungen ist es jedoch möglich, den Kreis der Anspruchsberechtigten auszuweiten. Ist ein Mitarbeiter anspruchsberechtigt, kann er die Wahloption »Zeit statt Geld« ausüben.

Schichtarbeiter	Eltern	Pflegende
• Vollzeit / mindestens 35 Std. • Arbeitsverhältnis zum Stichtag des Folgejahres • 3 oder mehr Schichten in Dauernachtschicht oder in Wechselschicht tätig • Betriebszugehörigkeit von 5 Jahren • mindestens 3 Jahre Schichtarbeit • Schichteinsatz auch im Folgejahr (Jahr, für das der Anspruch geltend gemacht wird)	• Vollzeit zum Stichtag 1. Januar • Arbeitsverhältnis zum Stichtag des Folgejahres • Betriebszugehörigkeit von mindestens 2 Jahren • Betreuung eines in häuslicher Gemeinschaft lebenden Kindes • bis zur Vollendung des 8. Lebensjahres	• Vollzeit zum Stichtag 1. Januar • Arbeitsverhältnis zum Stichtag des Folgejahres • Betriebszugehörigkeit von mindestens 2 Jahren • Pflege von Eltern, Kindern, Schwiegereltern, Ehegatten/Partnern, mit mindestens Pflegegrad 1 • in häuslicher Umgebung

Abb. 25: Übersicht: berechtigte Beschäftigungsgruppen (Quelle: B. Redmann)

4.3.2   Bedingtes Ablehnungsrecht

Der Arbeitgeber kann nur unter bestimmten Umständen die Wahl des Mitarbeiters auf die freien Tage ablehnen. Dies ist dann der Fall, wenn das fehlende Arbeitszeitvolumen innerhalb des Unternehmens nicht mit entsprechend qualifizierten anderen Mit-

---

12   § 2 T-ZUG.

arbeitern ausgeglichen werden kann. Eine Kompensation hat innerhalb einer vergleichbaren Gruppe zu erfolgen. Der betriebliche, ungestörte Ablauf muss also nach wie vor gewährleistet werden.

Anders als beim Antrag auf die »verkürzte Vollzeit« ist hier ein Ausgleich nur innerhalb der im eigenen Betrieb vorhandenen Möglichkeiten zu prüfen.

4.3.3   Beratungsprozess

Ebenfalls anders als bei der »verkürzten Vollzeit« sind Betriebsrat und Arbeitgeber von Anfang an gemeinsam dazu gehalten, bis zum Ende des Jahres über alle in ihren Betrieben gestellten Anträge auf Freistellungstage zu beraten, wie diesbezüglich ein Ausgleich im Folgejahr erfolgen kann. Explizit werden hierbei auch im Tarifvertrag mögliche – nicht abschließende – Instrumente aufgezählt, die genutzt werden können:

Vereinbarung von Mehrarbeit
*   Anwendung des tariflichen Volumenmodells
*   Nutzung von Arbeitszeitkonten
*   Auszahlung von Arbeitszeitguthaben

Sofern nicht alle Anträge verwirklicht werden können, sind die Betriebsparteien gehalten, eine Reihenfolge festzulegen. Dabei sind auf jeden Fall die Aspekte wie
*   die Dauer und Intensität der Belastung sowie die
*   Betriebszugehörigkeit

zu berücksichtigen. Weitere Priorisierungen und Kriterien können darüber hinaus miteinander abgestimmt werden. Hier kann z. B. an Art, Umfang, Dauer von Schichten, Anzahl der Kinder oder Höhe des Pflegegrades gedacht werden. Mögliche weitere Kriterien könnten ein Punktesystem oder bestimmte Vorrangigkeits- oder Nachrangigkeitsregelungen sein.

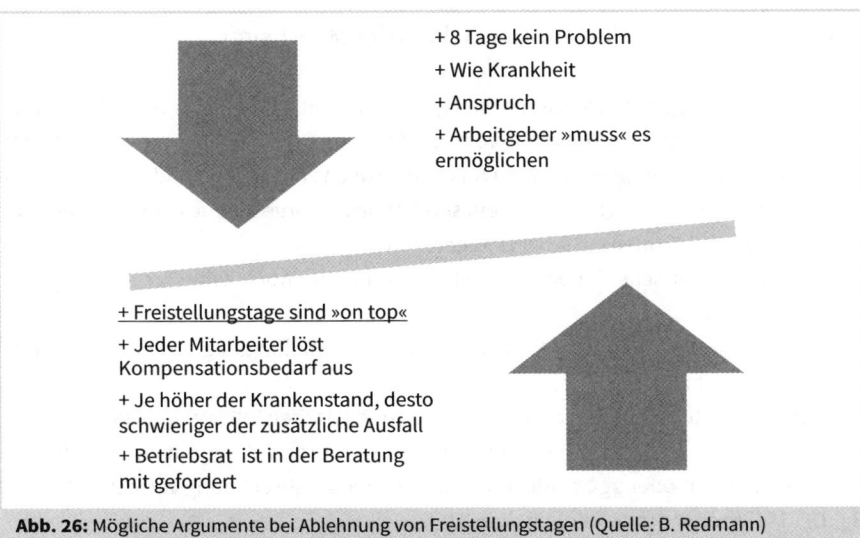

Abb. 26: Mögliche Argumente bei Ablehnung von Freistellungstagen (Quelle: B. Redmann)

Kann ein innerbetrieblicher Ausgleich nicht erfolgen und/oder können sich Betriebsrat und Arbeitgeber nicht einigen, wie die zeitlichen Ausmaße aufgewogen werden können, kann der Arbeitgeber den Antrag von Mitarbeitern auf Gewährung der freien Tage ablehnen.

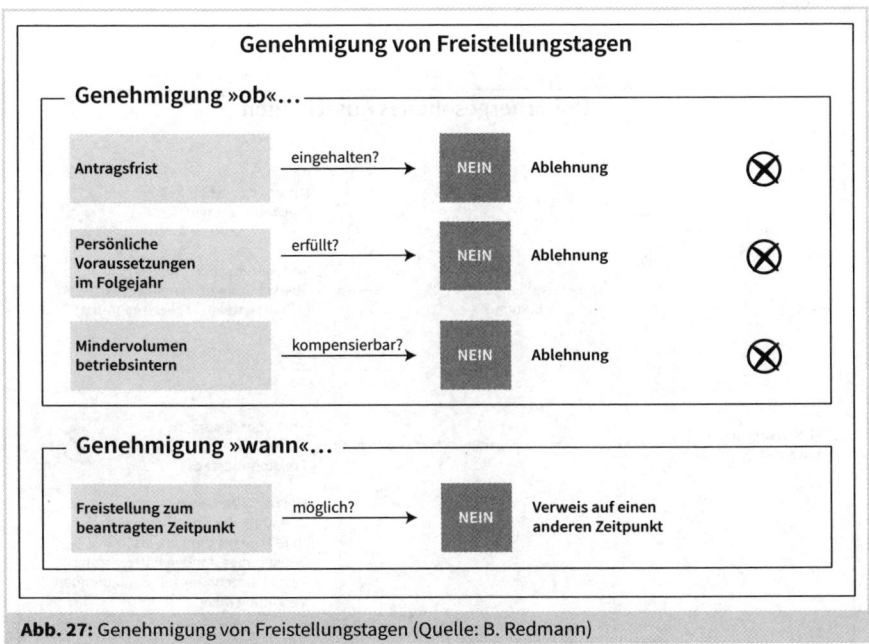

Abb. 27: Genehmigung von Freistellungstagen (Quelle: B. Redmann)

4.3.4   Unvorhergesehenes Ausscheiden des Mitarbeiters

Der Tarifvertrag regelt auch, was passiert, wenn der Mitarbeiter entgegen den beiderseitigen Erwartungen im Folgejahr vor dem Stichtag (31. Juli) ausscheidet und hierdurch die Voraussetzungen für einen Anspruch auf das Zusatzgeld und damit auch auf die Freistellungstage wegfallen. Für ein solches unvorhergesehenes Ausscheiden sind mehrere Konstellationen denkbar und geregelt:

1. Der Mitarbeiter scheidet vor dem 31.7. aus und hat noch keine Freistellungstage genommen.
   In diesem Fall stehen dem Mitarbeiter keine Freistellungstage zu und es ist auch nichts weiter zu regeln.
2. Der Mitarbeiter scheidet vor dem 31.7. aus und hat Freistellungstage genommen.
   Die damit zu Unrecht erhaltenen freien Tage werden dann mit dem laufenden Arbeitsentgelt oder ggf. spätestens mit der Schlussabrechnung verrechnet.
3. Der Mitarbeiter scheidet nach dem 31.7. aus.
   Hier gewährt der Tarifvertrag einen anteiligen Anspruch auf das Zusatzentgelt und damit auch einen anteiligen Anspruch auf die Freistellungstage. Sofern der Mitarbeiter bis zum Zeitpunkt seines Ausscheidens schon mehr freie Tage genommen hat, als ihm anteilig zugestanden hätte, wirkt sich das in dieser Konstellation zu seinen Gunsten aus: Eine Verrechnung mit der laufenden Vergütung erfolgt hier nicht.

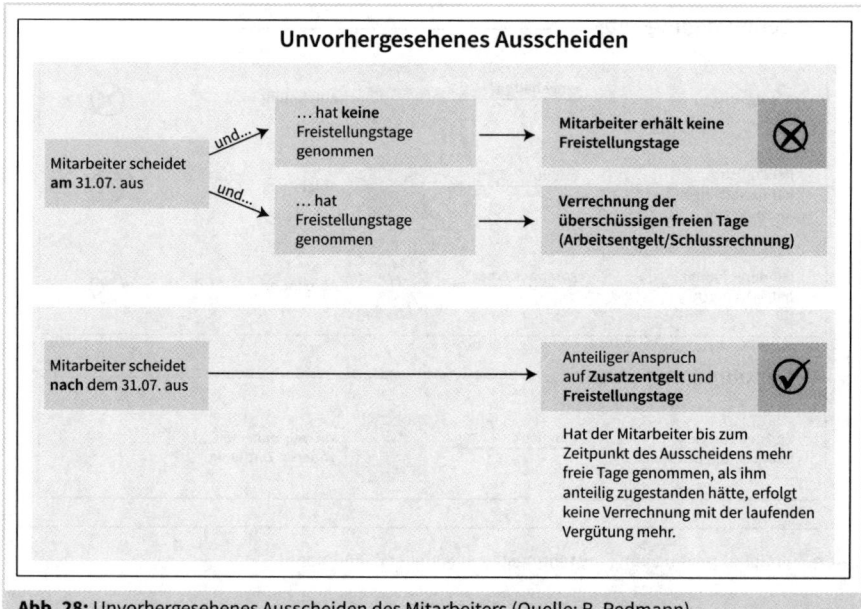

Abb. 28: Unvorhergesehenes Ausscheiden des Mitarbeiters (Quelle: B. Redmann)

4.3.5 Freistellungstage sind keine Urlaubstage

Wie beim Urlaub sind die Wünsche der Beschäftigten bei der Festlegung der Freistellungstage unter Beachtung der betrieblichen Belange zu berücksichtigen. Freistellungstage sind jedoch keine Urlaubstage und sollten mit diesen daher auch nicht vermischt werden. Im Gegensatz zu Urlaubstagen können nicht genommene Freistellungstage wohl auch nicht ins nächste Jahr übertragen werden. Wird ein Mitarbeiter z. B. krank und kann personenbedingt aus diesem Grund seine beantragten freien Tage im laufenden Jahr nicht mehr nehmen, so geht sein Freistellungsanspruch unter. Sein Anspruch wird dann allerdings am Ende des Kalenderjahres in Geld entsprechend der im TV-ZUG geregelten Höhe ausgeglichen. Sollte der Mitarbeiter dagegen am Tage der Freistellung selbst erkranken, so gilt der Freistellungstag trotzdem als genommen. Letzteres ist im Prinzip wie bei einem Ausgleichstag, der im Rahmen einer Gleitzeit oder flexiblen Arbeitszeitregelung genommen wird.

Im Tarifvertrag selbst sind ausdrücklich bisher nur personenbedingte Gründe geregelt.

4.3.6 #Bedürfnischeck: Wahloption »Zeit statt Geld«

Bedürfnisse/Interessen von Mitarbeitern	Bedürfnisse/Interessen von Unternehmen
• Mehr Freizeit statt mehr Geld • Entscheidungsraum • Gestaltungsmöglichkeit • Anpassung der Arbeitszeit an unterschiedliche Lebensphasen möglich • Flexibilität • Vereinbarkeit von Arbeit, Familie und Privatleben • Gesundheit und Wohlbefinden • Wertschätzung	• Mitarbeiter halten • Mitarbeiter gewinnen • Attraktivität als Arbeitgeber • Image • Motivation • Flexibilität • gesunde Mitarbeiter – reduzierte Fehlzeiten • längere Lebensarbeitszeit durch Anpassung an Lebensphasen • höhere Leistungsfähigkeit • Demografiefestigkeit • Emotionale Bindung • Gestaltungsraum • kein höheres Entgelt

Tab. 19: Bedürfnischeck: Wahloption »Zeit statt Geld«

4.4 Bedarfsorientiertes Arbeitszeitvolumen für Arbeitgeber

Die individuelle Arbeitszeit wird im Arbeitsvertrag geregelt. Tarifvertraglich sind in der Metall- und Elektroindustrie 35 Stunden als tarifliche Wochenarbeitszeit bestimmt. Unter bestimmten tariflichen Voraussetzungen ist jedoch auch die Vereinbarung einer längeren Arbeitszeit von bis zu 40 Stunden in der Woche – und damit eine Erhöhung des Arbeitszeitvolumens – erlaubt. Bisher sah der »alte« Tarifvertrag für Arbeitgeber vor, dass individuelle Arbeitszeitverlängerungen von einer Quote in Höhe von 18 % aller Beschäftigten im Betrieb gedeckt waren. Der neue Tarifabschluss ermöglicht nun Unternehmen verschiedene Mechanismen, um die Dauer der betrieblichen Arbeitszeit im Unternehmen nutzen zu können. Dieser unternehmerische Gestaltungsspielraum über verschiedene Möglichkeiten obliegt dem jeweiligen Unternehmer und ist mitbestimmungsfrei. So können Firmen ganz nach individueller Situation und Bedarf die für sie am besten passende Lösung auswählen. Gleichzeitig können die Wünsche der Beschäftigten nach einer verkürzten Arbeitszeit sowie die betrieblichen Belange nach einem reibungslosen Ablauf besser miteinander in Einklang gebracht werden. Wird also auf der einen Seite weniger gearbeitet, soll eine adäquate Kompensation auf der anderen Seite erfolgen können.

4.4.1   Optionen zum Arbeitszeitvolumen

Folgende Optionen werden den Arbeitgebern im Tarifvertrag angeboten:

Option 1: Verbleib in der »alten« Welt
Nach wie vor können sich Arbeitgeber entscheiden, die »alte« bisherige Regelung zur 18 %-Quote anzuwenden.[13] Voraussetzung ist eine Erklärung des Arbeitgebers dem Betriebsrat gegenüber, die bis zum 31.Oktober 2018 erfolgen musste.

> **!**
>
> **Exkurs: Wesentliche Quotenregelungen in der »alten« Welt**
> - **18 %-Quote:** Einzelvertragliche Verlängerung der Arbeitszeit auf bis zu 40 Stunden ist nur mit bis zu 18 % der Beschäftigten möglich. Die Vereinbarung über die Arbeitszeitverlängerung ist von beiden Seiten nur freiwillig möglich.
>   Der Betriebsrat ist über den Stand der Quote vierteljährlich zu informieren. Ein Widerspruchsrecht bei Überschreiten der Quote hat er nicht.
> - **30 %-Quote:** Die 18 %-Quote kann bis zu 12 % erweitert werden, wenn eine Betriebsvereinbarung zur Zeitarbeit entsprechend den Anforderungen des § 3 Tarifvertrag zur Leihzeitarbeit geschlossen wird.
> - **50 %-Quote:** Die Quote kann auf bis zu 50 % der Beschäftigten erweitert werden, wenn mehr als 50 % der Mitarbeiter des Betriebes in einer entsprechend hohen Eingruppierung (hier EG 13 oder höher) sind.
> - **Vereinbarungsquote:** Die Tarifvertragsparteien können auf Antrag von Arbeitgeber und Betriebsrat auch eine höhere Quote vereinbaren, um z. B. mehr Innovationsprozesse zu ermöglichen oder dem Fachkräftemangel zu begegnen.
> - In allen oben genannten Punkten hat der Betriebsrat kein Widerspruchsrecht.

---

13   Protokollnotiz 2 zu § 10 MTV.

Verbleibt der Betrieb in der »alten« Welt, so gelten auch nur die bisherigen Informations-
bzw. Unterrichtungsrechte des Betriebsrates. Auf die 18 %-Quote bezogen bedeutet das
konkret, dass das Unternehmen höhere Arbeitszeitvereinbarungen als die 35 Stunden pro
Woche mit Mitarbeitern abschließen darf und der Betriebsrat bis zur Höhe der 18 % diesen
Abschlüssen weder zulässig widersprechen noch bei Einstellungen sein Zustimmungsver-
weigerungsrecht nach § 99 BetrVG ausüben darf.

Der Verbleib in der »alten« Welt bezieht sich zudem nur auf die Quotenregelungen. Alle
weiteren Neuerungen, wie z. B. der Anspruch auf »verkürzte Vollzeit« oder die Option der
Mitarbeiter zwischen dem Zusatzgeld oder den Freistellungstagen wählen zu können, gelten
auch hier.

Option 2: Wechsel in die »neue« Welt
Der Arbeitgeber kann sich jederzeit entscheiden, in die »neue« Welt zu wechseln.
Sollte er das beabsichtigen, hat er dies lediglich 6 Monate vorher dem Betriebsrat
anzukündigen. In der »neuen« Welt gibt es Quotenregelungen mit erweiterten Mög-
lichkeiten, ein sogenanntes Kopfzahl- oder ein Volumenmodell und die Option auf
Auszahlung von Arbeitsstunden bzw. Konten.

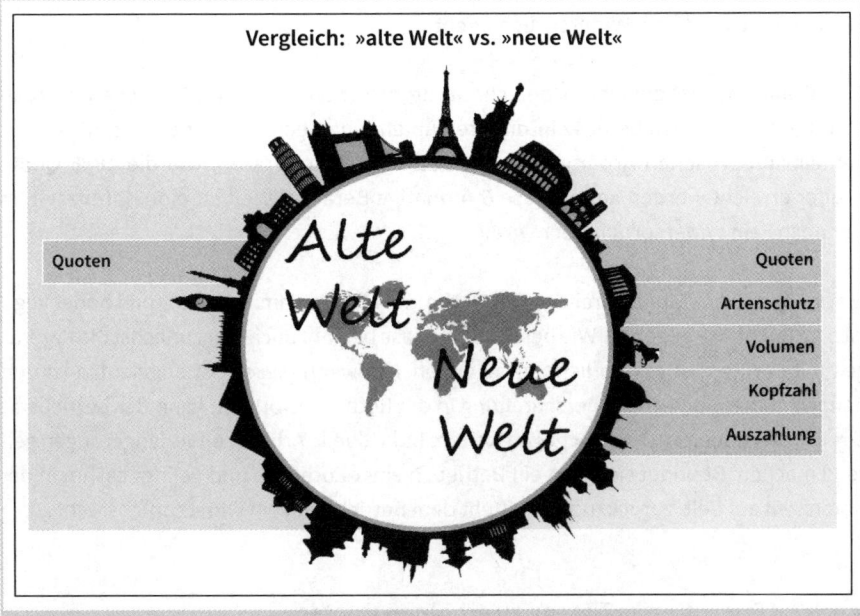

Abb. 29: Vergleich »alte« und »neue« Welt (Quelle: C. Grein/B. Redmann)

4.4.2   Quotenregelung der neuen Welt

Die bisherigen Quoten über 18 %, 30 % und 50 % bleiben auch in der »neuen« Welt erhalten. Innerhalb dieser Regelungen haben Unternehmen jedoch viel mehr Gestaltungsräume, Arbeitszeiten mit einzelnen Mitarbeitern zu verlängern. Demgegenüber ist dem Betriebsrat bei der Quote in der »neuen« Welt ein Widerspruchsrecht bei Überschreiten der jeweiligen Quoten eingeräumt worden.

4.4.2.1   Widerspruchsrecht des Betriebsrats

Für Betriebe, die bei Inkrafttreten des Tarifvertrags keine Überschreitung ihrer Quote vorliegen haben, kann der Betriebsrat nicht sofort vertraglichen Arbeitszeitverlängerungen widersprechen, sobald eine Überschreitung vorliegt. Sein Widerspruchsrecht orientiert sich an einer Art Ampelmodell, das zeigt, in welcher Phase sich die Höhe der Überschreitung befindet:

Von einer **Grünphase** wird ausgegangen bei einem Vorliegen der Quote von bis zu 18 %. Hier besteht kein Widerspruchsrecht.

Eine **Gelbphase** ist bei einer Überschreitung zwischen 18 % und 22 % gegeben. Auch hier steht dem Betriebsrat kein direktes Ablehnungsrecht zu, sondern zunächst ist gemeinsam zwischen Arbeitgeber und Betriebsrat zu beraten, wie die 18 %-Quote wieder erreicht werden kann. Diese 6-monatige Beratungszeit ist eine Karenzzeit, in der noch kein Widerspruchsrecht greift.

Erst wenn die eine Überschreitung der Quote um 4 % und damit bei 22 % und höher liegt, ist eine **Rotphase** gegeben. Wie bei der Gelbphase beginnt auch hier zunächst die Karenzzeit mit der Beratungsverpflichtung zu laufen. Nur wenn diese Frist abgelaufen ist und danach immer noch eine Überschreitung in der Rotphase vorliegt, kann der Betriebsrat direkt sein Widerspruchsrecht gegen weitere individuelle Arbeitszeitverlängerungen geltend machen. Befindet sich also ein Betrieb in einer Rotphase und gelingt es ihm in der Karenzzeit auf Gelb zurückzugehen, steht dem Betriebsrat kein Widerspruchsrecht zu.

4.4.2.2   Erleichterter Zugang zu erhöhten Quoten

Für die 30 %-Quote sind erleichterte Bedingungen geschaffen worden:[14] Neben der bereits aus den Tarifverträgen für Leih- und Zeitarbeit (TV LeiZ) bekannten Mög-

---

14   Siehe hier Ifaa – Institut für angewandte Arbeitswissenschaft e. V., Der Tarifabschluss 2018 – Innovative Möglichkeiten für betriebliche Arbeitszeitgestaltung, S. 13; § 10 MTV.

lichkeit, in einer Betriebsvereinbarung zur Zeitarbeit die Quote auf bis zu 30 % aus-zuweiten, besteht zukünftig unabhängig davon auch bei nachgewiesenem Fach-kräfteengpass ebenfalls die Möglichkeit eine entsprechende Betriebsvereinbarung abzuschließen.

Dabei muss noch kein Fachkräftemangel vorliegen, sondern ein – wenn auch nachge-wiesener – Fachkräfteengpass[15] auf dem Arbeitsmarkt ist ausreichend.

Eine weitere Erleichterung besteht bei der Erhöhung der Quote im Zusammenhang mit dem Einsatz von Zeitarbeitnehmern. Hier bestand in der bisherigen Regelung eine Verpflichtung des Arbeitgebers, mit einer entsprechenden Anzahl von Mitarbeitern auf Wunsch eine kürzere wöchentliche Arbeitszeit zu vereinbaren. Da der jetzige Tarif-vertrag einen eigenen Anspruch auf »verkürzte Vollzeit« regelt, ist diese Vorausset-zung entfallen.

Bei der 50 %-Quote wird nunmehr an eine niedrigere Entgeltstufe angeknüpft, so dass sich ein breiterer Anwendungsbereich als bisher findet.[16] Mit Zustimmung der Tarif-parteien kann diese Quote sogar einvernehmlich von den Betriebsparteien noch wei-ter auf bis zu Entgeltstufe 11 abgesenkt werden.

4.4.2.3   Kollektive Arbeitszeitverlängerung

Unter Berücksichtigung der erhöhten Quotenregelungen können auch Betriebsver-einbarungen über eine höhere wöchentliche Arbeitszeit von auf bis zu 40 Stunden pro Woche abgeschlossen werden. Diese kollektivrechtliche Regelung gilt dann für den gesamten Betrieb und erspart einen einzelvertraglichen Abschluss mit Mitarbeitern.[17]

4.4.2.4   »Artenschutz«

Für Betriebe, bei denen zum Zeitpunkt des Inkrafttretens des neuen Tarifvertrags bereits eine Überschreitung der bisherigen 18 %-Quote aus der »alten Welt« vorliegt, greift ein »Artenschutz«, im Prinzip vergleichbar mit einer Art Bestandsschutz. Dieser besondere Schutz sieht vor, dass Arbeitgeber und Betriebsrat über einen Zeitraum von 24 Monaten verfügen, innerhalb dessen eine Verbesserung der Quote vorgenom-men werden kann. Innerhalb dieser Zeitspanne kann der Betriebsrat keine Arbeits-zeitverlängerungen mit Hinweis auf Quotenüberschreitung ablehnen. Es läuft im Prin-

---

15   Siehe Teil 1, Kapitel 4.2.
16   § 11 Nr. 2 MTV.
17   § 11 Nr. 3 MTV.

zip erst einmal so weiter wie bisher, nur mit der Auflage, dass beide Betriebsparteien verpflichtet sind, Gespräche aufzunehmen. Inhaltlich ist in diesen Gesprächen zu klären, wie und vor allem auch ob überhaupt die Einhaltung der Quote innerhalb der 24 Monate erreicht werden kann bzw. soll oder ob ggf. eine erhöhte Quote freiwillig vereinbart wird oder in ein anderes Modell gewechselt werden soll.[18] Die terminierte Zeitspanne von 24 Monaten beginnt dabei erst ab dem Zeitpunkt der Gesprächsaufnahme zu laufen. Sofern also von keiner Seite eine Gesprächsaufforderung erfolgt ist, beginnt weder die Frist zu laufen noch kann der Betriebsrat Arbeitszeitverlängerungen widersprechen.

4.4.2.5   Volumenmodell

Das Volumenmodell ist eine völlig neue Regelung und steht als Alternative neben dem Quotenmodell. Hier ist eine der wesentlichen Innovationen des neuen Tarifvertrages zu sehen. Es wird dabei von einer durchschnittlichen betrieblichen wöchentlichen Arbeitszeit ausgegangen, die nicht überschritten werden darf.[19] Eine Durchschnittsarbeitszeit von 35,9 Stunden pro Woche dient dabei als Grundlage. Bei der Ermittlung dieser Durchschnittsarbeitszeit werden die Arbeitszeiten aller Beschäftigten mit einbezogen, also auch Teilzeitbeschäftigte und AT-Mitarbeiter.[20] Die Betrachtung erfolgt nur auf die gesamte Arbeitszeit aller Beschäftigten bezogen, unabhängig von ihrem Tätigkeitsgebiet. Dies hat zur Folge, dass durch Teilzeitverträge automatisch mehr Spielraum verbleibt, um Arbeitszeitverlängerungen zu vereinbaren, egal in welchem Bereich die Verträge abgeschlossen werden. So könnte also z. B. durch die Einstellung von Teilzeitkräften für z. B. Fachkräfte, die bisher lediglich 35 Stunden in der Woche gearbeitet haben, die Möglichkeit geschaffen werden, ihre wöchentliche Arbeitszeit dann entsprechend auf bis zu 40 Stunden erhöhen zu können.

Für Firmen entsteht somit die Möglichkeit einer realistischen konkreten Berechnungsbasis der gesamten zur Verfügung stehenden Arbeitszeit. Das kann eine leichtere Vereinbarkeit mit den tariflichen Vorschriften für Unternehmen bedeuten als mit der Berechnung der 18 % Quote.

! **Beispiel**

Betrieb mit 100 MA

72 Mitarbeiter mit 35 Stunden

---

18   Siehe auch Protokollnotiz 1 zu § 11 Nr. 3 MTV.
19   § 12 Nr. 1 MTV.
20   § 12 Nr. 1 MTV besagt: »Ausgenommen sind Mitarbeiter in der Freistellungsphase der Altersteilzeit, Beschäftigte mit flexiblen Arbeitszeiten auf Abruf, Ferienbeschäftigte; Beschäftigte unter 15 Stunden werden pauschal mit 15 Stunden gerechnet.«

10 Mitarbeiter in Teilzeit mit je 20 Stunden

Bisherige 18 %-Quote: 18 Mitarbeiter mit 40 Stunden möglich

Volumenmodell: 30 Mitarbeiter mit bis zu 40 Stunden möglich

Durch die 10 Teilzeitkräfte gibt es 150 Stunden mehr zu verteilen. Pro Teilzeitkraft kann ein Vollzeitmitarbeiter auf bis zu 40 Stunden erhöht werden.

Wird die betriebliche Durchschnittsarbeitszeit überschritten, steht dem Betriebsrat hier – ähnlich wie bei der Quotenregelung – ein Widerspruchsrecht zu. Auch dieses orientiert sich an dem Ampelmodell:

Grünphase: bis 35,9 Stunden

Gelbphase: über 35,9 Stunden bis zu 36, 1 Stunden

Rotphase: ab 36, 1 Stunden

Entsprechend gelten hier auch die Beratungspflichten in den Zeiträumen von 6 Monaten und die Geltendmachung des Widerspruchsrechts analog der Quotenregelung.

Quote	Artenschutz	Volumenmodell
18 %-Quote: • Information an den Betriebsrat erfolgt nur noch halbjährlich • Stichtag ist relevant für Widerspruchsrecht des Betriebsrates: a) bis 18 % am Stichtag: kein Widerspruchsrecht b) zwischen 18 % und 22 %: kein Widerspruchsrecht BR c) ab 22 %: Widerspruchsrecht BR nach 6 Monaten (Karenzzeit) **30 %-Quote:** • Bei Fachkräfteengpass • Unabhängig vom TV Zeitarbeit allein aufgrund von Betriebsvereinbarung **50 %-Quote:** • Schwelle der Entgeltgruppe für Fachkräfte niedriger • Arbeitszeitverlängerung durch Betriebsvereinbarung	• Stichtag für Überschreitung ist der 1.1.2019: 24 Monate Zeit um Quote von 18 % zu erreichen • Widerspruchsrecht des Betriebsrates erst nach Ablauf der 24 Monate **und nur, wenn dann** eine Überschreitung zu diesem Zeitpunkt vorliegt	• Findet alternativ zur Quotenregelung Anwendung • Alleinige Entscheidung des Arbeitgebers: Betriebsrat (rechtzeitig) vorher anzuhören • Vertragliche Abschlüsse richten sich nach den betrieblichen Gegebenheiten der durchschnittlichen wöchentlichen Arbeitszeit von 35,9 Stunden (kollektivrechtlich) • Ampelphasen: a) bis 18 % am Stichtag: kein Widerspruchsrecht b) zwischen 18 % und 22 %: kein Widerspruchsrecht c) ab 22 %: Widerspruchsrecht nach 6 Monaten (Karenzzeit) • Teilzeitkräfte und AT-Kräfte werden mitgerechnet • Pauschalwerte für Teilzeitbeschäftigte in freiwilliger Betriebsvereinbarung bestimmbar

Abb. 30: Exkurs: Quotenreglung der »neuen« Welt (Quelle: B. Redmann)

4.4.3   Kopfzahlmodell

Neben dem Volumenmodell, das sich an der durchschnittlichen regelmäßigen Wochenarbeitszeit orientiert, gibt es noch die Möglichkeit des Kopfzahlmodells gem. § 12 Abs. 3 MTV. Hier erfolgt der Ausgleich anhand der tatsächlichen Anzahl der abgeschlossenen Arbeitszeitverträge. Entsprechend der Anzahl der Verträge auf Verkürzung der Arbeitszeit können Verträge mit längeren Arbeitszeitvereinbarungen abgeschlossen werden. Weder die einzelnen Stundenzahlen noch die Quoten spielen hierbei eine Rolle. Ausgangspunkt ist dabei immer die »normale Vollzeit« gem. § 6 Abs. 1 MTV. Das Kopfzahlmodell ist aufgrund der einfachen Berechnung sehr unkompliziert, wird jedoch wahrscheinlich weniger Arbeitszeitvolumen in der Gesamtheit erzeugen als z. B. das Volumenmodell. Hier wird es dann wieder auf die einzelnen, situativen Bedürfnisse und Gegebenheiten in den jeweiligen Betrieben ankommen.

4.4.4   Auszahlung

Der neue Tarifvertrag enthält weiter die Option, zur Kompensation ein Zeitguthaben von bis zu 50 Arbeitsstunden jährlich pro Mitarbeiter zuschlagsfrei »abkaufen« zu können (§ 13 MTV). Erforderlich hierfür ist eine freiwillige Betriebsvereinbarung. Diese Auszahlung von Zeit in Geld wird nach Grundlage der Stundengrundvergütung errechnet und erfolgt als Einmalzahlung. Bei fehlenden Kapazitäten kann hierdurch Arbeitszeitvolumen geschaffen werden. Umgerechnet entspricht diese Summe fast einer Stunde pro Woche, die damit ausbezahlt werden kann.

4.4.5   Alte und neue Welt im Vergleich

Stellt man die wesentlichen Vor- und Nachteile der »alten« und der »neuen« Welt einmal gegenüber so ergibt sich ein bemerkenswertes Bild:[21]

	»Alte Welt«	»Neue Welt«
Vorteile	• Wechsel in die »neue Welt« auch noch später möglich • Kein Widerspruchsrecht des Betriebsrates bei Quotenüberschreitung • Keine Umstellung bei Quotenregelung erforderlich • Verbleib in der »alten Welt« ggf. strategisch nutzbar	• Mehr Volumen möglich • 18 %-Quote wird durch Ampelmodell/Toleranzgrenzen erweitert • 6 Monate Karenzzeit • Erleichterte Zugänge zu 30 %/50 %-Quote (Fachkräfteengpass, niedrigere Entgeltgruppe)
Nachteile	• Gleiches Volumen wie bisher, 6 Monate Ankündigungsfrist bei Wechsel • Betriebsrat kann »faktischen« Druck bei Quotenüberschreitung ausüben	• Widerspruchsrecht des Betriebsrates • Kein »Zurückwechseln« in die »alte Welt« • Viele Modelle setzen ein Verhandeln voraus

Abb. 31: Vorteile/Nachteile »alte« und »neue« Welt (Quelle: B. Redmann)

---

21   Darstellung in Anlehnung an ifaa – Institut für angewandte Arbeitswissenschaft e. V., Der Tarifabschluss 2018 – Innovative Möglichkeiten für betriebliche Arbeitszeitgestaltung, Abb. 3, S. 16.

Es gibt tatsächlich keine pauschale Antwort, welches Modell für Unternehmen besser ist. Es gibt jedoch eine Vielzahl von Lösungen, Arbeitszeitmodelle individuell zu gestalten. Der Charme dieser Modellvielfalt liegt gerade in der möglichen Anpassungsfähigkeit der unterschiedlichen Regelungen auf die jeweils vorliegende konkrete betriebliche Situation. Je nach Unternehmen können ganz andere Handlungsbedarfe vorliegen. Die Varianten bieten Unternehmen daher die Chance, sich mit den eigenen Gegebenheiten und den tariflichen Möglichkeiten auseinanderzusetzen, um dann das am besten passende Modell zu wählen. Es geht insofern nicht nur um einen Vergleich, welches der Modelle das bessere ist, sondern die Entscheidungsfreiheit für Betriebe, überhaupt zwischen »Zeit-Welten« wählen zu können, ist der strategische Gewinn.

Um Unternehmen darin zu unterstützen, die für sie richtige Entscheidung zu treffen, hat das IFAA (Institut für angewandte Arbeitswissenschaft e. V.) hierzu einige beispielhafte Fragen ermittelt:[22]

- »Welche Vor- und Nachteile haben die alten und die neuen Quotenregelungen?
- Wird künftig ein Mehrbedarf an Arbeitsvolumen und damit ggf. ein Anstieg der Quote erwartet?
- Wie hoch ist das durchschnittliche Arbeitsvolumen im Betrieb?
- Wieviel Spielraum gibt es im Volumenmodell?
- Liegt im Betrieb ein nachgewiesener Fachkräfteengpass vor? (Wird hierdurch eventuell sogar die Funktionsfähigkeit des Betriebes beeinträchtigt?)
- Wie kann der Fachkräfteengpass ermittelt werden?
- Sind im Betrieb mindestens 50 % Beschäftigte in einer bestimmten Entgeltgruppe […] oder höher beschäftigt?
- Ist die Anzahl der Voll- und Teilzeitbeschäftigten überschaubar und dokumentiert?
- Wie soll der Ablaufplan für Beantragungs- und Genehmigungsverfahren aussehen und welche Fristen müssen berücksichtigt werden?«

Die Beantwortung dieser Fragen im Sinne von Leitfragen kann Unternehmen helfen, ihren eigenen Bedarf sowie die Wünsche und Bedürfnisse ihrer Mitarbeiter erfüllen zu können und gleichfalls den betrieblichen Ablauf sicherzustellen. Gleichzeitig lässt sich aber aus den Antworten auch für Betriebe einfacher ableiten, wo denn ihr genauer Handlungsbedarf überhaupt besteht bzw. sich in Zukunft ergeben kann.

Letztendlich ist das der Kern, um den es eigentlich geht: So sind die kürzeren Arbeitszeiten nur dann – betriebswirtschaftlich – möglich, wenn der reduzierte Anteil durch einen Ausgleich an anderer Stelle kompensiert werden kann. Es geht darum, Bedarf und Nutzen für alle Seiten gut übereinander zu bringen. In diesem Sinne fördert der Tarifvertrag agiles Denken und Handeln bei Unternehmen und eröffnet Gestaltungsraum, der gefüllt werden will – und muss.

---

22   ifaa – Institut für angewandte Arbeitswissenschaft e. V., Der Tarifabschluss 2018 – Innovative Möglichkeiten für betriebliche Arbeitszeitgestaltung, 2018.

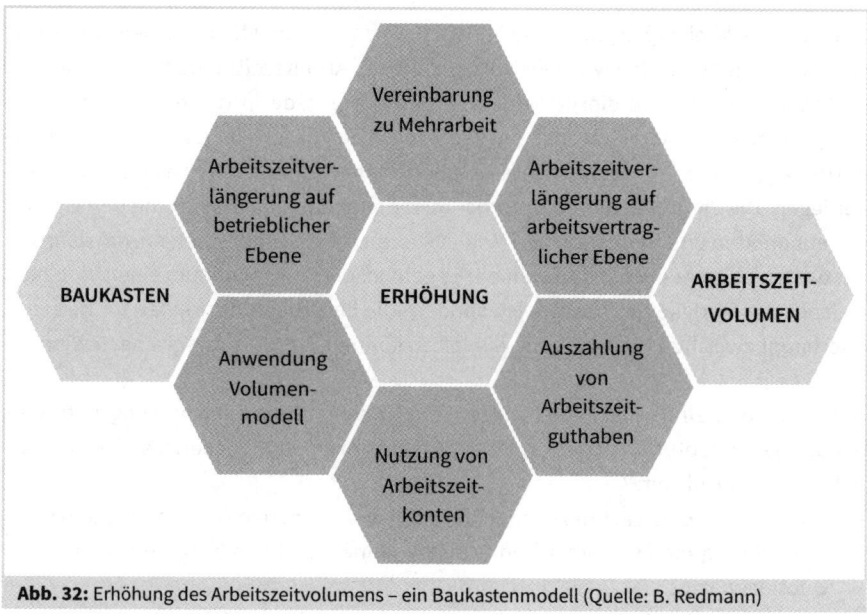

Abb. 32: Erhöhung des Arbeitszeitvolumens – ein Baukastenmodell (Quelle: B. Redmann)

4.4.6 #Bedürfnischeck: Wahloption »Modelle zum Arbeitsvolumen«

Bedürfnisse/Interessen von Mitarbeitern	Bedürfnisse/Interessen von Unternehmen
• Entscheidungsraum • Gestaltungsmöglichkeit • Selbstbestimmung von Arbeitszeit • Anpassung der Arbeitszeit an unterschiedliche Lebensphasen möglich • Flexibilität • Vereinbarkeit von Arbeit, Familie und Privatleben • Gesundheit und Wohlbefinden • Wertschätzung • Sicherheit	• Mitarbeiter halten • Mitarbeiter gewinnen • Attraktivität als Arbeitgeber • Motivation • Flexibilität • gesunde Mitarbeiter – reduzierte Fehlzeiten • längere Lebensarbeitszeit durch Anpassung an Lebensphasen • höhere Leistungsfähigkeit • Demografiefestigkeit • hohe Anpassungsfähigkeit • nutzen- und bedarfsorientiert am jeweiligen Unternehmen • Gestaltungsspielraum • Personalplanung und Personalentwicklung berücksichtigt • fördert Agilität im Unternehmen • Kundenorientierung • Wettbewerbsfähigkeit

Tab. 20: Bedürfnischeck: Wahloption »Modelle zum Arbeitsvolumen«

O-Ton: Stephan Wilcken
Stephan Wilcken ist Geschäftsführer von Südwestmetall.

Britta Redmann: Welche Interessen und Bedürfnisse von Arbeitgebern und Arbeitnehmern werden aus Ihrer Sicht in zukünftigen Tarifverträgen berücksichtigt werden, die in diesem Tarifvertrag nicht oder nur wenig Berücksichtigung erfahren haben?

Stephan Wilcken: Ich bin ein großer Freund der Tarifautonomie, der Tarifsystematik und auch von beidem zu tiefst überzeugt; ich meine aber, dass man die Tarifverträge nicht überfrachten sollte, und dies aus jedenfalls zwei Überlegungen heraus:

Zum einen muss eine überbetriebliche Flexibilität erhalten bleiben. Dies bedeutet, dass es unterschiedliche regionale und auch betriebliche Bedürfnisse der Beschäftigten und der Unternehmen gibt. Ein Beispiel: Freistellung für kurzfristig notwendige Nebentätigkeiten (z. B. Nebenerwerbswinzer). Dies betrifft zum einen regional begrenzte Beschäftigtengruppen, zum anderen müssen auch die Notwendigkeiten der Unternehmen (= der Kunden!) betrachtet werden. Weiter muss auch beachtet werden, dass die Unternehmen unterschiedliche wirtschaftliche Kennzahlen aufweisen. So kann sich die eine Firma betriebliche Altersversorgung oder die Einrichtung einer (betrieblichen) Kindertagesstätte (Kita) leisten, die andere ggf. nicht. Vielleich ist die Einrichtung einer Kita auch nicht notwendig, weil es eine ausreichende Anzahl von Kita-Plätzen gibt.

Zum anderen muss man sich auch der Kritik an den Tarifverträgen stellen: Sie sind zu kompliziert, zu unübersichtlich und zu pauschal. Aus unserer, aus meiner Sicht muss man solche weiteren Themen in die Hände der jeweiligen Betriebsparteien legen, die jeweils sachnäher sind als die Tarifvertragsparteien.

Es wird die zurückgehende Tarifbindung beklagt. Leider haben einige sich noch keine Gedanken darüber gemacht, woran das liegen mag und wie man dem entgegenwirken kann. Also: wenn überhaupt, dann sollten zukünftige neue Themen in Tarifverträgen als »Angebot« beschrieben werden, über die dann die Betriebsparteien sich verständigen. So ist es beispielsweise mit dem Tarifvertrag zum mobilen Arbeiten vom Februar dieses Jahres: Hier wird das Thema in die Hände der Betriebsparteien gegeben, der Tarifvertrag macht »Vorschläge«, was in einer Betriebsvereinbarung zu regeln wäre.

Britta Redmann: Wie ist es gelungen, dass bei diesem Tarifabschluss gleichermaßen viele unterschiedliche Bedürfnisse auf der Arbeitnehmerseite als auch auf der Arbeitgeberseite berücksichtigt worden sind?

Stephan Wilcken: Es war eine intensive Diskussion. Der Fachkräfteengpass einerseits und die robuste wirtschaftliche Lage der allermeisten Unternehmen andererseits ermöglichen es nur sehr schwer, auf die Arbeitskräfte, auch nur temporär zu verzichten. Deswegen wurde vereinbart, dass der Arbeitgeber ein Vetorecht hat, wenn die ausfallende Arbeitszeit innerbetrieblich nicht ersetzt werden kann.

Britta Redmann: Was ist aus Ihrer Sicht bei der Umsetzung in den Betrieben wichtig?

Stephan Wilcken: Wichtig ist es zum einen, dass die Systematik der tariflichen Regelung vollständig und klar erläutert wird, dass zum einen die Voraussetzungen geschildert werden, nach denen der Anspruch auf die Freistellungstage entsteht, dass aber auch nicht verschwiegen wird, aus welchen Gründen dieser Anspruch im Zweifel betrieblich abgelehnt werden kann. Dabei ist es aber auch notwendig, diese Ablehnungsgründe nachvollziehbar zu erläutern. Nur so kann auch Verständnis für die ein oder die andere Entscheidung geweckt werden.

Britta Redmann: Wie kann hier ggf. mit unterschiedlichen Konflikttypen bei den Betriebsparteien umgegangen werden?

Stephan Wilcken: In den meisten Unternehmen findet eine Konfliktbewältigung auf vernünftiger Basis statt, mit Verständnis der jeweils anderen Seite. Wo dies nicht innerbetrieblich gelingt, ist im Einzelfall die Einsetzung einer Einigungsstelle notwendig, wobei mir gerade zu diesen »neuen« tariflichen Themen noch keine entsprechenden Eskalationen bekannt sind.

Wichtig ist, und darauf verweisen wir in unserer Beratungspraxis, dass eine offene Kommunikation zwischen den Betriebsparteien erfolgt und die jeweiligen Problemstellungen allgemein bekannt sind. Ein Verweis auf § 2 Abs. 1 BetrVG »... zum Wohl der Arbeitnehmer und des Betriebs« ist manchmal aber durchaus angebracht: Es kommt auch auf das Wohl des Betriebes an.

4.5   Tarifvertrag zur mobilen Arbeit

In diesem Tarifvertrag geht es um die Bestimmungen für ortsungebundenes Arbeiten und dem Loslösen vom Arbeitsort »Betriebsstätte«. Angestrebt werden soll mit der Regelung eine bessere Vereinbarkeit der Arbeitstätigkeit mit der persönlichen Lebensführung.[23]

Der Tarifvertrag versteht sich an dieser Stelle als »flankierende« Regelung, die einen Rahmen für die konkreten betrieblichen Gegebenheiten schafft.

---

23   § 2 Abs. 1 TV MobA.

4.5.1   Definition »mobiles Arbeiten«

Die Inhalte dieses Tarifvertrages kommen daher nur zur Anwendung, soweit sich die Betriebsparteien auf eine freiwillige Betriebsvereinbarung im Sinne des § 88 BetrVG zum mobilen Arbeiten verständigen und »mobiles Arbeiten« im Betrieb auch existiert.

Für die Anwendung, was unter »mobiler Arbeit« zu verstehen ist, enthält der Tarifvertrag folgende Definition:[24]

> »Mobiles Arbeiten umfasst alle arbeitsvertraglichen Tätigkeiten, die zeitweise (flexibel) oder regelmäßig (an fest vereinbarten Tagen) außerhalb der Betriebsstätten durchgeführt werden. Es ist nicht auf Arbeiten mit mobilen Endgeräten beschränkt.
>
> Mobiles Arbeiten umfasst nicht Tätigkeiten oder Arbeitsformen, die aufgrund ihrer Eigenart außerhalb des Betriebes zu erbringen sind, z. B. Bereitschaftsdienst, Rufbereitschaft, Telearbeit, Vertriebs-, Service- und Montagetätigkeiten oder vergleichbare Tätigkeiten.«

Aus dem letzten Satz ergibt sich, dass damit auch Beschäftigte in Telearbeit und auch mit einem dauerhaft eingerichteten Homeoffice von dieser Definition ausgenommen sind. Hier bedarf es dann eigener Regelungen, die entweder auf betrieblicher Ebene für diese Gruppen oder individuell mit den jeweiligen Mitarbeitern, die sich im Homeoffice oder auf einem Telearbeitsplatz befinden, festgelegt werden.

Der Tarifvertrag MobA findet natürlich auch keine Anwendung bei AT-Arbeitsverhältnissen: Sein Geltungsbereich bezieht sich eben nur auf Beschäftigte, die unter das Entgeltrahmenabkommen fallen.

4.5.2   Tariflicher Rahmen

Es gibt ein paar entscheidende Regelungen, die den tariflichen Rahmen abstecken.

Zum einen darf Mitarbeitern weder aus ihrem Wunsch nach mobilem Arbeiten noch aus der Ablehnung dieses Wunsches durch den Arbeitgeber auf mobiles Arbeiten des Mitarbeiters kein Nachteil entstehen.

---

24   § 2 TV MobA.

Des Weiteren gibt es einen (neuen) »Grundsatz der Nichterreichbarkeit«, der einzuhalten ist und der damit auch eine Trennung von Arbeit und Beruf fördert.

Letztendlich ist auch festgestellt worden, dass mobile Arbeitstätigkeiten vom Schutz der gesetzlichen Unfallversicherung umfasst sind. Zwar sind alle Tätigkeiten, die im Interesse des Arbeitgebers verrichtet werden, auch gesetzlich unfallversichert, allerdings ist die Abgrenzung zwischen betrieblichen und ggf. eigennützigen Interessen des Mitarbeiters bei mobiler Arbeit deutlich schwieriger, da sie enger miteinander verbunden sind.

Der Tarifvertrag schreibt keine Normen vor, die in einer freiwilligen Betriebsvereinbarung zu regeln sind, gleichwohl enthält er Vorschläge zu möglichen Regelungspunkten:

4.5.2.1   Betriebliche Präsenz

Sollen Mitarbeiter z. B. zu bestimmten Zeiten im Betrieb anwesend sein oder auch zu bestimmten Zeiten vom Betrieb aus arbeiten? Braucht es Regelungen, wie lange das mobile Arbeiten ermöglicht werden soll? Zum Beispiel auch stundenweise oder nur tageweise?

4.5.2.2   Lage der Arbeitszeit

Hier geht es eher um die Frage der Erreichbarkeitszeiten: Sollen bestimmte Arbeitszeiten und damit auch Kernzeiten festgelegt werden, in denen die Beschäftigten, die mobil arbeiten, zu erreichen sind? Wie werden die Arbeitszeiten insgesamt verteilt?

4.5.2.3   Arbeitsmittel

Welche Geräte werden dem Mitarbeiter zur Verfügung gestellt? Welche privaten Geräte darf er benutzen? Wer trägt die Kosten für mögliche zusätzliche Kosten z. B. Strom, Internet?

4.5.2.4   Datenschutz

Wie ist der Datenschutz am besten zu gewährleisten? Es muss sichergestellt werden, dass Dritte keine Einsicht in betriebliche Unterlagen oder auf Daten erhalten, die »unterwegs« genutzt werden.

4.5.2.5   Leistungs- und Verhaltenskontrolle

Sofern mobiles Arbeiten auf elektronischen Endgeräten stattfindet, ist ggf. eine Leistungs- und Verhaltenskontrolle durch die Anwendung der technischen Geräte auszuschließen.

4.5.2.6   Konfliktlösungsmechanismus

Wie ist vorzugehen, wenn zu einzelnen Punkten oder Bedingungen keine Einigung zwischen Mitarbeiter und Arbeitgeber im konkreten Fall erzielt werden kann? Wie sieht dann ein möglicher Weg zur Konfliktlösung aus?

4.5.3   Verkürzte Ruhezeit

Für Mitarbeiter und Arbeitgeber gibt es auch eine erhebliche Erleichterung bei den gesetzlichen Ruhezeiten. Diese betragen grundsätzlich 11 Stunden. Der Tarifvertrag nutzt in seiner Regelung in § 5 TV MobA zur Ruhezeit die gesetzliche Öffnungsklausel des § 7 Abs. 1 Nr. 3 ArbZG aber in vollem Umfang. So verkürzen sich bei Anwendung des Tarifvertrages die Ruhezeiten um 2 Stunden auf 9 Stunden. Diese Verkürzung gilt schon »kraft Tarifvertrages« bzw. allein durch das Vorliegen von »mobiler Arbeit« und muss nicht erst in eine Betriebsvereinbarung aufgenommen werden. Voraussetzung ist, dass Mitarbeiter im Rahmen ihrer mobilen Arbeit das Ende ihrer täglichen Arbeitszeit oder den Beginn der Arbeitszeit am nächsten Tag selber festlegen können.

4.5.4   #Bedürfnischeck: »Tarifvertrag zur mobilen Arbeit (TV MobA)«

Bedürfnisse/Interessen von Mitarbeitern	Bedürfnisse/Interessen von Unternehmen
• Entscheidungsraum • Selbstbestimmung von Arbeitsort • Partizipation • Vereinbarkeit von Arbeit, Familie und Privatleben • Trennung von Arbeit und Privatleben • Gesundheit und Wohlbefinden • hohe Anpassungsfähigkeit • Privilegien • Flexibilität	• Mitarbeiter halten • Mitarbeiter gewinnen • Attraktivität als Arbeitgeber • Image • Motivation • Flexibilität • gesunde Mitarbeiter – reduzierte Fehlzeiten • längere Lebensarbeitszeit durch Anpassung an Lebensphasen • höhere Leistungsfähigkeit

Bedürfnisse/Interessen von Mitarbeitern	Bedürfnisse/Interessen von Unternehmen
	• Demografiefestigkeit • hohe Anpassungsfähigkeit • Kundenorientierung • Gestaltungsspielraum • nutzen- und bedarfsorientiert für das jeweilige Unternehmen • Gestaltungsspielraum • fördert Agilität im Unternehmen • Wettbewerbsfähigkeit

Tab. 21: Bedürfnischeck: »Tarifvertrag mobiles Arbeiten«

4.6   Innovation durch Tarif – der Firmentarifvertrag bei Bosch

Tarifverträge haben nicht unbedingt den Ruf, innovativ zu sein. Viele große Konzerne gliedern deswegen oft Unternehmensbereiche »Software und Digitalisierung« aus, um dort eine Tarifbindung zu vermeiden. Bosch geht nun mit seinem firmeneigenen »Innovationstarifvertrag« mit der IG Metall einen ganz anderen Weg: Statt auszugründen sollen agile Einheiten im Konzern und in der Tarifbindung bleiben.[25] Das aktuell geschaffene neue Tarifwerk gilt ab 2019 für die neu geschaffene Einheit »Connected Mobility Solutions« mit 300 Beschäftigten. Gerade der Umstand, dass hier ein besonderer Tarifvertrag gilt, soll ein Lockmittel für hochqualifiziertes Personal sein und als Vorlage für weitere innovative Einheiten im Konzern dienen.[26] So besetzt Bosch fast jede zweite offene Stelle außerhalb der Produktion mit Experten für Software und IT.[27] »Um hochqualifiziertes Personal für den digitalen Wandel anzuwerben, brauche Bosch die richtigen Arbeitsbedingungen«, äußert sich Christoph Kübel, der Personalchef von Bosch in der Presse.[28] »Wir haben nun ein Paket geschnürt, das Selbstbestimmung und Freiraum für den Mitarbeiter beinhaltet.«[29] Roman Zitzelsberger, Bezirksleiter der IG Metall Baden-Württemberg, gibt auf der Webseite der IG Metall kund:[30]

---

25   https://www.heise.de/newsticker/meldung/Innovationstarifvertrag-fuer-digitale-Elite-Bosch-einigt-sich-mit-IG-Metall-4205629.html

26   https://www.heise.de/newsticker/meldung/Innovationstarifvertrag-fuer-digitale-Elite-Bosch-einigt-sich-mit-IG-Metall-4205629.html

27   https://www.heise.de/newsticker/meldung/Innovationstarifvertrag-fuer-digitale-Elite-Bosch-einigt-sich-mit-IG-Metall-4205629.html

28   https://www.heise.de/newsticker/meldung/Innovationstarifvertrag-fuer-digitale-Elite-Bosch-einigt-sich-mit-IG-Metall-4205629.html

29   https://www.welt.de/print/die_welt/wirtschaft/article182960822/Bosch-Tarifvertrag-fuer-digitale-Einheit.html

30   http://www.bw.igm.de/news/meldung.html?id=88696

»Mit dem Innovationstarifvertrag beweisen wir, dass kleine, agile Firmen für Zukunftsideen rund um Digitalisierung sowie Mitbestimmung und Tarifbindung keine Gegensätze sind. Mit dem neuen Tarifwerk haben wir eine Blaupause geschaffen, die auch bei anderen innovativen Geschäftsfeldern im Bosch-Konzern, aber auch bei Start-ups anderer Unternehmen zum Einsatz kommen kann.«

4.6.1   Innovationen

Was ist nun anders in diesem Innovationstarifvertrag für mehr Flexibilität?

Der Tarifvertrag lehnt sich an die bisher geltenden Firmentarifverträge mit der IG Metall an, bietet aber mehr Spielraum hinsichtlich flexibler Arbeitszeiten und bei der Bezahlung.[31] So haben die Angestellten das bei Bosch übliche Wahlrecht zwischen 35, 38 oder 40 Stunden pro Woche. Jedoch entscheidet der Mitarbeiter im Rahmen einer Vertrauensarbeitszeit eigenverantwortlich selbst, wann und wie viel er arbeitet.[32] Statt der starren Entgeltgruppen an den bestehenden Tarifverträgen gibt es Gehaltsbänder. Darüber hinausgehende erfolgsunabhängige Vergütung ist höher als im bisherigen Tarifvertrag.[33] Des Weiteren gibt es neben den Komponenten Zeit und Vergütung noch einen umfassenden Gesundheitscheck sowie ein eigenes Weiterbildungsbudget, über das die Mitarbeiter völlig frei verfügen können.[34]

Ziel ist es, insbesondere den Bedürfnissen von Softwareentwicklern zu entsprechen. Der Tarifvertrag gibt insoweit ein »sicheres Paket« und kann damit unter Umständen ein charmantes Angebot sein.[35] Ob diese Rechnung aufgeht, sich Spezialisten tatsächlich von diesem tariflichen Angebot anziehen lassen und es sie auch längerfristig zum Verbleib bei Bosch bewegt, wird die Erfahrung in der Zukunft zeigen. Bisher ist diese vereinbarte neue Kombination in der Tariflandschaft jedenfalls noch eine Ausnahme.

---

31 https://www.welt.de/print/die_welt/wirtschaft/article182960822/Bosch-Tarifvertrag-fuer-digitale-Einheit.html; http://www.bw.igm.de/news/meldung.html?id=88696
32 https://www.heise.de/newsticker/meldung/Innovationstarifvertrag-fuer-digitale-Elite-Bosch-einigt-sich-mit-IG-Metall-4205629.html
33 https://www.welt.de/print/die_welt/wirtschaft/article182960822/Bosch-Tarifvertrag-fuer-digitale-Einheit.html
34 https://www.heise.de/newsticker/meldung/Innovationstarifvertrag-fuer-digitale-Elite-Bosch-einigt-sich-mit-IG-Metall-4205629.html; http://www.bw.igm.de/news/meldung.html?id=88696
35 https://www.heise.de/newsticker/meldung/Innovationstarifvertrag-fuer-digitale-Elite-Bosch-einigt-sich-mit-IG-Metall-4205629.html

4.6.2   #Bedürfnisscheck: »Innovationstarifvertrag«

Bedürfnisse/Interessen von Mitarbeitern	Bedürfnisse/Interessen von Unternehmen
• Entscheidungsraum • Selbstbestimmung von Arbeitszeit • Gestaltungsmöglichkeit • Partizipation • Flexibilität • Vereinbarkeit von Arbeit, Familie und Privatleben • Gesundheit und Wohlbefinden • Wertschätzung • Status und Privilegien • hohe Anpassungsfähigkeit • persönliche Weiterentwicklung und Qualifizierung • Zugehörigkeit • Sicherheit	• Mitarbeiter halten • Mitarbeiter gewinnen • Attraktivität als Arbeitgeber • Image • Motivation • Flexibilität • Gestaltungsspielraum • gesunde Mitarbeiter – reduzierte Fehlzeiten • Innovation • höhere Leistungsfähigkeit • hohe Anpassungsfähigkeit • emotionale Bindung • fördert Agilität im Unternehmen • Kundenorientierung • Wettbewerbsfähigkeit

Tab. 22: Bedürfnischeck: »Innovationstarifvertrag«

4.7   Arbeitgeberattraktivität als tarifliches Ziel

Auch die Deutsche Bahn hat ihre tarifvertraglichen Regelungen in den vergangenen Jahren um einiges erweitert. So wurde bereits im Tarifabschluss von 2017 ein Wahlrecht auf »Zeit statt Geld« eingeführt. Dieses räumte Bahnmitarbeitern die Entscheidung ein, in dem darauffolgenden Jahr mehr Lohn zu erhalten oder stattdessen eine um eine Stunde abgesenkte Wochenarbeitszeit bzw. sechs Tage zusätzlichen Erholungsurlaub zu bekommen. Zum damaligen Zeitpunkt haben sich 56 % und damit über die Hälfte der Mitarbeiter für den zusätzlichen Urlaub entschieden. 41,4 % wählten die Lohnerhöhung und nur 2,6 % reduzierten ihre wöchentliche Arbeitszeit.[36] Es zeigte sich eine klare Tendenz, dass das Thema »freie Zeit« anstelle von Geld bei Bahnmitarbeitern einen großen Anklang findet. Ende 2018 wurde wieder verhandelt und Anfang 2019 dann ein Abschluss erzielt.[37] In diesem jetzt für 2,5 Jahre geltenden Tarif-

---

36   https://www.deutschebahn.com/de/presse/pressestart_zentrales_uebersicht/DB-Mitarbeiter_Waehlen_mehr_Urlaub-1201380

37   Die Bahn hat mit beiden Gewerkschaften, der EVG als auch der GDL, getrennte Verhandlungen jedoch mit dem Ziel von widerspruchsfreien Abschlüssen geführt. Hintergrund ist, dass von den ca. 160.000 Tarifbeschäftigten der Bahn knapp 36.000 Mitarbeiter zum Fahrpersonal zählen, das von beiden Gewerkschaften gleichermaßen vertreten wird. Im Detail kann es hier durchaus Unterschiede geben, in der betrieblichen Praxis werden die Regelungen für das gesamte Fahrpersonal einheitlich angewandt. So sollen Verhandlungserfolge z. B. der EVG auch den Mitgliedern der GLD – und umgekehrt – zugutekommen. Mit der EVG hat die Bahn bereits Ende Dezember 2018 einen Abschluss erzielt, die Einigung mit der GDL erfolgte dann kurze Zeit später am 4. Januar 2019.

vertrag wurde das Thema »freie Zeit« weiter verfestigt und darüber hinaus noch weitere wesentliche Eckpunkte festgelegt. So erhalten die Beschäftigten zum 1. Januar 2021 erneut die Möglichkeit, anstelle der zweiten Stufe mehr Freizeit bzw. Urlaub zu wählen.

4.7.1 Tarifvertrag der Deutschen Bahn

Laut Presseinformation der Deutschen Bahn sind neben einer stufenweisen Lohnerhöhung sowie Einmalzahlungen die wesentlichen Eckpunkte folgende:[38]

- **»Laufzeit**: Die Tarifverträge laufen 29 Monate und gelten rückwirkend ab dem 1. Oktober 2018 bis zum 28. Februar 2021.
- **»Zukunftsperspektive Zugpersonal«**: Die gemeinsame Initiative von DB und GDL will Bahn-Berufsbilder weiterentwickeln und vor dem Hintergrund von neuen Arbeitswelten und Digitalisierung fit für die Zukunft machen. Ziel ist es auch, die Attraktivität der Berufe in der Bahnbranche zu steigern. Dafür ist u. a. eine Imagekampagne für die Berufe des Zugpersonals geplant.
- **Arbeitszeit/Pausen:** Die verbesserte Arbeitszeitkontenstruktur macht die Jahresarbeitszeit für die Mitarbeiter durch die Einführung eines Ausgleichskontos transparenter. Des Weiteren werden Pausen auf dem Zug auf festgelegte betriebliche Sondersituationen beschränkt. Kurzpausen werden schrittweise reduziert.
- **Regelung zur besseren Vereinbarkeit von Beruf und Privatleben:** Für das Zugpersonal wird tarifvertraglich präzisiert, dass in Zeiten von mobilen Endgeräten im betrieblichen Alltag zwischen Arbeitszeit und Freizeit deutlicher getrennt wird. Im Tarifvertrag wird klargestellt, dass Mitarbeiter außerhalb von Arbeitszeiten und Rufbereitschaften nicht erreichbar sein müssen.
- **Zulagen:** Die Zulagen für Arbeit in der Nacht, am Sonntag und am Feiertag werden ab 1.1.2020 deutlich erhöht. Die Zulagensystematik wurde für alle Tätigkeiten des Zugpersonals vereinheitlicht. Zusätzlich wird die Überzeitzulage für geleistete Überstunden statt am Jahresende bereits vierteljährlich ausgezahlt.
- **Rechtsschutz für Mitarbeiter:** Mitarbeiter mit Kundenkontakt erhalten vom Arbeitgeber Unterstützung, um zivilrechtliche Ansprüche aus der Arbeitstätigkeit (zum Beispiel Schadensersatz oder Schmerzensgeld) gegenüber Dritten geltend zu machen.
- **Regelung für den Personalübergang bei Betreiberwechsel:** Die Tarifpartner haben sich auf einheitliche Spielregeln verständigt, die für die Mitarbeiter gelten,

---

38 https://www.deutschebahn.com/de/presse/pressestart_zentrales_uebersicht/DB-Tarifrunde-mit-GDL-ab-geschlossen---Gute-Nachricht-f%C3%BCr-Bahnkunden-und-Mitarbeiter---6-1-Prozent-Lohnplus-in-zwei-Stufen-plus-Verbesserungen-bei-Arbeitszeit--Zulagen-und-Pausen--3674736; siehe auch: https://www.gdl.de/Aktuell-2019/Pressemitteilung-1546592797; https://www.deutschebahn.com/de/presse/pressestart_zentrales_uebersicht/Tarifeinigung-mit-EVG-steht---h%C3%B6here-L%C3%B6hne-und-mehr-Wahlmodel-le---gute-Botschaft-f%C3%BCr-Kunden--3575420; https://www.evg-online.org/tarifrunde-2018/

wenn ein Verkehrsvertrag von einem Anbieter im Regionalverkehr an einen anderen Anbieter geht. Damit wird Rechtssicherheit geschaffen und gleichzeitig werden Ansprüche eines Mitarbeiters beim Wechsel zu dem neuen Arbeitgeber gesichert.

* **Betriebliche Altersvorsorge:** Künftig können Überstunden auch für die betriebliche Altersvorsorge umgewandelt werden. Außerdem wird der Arbeitgeberbeitrag zur betrieblichen Altersvorsorge um 1,1 % steigen.«

Das Gesamtpaket umfasst neben den Lohnerhöhungen konkrete Ansätze in der Personalgewinnung und Personalentwicklung, um damit gezielt auf die derzeitigen Herausforderungen des digitalen Wandels und einer sich zunehmenden verändernden beruflichen Qualifikation des Bahnpersonals anzugehen. Die GDL beschreibt diesen Punkt sehr deutlich in ihrer Pressemitteilung:[39]

> »Der demografische und digitale Wandel stellt Lokomotivführer, Zugbegleiter, Bordgastronomen, Trainer und Disponenten vor große Herausforderungen. Um diese erfolgreich zu gestalten, haben GDL und DB gemeinsam die Initiative »Zukunftsperspektive Zugpersonal« ins Leben gerufen. Dabei gilt es, die Berufe des Zugpersonals gemeinsam weiterzuentwickeln und die Beschäftigten in ihren Veränderungs- und Anpassungsprozessen aktiv zu begleiten. Im Ergebnis sollen daraus Qualifikation, Verantwortung, Aufgaben und die Entgelthöhe in einen sachgerechten Einklang gebracht werden. [...]
>
> Um Leistung und Verantwortung fair abzubilden, steigt beispielsweise das Entgelt für Berufseinsteiger beim Lokomotivführer zum 1. Juli 2019 von derzeit 2.740 auf 2.950 Euro. In der Laufzeit des Tarifvertrages überschreitet dann das Entgelt deutlich die Schwelle von 3.000 Euro. »Beide Seiten sind sich darüber einig, dass dies ein wichtiger Schritt ist, um die Attraktivität zu steigern und dadurch den dringend benötigten Nachwuchs zu gewinnen« so GDL Bundesvorsitzender Weselsky.[40]
>
> In diesem Zusammenhang ist besonders erwähnenswert, dass mit der Verankerung von Qualifizierungsstandards gleichwohl Regelungen vereinbart wurden, die eine entsprechende Anzahl von Beschäftigen und damit den konkreten Personalbedarf einer bestimmten Personengruppe vorsehen. Damit wird hier die Entscheidungshoheit des Arbeitgebers, wie viele Mitarbeiter in Funktionen tätig werden sollen tarifvertraglich reglementiert. So sind »zusätzlich zum Lokomotivführer auf jedem ICE mindestens zwei Betriebseisenbahner

---

39   https://www.gdl.de/Aktuell-2019/Pressemitteilung-1546592797
40   https://www.gdl.de/Aktuell-2019/Pressemitteilung-1546592797

mit der entsprechenden Qualifikation und auf jedem IC mindestens ein Betriebseisenbahner einzusetzen.«[41]

Auch in diesem Tarifabschluss wird für Mitarbeiter ein explizites Recht auf »Nicht-erreichbarkeit« festgeschrieben. »Ein zentraler Baustein ist hierbei die exakte Trennung von Berufs- und Privatleben. Hierzu haben die Tarifvertragsparteien unter dem Motto »Schalt mal ab« klare Regelungen vereinbart. Demnach besteht für das Zugpersonal außerhalb seiner Arbeitszeit ein unanfechtbarer Anspruch auf Nicht-Erreichbarkeit. Dies gilt vor allen Dingen im Hinblick auf die voranschreitende Digitalisierung der Arbeitswelt und die allseits bekannten Gefahren einer permanenten Erreichbarkeit und Inanspruchnahme«[42], lautet es in der Erklärung der GDL hierzu.

An alltäglichen Mitarbeiterbedürfnissen orientiert und »neu« in tariflichen Regelungen zu finden sind Unterstützungsleistungen für Mitarbeiter oder auch erweiterte Wahloptionen für Umwandlungen in die betriebliche Altersvorsorge. Und schlussendlich wurde auch das Wahlmodell für Beschäftige verfestigt, ab dem 1.1.2021 wieder zwischen dann der zweiten Stufe der Lohnerhöhung oder mehr freier Zeit – entweder durch sechs Tage mehr Urlaub oder einer Arbeitszeitverkürzung – entscheiden zu können.[43]

Insgesamt scheint es auch in diesem Tarifabschluss gelungen, ganz unterschiedliche Interessen zu berücksichtigen: zum einen neben einer finanziellen Lohnerhöhung das Angebot von vielfältigen nicht monetären Wahloptionen für Mitarbeiter. Gleichzeitig die Erhöhung der Arbeitgeberattraktivität innerhalb der Bahn mit konkreten Maßnahmen sowohl für die vorhandene Belegschaft als auch insbesondere für neu zu gewinnenden Nachwuchs. Die Bahn kann daher diesen Tarifabschluss im Verhältnis zu ihren Kunden als imageförderlich bewerten, da über einen längeren Zeitraum die Kunden nicht mit Streiks rechnen müssen. Und am Arbeitsmarkt kann sich die Bahn ebenfalls als einer der modernen Arbeitgeber darstellen, da sie zahlreiche Elemente in diesem Tarifabschluss aufgenommen hat, die für potenzielle Mitarbeiter im Vergleich zu anderen Branchen und Unternehmen sicherlich attraktiv erscheinen.

---

41 https://www.gdl.de/Aktuell-2019/Pressemitteilung-1546592797
42 https://www.gdl.de/Aktuell-2019/Pressemitteilung-1546592797
43 https://www.evg-online.org/dafuer-kaempfen-wir/tarifpolitik/news/evg-tarifabschluss-mit-der-db-ag-61-prozent-mehr-geld-einschliesslich-mehr-vom-evg-wahlmodell-alle-37-forderungen-durchgesetzt/

4.7.2   #Bedürfnisscheck: »Tarifvertrag der Deutschen Bahn«

Bedürfnisse/Interessen von Mitarbeitern	Bedürfnisse/Interessen von Unternehmen
• Entscheidungsraum • Wahlrecht auf mehr freie Zeit • Transparenz von Arbeitszeiten • Motivation • Zugehörigkeit • Gestaltungsmöglichkeit • Schutz und Sicherheit • Vereinbarkeit von Arbeit, Familie und Privatleben • Trennung Arbeit und Berufsleben • Gesundheit und Wohlbefinden • Flexibilität • Zugehörigkeit • Sicherheit • Anerkennung und Wertschätzung • Weiterentwicklung/Qualifizierung	• Mitarbeiter halten • Mitarbeiter gewinnen • Attraktivität als Arbeitgeber • Image • Demografiefestigkeit • Motivation • emotionale Bindung • Flexibilität • gesunde Mitarbeiter – reduzierte Fehlzeiten • höhere Leistungsfähigkeit • Kundenorientierung • Wettbewerbsfähigkeit

Tab. 23: Bedürfnischeck: »Tarifvertrag der Deutschen Bahn«

4.8   Tarifvertrag der chemischen Industrie

O-Ton: Petra Lindemann
Petra Lindemann ist Geschäftsführerin für Tarifpolitik, Arbeitsrecht, Arbeitsmarkt im Bundesarbeitgeberverband Chemie, e. V. (BAVC).

Britta Redmann: Was sind die großen Herausforderungen für die anstehende Tarifrunde der chemischen Industrie, auch vor dem Hintergrund der letzten Abschlüsse in der Metall- und Elektroindustrie (M+E) sowie der Bahn?
Petra Lindemann: In der letztjährigen Tarifrunde haben wir uns gemeinsam mit der IG BCE mit der Roadmap Arbeit 4.0 eine Aufgabe gegeben, die bis zur kommenden Tarifrunde bearbeitet sein soll. Im Grunde haben wir nach dem Abschluss 2018 gleich weitergearbeitet mit dem Ziel, den Abschluss 2019 vorzubereiten. Wir haben in der Roadmap Arbeit 4.0 vereinbart, mit dem nächsten Abschluss mehr Arbeitszeitsouveränität für die Beschäftigten zu ermöglichen und dies mit mehr Flexibilität für die Unternehmen bei der Sicherung des Arbeitsvolumens zu verbinden. Also unter dem Strich mehr Flexibilität für beide Seiten. Die Digitalisierung bietet hier viele Chancen, die wir nutzen wollen.
Die Abschlüsse der Metall- und Elektroindustrie und der Bahn übersetzen die Herausforderung Arbeitszeitsouveränität leider nicht mit Flexibilität, sondern schlicht mit Verkürzung der Arbeitszeit. Das ist in meinen Augen zu kurz gesprungen. Im Grunde genommen wurde ein bezahlter Zusatzurlaub eingeführt.

Der Wunsch vieler Arbeitnehmer nach mehr Zeitsouveränität und variablen Arbeitszeiten besteht. Was mich in der Diskussion stört ist, dass teilweise der Eindruck erweckt wird, dass unsere Tarifverträge heute keine solche Optionen beinhalten. Das ist falsch und wir müssen uns im ersten Schritt bewusst darüber werden, welche der geforderten Ziele wir bereits heute mit unserem modernen Tarifvertrag erreichen können. Nehmen wir doch z. B. die Lebensarbeitszeitkonten, die mit Zeitguthaben oder Entgeltbestandteilen gefüllt werden können. Diese sind ein Beispiel par excellence für die von Arbeitnehmern geforderte Flexibilität. Der Mitarbeiter kann sein persönliches Guthaben auf dem Langzeitkonto bei Bedarf »entsparen« und sich so in Phasen von selbstgewählter Arbeitszeitverringerung ohne Entgelteinbuße sein Entgelt aufstocken oder gar einen bestimmten Zeitraum gar nicht arbeiten wie bei einem Sabbatical – und das alles mit Entgelt aus seinem Langzeitkonto. Wenn es hier in der Praxis noch Stolpersteine geben sollte, ist es ein Einfaches, diese zu beseitigen. Deshalb ist die erste Aufgabe der Tarifrunde 2019 zu prüfen, wie die tariflichen Instrumente heute in der Praxis genutzt werden. Was funktioniert gut und was muss angepasst werden? Wir müssen erst einmal mögliches Verbesserungspotenzial benennen und anschließend umsetzen, bevor wir gleich wieder nach ganz neuen Elementen suchen. Es wäre auch ein Fehler, einfach das nachzumachen, was andere Branchen gerade abgeschlossen haben, ohne zuvor zu prüfen, ob wir diesen Weg überhaupt benötigen.

Aber auch neben dem Langzeitkonto gibt es in den Unternehmen heute schon erhebliches Flexibilisierungspotenzial: die Arbeitszeitkonten, die über 36 Monate atmen und so schwankende Arbeitsvolumen bei unverändertem Entgelt ermöglichen. Auch hier kann der Mitarbeiter freie Zeiten selbst festlegen, immer natürlich unterstellt, die betrieblichen Belange sind gewahrt. Die Umsetzung dieser heute schon vorhandenen Flexibilität ist Ergebnis einer betrieblichen Absprache – das funktioniert in der Praxis hervorragend und sowohl die Arbeitgeber als auch die Arbeitnehmer sind zufrieden.

Die Struktur der Abschlüsse der Metall- und Elektroindustrie sowie der Bahn resultiert zudem aus einem anderen System, das sich deutlich von unserer »Chemiedenke« unterscheidet. Die vereinbarten zusätzlichen bezahlten freien Tage basieren in diesen Branchen auf einem individuellen Anspruch jedes Einzelnen. Jeder kämpft für sich und der Arbeitgeber muss am Ende verschiedene Arbeitnehmerinteressen individuell gegeneinander abwägen. Das System unserer Chemie-Tarifverträge ist anders und konsensorientiert: Wir schaffen eine Rahmenregelung auf der Ebene des Tarifvertrags, in dem wesentliche Punkte und Leitplanken geregelt sind. Sodann ist es an den Betriebsparteien, je nach Aufstellung des Betriebs, ob verwaltungs- oder produktionslastig, ob sehr gut oder weniger gut ausgelastet, den tariflichen Rahmen mit einer Betriebsvereinbarung passgenau zu nutzen. In der Chemie reden wir miteinander und finden auf dieser Gesprächsebene eine für beide Seiten faire und angemessene Lösung. Damit sind

wir in den letzten Jahren immer gut gefahren. Das belegt übrigens auch unsere
hohe Tarifbindung: 80 % der Beschäftigten in der chemischen Industrie sind in
Betrieben tätig, in denen unsere Tarifverträge angewendet werden.

Wenn die Industriegewerkschaft Bergbau, Chemie, Energie (IG BCE) den Wunsch
nach Zeitsouveränität isoliert mit »weniger Arbeiten« übersetzen würde, fänden
wir keine Lösung. Eine Verringerung des Arbeitsvolumens können wir nicht
akzeptieren. Uns drückt heute bereits die demografische Entwicklung. Auch
ohne ein neues Wahlrecht »Zeit statt Geld« wissen einige Unternehmen schon
nicht mehr, wer die Arbeit erledigen soll. Es bleibt bei einer einfachen Formel:
Wenn einige weniger arbeiten wollen, müssen andere mehr arbeiten. Die oftmals
gehörte scheinbar einfache Lösung, einfach mehr Mitarbeiter einzustellen, schei-
tert daran, dass wir einen Mangel an Fachkräften haben. Bereits heute übernehmen unsere Mitgliedsunternehmen fast alle Auszubildenden und dennoch wird
der Saldo in den nächsten Jahren negativ sein. Unsere Unternehmen haben 2018
insgesamt 9.714 Ausbildungsplätze angeboten und 93 % der Absolventen übernommen. Das ist unsere demografische Vorsorge; dennoch bleiben die Herausforderungen unverändert bestehen. Es werden mehr Mitarbeiter altersbedingt
ausscheiden als neue Mitarbeiter dazukommen.

Als ob diese Herausforderungen nicht schön groß genug wären, setzt der Gesetz-
geber mit der Brückenteilzeit noch einen drauf und verringert das knappe
Arbeitsvolumen weiter. Unter dem Strich ist die Zahl der geleisteten Arbeitsstunden je Beschäftigten bereits im sechsten Jahr in Folge rückläufig. Irgendjemand
muss am Ende aber die Arbeit machen, sonst setzen wir unsere Wettbewerbsfähigkeit mehr als fahrlässig aufs Spiel.

Der Wunsch der Arbeitnehmer nach Zeitsouveränität muss also komplexer über-
setzt werden. Es geht im Ergebnis nicht darum, weniger zu arbeiten, sondern bei-
derseits flexibler.

Was spricht denn dagegen, beispielsweise ein Arbeitsvolumen in einer Abteilung
festzulegen und es in die Verantwortung der Mitarbeiter zu geben, wer wann
arbeitet? Das muss natürlich verlässlich funktionieren und jeder Mitarbeiter muss
Verantwortung übernehmen. Manches Mal ist leider zu beobachten, dass genau
diese Verantwortung nicht übernommen werden will. Da heißt es dann, dass die
Verantwortung natürlich am Ende vom Arbeitgeber zu tragen ist. Wenn das so ist,
darf allerdings auf der anderen Seite auch keine Freiheit eingefordert werden.
Freiheit und Verantwortung sind zwei Seiten einer Medaille. Eine solche Flexibilität innerhalb einer Arbeitnehmergruppe ließe sich auch in der Produktion umsetzen. Gerade dieser Bereich profitiert heute weniger von flexibler Gestaltung der
Lage der Arbeitszeit, denn die Produktionsanlagen müssen nun einmal durchge-
hend besetzt sein und dazu bedarf es einer genauen und verlässlichen Planung.
In einigen Unternehmen gibt es für die Produktion auch »Schicht-Doodles«, mit
denen die Schichtgruppen ihre Arbeitseinsätze selbst organisieren.

Mobiles Arbeiten ist ein weiteres Flexibilisierungsmodul. In vielen Betrieben wird bereits orts- und zeitflexibel gearbeitet. Die Digitalisierungsgrade der Arbeitsplätze erhöhen sich stetig, so dass auch an immer mehr Arbeitsplätzen ortsflexibles Arbeiten möglich wird. Die Digitalisierung entkoppelt Arbeit von Zeit und Raum und es ist oftmals möglich, von zu Hause auf dieselben benötigten Arbeitsmittel zuzugreifen wie aus dem Büro. Mit der Option, auch (nicht ausschließlich!) von zu Hause arbeiten zu können, kann ein riesiger Schritt in Richtung Souveränität für die Arbeitnehmer gemacht werden. Neben der Freiheit, nicht an den Arbeitsplatz fahren zu müssen, bietet die Freiheit der freien Zeiteinteilung enorme Flexibilität. So ist es dem Arbeitnehmer möglich, am Nachmittag mit den Kindern zu spielen, sich um pflegebedürftige Angehörige zu kümmern oder schlicht den Nachmittag bei gutem Wetter im Freibad zu verbringen. Die Arbeit des Tages kann auch gut nach 18 Uhr fortgesetzt werden.

Eines gerade einmal wieder in der Politik diskutierten Rechtsanspruchs auf ein Homeoffice bedarf es dabei übrigens nicht. Auch die immer wieder auftauchende Forderung nach einem Recht auf Nicht-Erreichbarkeit wäre aus meiner Sicht eine allzu simple Reaktion auf ein komplexes Thema. Mit den mobilen Geräten ist Kommunikation natürlich heute viel schneller als früher. Aber kein Arbeitgeber erwartet vom Arbeitnehmer, dass er immer »on« ist. Wir setzen in der chemischen Industrie auf die Eigenverantwortung der Mitarbeiter. Neue gesetzliche Ansprüche helfen da nicht weiter. Den Ausschaltknopf an seinem dienstlichen Mobiltelefon kann jeder Arbeitnehmer selbst bedienen. Bei der Diskussion über das in das Privatleben herüberschwappende Arbeitsleben stört mich, dass oftmals diese »Entgrenzung« nur in einer Richtung gesehen wird: dienstliche Belange gelangen in das Privatleben. Dass es seit vielen Jahren vollkommen selbstverständlich ist, dass sich auch während der Arbeitszeit das Privatleben »entgrenzt« und in den Betrieb Einzug hält, wird verschwiegen. Kein Arbeitgeber hat doch ein Problem damit, wenn der Arbeitnehmer tagsüber auch einmal private Telefonate führt oder in den sozialen Netzwerken unterwegs ist. Ein Problem entsteht erst, wenn diese großzügige Sichtweise nicht gespiegelt wird, denn auch seltene kurze Telefonate in der Freizeit sind nun nicht gleich das Ende des privaten Lebens.

Wenn wir zu einer Entscheidungsfreiheit des Arbeitnehmers hinsichtlich der Lage seiner Arbeitszeit kommen, muss eine Rahmenbedingung aber klar sein: Die tariflichen Zuschlagsregelungen für beispielsweise Nachtarbeit ab 22 Uhr dürfen hier nicht gelten. Wenn ein Arbeitnehmer wie in dem Beispiel von eben seine Arbeitszeit in die späten Abendstunden hinein verlagert, kann er hierfür keinen Nachtzuschlag erwarten. Die Logik des tariflichen Zuschlags basiert darauf, dass der Arbeitgeber nicht nur den Umfang der Arbeitszeit, sondern auch die Verteilung und Lage vorgibt und der Arbeitnehmer hierfür einen finanziellen Ausgleich erhält. Kann er aufgrund freier Entscheidung die Lage seiner Arbeitszeit festlegen, bedarf es keines Ausgleichs.

Bei allen guten Vorsätzen werden einige Mitarbeiter mit der Freiheit, ihre Arbeitszeit zeit- und ortsflexibel selbst zu gestalten, auch Schwierigkeiten haben. Es bedarf auch zu Hause der Entscheidung, den persönlichen Arbeitstag zu beenden und in die Freizeit zu wechseln. Mitarbeiter, denen diese Trennung schwerfällt, müssen entsprechend geschult und/oder gecoacht werden. Dasselbe gilt für das Führungsverhalten der Vorgesetzten, das ebenfalls an neue Umstände der Arbeitsleistung angepasst werden muss.

Unter dem Strich bin ich aber davon überzeugt, dass zeit- und ortsflexibles Arbeiten einen ganz entscheidenden Beitrag leistet, Arbeit und Privatleben besser in Einklang zu bringen und auch die Motivation und Zufriedenheit der Mitarbeiter erhöht. Damit ist diese Arbeitsvariante ein ganz entscheidendes Element der Arbeitszeitsouveränität.

Eine gesetzliche Grenze beschränkt die Freiheit des mobilen Arbeitens leider: das Arbeitszeitgesetz, das mit seinen Vorgaben zu Ruhezeiten und täglichen Höchstarbeitszeiten gar nicht mehr zeitgemäß ist. Wegen der einzuhaltenden Ruhezeit von 11 Stunden müsste der Mitarbeiter, der morgens um 8 die Arbeit wiederaufnehmen möchte, spätestens um 21 Uhr die Arbeit einstellen. Um uns Tarifvertragsparteien und damit auch unseren Unternehmen hier mehr Bewegungsfreiheit zu schaffen, haben wir bereits 2016 die damalige Arbeitsministerin Andrea Nahles von der Notwendigkeit betrieblicher Experimentierräume im Arbeitszeitgesetz überzeugt. Tarifgebundenen Arbeitnehmern muss hier Luft zum Atmen gegeben werden. Nur in flexiblerem Rahmen könnten Arbeitgeber, soweit die Arbeit hierfür geeignet ist, diese Flexibilität an die Arbeitnehmer weitergeben. Wir warten noch immer auf die gesetzliche Umsetzung, die im Koalitionsvertrag vereinbart ist. Leider hat der DGB sich in dieser Diskussion unbeweglich präsentiert und für die Mitarbeiter entschieden, dass diese nicht fähig sind, eigenverantwortlich über die Lage ihrer Arbeitszeit zu entscheiden. Schade – das ist eine Denkweise ganz weit entfernt von 4.0.

Wenn wir Arbeitszeitsouveränität diskutieren, brauchen wir auch Instrumente im Flächentarif, die uns helfen, das Arbeitsvolumen schnell, flexibel und unbürokratisch natürlich unter Wahrung der Interessen der Arbeitnehmer abzudecken. Vorstellbar wäre beispielsweise bei Bedarf eine Wochenarbeitszeit oberhalb unserer aktuellen tariflichen Arbeitszeit von 37,5 Stunden. Diese könnte für bestehende Arbeitsverhältnisse individuell vereinbart werden oder für Neueinstellungen generell gelten. Wenn wir die Wettbewerbsfähigkeit unserer Mitgliedsunternehmen sicherstellen wollen, brauchen wir ein verlässliches Arbeitsvolumen.

Eine elementare Herausforderung wird in der kommenden Tarifrunde die Qualifizierung sein. Für die Innovationskraft und Wettbewerbsfähigkeit der Unternehmen ist die Qualifizierung eine wesentliche Voraussetzung. Ein hohes Qualifikationsniveau liegt nicht nur im Interesse der Arbeitgeber, denn auch die Arbeitnehmer haben die Verpflichtung, für ihre Arbeitsfähigkeit zu sorgen und hier Verantwortung zu übernehmen. In der chemischen Industrie haben wir vor vielen Jahren auch schon entscheidende Weichen gestellt: Auch der Arbeitnehmer muss einen Eigenbeitrag für seine Qualifizierung bringen; in der Regel macht er das in Arbeitszeit. Ein Teil der Qualifizierung findet in der Freizeit statt bei unverändertem Arbeitsvolumen. Vorstellbar ist allerdings auch die zeitweise Umstellung des Arbeitsverhältnisses auf Teilzeit mit entsprechendem Entgelt; in der frei werdenden Zeit fände die Qualifizierung statt. Ein solches Bildungsteilzeitmodell kann eine Beschäftigungssicherung ermöglichen, wenn denn die Qualifizierung erfolgreich abgeschlossen wird. Ein solches Modell wäre auch in der chemischen Industrie denkbar. Unserer Systematik folgend würden die wesentlichen Eckpunkte im Flächentarifvertrag geregelt und die Aktivierung und Konkretisierung würden den Betriebsparteien überlassen. Unter dem Strich ein gutes Modell, die digitale Transformation beschäftigungssichernd zu gestalten. Flankiert werden könnten unsere tariflichen Modelle vom Qualifizierungschancengesetz vom neuen Bundesarbeitsminister Heil, das mit der geförderten Qualifizierung im Betrieb im laufenden Arbeitsverhältnis in die richtige Richtung geht.

Am Ende geht es darum, den Unternehmen der chemischen Industrie ein erfolgreiches unternehmerisches Handeln zu ermöglichen, indem wir wettbewerbsfähige Rahmenbedingungen schaffen. Zudem ist unsere Tarifpolitik darauf ausgerichtet, die chemische Industrie als attraktiven Arbeitgeber zu positionieren, der im Wettbewerb um Fachkräfte erfolgreich ist. Daran arbeiten wir auch wieder in der anstehenden Tarifrunde.

Agile Tarifabschlüsse – ein Fazit   **!**

Die Tarifverträge in verschiedenen Branchen sind derzeit im Wandel und die jeweiligen Tarifvertragsparteien sind bestrebt, nicht nur monetäre Mitarbeiterbedürfnisse stärker zu berücksichtigen.

Seit der Einführung des neuen Tarifvertrages in der Metall- und Elektroindustrie ist erst kurze Zeit vergangen. Es gibt bislang keine statistischen Erhebungen, wie das Modell »Zeit statt Geld« (T-ZUG), das Modell »mobiles Arbeiten« oder die neuen Arbeitszeitmodelle (Volumenmodell, Quotenmodell etc.) in den Unternehmen umgesetzt werden. Gleiches gilt für die neuen Regelungen der Deutschen Bahn.

In den nächsten Jahren wird sich herausstellen, ob es den Tarifvertragsparteien gelungen sein wird, einen gordischen Knoten zu durchschlagen, so dass sowohl die Mitarbeiter als auch die Unternehmen und Unternehmer ihre Interessen und Bedürfnisse in der betrieblichen Praxis aufgrund der modernen Tarifverträge jeweils besser als bislang erfüllen können.

5 Ein Arbeitsplatz – viele Wege zum Wohlfühlen

Arbeitsplätze werden immer mehr zu Begegnungsstätten, in denen sich privater und beruflicher Austausch im besten Falle verbinden. Das Konzept dahinter: Wer sich wohlfühlt bringt auch bessere Leistung. Zudem fördert ein emotionales Wohlbefinden Beziehungen untereinander und damit auch wiederum ein Gefühl der Gemeinschaft und Zugehörigkeit. Mitarbeiter, die sich an ihrem Arbeitsort wohlfühlen, werden vermutlich auch gerne an diesem verweilen. Neben dem Design und der Einrichtung von Arbeitsräumen spielen dabei alle Faktoren eine Rolle, die das Wohlbefinden der Mitarbeiter fördern können.

In diesem Kapitel wird eine Auswahl an aktuellen Komponenten eines modernen Arbeitsplatzes vorgestellt, die den in Teil 1 aufgeführten Bedürfnissen von Mitarbeitern und Unternehmen möglichst entsprechen.

5.1 Selbstentfaltung mit eigenem Budget

Unternehmen suchen und benötigen Mitarbeiter, die eigenverantwortlich und unternehmerisch denken, handeln und entscheiden. Gleichzeitig wünschen sich viele Mitarbeiter auch mehr Entscheidungsräume und Partizipation.[1] Um diese Wünsche in Einklang zu bringen, kann eine mögliche Rahmenbedingung darin bestehen, Mitarbeitern ein eigenes Budget zur Verfügung zu stellen, über welches sie alleine und nach ihrem eigenen Ermessen verfügen können. So könnte dieses Budget z. B. für Arbeitsmittel ebenso wie für die eigene Weiterbildung oder für Innovationsprojekte genutzt werden. Ohne vorher um Erlaubnis zu fragen, ist der Mitarbeiter darin frei, über einen bestimmten Betrag zu entscheiden, worin er investieren möchte und in welcher Höhe.[2] Im Prinzip darf und soll er damit wie ein »Unternehmen im Unternehmen« agieren.

Dieses Prinzip lässt sich auch auf ein Team übertragen, so dass anstelle eines Einzelnen das Team entsprechend gemeinsam über die Ausgaben und die Verwendung des Budgets entscheiden darf. Dieses Vorgehen erfordert zum einen ein hohes Maß an Vertrauen seitens des Unternehmens in die Entscheidungen und Handlungen der eigenen Mitarbeiter. Zum anderen bedarf es einer Verantwortungsbereitschaft und des unternehmerischen Denkens seitens der Mitarbeiter bzw. der Teams.

---

1   Siehe Teil 1, Kapitel 5.3.
2   Siehe auch Teil 2, Kapitel 4.6.

Als Unterstützung scheint eine Form des Monitorings sinnvoll, die jedoch nicht die Entscheidungen der Mitarbeiter kontrolliert, sondern eher im Sinne einer Reflexion begleitet. Im Vordergrund des Monitorings sollte stehen, ob sich die getätigten Einsätze für das Unternehmen und wenn ja in welcher Weise gelohnt haben. Ein transparenter Kommunikations- und Reflexionsprozess, in dem regelmäßig über die Investitionen von den Mitarbeitern oder den Teams zu ihren gemachten Erfahrungen und Ergebnissen berichtet wird, kann sogar zu einer positiven Lern- und Fehlerkultur in einer Organisation beitragen und ein regelmäßiges Lernen und persönliches Wachstum fördern.

Voraussetzung ist, dass alle offen von ihren Erfahrungen berichten und kein »Druck« ausgeübt wird, nur sichere Erfolge produzieren zu müssen. Dennoch sollten Entscheidungen auch betriebswirtschaftliche Perspektiven berücksichtigen und Ergebnisse diesbezüglich auch hinterfragt werden. Mit dieser Vorgehensweise können zudem partizipative Strukturen fest in einem Unternehmen etabliert und damit eine Kultur der eigenen Verantwortlichkeit gefördert werden. Eine transparente Beschreibung des Prozessablaufes ist dabei sicherlich hilfreich.

Für diejenigen Mitarbeiter, denen eigenverantwortliches und unternehmerisches Handeln entspricht, kann ein selbst zu verantwortendes Budget ein starker und bindender Motivator sein. Die Organisation dagegen entwickelt sich durch stetige Lernerfahrungen weiter.

5.1.1   #Legal Check: »eigenes Budget«

Sofern ein Betriebsrat besteht, könnte ggf. hinsichtlich der Budgetverwaltung in einem Team der Tatbestand der Gruppenarbeit gem. § 87 Abs.1 Nr. 13 BetrVG vorliegen. Ist dies der Fall können je nach Ausgestaltung Mitbestimmungsrechte des Betriebsrates vorliegen und zu prüfen sein.[3]

5.1.2   #Bedürfnischeck: »eigenes Budget«

Bedürfnisse/Interessen von Mitarbeitern	Bedürfnisse/Interessen von Unternehmen
• Entscheidungsfreiheit • Selbstbestimmung • Partizipation • Zugehörigkeit • Weiterentwicklung und eigenes Lernen	• Mitarbeiter halten • Mitarbeiter gewinnen • Attraktivität als Arbeitgeber • Image • Motivation

---

3   Siehe hier Ausführungen zur Gruppenarbeit in Teil 2, Kapitel 1.3.2.3 b.

Bedürfnisse/Interessen von Mitarbeitern	Bedürfnisse/Interessen von Unternehmen
• Anerkennung und Wertschätzung • Status und Privilegien • Sinn	• Förderung von eigenverantwortlichen Mitarbeitern • Förderung einer offenen Lern- und Fehlerkultur • Innovation • Mitverantwortung • Werte • emotionale Bindung • Organisationsentwicklung • Wettbewerbsfähigkeit

Tab. 24: Bedürfnischeck: »eigenes Budget«

5.2   Familienfreundliche Unternehmenskultur

Die Vereinbarkeit von Familie und Beruf spielt für Mitarbeiter eine immer größere Rolle und gewinnt für Unternehmen damit an Bedeutung. Eine Studie des Instituts für Arbeitsmarkt- und Berufsforschung ergab folgendes Fazit:[4]

> »Der Anteil der Betriebe, die Maßnahmen zur Verbesserung der Vereinbarkeit von Familie und Beruf anbieten, ist von 2002 bis 2016 deutlich gestiegen. Dies trifft insbesondere auf große Betriebe mit 250 oder mehr Beschäftigten zu. Am häufigsten berichten Betriebe von Angeboten während der Elternzeit. Der stärkste Anstieg in diesem Zeitraum ist bei betrieblichen Kinderbetreuungsangeboten zu verzeichnen. Für alle untersuchten familienfreundlichen betrieblichen Maßnahmen lässt sich ein Zusammenhang mit dem Zeitpunkt des Wiedereinstiegs der Mütter nach einer familienbedingten Erwerbsunterbrechung feststellen: Mütter aus Betrieben mit familienfreundlichen Maßnahmen kehren schneller zu ihrem Arbeitgeber zurück als Mütter, die in Betrieben ohne diese Maßnahmen arbeiten. Dabei gibt es kaum Unterschiede zwischen den einzelnen Maßnahmen. Die Unterbrechungsdauer fällt zudem umso niedriger aus, je mehr dieser Maßnahmen ein Betrieb implementiert hat. Die Befunde zeigen also, dass ein höheres Engagement der Betriebe zur Vereinbarkeit von Familie und Beruf mit einem schnelleren Wiedereinstieg ihrer Mitarbeiterinnen nach der Geburt eines Kindes einhergeht.«

Familienfreundliche Maßnahmen sind vielseitig möglich. Eher zu den bekannten Angeboten zählen steuerfreie Zuschüsse zu Kinderbetreuungskosten (z. B. Kita) oder

---

4   IAB Studie, »Mütter kehren schneller zu familienfreundlichen Arbeitgebern zurück«, 18/2018.

in größeren Unternehmen auch eigene Kitas[5] oder betriebsnahe Belegplätze, die genutzt werden können. Weniger aufwendig, als eine eigene Kita ins Leben zu rufen und zu unterhalten, sind vom Betrieb organisierte Babysitter, die in firmeneigenen Räumen z. B. während der Kita- oder Schulferien oder sonstigen Betreuungsengpässen dann auf die Kinder aufpassen. Auch Eltern-Kind-Büros, die Mitarbeitern das temporäre Mitbringen von Kindern ermöglichen, sind hier eine Alternative.

Die folgende Übersicht zeigt Beispiele für regelmäßige und punktuelle Kinderbetreuung im Betrieb.[6]

Regelmäßige Betreuung	Punktuelle Betreuung
Betriebs-Kita	Eigene Einrichtung für Notfallbetreuungen, Babysitter
Kooperation mehrere Unternehmen	Belegplätze für Notfallbetreuungen in anderen Kitas
Zurverfügungstellung von Belegplätzen in Kitas	Angebote in Ferienzeiten
Unterstützung von Elterninitiativen	Eltern-Kind-Büro
Zusammenarbeit mit Tagespflegepersonal	
Beauftragung von Familiendienstleistern	

Tab. 25: Beispiele für regelmäßige und punktuelle Kinderbetreuung im Betrieb

Je nach Maßnahme kann hier eine Sozialeinrichtung im Sinne von § 87 Abs. 1 Nr. 8 BetrVG vorliegen. Eine solche ist dann gegeben, wenn es sich um eine speziell nur für das Unternehmen geltende und vom betrieblichen Zweck klar abgetrennte eigene Einrichtung handelt, die auf Dauer angelegt ist.[7] Diese muss nicht unbedingt altruistischen Zielen des Arbeitgebers dienen, sondern kann den Arbeitnehmern des Betriebes oder auch ihren Familienangehörigen besondere Vorteile und Vergünstigungen einräumen.[8] Betriebskindergärten sind als Sozialeinrichtung vom BAG anerkannt.[9]

Soll eine Sozialeinrichtung in einem Betrieb errichtet werden, so bestehen zwingende Mitbestimmungsrechte seitens des Betriebsrates, was die Form, die Ausgestaltung

---

5   https://www.haufe.de/personal/entgelt/steuerfreie-kinderbetreuungskostenuebernahme-durch-den-ar-
    beitgeber_78_126330.html
6   https://www.erfolgsfaktor-familie.de/fileadmin/ef/data/mediathek/Unternehmen_Kinderbetreuung_Pra-
    xisleitfaden.pdf
7   ErfK/Kania, 19. Aufl. 2019, BetrVG § 87 Rn. 68-72.
8   ErfK/Kania, 19. Aufl. 2019, BetrVG § 87 Rn. 68-72.
9   Siehe Beispiele ErfK/Kania, 19. Aufl. 2019, BetrVG § 87 Rn. 68-72.

und die Verwaltung der Einrichtung anbelangt.[10] Nicht unter das Mitbestimmungs-recht fällt die Entscheidung des Arbeitgebers über die Errichtung an sich. Das »Ob« der Entscheidung und auch der Zweck sind somit mitbestimmungsfrei.[11]

Viele – große wie kleine – Unternehmen[12] (z. B. Boehringer Ingelheim, Sick AG, MVV Energie, IKEA, Inosoft, Wintershall GmbH, Commerzbank AG) haben bereits das »Fami-lienleben« in ihre Unternehmenskultur integriert. Der Faktor Unternehmenskultur ist dabei ein wichtiger Treiber für die Vereinbarkeit von Familie und Beruf. In Ihrem Vor-wort zur Studie »Familienfreundliche Unternehmenskultur – Der entscheidende Erfolgsfaktor für die Vereinbarkeit von Familie und Beruf« führt Familienministerin Franziska Giffey an:[13]

> »Welches Unternehmen kann es sich heute noch leisten, nicht familienfreund-lich aufzutreten? Immer mehr Unternehmen unterstützen ihre Beschäftigten bei der Vereinbarkeit von Familie und Beruf und profitieren von einer höheren Arbeitgeberattraktivität und motivierten Mitarbeiterinnen und Mitarbeitern. Immer mehr Unternehmen machen die Erfahrung, dass familienfreundliche Angebote nötig sind, um Fachkräfte zu gewinnen und zu halten. Für immer mehr Unternehmen gehört Familienfreundlichkeit zu ihrem Auftritt als Arbeit-geber. […] Alles gut also? Die vorliegende Studie macht deutlich, dass Beschäf-tigte und Unternehmen die Familienfreundlichkeit im Betrieb sehr unter-schiedlich wahrnehmen. Während fast die Hälfte der Unternehmen in Deutschland sich als besonders familienfreundlich bezeichnet, teilt nur ein Viertel der Beschäftigten diese Einschätzung. Ein Grund ist die Unternehmens-kultur: Wenn ein Unternehmen mobiles Arbeiten, vollzeitnahe Teilzeit oder Job-Sharing anbietet, bedeutet das nicht automatisch, dass es akzeptiert wird, wenn Beschäftigte diese Angebote in Anspruch nehmen. Familienfreund-liche Angebote allein machen also keine familienorientierte Unternehmens-kultur. Diese Familienorientierung muss im betrieblichen Alltag, in der Kom-munikation, im Umgang zwischen Beschäftigten und Führungskräften verankert sein und gelebt werden, für Frauen und Männer in allen Lebenspha-sen und auf allen Qualifikationsstufen. Nur so wird sie für alle Beteiligten sicht-bar und wirksam.«

Dies entspricht auch dem Memorandum »Familie und Arbeitswelt – Die NEUE Verein-barkeit« welches das Bundesfamilienministerium, die Bundesvereinigung der Deut-

---

10 ErfK/Kania, 19. Aufl. 2019, BetrVG § 87 Rn. 73-82.
11 ErfK/Kania, 19. Aufl. 2019, BetrVG § 87 Rn. 73-82.
12 https://www.erfolgsfaktor-familie.de/fileadmin/ef/data/mediathek/Unternehmen_Kinderbetreuung_Pra-xisleitfaden.pdf
13 Siehe Studie 2018 unter: https://www.erfolgsfaktor-familie.de/fileadmin/ef/Wissenplattformfuer_die_Pra-xis/Kulturstudie.pdf

schen Arbeitgeberverbände (BDA), der Deutsche Industrie- und Handelskammertag (DIHK), der Zentralverband des Deutschen Handwerks (ZDH) und der Deutsche Gewerkschaftsbund (DGB) bereits im September 2015 gemeinsam definiert haben:[14]

> »Die NEUE Vereinbarkeit zielt auf die Modernisierung der Arbeitskultur hin zu einer familienbewussten Arbeitszeitgestaltung für Frauen und Männer in verschiedenen Lebensphasen, die Beschäftigten mehr Optionen bei der Arbeits- und Lebensgestaltung gibt. Dabei kommt es darauf an, die Wünsche der Beschäftigten mit den betrieblichen Erfordernissen in Einklang zu bringen.«

Konkret sind folgende Ergebnisse in der Studie »Familienfreundliche Unternehmenskultur« festgestellt worden:[15]

! »Familienfreundliche Unternehmenskultur« – Ergebnisse der BMFSFJ-Studie

1. »Eine familienfreundliche Unternehmenskultur ist wichtigster Treiber der NEUEN Vereinbarkeit: Knapp ein Viertel (24 %) der Beschäftigten bewertet die Unternehmenskultur seines Arbeitgebers in Bezug auf Vereinbarkeit von Familie und Beruf als sehr familienfreundlich – dort wird die NEUE Vereinbarkeit offenbar schon gelebt. Da weitere 44 % ihren Betrieb als eher familienfreundlich einstufen, besteht noch Potenzial, die NEUE Vereinbarkeit weiter voranzutreiben und als Teil der Unternehmenskultur zu etablieren. Lediglich knapp ein Drittel aller Beschäftigten (32 %) empfindet die Unternehmenskultur als nicht familienfreundlich – hier herrscht ein eindeutiger Aufholbedarf in dem Bestreben, die Unternehmenskultur familienfreundlich zu gestalten.
   Dabei weist die Studie einen direkten Zusammenhang zwischen familienfreundlicher Unternehmenskultur und Vereinbarkeit aus: Über 99 % aller Beschäftigten in Unternehmen mit einer sehr familienfreundlichen Unternehmenskultur können Familie und Beruf gut oder sehr gut miteinander verbinden. Bei einer weniger familienfreundlichen Unternehmenskultur sinkt dieser Wert um die Hälfte ab (52 %).

2. Es gibt einen deutlichen »Kulturgap« – der gelebte Grad der Vereinbarkeit wird von Unternehmen und Beschäftigten teilweise stark unterschiedlich wahrgenommen: Unternehmen sehen sich insgesamt und in einzelnen Aspekten deutlich familienfreundlicher als ihre Beschäftigten. Beispielsweise schätzen 44 % der Unternehmen ihre Unternehmenskultur als sehr familienfreundlich ein, was allerdings von deutlich weniger Beschäftigten (24 %) geteilt wird. Nur 16 % der Unternehmen empfinden ihre Kultur als nicht beziehungsweise weniger familienfreundlich – bei den Beschäftigten liegt der Anteil mit 32 % doppelt so hoch.
   Unternehmen bieten mehr Maßnahmen an als von Beschäftigten wahrgenommen werden. Von durchschnittlich 4,4 Vereinbarkeitsangeboten je Unternehmen werden in der Praxis nur 2,8 Angebote von den Beschäftigten tatsächlich genutzt.

---

14   BMFSFJ (2015): Memorandum: Familie und Arbeitswelt – Die NEUE Vereinbarkeit, S. 6, Berlin.
15   Siehe Studie 2018 unter: https://www.erfolgsfaktor-familie.de/fileadmin/ef/Wissenplattformfuer_die_Praxis/Kulturstudie.pdf

Beschäftigte sehen ihre Bedürfnisse deutlich weniger berücksichtigt als Unternehmen dies angeben. Während lediglich 19 % der Beschäftigten der Meinung sind, dass das Unternehmen auf persönliche Lebenssituation eingeht und hierfür Lösungen anbietet, glauben dreimal so viele Unternehmen (58 %), eine passgenaue Vereinbarkeitspolitik zu verfolgen.

Die Verankerung des Vereinbarkeitsthemas in den Unternehmensleitungen wird unterschiedlich bewertet. 88 % der befragten Unternehmen sind der Ansicht, dass die Führungsspitze das Thema wichtig oder sehr wichtig nimmt. Diese Ansicht teilen nur knapp 60 % der Beschäftigten.

3. Eine familienfreundliche Unternehmenskultur zeichnet sich vor allem durch vier Elemente aus:

   - Passgenauigkeit der Maßnahmen: Grundlage für eine familienfreundliche Unternehmenskultur sind passgenaue Maßnahmen, die den Wünschen und Bedürfnissen der Beschäftigten in unterschiedlichen Lebensphasen und -lagen entsprechen.

   - Rolle der Führungskräfte als Gestalter und Vorbilder: Das Verhalten und die Einstellungen der Führungskräfte prägen maßgeblich, wie Vereinbarkeit im Betrieb tatsächlich gelebt wird.

   - Transparenz, Kommunikation und Kooperation: Eine angemessene sowie zielgruppengerechte Ansprache der Beschäftigten sowie eine breite und attraktive Kommunikation über die vom Unternehmen angebotenen Maßnahmen beeinflussen eine familienfreundliche Unternehmenskultur wesentlich.

   - Verbindlichkeit und Regeln: Leitbilder, Betriebsvereinbarungen und andere verbindliche Regelungen können Beschäftigten Sicherheit geben, ob und wie sie angebotene Maßnahmen nutzen können.

4. Unternehmen lassen sich anhand der zuvor genannten Elemente in drei »Kulturtypen« unterscheiden:

   Gemessen am Grad der Familienfreundlichkeit in der Unternehmenskultur lassen sich »Die Champions«, »Die Soliden« und »Die Nachzügler« ausmachen.

   Sie weisen jeweils typische strukturelle Eigenschaften in Bezug auf Branchen, Größe und Personalstruktur auf und unterscheiden sich deutlich in der Ausprägung bestimmter Kulturmerkmale. Die Unternehmenskultur der Champions hebt sich dabei in den vier oben aufgeführten Elementen familienfreundlicher Unternehmenskultur deutlich von der anderer Typen ab. Besonders die gelungene Verankerung der Unternehmenskultur im Unternehmen ist als Erfolgsfaktor zu nennen.

5. Um die Potenziale einer familienfreundlichen Unternehmenskultur in vollem Umfang wahrzunehmen, können Unternehmen sechs Handlungsempfehlungen nutzen:

   - Status quo der Unternehmenskultur und Bedarfe der Beschäftigten analysieren
   - Verbindliche Vereinbarkeitsziele setzen und in einem Regelwerk verankern
   - Maßnahmen überprüfen und anpassen
   - Kulturwandel glaubhaft kommunizieren
   - Familienfreundliche Kultur authentisch leben
   - Zielerreichung kontrollieren und weitere Anpassungen vornehmen.«

Damit dies in Unternehmen erreicht werden kann, sind einzelne Maßnahmen ein Baustein – die kulturelle Etablierung und der Umgang mit Familienleben ist eine weitere genauso wichtige Einflussgröße.

In der Studie sind beispielhaft sechs Unternehmen beschrieben, wie diese mit welchen Maßnahmen eine familienfreundliche Unternehmenskultur und entsprechende Maßnahmen umsetzen.[16] Insgesamt zeigen die Ergebnisse, dass die Unternehmenskultur auch als familienfreundlich wahrgenommen wird, wenn sich Unternehmen mit der Art und Weise von Vereinbarkeit von Familie und Beruf beschäftigen und dies offen und transparent kommunizieren und wenn sie Führungskräfte schulen und die Maßnahmen in ihrer Organisation fest verankern.[17]

5.2.1   #Legal Check: »familienfreundliche Unternehmenskultur«

- Es ist zu prüfen, ob es sich bei Vorhaben und Maßnahmen, die für die Verbesserung der Familienfreundlichkeit im Unternehmen durchgeführt werden sollen, ggf. um eine Sozialeinrichtung im Sinne von § 87 Abs. 1 Nr. 8 BetrVG handelt.
- Die Entscheidung, welche Maßnahme eingeführt wird und welchen Zweck eine Einrichtung verfolgt, obliegt allein dem Arbeitgeber. Das gilt genauso für den Entschluss, eine Einrichtung zu schließen bzw. abzuschaffen.
- Bei Sozialeinrichtungen hat der Betriebsrat jedoch ein zwingendes Mitbestimmungsrecht was die Ausgestaltung, Form und Verwaltung der Einrichtung anbelangt.

5.2.2   #Bedürfnisscheck: »familienfreundliche Unternehmenskultur«

Bedürfnisse/Interessen von Mitarbeitern	Bedürfnisse/Interessen von Unternehmen
<ul><li>Vereinbarkeit Familie und Beruf</li><li>Stressreduktion durch gesicherte Betreuung</li><li>Gesundheit</li><li>Wertschätzung</li><li>schneller Wiedereinstieg</li><li>Aufrechterhaltung der Qualifikation</li><li>Chancengleichheit</li></ul>	<ul><li>Mitarbeiter halten</li><li>Mitarbeiter gewinnen</li><li>Attraktivität als Arbeitgeber</li><li>Image</li><li>Motivation und Engagement bei Mitarbeitern</li><li>weniger Fehlzeiten</li><li>Flexibilität</li><li>Kostenreduktion bzgl. Neueinstellungen</li></ul>

---

16   Aareon, Bosch ExTox, FingerHaus, Jenoptik, Kärcher, https://www.erfolgsfaktor-familie.de/fileadmin/ef/Wissenplattformfuer_die_Praxis/Kulturstudie.pdf

17   https://www.erfolgsfaktor-familie.de/fileadmin/ef/Wissenplattformfuer_die_Praxis/Kulturstudie.pdf

Bedürfnisse/Interessen von Mitarbeitern	Bedürfnisse/Interessen von Unternehmen
	• Aufrechterhaltung der Qualifikation von Beschäftigten • Produktivität • Chancengleichheit • hohe emotionale Bindung • längere Lebensarbeitszeit durch Anpassung an Lebensphasen • höhere Leistungsfähigkeit • Demografiefestigkeit • Wettbewerbsfähigkeit • Werte

Tab. 26: Bedürfnischeck: »familienfreundliche Unternehmenskultur«

5.3 Der Bürohund für die Seele

Hunde im Büro sind im Trend. Was vor einigen Jahren noch die absolute Ausnahme war und nur selten zugelassen wurde, wird für Unternehmen zunehmend ein attraktiver Benefit. So bezeichnen sich z. B. Google und Amazon als »dog companies« und sehen die »Zuneigung zu den vierbeinigen Freunden als integralen Bestandteil ihrer Unternehmenskultur«.[18] Auch in deutschen Firmen hält der Bürohund Einzug, wie z. B. schon länger bei Xing, Jimdo Deutschland oder erst kürzlich bei der HypoVereinsbank München.[19]

Dabei sind Bürohunde nicht nur reine »Wohlfühlfaktoren« für Mitarbeiter, sondern sie bieten auch Unternehmen einen Nutzen. Der Bundesverband Bürohund e.V.[20] fasst die Vorteile für Unternehmen und ihre Mitarbeiter so zusammen:

Doch nicht jeder Mitarbeiter ist ein Hundeliebhaber. Für denjenigen, der Hunde nicht mag, der sich vor ihnen ängstigt oder auf sie allergisch reagiert kann genau das Gegenteil von »Wohlfühlen« erreicht werden.

---

18 https://t3n.de/news/buerohund-vorteile-bedingungen-657684/; https://abc.xyz/investor/other/google-co-de-of-conduct.html; https://blog.aboutamazon.com/working-at-amazon/how-much-does-amazon-love-dogs-just-ask-one-of-the-6-000-pups-that-work-here

19 http://xn--bv-brohund-deb.de/vorteile-von-buerohunden/beispielhafte-unternehmen-mit-buerohund/; https://www.tz.de/muenchen/stadt/muenchen-bogenhausen-bei-hypovereinsbank-am-arabellapark-gibt-es-jetzt-hundebueros-10901931.html

20 http://xn--bv-brohund-deb.de/vorteile-von-buerohunden/buerohund-vorteil-fuer-unternehmen/

Für Mitarbeiter	Für Unternehmen	Für beide
• Verminderung der Burn-out-Gefahr am Arbeitsplatz • Insgesamt gesündere Mitarbeiter im Unternehmen • Motivierte und engagierte Mitarbeiter • Flexiblere Mitarbeiter • Verminderung der Gefahr von Dauerstress	• Verminderung der Krankenkosten durch geringere Krankenstände • Erhalt der Arbeitsleistung durch Nichterkrankung • Reduzierung der Mehrbelastung von Kollegen durch Nichtausfall • Vorteil im »War for Talents« • Möglichkeit der positiven Öffentlichkeitsarbeit	• Verbesserung des Betriebsklimas • Vereinfachung der Neuteambildung • Erhöhte Bindung der Mitarbeiter an das Unternehmen • Engagierte Mitarbeiter bleiben dem Unternehmen erhalten

Abb. 33: Vorteile eines Bürohundes (Quelle: Bürohund e. V., Grafik: B. Redmann)

Die Entscheidung, ob ein Hund ins Büro mitgebracht werden darf oder nicht, obliegt dem Arbeitgeber. Diese Entscheidungshoheit ergibt sich aus seinem Direktionsrecht, das auch das Verhalten von Arbeitnehmern im Betrieb erfasst.[21] Die Ausübung seines Direktionsrechtes hat dabei nach billigem Ermessen zu erfolgen.[22] Dieses ist dann gewahrt, wenn alle wesentlichen Umstände des einzelnen Sachverhaltes unter Abwägung der beiderseitigen Interessen – Arbeitgeber und Arbeitnehmer – angemessen berücksichtigt und abgewogen wurden.[23] Eine entsprechende Beurteilung orientiert sich also immer am konkreten Einzelfall. Das gilt sowohl für die Erlaubnis als auch für die Rücknahme einer solchen.

Darf ein Mitarbeiter seinen Hund mit zur Arbeit bringen oder eben auch nicht, so gilt dies auch für andere Mitarbeiter. Hier ist der Arbeitgeber an den Grundsatz zur Gleichbehandlung gebunden.[24] Das gilt sowohl bei der Festlegung für bestimmte Kriterien, die er seiner Entscheidung zugrunde legt, als auch beim Vollzug seiner Entscheidung.[25] Der Gleichbehandlungsgrundsatz wirkt insoweit als Schranke seiner Rechtsausübung.[26] Alle sind nach den gleichen Maßstäben zu behandeln, es sei denn, sachliche Gründe sprechen hier dagegen.[27]

In einem Fall, den das Landesarbeitsgericht Düsseldorf zu entscheiden hatte, gab es Uneinigkeiten im Team, als eine Kollegin einfach ihren Hund ins Büro mitgebracht hat.

---

21   ErfK/Preis, 19. Aufl. 2019, GewO § 106 Rn. 1-4.
22   ErfK/Preis, 19. Aufl. 2019, GewO § 106 Rn. 5-16.
23   BAG 24.04.1996, NZA 98, 1088; ErfK/Preis, 19. Aufl. 2019, GewO § 106 Rn. 5-16.
24   Fischinger, in Münchner Handbuch des Arbeitsrechts, Bd I, § 14 Rn. 20 ff.
25   Fischinger, in Münchner Handbuch des Arbeitsrechts, Bd I, § 14 Rn. 20 ff.
26   Fischinger, in Münchner Handbuch des Arbeitsrechts, Bd I, § 14 Rn. 20 ff.
27   Siehe auch Arbeitsgericht Bonn 9.08.2017 – 4 Ca 181/16.

In diesem Fall hat das Landesarbeitsgericht Düsseldorf in einem Urteil entschieden,[28] dass der Angestellten das Mitbringen ihres Hundes untersagt werden darf. In der Entscheidung des LAG Düsseldorf wurde zum Nachweis von sachlichen Gründen ausgeführt: »Hierzu gehöre auch, ob und unter welchen Bedingungen ein Hund mit ins Büro gebracht werden darf. Die hier zunächst ausgeübte Direktion durfte die Arbeitgeberin ändern, weil es dafür sachliche Gründe gab.« Als sachliche Gründe wurden in diesem Fall Störungen des Arbeitsablaufs anerkannt und dass sich die anderen Kollegen subjektiv durch den Hund bedroht fühlten und sich vor ihm fürchteten.[29]

Damit ein Bürohund eher zu einer förderlichen Teamgemeinschaft beiträgt und sich unschöne Konflikte im Vorfeld vermeiden lassen, sollte es klare Rahmenbedingungen in Unternehmen geben, wenn Hunde erlaubt sind. Denkbar sind folgende Regelungspunkte:[30]
- Erlaubnis der Geschäftsleitung
- aufrichtiges Einverständnis der Kollegen
- Vereinbarung von festen »Hunderegeln« im Team
- keine Allergiker im Team
- ein fester (Rückzugs-)Ort für den Hund
- der Hund muss gut erzogen sein und sich auch längere Zeit still verhalten können
- Versicherungsschutz

Neben dem Aufstellen von Kriterien ist auch sicherzustellen, dass ein offener und vertrauensvoller Umgang im Team besteht, der es zulässt, sich ehrlich – ohne befürchtete »soziale« Sanktionen – gegen einen Hund auszusprechen. Andernfalls laufen Unternehmen Gefahr, dass Situationen auftreten, wie die von einer Journalistin in ihrem Beitrag über Bürohunde beschrieben:[31]

> »Tatsache ist aber: Viele Leute trauen sich genauso wenig wie ich, etwas gegen den felligen Kollegen zu sagen. Wenn der Rest der Belegschaft auf das Tier steht, ist man der totale Buhmann, wenn man sich dagegen ausspricht und dann am Ende der Hund nicht mehr anwesend sein darf. Man hätte sich die ewige Feindschaft des Besitzers gesichert, der Rest der Kollegen wäre zumindest leicht sauer. Ich bezweifle, dass all die einstimmigen Abstimmungsergebnisse für Bürohunde, von denen mir immer so erzählt wird, wirklich alle aus freien Stücken zustande gekommen sind. Ich vermute eher, dass es in den meisten Belegschaften auch Leute gibt, die unter dem sozialen Druck nachgeben und einfach nichts dazu sagen.«

---

28   LAG 24.03.2014 – 9 Sa 1207/13.
29   LAG 24.03.2014 – 9 Sa 1207/13.
30   https://t3n.de/news/buerohund-vorteile-bedingungen-657684/
31   https://editionf.com/Buerohunde-Nein-danke

O-Ton: Markus Beyer

Markus Beyer ist Vorsitzender des Vorstandes im Bundesverband Bürohund e. V.

Britta Redmann: Warum tut es Mitarbeitern gut, ihre eigenen Hunde mit ins Büro nehmen zu dürfen?

Markus Beyer: Streicheln des Hundes bewirkt chemische, hormonelle Reaktionen bei Menschen: Es wird Oxytocin ausgeschüttet, Insulin und Cortisol (Stresshormone) werden dadurch runtergefahren und es entstehen »Glücksgefühle«. Der direkte Kontakt zum eigenen Hund wirkt sich also extrem positiv auf unsere Gefühlsebene und damit auch auf unser Wohlbefinden aus. Durch die gleichzeitige Verringerung der Stresshormone wird dadurch das Risiko von psychischen Erkrankungen wie z. B. Burnout gesenkt. Dauerhafter und erlaubter Kontakt zum eigenen Hund im Büro wirkt sich damit unmittelbar positiv auf die eigene Gesundheit aus.

Zudem sind Mitarbeiter, die ihren Hund mit zur Arbeit nehmen dürfen, auch von der Sorge befreit, was das Tier macht und wie es ihm geht, wenn es stattdessen alleine zu Hause wäre.

Britta Redmann: Was haben Unternehmen davon, wenn Mitarbeiter ihre Hunde mitbringen dürfen?

Markus Beyer: Der Faktor »Stressverringerung« und positive Auswirkung auf das Wohlbefinden wirkt sich natürlich gleichermaßen auch bei den Unternehmen aus: Kann das Risiko von psychischer Erkrankung minimiert werden und werden Mitarbeiter infolge eines besseren Wohlbefindens und damit unter Umständen eines stärkeren Immunsystems weniger krank, fallen sie weniger aus. Dem Unternehmen entstehen damit weniger Ausfallzeiten und dies hat damit unmittelbare wirtschaftliche Konsequenzen.

Darüber hinaus wird vielen Hundehaltern durch die Beziehung zum Tier – und damit einer besonderen Wahrnehmung, wie es dem Tier geht, aber auch auf Reaktionen in der Umwelt – eine höhere Empathie zugeschrieben. Zudem kümmern sich Hundebesitzer um ihr Tier und übernehmen damit Verantwortung. Unabhängig davon ist ein weiterer Vorteil für Unternehmen heutzutage darin zu sehen, dass die »Erlaubnis den eigenen Hund mitzubringen« auch von einer gewissen Offenheit als Arbeitgeber und auch von einem Interesse an den Bedürfnissen der Mitarbeiter zeugt. Das wird auch mittlerweile an den Bewertungen in den Arbeitgeberportalen, wie z. B. kununu, deutlich. Unternehmen, die Hunde erlauben, kommen hier durchschnittlich besser in der Benotung weg, was für eine offenere, für Mitarbeiter attraktivere Kultur und Umgebung spricht.

Britta Redmann: Was braucht es, damit »Hunde im Büro« auch insgesamt das Zusammenarbeiten fördern?

Markus Beyer: Es sollte für alle Beteiligten – also für den Hundebesitzer, die Kollegen und natürlich auch für den Arbeitgeber – klar geregelt sein, unter welchen Voraussetzungen Hunde mitgebracht werden dürfen. Fragestellungen wie die Anzahl der Tiere, die Absprache darüber, Zeiten etc. sollten für alle klar vereinbart und kommuniziert sein.

5.3.1   #Legal Check: »Bürohund«

- Es gibt keinen Anspruch auf das Mitbringen von Hunden im Büro.
- Ob ein Bürohund erlaubt ist oder dessen Anwesenheit untersagt wird, obliegt dem Direktionsrecht des Arbeitgebers.
- Dabei hat der Arbeitgeber im Rahmen seiner Ausübung den allgemeinen Gleichbehandlungsgrundsatz zu beachten.
- Klare, transparente Regelungen vermeiden Konflikte im Team.
- Der Versicherungsschutz ist zu regeln.

5.3.2   #Bedürfnischeck: »Bürohund«

Bedürfnisse/Interessen von Mitarbeitern	Bedürfnisse/Interessen von Unternehmen
• Wohlfühlfaktor • Sicherheit • Wertschätzung • Zugehörigkeit • Gesundheit und Stressabbau • Vereinbarkeit Privatleben und Beruf • Privilegien	• Mitarbeiter halten • Mitarbeiter gewinnen • Attraktivität als Arbeitgeber • Image • gesunde Mitarbeiter – reduzierte Fehlzeiten • emotionale Bindung • Werte

Tab. 27: Bedürfnischeck: »Bürohund«

5.4   Mobilität statt Besitz

Der Dienstwagen muss nicht ausgedient haben, doch gerade in den jüngeren Generationen spielt er als Statussymbol kaum noch eine Rolle. Was dem einen sein Auto, wird dann vielleicht für den anderen das Dienstfahrrad. Letzteres wird sogar ab dem 1.1.2019 (zunächst befristet bis zum 31.12.2021) steuerfrei.[32]

---

32   https://www.iww.de/ce/recht-gesetz/bundesrat-beschliesst-steuerentlastungen-dienstfahrraeder-und-jobtickets-sind-ab-2019-steuerfrei-e-mobilitaet-wird-auch-gefoerdert-f117152; Unter Umständen kann es auch interessant für Arbeitgeber sein, Dienst-Elektrofahrzeuge oder Dienst-Hybridfahrzeuge anzubieten. Für diese umweltfreundlicheren Autos gibt es ebenfalls ab 2019 Entlastungen in der Versteuerung.

Entscheidend wird in Zukunft daher weniger der Besitz eines »eigenen« Firmenfahrzeugs sein als vielmehr die Möglichkeit zur Mobilität. Damit wandeln sich auch herkömmliche Statussymbole, wie z. B. das Firmenauto als Vorzeigeobjekt hin zu einem reinen Nutzfahrzeug.[33]

Die in Unternehmen angebotene Mobilität sollte möglichst unterschiedliche Varianten abbilden, flexibel sein und viele Verkehrsmittel einschließen.[34]

Im Sinne von »Smart Mobility« ist es heute schon möglich, verschiedene Angebote bereitzustellen, die es Mitarbeitern ermöglichen, nachhaltig als auch auf mehrere Arten und ihren individuellen Vorlieben entsprechend zu reisen bzw. zu ihrem Arbeitsplatz zu gelangen. Das können dann z. B. Kombinationen aus Carsharing, Bahncards oder auch Zuschüsse für öffentliche Verkehrsmittel sein.[35]

Sofern dienstliche Fahrzeuge auch die private Nutzung umfassen, handelt es sich um Bestandteile des Arbeitslohnes.[36] Gibt es einen Betriebsrat im Unternehmen, sind hier seine Mitbestimmungsrechte nach § 87 Abs. 1 Nr. 10 BetrVG zu berücksichtigen.

> »Nach der zutreffenden Rechtsprechung des BAG [...] erfasst das Mitbestimmungsrecht des § 87 I Nr. 10 BetrVG zu Fragen der betrieblichen Lohngestaltung alle vermögenswerten Arbeitgeberleistungen, bei denen die Bemessung nach bestimmten Grundsätzen oder einem System erfolgt. Die Mitbestimmung ist also nicht beschränkt auf die unmittelbar leistungsbezogenen Entgelte, sondern sie umfasst alle Formen der Vergütung, die dem Arbeitnehmer mit Rücksicht auf seine Arbeitsleistung gewährt werden.«

So die Ausführung des LAG Hamm in einer jüngeren Entscheidung.[37]

5.4.1   #Legal Check: »Mobilität statt Besitz«

Bei der Überlassung von Fahrzeugen im Sinne eines Vergütungsbestandteils hat der Betriebsrat ein zwingendes Mitbestimmungsrecht, was Verteilungsgrundsätze und Verteilungsmethoden betrifft (§ 87 Abs. 1 Nr. 10 BetrVG).

---

33   Siehe auch https://www.wiwo.de/lifestyle/statussymbole-nichts-reicht-an-den-statussymbolischen-wert-zeitgenoessischer-kunst-heran/20939514-2.html
34   https://www.firmenauto.de/mobilitaetsmanagement-hat-der-firmenwagen-ausgedient-gute-reise-9748112.html
35   https://www.firmenauto.de/mobilitaetsmanagement-hat-der-firmenwagen-ausgedient-gute-reise-9748112.html
36   ErfK/Kania, 19. Aufl. 2019, BetrVG § 87 Rn. 96-98; siehe Teil 1, Kapitel 3.2.
37   LAG Hamm Beschl. 07.02.2014 – 13 TaBV 86/13; BAG 30.10.2012 – 1 ABR 61/11.

5.4.2   #Bedürfnisscheck: »Mobilität statt Besitz«

Bedürfnisse/Interessen von Mitarbeitern	Bedürfnisse/Interessen von Unternehmen
• Entscheidungsraum • Selbstbestimmung • Individualität • Unabhängigkeit • Nachhaltigkeit • Privilegien	• Mitarbeiter halten • Mitarbeiter gewinnen • Attraktivität als Arbeitgeber • Image • Nachhaltigkeit • emotionale Bindung • Werte

Tab. 28: Bedürfnischeck: »Mobilität statt Besitz«

5.5   Zugehörigkeit durch soziales Engagement des Unternehmens

Nicht nur international agierende Unternehmen und deren Zulieferketten stehen zunehmend im Scheinwerferlicht, wenn es um Nachhaltigkeit und Verantwortung geht. Mittlerweile sind große, börsennotierte Unternehmen innerhalb der EU nach der *Corporate Social Responsibility*-Richtlinie (kurz CSR-Richtlinie)[38] verpflichtet, über ihre nichtfinanziellen Belange viel weitreichender als bisher die Öffentlichkeit zu informieren.[39] Nichtfinanzielle Informationen wurden bisher nur freiwillig bekannt gemacht.[40] Mit der CSR-Richtlinie soll eine größere Transparenz über das ökologische und soziale Wirken von Unternehmen mit mehr als 500 Beschäftigten erreicht werden. Informiert wird zu Umwelt-, Sozial- und Arbeitnehmerbelangen sowie die Achtung der Menschenrechte und die Bekämpfung von Korruption und Bestechung.[41] Gleichzeitig verpflichtet das Umsetzungsgesetz Unternehmen zu neuen Berichtspflichten in ihren Lageberichten. Nachhaltiges Wirtschaften erfährt durch das Gesetz eine Stärkung und bietet Unternehmen die Chance, eigene Risiken zu erkennen und diesen vorzubeugen.[42]

Unabhängig von dieser gesetzlichen Auflage tritt Corporate Social Responsibility (CSR) als Führungsansatz gerade in der neuen und auch digitalen Arbeitswelt für

---

38   2014/95/EU.

39   https://www.csr-in-deutschland.de/DE/Politik/CSR-national/Aktivitaeten-der-Bundesregierung/CSR-Berichtspflichten/richtlinie-zur-berichterstattung.html

40   PWC, Erstanwendung des CSR-Richtlinie-Umsetzungsgesetzes, Studie zur praktischen Umsetzung im DAX 160, Oktober 2018 unter https://www.pwc.de/de/nachhaltigkeit/pwc-studie-csr-berichterstattung-2018.pdf

41   https://www.csr-in-deutschland.de/DE/Politik/CSR-national/Aktivitaeten-der-Bundesregierung/CSR-Berichtspflichten/richtlinie-zur-berichterstattung.html

42   https://www.csr-in-deutschland.de/DE/Politik/CSR-national/Aktivitaeten-der-Bundesregierung/CSR-Berichtspflichten/richtlinie-zur-berichterstattung.html; Voland, DB 2014, 2185 ff.

Unternehmen stärker in den Vordergrund.[43] Vertrauen aufzubauen, sich als Unternehmen weiter zu entwickeln, Reputation oder auch ein positives Image ebenso wie Kontakte auf partnerschaftlicher und nicht nur geschäftlicher Verbindung werden immer herausfordernder.[44] Faktoren, die für verantwortungsvoll geführte Beziehungen in einer zunehmenden Digitalisierung immer wichtiger werden.[45] Unternehmen erkennen, dass es nicht mehr ausschließlich darum geht, finanzielle Gewinne zu erzielen, sondern dass auch gesellschaftliche Erwartungen erfüllt werden müssen, die über den finanziellen Erfolg hinausgehen.[46]

Um nachhaltiges CSR umzusetzen braucht es Mitarbeiter, die die täglichen unternehmerischen Prozesse verantwortungsvoll mittragen und durch die Art ihrer Zusammenarbeit die Unternehmenskultur mitgestalten. Insbesondere Mitarbeiter, die einen über den Sinn der Arbeit hinausgehenden zusätzlichen »CSR-Sinn« finden und sogar mit dem wirtschaftlichen Erfolg ihres Unternehmens nachhaltiges Handeln unterstützten können, steigern den Mehrwert sowohl für das Unternehmen als auch für die Gesellschaft.[47] Eine Möglichkeit, Mitarbeiter verantwortlich in CSR-Maßnahmen aktiv einzubeziehen, kann die konkrete Förderung von ehrenamtlichem Engagement sein,[48] z. B. durch …

- bezahlte Freistellungszeiten für Beschäftigte, die sich freiwillig in Projekten oder ehrenamtlicher Arbeit engagieren,
- ehrenamtliches Engagement im Rahmen der Personalentwicklung eines Unternehmens als Teambildungsmaßnahme,
- Informationen über ehrenamtliche Tätigkeiten und Kooperationen mit Freiwilligenagenturen.

Etwas für einen sozialen Zweck miteinander zu gestalten – und dies in einem ganz anderen als den üblichen beruflichen Kontext –, stärkt die vertrauensvolle Zusammenarbeit unter Kollegen und verbessert die Kommunikation.[49] Ergebnisse aus Mitarbeiterbefragungen in Unternehmen, die ehrenamtliches Engagement als festen Bestandteil ihrer Personalentwicklung integriert haben, zeugen von einer wesentlich größeren Identifikation der Mitarbeiter mit ihrem Unternehmen und einer starken loyalen Verbundenheit.[50] Für die Unternehmen wird durch den Einsatz der Mitarbeiter

---

43   Spieß/Fabisch, CSR und neue Arbeitswelten, Springer, 2017.
44   PWC, Erstanwendung des CSR-Richtlinie-Umsetzungsgesetzes, Studie zur praktischen Umsetzung im DAX 160, Oktober 2018 unter https://www.pwc.de/de/nachhaltigkeit/pwc-studie-csr-berichterstattung-2018.pdf
45   Spieß/Fabisch, CSR und neue Arbeitswelten, Springer, 2017.
46   Siehe auch Redmann, Erfolgreich führen im Ehrenamt, Springer, 3. Auflage, 2018; Teil 1, Kapitel 5.3.
47   Schmidpeter in: War for Talents, Springer, 2. Aufl. 2019; Waltersbacher in Fehlzeiten-Report 2018, Springer 2018; Redmann, Erfolgreich führen im Ehrenamt, 3. Auflage, Springer, 2018.
48   Siehe Beispiele in Redmann, Erfolgreich führen im Ehrenamt, 3. Auflage, Springer.
49   Siehe Beispiele in Redmann, Erfolgreich führen im Ehrenamt, 3. Auflage, Springer.
50   Siehe Beispiele in Redmann, Erfolgreich führen im Ehrenamt, 3. Auflage, Springer.

die Unternehmenskultur praktisch umgesetzt, was der Glaubwürdigkeit des Unternehmens extern wie intern zugutekommt.[51] Nachhaltige Corporate Social Responsibility (CSR) verschaffen Unternehmen daher nicht nur Ansehen, sondern helfen auch, die passenden Mitarbeiter zu finden und dauerhaft an das Unternehmen zu binden.

Letztendlich profitieren auch die sozialen Projektpartner von den Projektergebnissen oder eben dem freiwilligen Arbeitseinsatz der Mitarbeiter. Eine Win-win-Maßnahme auf allen Ebenen für Mitarbeiter, Unternehmen und die Gesellschaft.[52]

5.5.1   Legal Check: »Zugehörigkeit durch soziales Engagement des Unternehmens«

* CSR-Konzepte im Sinne der EU-Umsetzungsrichtlinie unterliegen keinen Mitbestimmungs- oder Mitwirkungsrechten des Betriebsrates. Er kann auch nicht durchsetzen, ob und in welchem Umfang der Arbeitgeber hier Erklärungen oder Versprechungen zu den Arbeitnehmerbelangen abgeben möchte.
* Konzepte und Planungen zu CSR-Maßnahmen können jedoch Unterrichtungspflichten für den Arbeitgeber aus § 80 Abs. 2 BetrVG hervorrufen. Die Unterrichtung soll es dem Betriebsrat ermöglichen, in eigener Verantwortung zu prüfen, ob er im Rahmen seines Verantwortungsbereiches nach dem BetrVG tätig werden muss oder sich für ihn Aufgaben ergeben.

5.5.2   #Bedürfnischeck: »Zugehörigkeit durch soziales Engagement des Unternehmens«

Bedürfnisse/Interessen von Mitarbeitern	Bedürfnisse/Interessen von Unternehmen
• Zugehörigkeit • Soziales Miteinander und soziales »Wir-Gefühl« • Vertrauen • Wertschätzung • Vereinbarkeit Beruf und soziales Engagement • Sinnerfüllung • Mitverantwortung • Nachhaltigkeit	• Mitarbeiter halten • Mitarbeiter gewinnen • Attraktivität als Arbeitgeber • Image • Erfüllung gesetzlicher Auflagen • gesellschaftlicher Beitrag • Partnerschaften über Geschäftsbeziehungen hinaus • emotionale Bindung • Werte

Tab. 29: Bedürfnischeck: »*Corporate Social Responsibility*-Konzept«

---

51   Siehe Beispiele in Redmann, Erfolgreich führen im Ehrenamt, 3. Auflage, Springer.
52   Siehe Beispiele in Redmann, Erfolgreich führen im Ehrenamt, 3. Auflage, Springer.

5.6   Vom Mitarbeiter zum Mit-Unternehmer

»Mitarbeiter zu Beteiligten machen« ist ein oft genutzter Ausruf, wenn es darum geht, die innere und eigene Motivation von Beschäftigten anzusprechen und die Unternehmensziele zu Zielen der Mitarbeiter werden zu lassen.[53] Dieser Gedanke steht besonders hinter einer Erfolgsbeteiligung von Arbeitnehmern, um so Teams möglichst von innen heraus anzuspornen, sich selbstgesteuert zu führen. Den Wunsch, einen solchen dauerhaften Anreiz zu schaffen, hatte auch ein mittelständisches Straßenbauunternehmen, die Firma Heitkamp & Hülscher.[54]

Das westfälische Familienunternehmen stand vor der Herausforderung, in einer nicht sehr populären Branche ein hochqualifiziertes Team mit zunehmenden neuen (technischen) Fähigkeiten langfristig zu binden und nachhaltiges Wachstum zu generieren. Bewusst hat sich das Unternehmen nach anfänglicher Erfahrung von einer reinen Prämienausschüttung abgewendet und ein ganz anderes Beteiligungsmodell entwickelt: In einem eigens gegründeten Unternehmen, der H & H Team GmbH & Co.KG, können Mitarbeiter selber Unternehmer sein und ihren eigenen Gewinn erzielen. Das alles erfolgt neben ihrer angestellten Tätigkeit. Den Werdegang dieses innovativen Beteiligungsmodells ist als Praxisbeispiel veröffentlicht worden.[55]

Die wesentlichen Erfahrungen von Geschäftsführer Erwin Hülscher wurden in einem Praxisbericht veröffentlicht:[56]

> **❗ Das Beteiligungsmodell der Firma Heitkamp & Hülscher – Auszüge aus dem Praxisbericht**
>
> »[…] So entstand die Idee, das Team systematisch am Erfolg des Unternehmens zu beteiligen. Kein Chackachacka-Strohfeuer, sondern ein dauerhaft nachhaltiger Anreiz musste her, der das Team von innen heraus und selbstgesteuert aktivieren und dazu bringen konnte, sich selbst zu führen: 2006 wurde die H & H Team GmbH & Co. KG aus der Taufe gehoben. Hinter dieser Firma steht die Idee, die Belegschaft am Unternehmen zu beteiligen. Aus Mitarbeitern wurden Mitunternehmer. Mögen bis dahin Begriffe wie Verantwortung, Selbstmanagement, Reparaturkosten oder Gewinn wie Fremdwörter geklungen haben, so wechselte der Tonfall schlagartig ins positiv Konstruktive. Plötzlich ging es ums eigene Geld und Material. Mit einem Mal lag es an jedem im Team, wie hoch die Gewinnausschüttung am Ende des Jahres werden würde – unter der Voraussetzung, dass Überschüsse erwirtschaftet werden. So ist es bis heute geblieben. Mithilfe von Einzelgesprächen, Seminaren, Befragungen und verschiedenen Entwicklungsszenarien wurde die Essenz dieser neuen Gesellschaft

---

53   Siehe auch https://deutscherarbeitgeberverband.de/aktuell_und_nuetzlich/2015/2015_05_03_dav_aktuell-und-nuetzlich_rausausderkrise.html
54   https://www.heitkamp-huelscher.de/index.php/unternehmen/#Unternehmenskultur
55   Kerzel, Anreizsysteme für Leadership-Organisationen, Springer, 2018, https://www.heitkamp-huelscher.de/images/Unternehmen/V-18.03.15.-E-Book-Kerzel-Anreizsysteme-Leadership.pdf
56   Kerzel, Anreizsysteme für Leadership-Organisationen, Springer, 2018, https://www.heitkamp-huelscher.de/images/Unternehmen/V-18.03.15.-E-Book-Kerzel-Anreizsysteme-Leadership.pdf

herausdestilliert. Blaupausen oder Erfahrungswissen gab es im Jahr 2006 für die Branche nicht – alles wurde neu erarbeitet. [...] Die Idee, unsere Crew am Erfolg des Unternehmens teilhaben zu lassen, hatten wir schon lange. Leider lässt unser Sozialsystem davon für die einzelnen Mitarbeiter wenig übrig. Ein Beispiel: Eine Prämie von 1.000 Euro kosten das Unternehmen etwa 1.400 Euro. Davon kommen beim Mitarbeiter vielleicht 650 Euro an. Die motivierende Wirkung der Erfolgsbeteiligung verpufft schnell. Oder sie schlägt ins Gegenteil um, weil schlagartig klar wird, wie hoch die Abgaben bei uns sind. Dieser Weg hat bei uns vorne und hinten nicht gepasst. Mir schwebte ein nachhaltiges, abgabenoptimiertes Instrument vor, das zur Unternehmenssicherung beiträgt und gleichzeitig das Team bindet, aktiviert und motiviert.« (Hülscher 2016)

»So führte die Route für eine Lösung des Problems auf unternehmerisches Neuland. [...] Vergleichs- oder Erfahrungswerte aus der Branche und dem Gewerk des Unternehmens gab es nicht. Auch der Blick in Richtung Forschung und Wissenschaft präsentierte frustrierend wenig. Also musste die Praxis nach dem Prinzip Versuch und Irrtum zeigen, was möglich war. Am Ende bewährte sich ein Klassiker: die Nase, Intuition und Beobachtungsgabe des erfahrenen Unternehmenslenkers. Der entscheidende Impuls kam über den Kontakt zu einem Hamburger Container-Unternehmer. Immer wieder hatte der über den hohen Verschleiß bei Material und Werkzeug geklagt.«

»[...] Die Mitarbeiter fuhren das Equipment mehr und mehr zu Schrott«, erinnert sich Erwin Hülscher. »Dieses Verhalten ist ärgerlich, doch menschlich. Wem das Material nicht gehört, der kümmert sich wenig um dessen Zustand, geschweige um einen nachhaltigen Umgang damit. Nur an Verstand und Einsicht zu appellieren, greift erfahrungsgemäß zu kurz« (Hülscher 2016). In vielen Unternehmen lässt sich dieses Verhalten beobachten: Die Heizung läuft unter geöffneten Fenstern, derweil das Deckenlicht die Nacht über weiterbrennt. Stumm lauert der Kopierer im Standby-Modus, auf der heißen Platte der Kaffeemaschine schmort eine leere Kanne dem Morgen entgegen. Gebetsmühlenartig wird jahrelang auf die Belegschaft eingeredet und argumentiert, doch die Wirkung noch so logischer Argumente gleitet am Alltagsverhalten des Teams ab wie von einer Teflonpfanne. Bewegung und Veränderung kommen erst dann dauerhaft ins Spiel, wenn sich die Auswirkungen solchen Verhaltens spürbar auf den eigenen Geldbeutel auswirken.

»Unser Wettbewerb hat uns erst für verrückt erklärt. Die Crew zu Mitunternehmern zu machen? Das war schwerer Tobak für die Branche. Keiner hatte den Mut, etwas Derartiges zu tun. Und genau dafür bin ich Unternehmer. Ich will Wege gehen, für die anderen Kraft, Mut oder die Vorstellungskraft fehlen. Wenn es in unserer Branche nachhaltige Entwicklung gibt, dann findet diese auf bisher unbeschrittenen Wegen statt« (Hülscher 2016).

2006 wurde neben dem Stammunternehmen Heitkamp & Hülscher die H & H Team GmbH & Co. KG gegründet. Jeder Mitarbeiter bekam das Angebot, Gesellschafter dieser Beteiligungsgesellschaft zu werden. Wer bei Heitkamp & Hülscher arbeitet, bleibt Gesellschafter und ist verpflichtet, seinen Eigenanteil in der Firma zu belassen. Der Beteiligungsgesellschaft gehören sämtliche Baugeräte und -maschinen, die diese an das operative Stammunternehmen Heitkamp & Hülscher vermietet. Jeder Baggerfahrer sitzt also täglich in seinem eigenen Equipment.

»Natürlich war die Umsetzung für alle Neuland. Daten, Zahlen und Fakten haben wir mit unserem Steuerberater ausgearbeitet. Jeder, der drei Jahre bei uns ist, kann Miteigentümer werden. Und wir bieten ein zinsfreies Darlehen in Höhe des Kommanditkapitals an, das fünf Jahre tilgungsfrei bleibt« (Hülscher 2016).

»[…] Mit der Beteiligungsgesellschaft änderte sich das Verhalten im Team schlagartig. Als hätten unsere Leute einen inneren Schalter umgelegt. Unser Team muss nicht mehr motiviert werden, es ist motiviert. Durch die Beteiligungsgesellschaft wird jeder am Kragen gepackt, die Verantwortlichkeit ist höher, das Team arbeitet selbstverantwortlich. Geht etwas zu Bruch, zahlt die Belegschaft die Hälfte davon. Das stärkt eine konsequente Erfolgsorientierung und sichert längere Lauf- und Standzeiten von Equipment und Material.« (Hülscher 2016)

Nach einem Jahrzehnt präsentieren die Zahlen äußerst attraktive Fakten: Die Team-GmbH besitzt mittlerweile ein Anlagevermögen von 2,4 Mio. EUR. Je nach Firmenauslastung und Geschäftslage variieren die Gewinne pro Jahr zwischen 120.000 und 280.000 EUR. Am Ende eines jeden Jahres wird die Hälfte des Gewinns an die Gesellschafter ausgeschüttet, der Rest bleibt bis zum Ausscheiden eines Gesellschafters im Unternehmen und steht für Investitionen zur Verfügung.

»[…] Besonders stolz sind wir auf unsere Quote – die liegt bei 100 %. Jeder unserer Mitarbeiter ist Gesellschafter in der H & H Team GmbH & Co. KG.«

Zufriedenheit und Stolz bestimmen die Mimik des westfälischen Unternehmers. Die Gewinnausschüttung für jeden Gesellschafter ist im Vergleich zum alten Erfolgsbeteiligungsmodell erfreulich lukrativ. Bei einem Steuersatz von 20 % verbleiben von 1.000 EUR immerhin 800 EUR. Mag der Finanzminister ob dieser Zahlen ein langes Gesicht ziehen – die Auswirkungen für das Unternehmen sind äußerst positiv.

»Seit 2006 hat keiner im Team die Firma verlassen. Es ist so, als wäre ein Ruck durch die Belegschaft gegangen. Mittlerweile spricht sich das am Markt herum und entwickelt Magnetwirkung. Bei Vorstellungsgesprächen werde ich gezielt auf unsere Beteiligungsgesellschaft angesprochen. Dass die Auswirkungen allerdings so weite Kreise ziehen, hätten wir uns zu Anfang nicht vorstellen können. Durch die H & H Team GmbH & Co. KG binden wir unser Team auf elegante Weise an unser Unternehmen. Das wiederum verbessert die Routinen und sichert reibungslosere Abläufe im Tagesgeschäft. Unser Team ist in den vergangenen zehn Jahren mehr und mehr zum Selbstläufer geworden.« (Hülscher 2016)

»[…] Es sind fünf Parameter, durch welche die Idee, Mitarbeiter zu Mitunternehmern zu machen, besonders überzeugt:

- Die Crew wächst. Es ist ein homogenes Team entstanden – die Grundlage für nachhaltiges Wachstum in den kommenden Jahren.
- Es kann nur ausgeschüttet werden, was zuvor erwirtschaftet wurde. Besser lässt sich unternehmerisches Denken nicht in den Herzen des Teams verankern.
- Einsatzwille und Leistungsbereitschaft werden dauerhaft von innen heraus aktiviert.
- Der pflegliche Umgang mit dem »eigenen Equipment« lässt die Reparaturkosten konstant sinken.
- Für jeden Mitgesellschafter wächst ein attraktiver Kapitalstock heran, solange er im Unternehmen bleibt. Je nach Gewinn sind die Renditen zweistellig.«

5.6.1 #Legal Check: »Beteiligung der Mitarbeiter am Unternehmen«

Eine Mitarbeiterbeteiligung einzuführen bedarf eines Vorab-Checks, um festzulegen, welcher Nutzen erreicht werden soll und welche Rechte Mitarbeiter erhalten sollen. Davon abhängig ist das passende gesellschaftsrechtliche Modell aufzusetzen.

- Mögliche Beteiligungen können sein:
  - Aktienbeteiligungen
  - Beteiligung an einer GmbH
  - Beteiligung an einer Kommanditgesellschaft
  - Beteiligung an einer Genossenschaft
  - Stille Beteiligung
  - Gewährung von Mitarbeiterdarlehn
- Fragen die zur Klärung helfen:
  - Wer soll mitmachen?
  - Woher kommt das Kapital?
  - Welche Rechte sollen Mitarbeiter erhalten?
  - Wer trägt welche Verluste?
  - Welche Bindungswirkung (langfristig? Nur ein bestimmter Personenkreis wie z. B. Führungskräfte? Alle Mitarbeiter?)
  - Welche steuerrechtlichen Aspekte sind zu beachten?
  - Wie wird die Beteiligung geregelt? (z. B. über eine Betriebsvereinbarung oder durch Gesamtzusage)

5.6.2 # Bedürfnischeck: »Beteiligung der Mitarbeiter am Unternehmen«

Bedürfnisse/Interessen von Mitarbeitern	Bedürfnisse/Interessen von Unternehmen
• Partizipation • eigenen Gewinn machen • Erfolg • Motivation und Leistungsbereitschaft • Zugehörigkeitsgefühl von Team und Unternehmen • Status • Sinn • persönliche Weiterentwicklung	• Mitarbeiter halten • Mitarbeiter gewinnen • Attraktivität als Arbeitgeber • Image • Motivation • emotionale Bindung • unternehmerisches Mitdenken und Handeln • Mitverantwortung • höhere Leistungsfähigkeit • Kundenorientierung • Organisationsentwicklung • Werte • Innovation • Wettbewerbsfähigkeit

Tab. 30: Bedürfnischeck: »Beteiligung der Mitarbeiter am Unternehmen«

O-Ton: Sonja Jacinto

Sonja Jacinto arbeitet im Team Tinka der cosee GmbH.

Britta Redmann: Mit welchen nicht-monetären Vergütungsbestandteilen haben Sie als noch junges und mittelständisches Unternehmen welche Erfahrungen gesammelt?

Sonja Jacinto: Die Frage finde ich schwer zu beantworten, da viele Bestandteile nicht als Vergütungsbestandteil von den Mitarbeitern gesehen werden. Aber fangen wir mal damit an.

- Wir wollen, dass unsere Mitarbeiter sich gesund ernähren, und haben festgestellt, dass Obst meist nur aufgeschnitten gegessen wird. Also gibt es jeden Morgen bei uns einen Obst- und einen Gemüseteller, auf dem man Paprikastreifen oder kleine Blumenkohlröschen findet. Manchmal gibt es auch Obstsalat. Die Getränkeauswahl wurde in einer gemeinsamen Veranstaltung von allen bestimmt. Getränkewünsche können jederzeit eingereicht werden.
- Es gibt kaum Restaurants oder Supermärkte in Laufentfernung, daher sorgen wir dafür, dass unsere Mitarbeiter im Büro ein kostengünstiges leckeres Mittagessen zur Verfügung gestellt bekommen.
- Bei allen cosee-Veranstaltungen gibt es für Mitarbeiter und Gäste gratis Essen und Trinken.
- Einmal im Jahr findet ein Sommerfest mit Familien statt und einmal im Jahr eine Veranstaltung nur für Mitarbeiter.
- Mittlerweile ist es Tradition, dass cosee in der Vorweihnachtszeit den Weihnachtsmarkt mit Mitarbeitern und deren Angehörigen besucht. Hierbei sponsert cosee die Getränke.
- Es gibt eine Süßigkeiten-Schublade, in der die Süßigkeiten zum Selbstkostenpreis zu erhalten sind.
- Einmal im Monat findet bei uns ein Brettspiel-Abend statt, zu dem Mitarbeiter, Angehörige und Freunde eingeladen sind. Wir spendieren auch hier die Getränke.
- Wenn besondere Ereignisse, wie zum Beispiel die Fußball-WM, stattfinden, organisieren wir Public Viewings mit Essen und Trinken für Mitarbeiter, Angehörige und Freunde im Büro.
- Alle Mitarbeiter bekommen Notebooks zur Verfügung gestellt, damit sie von überall aus arbeiten können. Welches Notebook zur Verfügung gestellt wird, wird mit dem Mitarbeiter vor Anschaffung besprochen.
- Unser Büro ist mit sehr schnellem Internet ausgestattet und unsere Studenten erledigen somit gerne ihre Recherche oder das Codieren im Büro.
- Im Bürogebäude gibt es eine Dusche und wir halten für die Mitarbeiter frische Handtücher und Duschgel bereit. Dies nutzt der eine oder andere, der in der Mittagspause laufen geht oder beim Radfahren in den Regen gekommen ist.

- Auch bekommt jeder Mitarbeiter zum Start eine Sweat-Kapuzenjacke und ein T-Shirt. T-Shirts zum Wechseln liegen für jeden zugänglich im Flur.
- Büromaterial ist für jeden im Flur genauso verfügbar. Sollte etwas fehlen, wird es auf Zuruf direkt ohne langes Nachfragen bestellt.
- Wenn ein Mitarbeiter einen Literaturwunsch hat, wird dieser umgehend erfüllt. Es gibt auf dem Flur eine cosee-Bibliothek, aus der jeder ein Buch entnehmen, aber auch wieder hineinstellen darf.
- Jedem Mitarbeiter wird ein elektrisch verstellbarer Schreibtisch, ein ergonomischer Stuhl und ein Rollcontainer zur Verfügung gestellt. Wir haben jedes Jahr die neusten ergonomischen Stühle zum Testen bei uns und sollte ein Stuhl einem Mitarbeiter gefallen, wird dieser bestellt.
- In der Regel ermöglichen wir allen Mitarbeitern, wenn sie das wünschen und die Kosten sich im Rahmen halten, den Besuch von Fachkonferenzen und -messen. Wir übernehmen den Eintritt, die Reisekosten und den Verdienstausfall.
- Möchte ein Mitarbeiter sich weiterbilden und benötigt er hierfür eine Schulung, wird der Bedarf bei allen abgefragt und manchmal findet so eine Schulung dann inhouse für alle statt. Oder der Mitarbeiter besucht die Schulung und gibt sein Wissen an alle weiter. Die Kosten werden von uns getragen.
- Alle zwei Jahren bieten wir einen Erste-Hilfe-Kurs kostenlos für alle an.
- Auf Beschluss der Mitarbeiter haben wir einen Rahmenvertrag mit einer Fitnessstudio-Kette in Darmstadt abgeschlossen und alle Mitarbeiter bekommen Ermäßigung. In Kooperation mit dem Fitness-Studio bieten wir einen Gesundheitsnachmittag im November an. Hier sorgen wir für Smoothies und gesundes Essen. Die Mitarbeiter werden aktiv und bekommen nützliches Hintergrundwissen. Seit dem letzten Jahr können Mitarbeiter am Merck-Firmenlauf in Darmstadt teilnehmen und cosee übernimmt die Teilnahmegebühr und die Kosten der Party danach.
- Wir bieten den Mitarbeitern gratis Grippeschutzimpfungen an.
- Im Notfall kann ein Mitarbeiter sein Kind mit zur Arbeit bringen und alle kümmern sich ein wenig darum.
- Das Gleiche gilt für Hunde, solange sie geruchsneutral, sauber und nicht laut sind.
- Wenn es für uns kostensparend ist, stellen wir den Mitarbeitern eine Bahncard zur Verfügung, welche auch privat genutzt werden kann.
- Wir stellen den Mitarbeitern kostenlos einen Parkplatz zur Verfügung.
- Einmal im Jahr organisieren wir für unsere Mitarbeiter eine Einführung in die Lohnsteuererklärung durch unseren Steuerberater. Des Weiteren gibt es auch einmal im Jahr eine Beratung der Mitarbeiter durch unseren Vermögensberater.
- Für die Pausen wurde eine Spielekonsole gekauft, welche ab und zu für Mario Kart Duelle herangezogen wird.

- Private Pakete können jederzeit ins Büro geliefert werden.
- Telefonate zu einer Festnetznummer innerhalb Deutschlands und ins europäische Ausland können kostenneutral von unserem Festnetz geführt werden.

!

Wohlfühlkomponenten des Arbeitsplatzes – ein Fazit

Die Kultur eines Unternehmens und die einzelnen Wohlfühlkomponenten sollten zusammenpassen. In diesem Sinne können sie eine Unternehmenskultur auch entscheidend mitprägen und sogar unterstützen.

Zukunftsfähige Systeme – egal ob monetär oder nicht-monetär – müssen für beide Seiten vielseitiger, individuell zugeschnitten, flexibel, mit hoher Bindungswirkung und einfach veränderlich sein. Dies bildet sich konsequenterweise dann in der Struktur, den Prozessen und damit in der gesamten Unternehmenskultur ab.

Teil 3: Vorlagen, Checklisten und Muster

1 Muster: Betriebsvereinbarung zur »mobilen Arbeit«[1]

Zwischen

der ...... GmbH

– nachfolgend Arbeitgeber genannt –

und ....

dem Betriebsrat der ...... GmbH

– nachfolgend Betriebsrat genannt –

wird die nachfolgende Betriebsvereinbarung zur mobilen Arbeit geschlossen.

Präambel

Die Arbeitswelt ist aufgrund verschiedener Einflüsse wie beispielsweise der Globalisierung, der Internationalisierung des Wettbewerbs sowie zunehmender Technologisierung einem raschen Wandel unterworfen. Ebenso wirken sich gesellschaftliche Veränderungen wie der verstärkte Wunsch nach Vereinbarkeit von Beruf und Privatleben sowie der demografische Wandel nachhaltig auf die Arbeitswelt aus.

Viele Beschäftigte wünschen sich mehr Flexibilität, um ihren Beruf mit ihrer jeweiligen Lebenssituation besser vereinbaren zu können. Die Wünsche unterscheiden sich dabei in unterschiedlichen Lebensphasen von Berufseinstieg über Familiengründung oder Pflege von Angehörigen bis zum Ausstieg aus dem Erwerbsleben.

Als attraktiver Arbeitgeber bietet die ...... mit dieser Regelung zur mobilen Arbeit den Beschäftigten die Möglichkeit zu einer zeitlich und räumlich flexibleren Arbeit.

Mobile Arbeit dient nicht dazu, die individuelle regelmäßige wöchentliche Arbeitszeit zu verändern. Erreichbarkeit wird unter Berücksichtigung betrieblicher und privater Erfordernisse festgelegt; außerhalb der vereinbarten Zeiten hat der Beschäftigte das Recht, nicht erreichbar zu sein.

---

[1] Schrader in Schaub et al., Arbeitsrechtliches Formular- und Verfahrenshandbuch, 2017.

Ziele mobiler Arbeit sind,

- den beteiligten Beschäftigten eine bessere Vereinbarkeit von Beruf und individueller Lebensführung zu ermöglichen,
- eine höhere Arbeitszufriedenheit durch mehr Selbstverantwortung der Beschäftigten bei der Gestaltung und Durchführung der Arbeit zu erreichen und
- die Arbeitsqualität und -produktivität zu verbessern und damit die Wettbewerbsfähigkeit des Unternehmens zu steigern.

Zur besseren Lesbarkeit wird in dieser Betriebsvereinbarung das generische Maskulinum verwendet. Eine Benachteiligung im Sinne von § 1 AGG, gleich welcher Art, von Arbeitnehmern ist damit nicht intendiert.

§ 1 Geltungsbereich

Diese Betriebsvereinbarung erstreckt sich auf nachfolgende Betriebe und Arbeitnehmer:

(1) Räumlich:

Diese Betriebsvereinbarung gilt für alle Betriebe der ......

(2) Persönlich:

Diese Betriebsvereinbarung gilt für alle Arbeitnehmer mit Ausnahme von:
   a) leitenden Angestellten im Sinne von § 5 Abs. 3 BetrVG,
   b) Auszubildenden, studentischen Hilfskräften, Praktikanten und Beschäftigten im Rahmen einer Abschlussarbeit.

§ 2 Begriffsbestimmung mobile Arbeit

Mobile Arbeit liegt vor, wenn ein Beschäftigter gelegentlich oder an festgelegten Wochentagen außerhalb des Betriebs tätig ist.

Dabei ist eine flexible Aufteilung der Arbeit auf Tätigkeiten im Betrieb sowie an Arbeitsorten außerhalb des Betriebs möglich. Ebenso kann die Arbeitszeit außerhalb des Betriebs ganztägig oder tagesanteilig flexibel gestaltet werden. Es ist unerheblich, ob der Beschäftigte an Bildschirmgeräten arbeitet oder sonstige, nicht an Bildschirmgeräte gebundene Arbeitsaufgaben erledigt.

Nicht unter mobile Arbeit im Sinne dieser Regelung fallen Arbeitszeiten der Rufbereitschaft, Dienstreisen und Arbeitszeiten in Bereichen, in denen für das Arbeiten außerhalb des Betriebs Sonderregelungen (z. B. Außendienst) gelten. Tätigkeiten, die aufgrund der Arbeitsaufgabe außerhalb des Betriebs erbracht werden müssen (z. B. Kundenbesuche, Messen), gehören ebenfalls nicht zu mobiler Arbeit.

§ 3 Grundsätze

a) Doppelte Freiwilligkeit

Die Teilnahme an mobiler Arbeit ist freiwillig. Es besteht weder von Seiten des Unternehmens noch von Seiten des Beschäftigten ein Anspruch auf mobile Arbeit. Betriebliche Erfordernisse und persönliche Interessen sind bei der Entscheidung zu berücksichtigen.

b) Geeignete Arbeitsaufgabe

Um an mobiler Arbeit teilnehmen zu können, muss die Arbeitsaufgabe geeignet sein. Eine Arbeitsaufgabe ist dann geeignet, wenn sie ohne Beeinträchtigung des Arbeitsergebnisses, des Betriebsablaufs und des Kontakts zum Betrieb eine zeitweilige Abwesenheit von dem betrieblichen Arbeitsplatz zulässt.

c) Kontakt zum Betrieb

Der Kontakt zum Betrieb darf durch mobile Arbeit nicht beeinträchtigt werden. Es ist sicherzustellen, dass der Beschäftigte in die betriebliche Kommunikation eingebunden bleibt. Dazu können auch aktuelle Kommunikationsmittel genutzt werden, die dem … Standard entsprechen. Die Teilnahmemöglichkeit an betrieblichen Veranstaltungen, insbesondere an Betriebs- und Abteilungsversammlungen, bleibt unberührt. Anwesenheitszeiten im Betrieb (z. B. zur Teilnahme an Teamrunden) können verbindlich festgelegt werden.

d) Erhalt des betrieblichen Arbeitsplatzes

Beschäftigten mit mobiler Arbeit steht der ursprüngliche Arbeitsplatz in der organisatorischen Einheit zur Verfügung. Abweichungen hiervon werden zwischen Vorgesetztem und Beschäftigtem geregelt. Bei Nichteinigung werden der Personalbereich und Betriebsrat einbezogen.

e) Personalentwicklung

Beschäftigte mit mobiler Arbeit bleiben in alle Personalplanungs- und Personalentwicklungsmaßnahmen einbezogen.

f) Rechte des Betriebsrats

Die Mitbestimmungsrechte des Betriebsrats bleiben von dieser Vereinbarung unberührt. Bereits im Antragsverfahren sind die Rechte des Betriebsrats zu berücksichtigen.

§ 4 Verfahren

Der Beschäftigte kann unter Berücksichtigung der Paragraphen 2 und 3 genannten Voraussetzungen mobile Arbeit beantragen. Der betriebliche Vorgesetzte entscheidet unter Berücksichtigung dieser Voraussetzungen, ob der Beschäftigte an mobiler Arbeit teilnehmen kann. Härtefälle werden einvernehmlich zwischen Fachbereich, Personalbereich und Betriebsrat geregelt. Für mobile Arbeit erhält der Beschäftigte durch eine Zusatzvereinbarung zum Arbeitsvertrag. Der Betriebsrat wird hierüber informiert.

Die Inhalte der Zusatzvereinbarung werden zwischen betrieblichem Vorgesetzten und Beschäftigtem festgelegt. Sie beinhaltet die maximalen Arbeitsstunden pro Monat in mobiler Arbeit. Darüber hinaus können folgende Punkte geregelt werden:

- Festlegung der Arbeitstage in mobiler Arbeit,
- Verteilung der mobilen Arbeitsstunden,
- Zeiten der Erreichbarkeit während mobiler Arbeit,
- Art und Weise der gegenseitigen Information während mobiler Arbeit,
- überlassene Arbeits- und Kommunikationsmittel für mobile Arbeit.

Die Zusatzvereinbarung wird für die maximale Dauer von einem Jahr befristet. Nach Ablauf dieses Zeitraums besteht – unter dem Vorbehalt doppelter Freiwilligkeit – die Möglichkeit weiterer Verlängerungen. Hierbei sind die Inhalte zu überprüfen und ggf. anzupassen.

§ 5 Arbeitszeit

Die bisherige Arbeitszeit des Beschäftigten wird durch mobile Arbeit nicht verändert. Mobile Arbeit dient nicht dazu, die individuelle regelmäßige wöchentliche Arbeitszeit zu erhöhen oder zu reduzieren. Die jeweilige Arbeitszeit setzt sich zusammen aus der Anwesenheit im Betrieb und mobiler Arbeit (i. d. R. von Montag bis Freitag). Die gesetzlichen, tarifvertraglichen und betrieblichen Regelungen, insbesondere zu Ruhezeiten sowie zur maximalen täglichen und wöchentlichen Arbeitszeit sind einzuhalten. Arbeit an Urlaubstagen sowie an Tagen der Entnahme sonstiger Freizeiten ist nicht erlaubt.

Eine Ober- bzw. Untergrenze an Arbeitstagen und -stunden in mobiler Arbeit wird durch diese Betriebsvereinbarung nicht vorgegeben. Ausschließlich mobile Arbeit ist grundsätzlich nicht zulässig.

Die vereinbarte mobile Arbeit kann in Abstimmung mit dem betrieblichen Vorgesetzten und unter Berücksichtigung der betrieblichen Erfordernisse ganztägig oder tagesanteilig erfolgen. Die vereinbarte Anzahl an Arbeitsstunden für mobiles Arbeiten muss nicht voll ausgeschöpft werden. Die nicht ausgeschöpften Stunden sind jedoch nicht auf Folgemonate übertragbar.

Der Beschäftigte kann seine mobile Arbeitszeit außerhalb des Betriebs im Rahmen der getroffenen Vereinbarung eigenverantwortlich unter Beachtung gesetzlicher und tariflicher Bestimmungen in einem Zeitrahmen zwischen 06.00 und 22.00 Uhr frei gestalten und verteilen. Die Zeiteinteilung durch den Beschäftigten hat so zu erfolgen, dass ohne Freigabe durch den Vorgesetzten keine Ansprüche auf Zahlung von Zuschlägen – z. B. für Nachtarbeit – entstehen. Die mit dem Vorgesetzten vereinbarten Zeiten der Erreichbarkeit sind von beiden Seiten einzuhalten. Ausreichende Ruhezeiten und Ruhepausen sind zu berücksichtigen.

Die betrieblichen Regelungen zur Arbeitszeitgestaltung im Rahmen der gleitenden Arbeitszeit gelten auch bei mobiler Arbeit, mit Ausnahme eines festgelegten Arbeitsbeginns bzw. Arbeitsendes.

a) Erreichbarkeit während mobiler Arbeit

Der Beschäftigte und der betriebliche Vorgesetzte vereinbaren – unter Berücksichtigung und Abwägung betrieblicher sowie privater Erfordernisse – die Erreichbarkeit während mobiler Arbeit. Außerhalb der vereinbarten Zeiten hat der Beschäftigte das Recht, nicht erreichbar zu sein. Samstage, Sonn- und Feiertage, Urlaubstage sowie Tage der Entnahme sonstiger Freizeiten sind von der Erreichbarkeit ausgenommen.

b) Zeiterfassung

Die durch elektronischen Datenaustausch anfallenden Verbindungsdaten (z. B. Log-in-Daten und Telefondaten) werden nicht für Zeitkontrollen oder weitergehende Leistungs- und Verhaltenskontrollen genutzt. Eine unternehmensseitige Erfassung der täglichen Arbeitszeit erfolgt auch bei mobiler Arbeit nicht.

§ 6 Arbeits- und Kommunikationsmittel

Der betriebliche Vorgesetzte entscheidet nach Abstimmung mit dem Beschäftigten, welche Arbeits- und Kommunikationsmittel für das mobile Arbeiten zur Verfügung gestellt bzw. mitgenommen werden können. Über Art und Umfang der Ausstattung entscheidet der betriebliche Vorgesetzte anhand der konkreten Arbeitsaufgabe und des betriebsüblichen Standards. Die Berechtigung zur Mitnahme von Arbeits- und Kommunikationsmitteln sowie von Arbeitsunterlagen wird vom betrieblichen Vorgesetzten sichergestellt.

Es wird grundsätzlich keine Zusatzausstattung (z. B. Möbel) gestellt. Darüber hinaus erfolgt keine Beteiligung an möglichen Kosten (z. B. Raum-, Energie- und Internetkosten) bei mobiler Arbeit.

Während mobiler Arbeit dürfen die zur Verfügung gestellten Arbeits- und Kommunikationsmittel entsprechend den Nutzungsmöglichkeiten im Betrieb verwendet werden.

Die zur Verfügung gestellten Arbeits- und Kommunikationsmittel verbleiben im Eigentum der ......, die hieran einen jederzeitigen Herausgabeanspruch besitzt, der nicht begründet sein muss. Rechte Dritter (z. B. Sicherungsübereignung, Verpfändung o. Ä.) sind auszuschließen bzw. abzuwehren.

Die Wartung der zur Verfügung gestellten Hard- und Software erfolgt im Auftrag und auf Kosten der ...... Es dürfen ausschließlich die von ...... zur Verfügung gestellte Hard- und Software sowie Dienste verwendet werden.

Der Beschäftigte hat die Nutzung durch Familienangehörige und andere Dritte auszuschließen.

§ 7 Informations- und Datensicherheit sowie Datenschutz

Der Beschäftigte hat eigenverantwortlich darauf zu achten, dass die betrieblichen Regelungen zur Daten- und Informationssicherheit sowie zum Datenschutz während mobiler Arbeit uneingeschränkt eingehalten werden. Arbeitsunterlagen, Daten und Informationen dürfen weder an öffentlichen Orten noch in Privaträumen für Dritte sichtbar und zugänglich sein. Die Entsorgung von Unterlagen, Datenträgern etc. darf ausschließlich im Betrieb erfolgen.

§ 8 Arbeitssicherheit und Arbeitsschutzanforderungen an den mobilen Arbeitsplatz

Beschäftigte erhalten vor Beginn der mobilen Arbeit geeignete Informationen zu Arbeitssicherheit und Arbeitsschutz. Dazu gehören u. a. Informationen zu ergonomischen Gestaltungsmöglichkeiten der Arbeitsplätze nach den aktuellen arbeitswissenschaftlichen Erkenntnissen und die entsprechenden Vorschriften. Darüber hinaus besteht der Anspruch auf eine Beratung.

Der Beschäftigte ist für die Einhaltung der Arbeitsschutz- und Arbeitsplatzvorschriften während mobiler Arbeit verantwortlich.

Die für den Arbeitseinsatz erforderlichen Geräte und deren Installation müssen den gesicherten arbeitswissenschaftlichen Erkenntnissen entsprechen.

§ 9 Information zu mobiler Arbeit

Alle Beschäftigten werden durch ihre betrieblichen Vorgesetzten vor Beginn der mobilen Arbeit über alle relevanten Themen informiert, insbesondere zu folgenden Punkten:

* Informations- und Datensicherheit sowie Datenschutz,
* Arbeitsplatzgestaltung,

- Gesetzliche (z. B. Arbeitszeitgesetz), tarifvertragliche und betriebliche Regelungen,
- Rechte und Pflichten aller Beteiligten.

§ 10 Beendigung der Zusatzvereinbarung zu mobiler Arbeit

Die Zusatzvereinbarung zu mobiler Arbeit kann von der ...... sowie von dem Beschäftigten beendet werden. Hierfür gilt eine Frist von drei Monaten zum Monatsende.

Darüber hinaus kann die Zusatzvereinbarung von Seiten der ...... aus wichtigem Grund ohne Einhaltung der o. a. Frist in Absprache mit dem Betriebsrat widerrufen werden. Als wichtige Gründe gelten insbesondere betriebliche, personen- und/oder verhaltensbedingte Gründe.

Wechselt der Beschäftigte die organisatorische Einheit, verliert die Zusatzvereinbarung am ersten Arbeitstag des Wechsels ihre Gültigkeit. Der Vorgesetzte und der Beschäftigte prüfen, ob und in welchem Umfang mobile Arbeit fortgesetzt werden kann.

Der Beschäftigte hat bei Beendigung der mobilen Arbeit die ihm im Rahmen der Mobilen Arbeit überlassenen Arbeits- und Kommunikationsmittel unverzüglich zurückzugeben. Dies gilt auch im Falle des Ausscheidens aus der ......

§ 11 Inkrafttreten und Geltungsdauer

(1) Diese Betriebsvereinbarung tritt ab dem 1.XX.201X in Kraft.

(2) Diese Betriebsvereinbarung kann mit einer Frist von sechs Monaten zum Monatsende gekündigt werden.

(3) Für den Fall der Kündigung gilt diese Betriebsvereinbarung solange weiter, bis sie durch eine anderweitige Vereinbarung der Betriebsparteien oder durch Spruch einer Einigungsstelle ersetzt wird.

§ 12 Schriftform

Die Kündigung oder die Änderung dieser Betriebsvereinbarung oder einzelne Bestimmungen dieser Betriebsvereinbarung bedürfen zu ihrer Rechtswirksamkeit der Schriftform.

§ 13 Salvatorische Klausel

Etwaige ungültige Bestimmungen dieser Betriebsvereinbarung berühren nicht die Rechtswirksamkeit der Vereinbarung im Ganzen. Sollten Bestimmungen dieser Betriebsvereinbarung unwirksam sein oder werden, oder sollten sich in dieser Betriebsvereinbarung Lücken herausstellen, wird infolgedessen die Gültigkeit der übrigen Bestimmungen nicht berührt. Anstelle der unwirksamen Bestimmungen oder zur Ausfüllung einer Lücke ist eine angemessene Regelung zu vereinbaren, die, soweit rechtlich zulässig, dem am nächsten kommt, was die Betriebsparteien gewollt haben würden, sofern sie diesen Punkt bedacht hätten.

[Ort] ...., den [Datum] ....,

———————————————   ———————————————

Arbeitgeber   Betriebsrat

2 Muster: Remote-Arbeitsvertrag (Telearbeit/ Homeoffice)[1]

Zwischen ....

– nachfolgend Arbeitgeber genannt –

und ....

– nachfolgend Arbeitnehmer genannt –

wird folgender

Remote-/Telearbeitsvertrag

geschlossen:

§ 1 Vertragsgegenstand

Gegenstand dieses Arbeitsvertrags ist ein Arbeitsverhältnis in der Beschäftigungsform der alternierenden Telearbeit. Der Arbeitnehmer wird seine Arbeitsleistung in dem in diesem Vertrag geregelten Umfang an einem Arbeitsplatz in seiner Wohnung (häuslicher Tätigkeitsbereich) und im Betrieb des Arbeitgebers (betriebliche Arbeitsstätte) verbringen.

§ 2 Anwendbare Normen

Auf das Arbeitsverhältnis findet der zwischen dem Arbeitgeber und dem Arbeitnehmer abgeschlossene Arbeitsvertrag vom .... Anwendung, sofern nichts anderes vereinbart wird.

§ 3 Arbeitsort

1.

Der Arbeitnehmer wird seine Arbeitsleistung in dem in diesem Vertrag geregelten Umfang in seiner Wohnung (»häusliche Tätigkeitsstätte«) ...... (Adresse) erbringen.

1 Pletke/Schrader/Siebert/Thomas/Klagges, Rechtshandbuch Flexible Arbeit, 2017; https://www.steuerrecht-haas.de/attachments/article/19/mustervertrag-arbeitsvertrag-homeoffice.pdf

2.

Auf Anordnung des Arbeitgebers ist der Arbeitnehmer verpflichtet, auch an der Betriebsstätte des Arbeitgebers in ...... (Adresse) .... tätig zu werden, sofern dies betrieblich erforderlich ist. Hierdurch wird für die Laufzeit dieser Vereinbarung kein Anspruch des Arbeitnehmers auf einen dauerhaften Arbeitsplatz in dieser oder einer anderen Betriebsstätte des Arbeitgebers begründet.

3.

Der Arbeitnehmer wird regelmäßig über alle betrieblichen Ereignisse informiert und hat das Recht an allen für ihn relevanten Versammlungen und Besprechungen im Betrieb teilzunehmen.

§ 4 Anforderungen an die häusliche Tätigkeitsstätte
1.

Der Arbeitnehmer versichert, dass die häusliche Tätigkeitsstätte für die Erbringung der Arbeitsleistung geeignet ist und die Anforderungen der einschlägigen arbeitsschutzrechtlichen Bestimmungen erfüllt werden. Der häusliche Telearbeitsplatz muss sich in der Wohnung des Arbeitnehmers in einem abschließbaren Raum befinden, der für einen dauernden Aufenthalt zugelassen und vorgesehen sowie für die Aufgabenerledigung unter Berücksichtigung der allgemeinen Arbeitsplatzanforderungen geeignet ist. Sofern der Raum vom Arbeitnehmer angemietet ist, weist er nach, dass der Vermieter mit der Nutzung als Telearbeitsplatz einverstanden ist.

2.

Der Arbeitnehmer ist verpflichtet, in dem als häusliche Tätigkeitsstätte zu nutzenden Raum die notwendigen technischen Vorrichtungen vorzuhalten.

§ 5 Tätigkeit
Mit der Aufnahme der alternierenden Telearbeit sind insbesondere folgende Aufgaben verbunden: ....

§ 6 Arbeitsmittel
1.

Die notwendigen und den Arbeitsschutzbestimmungen entsprechenden Arbeitsmittel werden für die Zeit des Bestehens dieses Telearbeitsplatzes vom Arbeitgeber kostenlos zur Verfügung gestellt. Eine Inventarliste ist als Anlage diesem Vertrag beigefügt. Der Auf- und Abbau der vom Arbeitgeber gestellten Arbeitsmittel sowie eine eventuelle Wartung erfolgt durch den Arbeitgeber.

2.

Ebenfalls werden die Kosten für die Unterhaltung dieser Arbeitsmittel vom Arbeitgeber getragen. Die zur Verfügung gestellten Arbeitsmittel verbleiben im Eigentum und im Besitz des Arbeitgebers. Sie sind nach Beendigung dieser Vereinbarung unverzüglich vollständig an den Arbeitgeber herauszugeben.

3.

Der Arbeitnehmer stellt sicher, dass Dritte – dazu gehören auch Personen, die im Haushalt des Arbeitnehmers leben – keinen Zugang und Zugriff zu den Arbeitsmitteln bzw. auf die Arbeitsmittel haben.

Der Arbeitnehmer ist verpflichtet, die überlassenen Arbeitsmittel nur zum bestimmungsgemäßen, dienstlichen Gebrauch einzusetzen und diese pfleglich zu behandeln. Auftretende Störungen, Mängel und Schäden sind dem Arbeitgeber unverzüglich mitzuteilen.

4.

Auf Wunsch des Arbeitnehmers können eigene Arbeitsmittel in der häuslichen Tätigkeitsstäte eingesetzt werden, sofern diese den Arbeitsschutzbestimmungen genügen. Der Einsatz dieser Arbeitsmittel erfolgt auf Kosten und Risiko des Arbeitnehmers.

§ 7 Aufwendungsersatz

1.

Der Arbeitgeber leistet .... eine Pauschale in Höhe von ....EUR an den Arbeitnehmer als Beteiligung an den Miet-, Betriebs-, Heiz- und Reinigungskosten der häuslichen Arbeitsstätte.

2.

Der Arbeitgeber trägt die Einrichtungs- und Verbindungskosten eines rein dienstlich genutzten Telefon-/Telefax-/Internetanschlusses. Der Arbeitnehmer legt zur Abrechnung der Verbindungskosten für den o. g. Anschluss die Originalrechnung nebst Verbindungsnachweis beim Arbeitgeber vor.

§ 8 Arbeitszeit und Ansprechzeiten

1.

Die wöchentliche Arbeitszeit beträgt ohne Pausen .... Stunden

2.

Der Arbeitnehmer wird seine Arbeitsleistung an folgenden Werktagen in seiner häuslichen Arbeitsstätte erbringen: ....

An den übrigen Wochentagen erbringt der Arbeitnehmer die Arbeitsleistung in der betrieblichen Arbeitsstätte.

3.

Der Arbeitnehmer verpflichtet sich zu folgenden Zeiten an seinem Telearbeitsplatz anwesend und erreichbar zu sein: ....

Darüber hinaus ist der Arbeitnehmer in der Einteilung und Lage seiner Arbeitszeit frei.

4.

Der Arbeitnehmer ist verpflichtet, *insbesondere* die Bestimmungen des Arbeitszeitgesetzes einzuhalten. Dies gilt insbesondere für die Einhaltung der täglichen Höchstarbeitszeit von acht Stunden (§ 3 ArbZG) und für die zwischen zwei Arbeitstagen liegende Ruhepause (§ 5 Abs. 1 ArbZG).

5.

Fahrten von der häuslichen zur betrieblichen Tätigkeitsstätte sind keine zu vergütenden Arbeits-/ Wegezeiten.

§ 9 Versicherungsschutz/Haftung

1.

Der Arbeitnehmer hat Beschädigungen, Verlust oder sonstige Funktionsbeeinträchtigungen der Arbeitsmittel unverzüglich dem Arbeitgeber anzuzeigen und das weitere Vorgehen mit ihm abzustimmen.

2.

Der Arbeitgeber versichert auf seine Kosten die von ihm zur Verfügung gestellten Arbeitsmittel gegen Schäden durch Dritte.

3.

Die Haftung des Arbeitnehmers für Beschädigung und Verlust der am Telearbeitsplatz eingesetzten Hard- und Software ist auf Vorsatz und grobe Fahrlässigkeit beschränkt.

§ 10 Dienstverhinderung, Arbeitsunfähigkeit

1.

Jede Arbeitsverhinderung und deren voraussichtliche Dauer ist dem Arbeitgeber unverzüglich anzuzeigen und zu begründen. Sollte die Arbeitsverhinderung länger als zunächst angenommen andauern, ist auch hierüber der Arbeitgeber unverzüglich zu unterrichten.

2.

Sollte die Arbeitsverhinderung auf einer krankheitsbedingten Arbeitsunfähigkeit beruhen, ist diese dem Arbeitgeber spätestens am dritten Werktag nach ihrem Eintritt durch ärztliches Attest nachzuweisen. Diese Verpflichtung besteht auch dann weiter, wenn dem Arbeitnehmer ein Anspruch auf Entgeltfortzahlung im Krankheitsfalle nicht mehr zusteht.

3.

Der Arbeitnehmer ist bei einer Arbeitsverhinderung ferner verpflichtet, den Arbeitgeber auf dringende Aufgaben hinzuweisen und dem Unternehmen im Rahmen der gegebenen Möglichkeiten die erforderlichen Informationen und Unterlagen zur Verfügung zu stellen.

§ 11 Zugangsrechte

1.

Während der Laufzeit dieser Vereinbarung ist der Arbeitnehmer im zumutbaren Rahmen und nach vorheriger angemessener Ankündigung verpflichtet, Vertretern des Unternehmens, Personen, die vom Arbeitgeber beauftragt wurden sowie Personen, die aufgrund rechtlicher oder behördlicher Vorgaben Zugang zur häuslichen Tätigkeitsstätte haben müssen, Zugang zur häuslichen Tätigkeitsstätte zu gewähren.

2.

Der Arbeitnehmer hat auch die mit ihm in häuslicher Gemeinschaft lebenden Personen über diese Regelung zu informieren und für die Einhaltung zu sorgen.

3.

In dringenden Fällen ist der Zugang auch ohne vorherige Abstimmung zu gewähren.

§ 12 Datenschutz

1.

Schutz von Daten und Informationen sowie die Datensicherheit richten sich nach den Regelungen des Arbeitsvertrags vom .... sowie den einschlägigen gesetzlichen und unternehmensinternen Regelungen in der jeweils gültigen Fassung.

2.

Der Arbeitgeber stellt sicher, dass alle datenschutzrechtlichen Bestimmungen eingehalten werden. Neben einer entsprechenden Unterweisung des Arbeitnehmers hat er ferner dafür zu sorgen, dass die Hard- und Software so gestaltet ist, dass sie den Arbeitnehmer wirksam bei der Einhaltung der Datenschutzbestimmungen unterstützt und entlastet.

3.

Der Arbeitnehmer ist verpflichtet, diese Regelungen vollständig und genau einzuhalten. Insbesondere hat der Arbeitnehmer dafür Sorge zu tragen, dass keine Dritten – dies sind auch Personen, die mit ihm in der Wohnung in häuslicher Gemeinschaft wohnen – Zugriff erhalten auf Unterlagen und Dateien, die personen- oder unternehmensbezogene Daten enthalten bzw. die im Zusammenhang mit der Erfüllung seiner arbeitsvertraglichen Verpflichtungen stehen. Auch dürfen Passwörter und Zugangswege zum Datennetz des Arbeitgebers nicht an Dritte weitergegeben oder sonst zugänglich gemacht werden.

§ 13 Laufzeit und Beendigung

1.

Diese Vereinbarung über die Tätigkeit in der häuslichen Tätigkeitsstätte ist unbefristet. Sie endet spätestens zu dem Zeitpunkt, zu dem das Arbeitsverhältnis der Parteien sein Ende findet.

2.

Diese Vereinbarung kann mit einer Ankündigungsfrist von ... Monate durch schriftliche Erklärung von jeder Seite beendet werden. Sofern der Arbeitgeber von diesem Recht Gebrauch macht, hat er die Interessen des Arbeitnehmers zu berücksichtigen.

Die Beendigung aus wichtigem Grund ohne Einhaltung einer Ankündigungsfrist bleibt hiervon unberührt.

3.

Mit Ablauf der Ankündigungsfrist endet die häusliche Arbeit, so dass der Arbeitnehmer dann verpflichtet ist, seine Arbeitsleistung in den Unternehmensräumen zu erbringen.

§ 14 Wohnungswechsel

1.

Im Falle eines Wohnungswechsels durch den Arbeitnehmer wird die Telearbeit fortgeführt, sofern die neuen Räumlichkeiten ebenfalls die oben genannten Voraussetzungen für die Einrichtung eines Telearbeitsplatzes erfüllen. Erfüllt die neue Wohnung diese Voraussetzung nicht, endet diese Vereinbarung automatisch mit dem Wohnungswechsel.

2.

Der Arbeitnehmer hat den Arbeitgeber rechtzeitig, d. h. mindestens 6 Wochen vorher, über einen anstehenden Wohnungswechsel zu informieren.

§ 15 Schlussbestimmung

1.

Mündliche Nebenabreden bestehen nicht. Änderungen und Ergänzungen dieser Vereinbarung bedürfen zu ihrer Rechtswirksamkeit der Schriftform. Dies gilt auch für die Aufhebung, Änderung oder Ergänzung des vorstehenden Schriftformerfordernisses. Der Vorrang individueller Vertragsabreden bleibt unberührt (§ 305 b BGB).

2.

Die Unvereinbarkeit einzelner Bestimmungen dieses Vertrages mit gesetzlichen bzw. tarifvertraglichen Regelungen oder Regelungen in Betriebsvereinbarungen setzt nur diese, nicht aber den gesamten Vertrag außer Kraft.

[Ort] ...., den [Datum] ....,

————————————   ————————————

(Arbeitgeber)   (Arbeitnehmer)

3 Muster: Agile Versetzungsklauseln

Mögliche agile Versetzungsklauseln bezogen auf den Arbeitsort und oder auch die Tätigkeit können sein:[1]

Arbeitsort:
Regelmäßiger Tätigkeitsort ist XY.

Der Arbeitgeber behält sich im Rahmen seines Direktionsrechtes vor, den Mitarbeiter an einen anderen Arbeitsort und/oder den Mitarbeiter vorübergehend auch an auswärtigen Arbeitsplätzen des Arbeitgebers einzusetzen. Hierbei werden persönliche Belange des Mitarbeiters angemessen berücksichtigt.

Tätigkeit:
Vorname Nachname Mitarbeiter wird als XX eingestellt.

Der Mitarbeiter erklärt sich bereit, jederzeit auch eine andere, gleichwertige Tätigkeit als die beschriebene oder langfristig ausgeübte Tätigkeit oder auch ein anderes Arbeitsgebiet innerhalb des Unternehmens zu übernehmen, sofern Tätigkeit und Arbeitsgebiet seiner Ausbildung und/oder Fähigkeiten und der bisherigen Vergütung entsprechen.

---

[1] Siehe auch Klagges, Schaub/Schrader/Straube/Vogelsang, Arbeitsrechtliches Formular- und Verfahrenshandbuch, Arbeitsvertrag.

4 Muster: Beispiel einer Vereinbarung eines Sabbaticals[1]

Zusatzvereinbarung über ein Sabbatical zum Arbeitsvertrag von …

(1) Der Arbeitnehmer hat das Recht, für eine Zeit von sechs Monaten ein Sabbatical in Anspruch zu nehmen.

(2) Das Sabbatical hat der Arbeitnehmer mit einer Ankündigungsfrist von neun Monaten zum Monatsende anzukündigen. Nach Ablauf von drei Monaten nach Eingang der Erklärung wandelt sich das Arbeitsverhältnis zum nächsten Monatsbeginn in ein Teilzeitarbeitsverhältnis mit einer Anspar- und Freistellungsphase um: Der Zeitraum von sechs Monaten vor dem Sabbatical stellt die Ansparphase dar, innerhalb derer sich die Vergütung auf 50 % der bisherigen vertragsgemäßen Vergütung reduziert, der Arbeitnehmer aber weiterhin Vollzeit arbeitet. In der Freistellungsphase (sechs Monate) wird der Arbeitgeber 50 % der vertraglich geschuldeten Tätigkeit weiterzahlen.

In der Anspar- und Freistellungsphase gilt der Arbeitnehmer als Teilzeitarbeitnehmer mit …… Wochenstunden und einer Vergütung von …… EUR brutto monatlich.

(3) Im Falle der Arbeitsunfähigkeit des Arbeitnehmers in der Ansparphase verlängert sich diese um den Zeitraum der Arbeitsunfähigkeit, für den kein Anspruch auf Entgeltfortzahlung besteht. Mit Einwilligung des Arbeitgebers kann der Arbeitnehmer diese Zeit auch im Anschluss an die Freistellungsphase nacharbeiten. Eine Erkrankung während der Freistellungsphase verlängert diese nicht.

(4) Auf die Freistellung in der Freistellungsphase werden bestehende Urlaubsansprüche des Arbeitnehmers angerechnet.

(5) Während der Anspar- und Freistellungsphase ist eine betriebsbedingte Kündigung des Arbeitsverhältnisses ausgeschlossen.

(6) Das Recht auf ein Sabbatical steht unter dem Vorbehalt, dass es dem Arbeitgeber gelingt, für die Zeit des Sabbaticals, d.h. die Anspar- und Freistellungsphase, die betrieblichen Abläufe so zu organisieren, dass die Tätigkeit des Arbeitnehmers substituiert werden kann. Soweit dies mit Mehrkosten verbunden ist, steht dem Arbeitgeber ein Recht auf Ablehnung eines Sabbaticals zu.

---

1   Klages in Schaub et al., Arbeitsrechtliches Formular – und Verfahrenshandbuch, 2017.

5 Leitfaden: Familienfreundliche Unternehmenskultur[1]

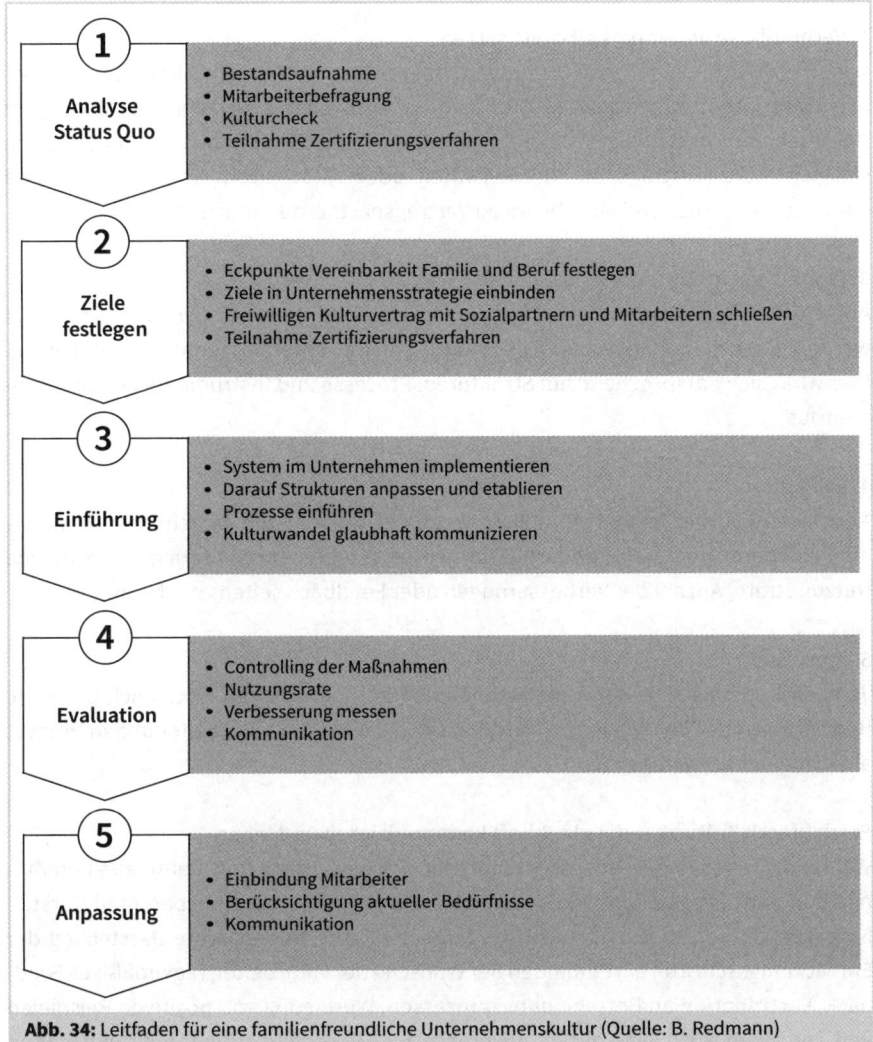

Abb. 34: Leitfaden für eine familienfreundliche Unternehmenskultur (Quelle: B. Redmann)

1. Status quo analysieren

Zunächst bedarf es einer Bestandsaufnahme.[2] Hier bieten sich unterschiedliche Möglichkeiten zur Analyse an, wie z. B.

---

1 BMFS, Familienfreundliche Unternehmenskultur, 2018.
2 Der Kulturcheck auf der Website von »Erfolgsfaktor Familie« ermöglicht Unternehmen, einen einfachen und schnellen Überblick über ihre bestehende Unternehmenskultur und Hinweise auf konkrete Verbesserungsmaßnahmen zu erhalten.

- Mitarbeiterbefragung
- Kulturcheck
- Teilnahme an einem Zertifizierungsprozess

2. Verbindliche Vereinbarkeitsziele setzen
Danach gilt es für das eigene Unternehmen, die wesentlichen Ziele herauszuarbeiten und transparent zu verankern. Dies kann separat oder sogar eingebunden in die Unternehmensstrategie geschehen. Eine andere Möglichkeit kann es sein, einen freiwilligen »Kulturvertrag« mit Betriebsräten oder Mitarbeitern abzuschließen und damit Sozialpartner und Mitarbeiter zu Vertragspartnern zu machen

3. Einführung im Unternehmen
Anhand der festgelegten Ziele können dann im Unternehmen Systeme eingeführt werden, die eine familienfreundliche Kultur konkret unterstützen und sicherstellen. Dies wirkt sich entsprechend auf Strukturen, Prozesse und Instrumente im Unternehmen aus.

4. Evaluation
Nach einem vorher festgelegten Zeitraum ist es sinnvoll, die eingeführten Maßnahmen zu überprüfen. Dafür bedarf es vorher festgelegter Messkriterien, wie z. B. eine Nutzungsrate, Anzahl der Verbesserungen oder Feedback seitens der Mitarbeiter.

5. Anpassung
Je nach Ergebnis sind dann die Maßnahmen zu überarbeiten oder auch auf neue Bedürfnisse oder Entwicklungen anzupassen. Hier sollten Mitarbeiter in den Prozess aktiv mit einbezogen werden.

Fortlaufend: Kulturwandel glaubhaft kommunizieren und leben
Während des gesamten Prozesses empfiehlt sich eine offene und glaubhafte Kommunikation darüber, was und wie es erreicht wird. Neben einer transparenten Darstellung über die erreichten Fortschritte. Dabei hilft eine transparente Darstellung der Entwicklungsschritte, ein Einbinden der Wünsche der Mitarbeiter, regelmäßiges Feedback, Partizipation an Entscheidungsprozessen, Würdigung von positiven Beispielen und vor allem auch eine aktive Ansprache von Geschäftsleitung, Führungskräften sowie ein Vorleben von Maßnahmen.

! **Weiterführende Links**

www.erfolgsfaktor-familie.de/kulturcheck
www.erfolgsfaktor-familie.de/netzwerk
www.erfolgsfaktor-familie.de/wissensplattform

6 Leitfragen für eine bedürfnisorientierte Führung

Perspektive Mitarbeiter
- Was ist Ihnen wichtig?
- Worauf kommt es Ihnen besonders an?
- Was motiviert Sie? Woran machen Sie das fest?
- Was interessiert Sie? Was tut Ihnen gut? Woran haben Sie Spaß?
- Welche Erwartungen oder Wünsche haben Sie an eine Tätigkeit bei uns?
- Wobei sollten wir Sie unterstützen?
- Was sind wichtige Rahmenbedingungen für Sie?
- Woran erkennen Sie, dass es für Sie das Richtige ist?
- Was ist für Sie bei einer Zusammenarbeit wichtig?
- Welche Form der Aufgabenstellung bevorzugen Sie?
- Was möchten Sie einbringen?
- Was sind Ihre persönlichen Erfolgsfaktoren im Umgang mit …?
- …

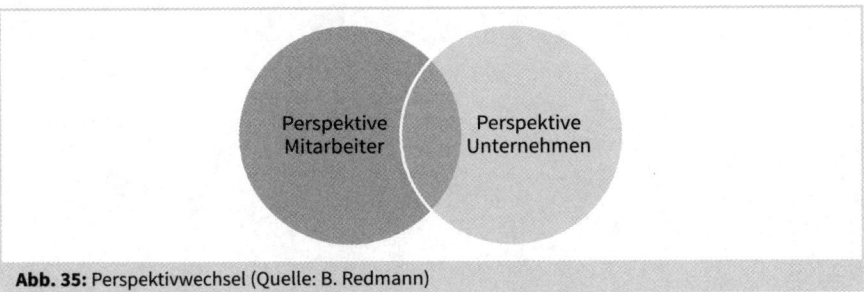

Abb. 35: Perspektivwechsel (Quelle: B. Redmann)

Perspektive Unternehmen
- Wie können wir Ihr Interesse/Anliegen am besten mit den unternehmerischen Anforderungen in Übereinstimmung bringen?
- Was sind aus Ihrer Sicht wichtige Interessen unseres Unternehmens?
- Welche unternehmerischen Ziele können Sie wie am besten unterstützen?
- …

7 Checkliste: Entscheidungsmatrix für nicht-monetäre Maßnahmen, Ziele und Messgrößen

Nicht-monetäre Maßnahme (Bsp.)	Kennzahl/Messgröße	Mobiles Arbeiten/ Agiles Arbeiten	Netzwerkorg. / Innovationlab (Agiles Arbeiten)	Selbstorganisierte Teams (Agiles Arbeiten)	Wunsch-gehalt	Sabbatical / mehr Urlaub	TZ-Modelle	Büro-hund	Mitarbeiter-Beteiligung	Eltern-Kind-Büro
Ziele										

• Attraktivität als Arbeitgeber
• Mitarbeiter gewinnen
• Mitarbeiter halten
	• Anzahl geeigneter Bewerbungen
	• Eintritte/Austritte Fluktuation
	• Personalstruktur:
	  1. Alter
	  2. Schlüsselpositionen
	  3. Nachfolger
	  4. Geschlechter-verteilung
	  5. Verhältnis junge FK / erfahrene FK
	  6. Internationalität
	• Bewertung Kununu
	• Auszeichnungen
	• Follower									

Image	• Follower • Empfehlungen • Presse									

Motivation von Mitarbeitern	• Mitarbeiterbefragung
	• Bewertung Kununu
	• Follower
	• Produktivität:
	  1. Personalkosten-produktivität
	  2. Personalkosten-anteil am Umsatz
	• Weiterbildungs-anfragen von MA
	• Innovationsvorschläge
	• Innovationszeit									

Innovation	• Neue Produkte • Neue Dienstleistungen • Neue Geschäftsmodelle • Umsetzung neuer geeigneter Ideen • Engagement Quote MA									
Nutzen- und Bedarfsorientierung	• Mitarbeiterbefragung • Kundenbefragung • Absatz/Gewinn									

Nicht-monetäre Maßnahmen (Beispiele)			Mobiles Arbeiten / Agiles Arbeiten	Netzwerkorg. / Innovationlab (Agiles Arbeiten)	Selbstorganisierte Teams (Agiles Arbeiten)	Wunsch-gehalt	Sabbatical / mehr Urlaub	TZ-Modelle	Büro-hund	Mitarbeiter-beteiligung	Eltern-Kind-Büro
Ziele	**Kennzahl/Messgröße**										

Demografiefestigkeit	• Personalstruktur:
	  1. Alter
	  2. Schlüsselpositionen
	  3. Nachfolger
	  4. Geschlechter-
	    verteilung
	  5. Verhältnis junge
	    Fachkräfte/erfahrene
	    Fachkräfte
	  6. Internationalität
	• Betriebstreue
	• Nachfolgequote
	• Eintritte/Austritte										

• Anpassungsfähigkeit • Reaktionsschnelligkeit • Flexibilität • Förderung von Agilität	• Bereichsübergreifende Vernetzung von Mitarbeitern • Automatischer Wissensaustausch/-transfer • Veränderungs-bereitschaft von MA • Produktentwicklungs-zeiten • Kürzung von Prozessketten/Wartezeiten • Velocity • Anzahl effektive Verbesserung in Prozessen • Reduktion von Hindernissen (Impediments) • Reviews/Retrospektiven • Kundenbefragung • Absatz/Betriebs-ergebnis • Marktanteil										
Kundenorientierung	• Feedback • Auszeichnungen • Betriebsergebnis • Rückgang/Reklamationen										

Nicht-monetäre Maßnahmen (Beispiele) — Ziele	Kennzahl/Messgröße	Mobiles Arbeiten / Agiles Arbeiten	Netzwerkorg. / Innovationlab (Agiles Arbeiten)	Selbstorganisierte Teams (Agiles Arbeiten)	Wunsch-gehalt	Sabbatical / mehr Urlaub	TZ-Modelle	Büro-hund	Mitarbeiter-Beteiligung	Eltern-Kind-Büro
Organisations-entwicklung/ Personalentwicklung	• Zielausrichtung/ -erfüllung • Mitarbeiter-produktivität • Quote Weiterentwicklung von Mitarbeitern • Quote Kenntnisverbesserung • Konfliktquote • Durchlaufzeiten Prozesse • Prozesslandschaft • Risikobewertungen • Engagement • Quote Mitarbeiter									
Wettbewerbsfähigkeit	• Betriebsergebnis • Eigenkapitalquote • Cashflow • Return on Invest • Marktanteil									
Anpassung an Lebensphasen von Mitarbeitern	• Anzahl unterschiedlicher Zeitmodelle • Befragung Mitarbeiter • Bleibequote nach Familienzeit • Generations-übergreifende Teams									
Gesundheit & Wohlbefinden Leistungsfähigkeit	• Krankenstand • Mitarbeiter-produktivität (s.o.) • Mitarbeiterflexibilität • Veränderungs-bereitschaft • Engagement • Quote Mitarbeiter • Konfliktquote • Befragung Mitarbeiter • Betriebstreue • Befragung Kununu • Krankheitsquote • Empfehlungen									

Abb. 36: Checkliste Entscheidungsmatrix für nicht-monetäre Maßnahmen, Ziele und Messgrößen (Quelle: B. Redmann)

319

Abbildungsverzeichnis

Tabellenverzeichnis

Literaturverzeichnis

Badura, Bernhard, Ducki, Antje, Schröder, Helmut, Klose, Joachim, Meyer, Markus (Hrsg.), Fehlzeiten-Report 2018 Sinnerleben – Arbeit und Gesundheit, Springer 2018.

Bertelsmann-Stiftung, Verantwortungsvolles Unternehmertum, Bertelsmann Verlag, 2016.

Becker, W., Ulrich, P., Botzkowski, T., Fibitz, A., Reitelshöfer, E., Schuhknecht, F., Arbeitswelten 4.0 im Mittelstand, BBB-Band 255.

Bissels, Alexander, Meyer-Michaelis, Isabel, »Arbeiten 4.0 – Arbeitsrechtliche Aspekte einer zeitlich-örtlichen Entgrenzung der Tätigkeit«, DB 2015, 2331.

BMAF Wertewelten Arbeiten 4.0.

Bundesagentur für Arbeit, Statistik/Arbeitsmarktberichterstattung.

Berichte: Blickpunkt Arbeitsmarkt – Fachkräfteengpassanalyse, Nürnberg, Juni 2018.

Busold, Matthias, War for Talents, Springer, 2. Auflage 2019.

Brandstätter, Schüler, Puca, Lozo, Motivation und Emotion, Springer Gabler, 2018.

Breier, Silvia, Geld Macht Gefühle, Springer, 2017.

Correll, Werner, Menschen durchschauen und richtig behandeln, mvg Verlag.

Dahl, Holger, Brink, Stefan, »Die Mitbestimmung des Betriebsrates bei der Einführung und Anwendung technischer Einrichtungen in der Praxis«, NZA 2018, 1231.

Digitale Transformation 2018, Hemmnisse, Fortschritte, Perspektiven, Etventure – Studie 2018.

Elert/Raspels, Praxishandbuch flexible Einsatzformen von Arbeitnehmern, S. 475 ff.

Digitale Transformation 2018.

EY Black Box Mittelstand, 2018.

EY Jobstudie Motivation und Arbeitszufriedenheit, 2017.

EY Studentenstudie 2018.

Fey, Detelv, »Darum sind extrinsische Belohnungen kein Auslaufmodell«, Personalwirtschaft, 2018.

Fredrickson, Barbara, Die Macht der guten Gefühle, 2011, Campus.

Gorgievski, Marjan, J., Bakker, Arnold B. und Schaufeli, Wilmar B., Arbeit und Arbeitssucht: Vergleich der Selbständigen und Angestellten, 2010, The Journal of Positive Psychologie, 5: 1, 83-96, DOI: 10.1080 / 17439760903509606.

Günther, Jens, Böglmüller, Matthias, Arbeitsrecht 4.0 – Arbeitsrechtliche Herausforderungen in der vierten industriellen Revolution, NZA 2015, 1025.

Grawert, Achim, Cafeteria-Systeme in Deutschland – 30 Jahre Individualisierung von Entgeltbestandteilen, Springer, 2012.

Hackl, Benedikt, Wagner, Marc, Attmer, Lars, Baumann, Dominik, NewWork: Auf dem Weg zur neuen Arbeitswelt, Springer Gabler, 2017.

Haen, Pieter/Philipp, Zimmermann »The Real Impact of Talent« Globale WFPMA-Studie, 2016.

Häusling, Andre (Hrsg.), Agile Organisation, Haufe, 2018.

Heckhausen, Jutta (Hrsg.), Motivation und Handeln, Springer Gabler 2018.

Herzberg, Frederick; Mausner, Bernard; Snyderman, Barbara Bloch: The Motivation to Work, 2011, Transaction Publishers, 2011, Transaction Publishers.

Höge, Thomas, Schnell, Tatjana, Kein Arbeitsengagement ohne Sinnerfüllung. Eine Studie zum Zusammenhang von Work Engagement, Sinnerfüllung und Tätigkeitsmerkmalen, Wirtschaftspsychologie 1, 91-99.

Hofert, Svenja, Das agile Mindset, Springer Gabler, 2018.

Hoff, Andreas, Sabbaticals ohne Zeitwertkonten HR Performance 1/2014.

Hoff, Andreas, Mit dem Arbeitszeitgesetz gut leben, Personalwirtschaft, 1/2016.

Hoff, Andreas/Steinmann, Romy, Vertrauen als Basis für Mobilität und Flexibilität – Arbeitszeitregelung bei BIM, Personalführung 3/2018.

IG Metall (Hrsg.), digital DL, Agiles Arbeiten gestalten, 2018.

ifaa-Broschüre »DER TARIFABSCHLUSS 2018 – Innovative Möglichkeiten für die betriebliche Arbeitszeitgestaltung, 2018.

Kerzel, Stefan, Anreizsysteme für Leadership-Organisationen, Springer, 2018.

Kienbaum-Trendstudie: Geld verteilen oder Performance entwickeln, 2017.

Küttner, Wolfdieter, Personalbuch 2018, Beck.

Laloux, Frederic, Reinventing Organizations – Ein Leitfaden zur Gestaltung sinnstiftender Formen der Zusammenarbeit.

Lindner-Lohmann, Doris, Lohmann, Florian, Schirmer, Uwe, Personalmanagement, Springer, 3. Auflage, 2016.

Maslow, Abraham, Motivation und Persönlichkeit, 1974, Walter Verlag.

Maschke, Manuela, Flexible Arbeitszeitgestaltung, FES 2016.

McGregor, Douglas, The Human Side of Enterprise, 2006, McGraw Hill Professional.

de Molina, Karl-Maria, Kaiser, Stephan, Widuckel, Werner, (Hrsg.), Kompetenzen der Zukunft – Arbeit 2030, Als lernende Organisation wettbewerbsfähig bleiben; Haufe, 2018.

Moll, Wilhelm, Münchner Anwaltshandbuch Arbeitsrecht, Beck, 4. Auflage 2017.

Nink, Mirco, Engagement Index, Die neuesten Daten und Erkenntnissee der Gallup Studie, Redline, 2018.

Petry, Thorsten, »Wir entscheiden«, Personalmagazin Schwerpunkt New Work, 2018.

Pletke, Matthias/ Schrader, Peter/ Siebert, Jens/ Thomas, Tina/ u. a. Rechtshandbuch Flexible Arbeit, Beck 2017.

Preis, Ulrich/Schwarz, Katharina, »Reform des Teilzeitarbeitsrechts«, NJW 2018, 3673.

PWC, Erstanwendung des CSR-Richtlinie-Umsetzungsgesetzes, Studie zur praktischen Umsetzung im DAX 160, Oktober 2018.

Redmann, Britta, Agiles Arbeiten im Unternehmen, Haufe, 2017.

Redmann, Britta, Erfolgreich führen im Ehrenamt, 3. Aufl. 2018 Springer Gabler.

Schuler, Heinz in Handbuch der Arbeits- und Organisationspsychologie, Bd. 6, 2007, Hogrefe Verlag.

Reiss, Steven; Wer bin ich und was will ich wirklich?, 2016 3. Aufl. Redline.

Schüren, Peter, § 44 Grundfragen bedarfsorientierter Arbeitszeitsysteme, Münchner Handbuch zum Arbeitsrecht, Bd. I, Rn. 31 ff., 2018.

Spieß, Brigitte, Fabisch, Nicole, CSR und neue Arbeitswelten, Springer, 2017.

Sprenger, Reinhard, »Mythos Motivation – Wege aus der Sackgasse, Neuauflage 2014, Campus.

Steffan, Ralf, »Arbeitszeit(recht) auf dem Weg zu 4.0«, NZA 2015, 1409.

Suckale, Margret, Hrsg., Chemie digital – Arbeitswelt 4.0, Frankfurter Allgemeine Buch, 2016.

Weckmüller, Heiko: »Was ist der Sinn dahinter?«, Personalmagazin, Schwerpunkt New Work, 2018.

Wohlfart, Liza, Moll, Kuno, Wilke, Jürgen: Karriere- und Anreizsysteme für die Forschung und Entwicklung. Aktuelle Erkenntnisse und zukunftsweisende Konzepte aus Wissenschaft und betrieblicher Praxis, 2011, Fraunhofer IAO.

Redlich, Tobias, Moritz, Manuel, Wulfsberg, J. Peter, Interdisziplinäre Perspektiven zur Zukunft der Wertschöpfung, Springer Gabler 2017.

Uckermann, Sebastian/Heilck, Björn, u. a., Das Recht der betrieblichen Altersversorgung, Beck, 2014.

Voland, Thomas, Voland, Erweiterung der Berichtspflichten für Unternehmen nach der neuen CSR-Richtlinie, Der Betrieb, 2014, 2185 ff.

Zander, Ernst, Wagner, Dieter, Handbuch des Entgeltmanagements, Vahlen, 2005.

Stichwortverzeichnis

Die Autorin

Britta Redmann ist Rechtsanwältin, Mediatorin und Coach. Sie ist Autorin verschiedener Fachbücher. Als Personalleiterin und Organisationsentwicklerin hat sie in den Branchen der Metallindustrie, Banken, Fernseh- und Rundfunk, Versorgungswirtschaft und Software Organisationsentwicklungen begleitet, geleitet und arbeitsrechtlich umgesetzt. Aus dieser Praxis und besonders aus den von ihr mit Betriebsratsgremien geführten Verhandlungen, so auch Interessensausgleichs- und Sozialplanverhandlungen, ist ihr die Sicht der Arbeitnehmerseite unmittelbar bekannt. Ihre besondere Expertise liegt auf der Entwicklung und Veränderung von Organisationsformen und Strukturen bis hin zu agilen und kollaborativen Formen der Zusammenarbeit und Führung. Auch für Organisationen und Institutionen mit ehrenamtlich Tätigen hat sie Führungsgrundsätze und Schulungskonzepte entworfen, so z. B. ein Webtraining für den DFB. Moderne Organisationskonzepte, wie z. B. zu Agilität, New Work und Digitalisierung, werden von ihr arbeitsrechtlich transformiert und organisatorisch implementiert. Bei ihrer Arbeit berücksichtigt sie individualrechtliche, betriebsverfassungsrechtliche und auch tarifrechtliche Fragestellungen genauso wie Faktoren der Unternehmenskultur.